中国海洋发展报告

China's Ocean Development Report

（2016）

国家海洋局海洋发展战略研究所课题组

海洋出版社

2016年 · 北京

图书在版编目（CIP）数据

中国海洋发展报告.2016/国家海洋局海洋发展战略研究所课题组编著. —北京：海洋出版社，2016.5
ISBN 978-7-5027-9426-2

Ⅰ.①中… Ⅱ.①国… Ⅲ.①海洋战略-研究报告-中国-2016 Ⅳ.①P74

中国版本图书馆 CIP 数据核字（2016）第 095049 号

责任编辑：高朝君　常青青
责任印制：赵麟苏

海洋出版社　出版发行

http：//www.oceanpress.com.cn
北京市海淀区大慧寺路 8 号　邮编：100081
北京画中画印刷有限公司印刷
2016 年 5 月第 1 版　2016 年 5 月北京第 1 次印刷
开本：787mm×1092mm　1/16　印张：25.25
字数：483 千字　定价：200.00 元
发行部：62132549　邮购部：68038093
总编室：62114335　编辑室：62100038
海洋版图书印、装错误可随时退换

《中国海洋发展报告（2016）》编辑委员会

主　　编：贾　宇

编　　委：商乃宁　刘　岩　刘容子　王　芳　吴继陆　丘　君

统　　稿：贾　宇　刘　岩　丘　君

编 写 说 明

2006 年以来，国家海洋局海洋发展战略研究所组织编写了关于中国海洋发展的系列年度报告。报告立足全面论述中国海洋事业发展的周边环境、海洋战略与政策、法律与权益、经济与科技、资源与环境等方面的理论与实践问题，客观评介海洋在全面建成小康社会、实施可持续发展战略中的作用，系统报道国内外海洋事务的发展现状和趋势，提出关于中国海洋事业发展的对策和建议，为社会公众普及海洋知识、提高海洋意识提供阅读和参考读本。

各版《中国海洋发展报告》的框架和结构大体不变。在《中国海洋发展报告（2016）》年度报告中，我们在既往篇章的基础上进行了适度调整，围绕党的十八大提出的建设海洋强国的战略部署和十八届五中全会《中共中央关于制定国民经济和社会发展第十三个五年规划的建议》的要求，结合 2015 年海洋事业的发展和海洋领域的重大事件，包括"一带一路"合作发展的理念和倡议，从中国海洋发展的宏观环境、加强海洋综合管理、发展海洋经济、提高海洋资源开发能力、保护海洋生态环境、维护国家海洋权益和建设 21 世纪海上丝绸之路七个部分展开论述。《中国海洋发展报告（2016）》还对社会和公众关注的一些海洋热点和难点问题进行了评述。

海洋发展战略研究所的科研人员承担了《中国海洋发展报告（2016）》的研究和撰写工作，各章执笔人如下。

第一部分　中国海洋发展的宏观环境
 第一章　国际海洋事务的发展　　　　　　　　付玉
 第二章　中国海洋发展的周边环境　　　　　　疏震娅
第二部分　加强海洋综合管理
 第三章　中国海洋政策　　　　　　　　　　　王芳　李军
 第四章　中国海洋管理　　　　　　　　　　　王芳
 第五章　中国海上执法　　　　　　　　　　　赵骞
第三部分　发展海洋经济
 第六章　中国海洋经济发展　　　　　　　　　刘容子
 第七章　中国海洋产业发展　　　　　　　　　刘堃
 第八章　区域海洋经济发展　　　　　　　　　张平

第四部分　提高海洋资源开发能力
　　第九章　　中国海洋资源开发利用　　　　　　朱璇
　　第十章　　中国海洋科技发展　　　　　　　　刘明
第五部分　保护海洋生态环境
　　第十一章　海洋生态文明建设　　　　　　　　郑苗壮
　　第十二章　中国海洋生态环境保护　　　　　　丘君
　　第十三章　中国海洋防灾减灾　　　　　　　　裘婉飞
第六部分　维护国家海洋权益
　　第十四章　中国海洋法律　　　　　　　　　　张颖
　　第十五章　中国海洋权益　　　　　　　　　　吴继陆
　　第十六章　中国海洋安全　　　　　　　　　　张丹
第七部分　建设 21 世纪海上丝绸之路
　　第十七章　海上丝绸之路的发展演变　　　　　李明杰　刘岩
　　第十八章　推进 21 世纪海上丝绸之路建设　　 李明杰　刘岩
　　附　件　　　　　　　　　　　　　　　　　　张小奕

中国海洋发展系列报告的研究和编写工作得到了国家海洋局的大力支持。我们对国家海洋局各级领导的指导和关心，对全体编撰人员的辛勤劳动和贡献表示最诚挚的谢意。

此外，本书第六部分"维护国家海洋权益"、第七部分"建设 21 世纪海上丝绸之路"的编写受到国家社科基金重大项目"维护海洋权益与建设海洋强国战略研究"（13&ZD051）和国家社科基金重点项目"21 世纪海上丝绸之路战略研究"（14AZD055）的资助。

我们希望把《中国海洋发展报告》做成一部面向广大社会公众和国家决策层的科学性、权威性的海洋国情咨文，做成全面记载、客观反映和专业评述中国海洋事业发展进程和成就的系列报告。

本年度海洋发展报告中的述评仅是课题组的认识，不代表任何政府部门和单位的观点。作为学术研究成果，难免有不足之处，敬请读者批评指正。

《中国海洋发展报告（2016）》编辑委员会

2016 年 4 月

目　录

第一部分　中国海洋发展的宏观环境

第一章　国际海洋事务的发展 …………………………………………（3）
　一、国际海洋法的发展 ……………………………………………（3）
　二、海洋环境保护 …………………………………………………（11）
　三、海洋生物资源开发与养护 ……………………………………（12）
　四、国际海事 ………………………………………………………（15）
　五、海洋科学和技术 ………………………………………………（16）
　六、国际极地事务 …………………………………………………（18）
　七、海洋与气候变化 ………………………………………………（19）
　八、小结 ……………………………………………………………（20）

第二章　中国海洋发展的周边环境 ……………………………………（22）
　一、中国周边海洋环境 ……………………………………………（22）
　二、中国周边海洋形势 ……………………………………………（23）
　三、周边海洋环境与21世纪海上丝绸之路 ……………………（29）
　四、小结 ……………………………………………………………（32）

第二部分　加强海洋综合管理

第三章　中国海洋政策 …………………………………………………（37）
　一、促进海洋经济发展 ……………………………………………（37）
　二、加强海洋综合管理 ……………………………………………（41）
　三、保护海洋生态环境 ……………………………………………（43）
　四、维护国家海洋权益 ……………………………………………（45）
　五、提升海洋公益服务能力 ………………………………………（46）
　六、小结 ……………………………………………………………（48）

目 录

第四章　中国海洋管理 ·· (49)
　　一、海洋管理体制 ··· (49)
　　二、海洋管理制度 ··· (51)
　　三、海洋管理实践 ··· (59)
　　四、小结 ·· (66)

第五章　中国海上执法 ·· (68)
　　一、海上执法概述 ··· (68)
　　二、海上执法制度 ··· (70)
　　三、海上执法能力建设 ·· (74)
　　四、海上执法实践 ··· (76)
　　五、小结 ·· (82)

第三部分　发展海洋经济

第六章　中国海洋经济发展 ··· (85)
　　一、2015年全国海洋经济情况 ·· (85)
　　二、"十二五"期间海洋经济的发展 ·· (87)
　　三、"十三五"期间海洋经济展望 ·· (92)
　　四、小结 ·· (94)

第七章　中国海洋产业发展 ··· (96)
　　一、海洋传统产业 ··· (96)
　　二、海洋新兴产业 ··· (100)
　　三、海洋服务业 ·· (105)
　　四、小结 ·· (108)

第八章　区域海洋经济发展 ··· (110)
　　一、北部海洋经济区 ··· (110)
　　二、东部海洋经济区 ··· (113)
　　三、南部海洋经济区 ··· (115)
　　四、三大海洋经济区比较 ·· (118)
　　五、省域海洋经济比较 ·· (119)
　　六、小结 ·· (122)

第四部分　提高海洋资源开发能力

第九章　中国海洋资源开发利用 ……………………………………（127）
　一、中国的主要海洋资源 ………………………………………（127）
　二、海洋资源开发利用现状 ……………………………………（133）
　三、促进海洋资源可持续开发利用 ……………………………（145）
　四、小结 …………………………………………………………（150）

第十章　中国海洋科技发展 …………………………………………（151）
　一、海洋科研能力建设 …………………………………………（151）
　二、海洋调查和科学考察 ………………………………………（154）
　三、海洋高技术及相关装备 ……………………………………（158）
　四、海洋教育 ……………………………………………………（166）
　五、小结 …………………………………………………………（168）

第五部分　保护海洋生态环境

第十一章　海洋生态文明建设 ………………………………………（171）
　一、海洋生态文明概述 …………………………………………（171）
　二、海洋生态环境治理体系在生态文明建设中的作用和地位 …（173）
　三、海洋生态环境治理体系现代化的框架 ……………………（177）
　四、推进海洋生态环境治理体系现代化 ………………………（180）
　五、小结 …………………………………………………………（184）

第十二章　中国海洋生态环境保护 …………………………………（185）
　一、海水环境质量及其变化 ……………………………………（185）
　二、陆源污染物排放 ……………………………………………（192）
　三、海洋生态健康状况及其变化 ………………………………（194）
　四、海洋生态环境保护和管理 …………………………………（197）
　五、小结 …………………………………………………………（200）

第十三章　中国海洋防灾减灾 ………………………………………（202）
　一、海洋灾害类型及其影响 ……………………………………（202）
　二、"十二五"期间海洋防灾减灾体系建设 …………………（212）
　三、"十三五"期间海洋防灾减灾工作重点 …………………（218）

目 录

四、小结 ……………………………………………………………… (219)

第六部分　维护国家海洋权益

第十四章　中国海洋法律 ……………………………………………… (223)
　　一、海洋法律制度概述 ……………………………………………… (223)
　　二、国家海洋立法发展 ……………………………………………… (226)
　　三、地方海洋立法发展 ……………………………………………… (228)
　　四、海洋法律的实施 ………………………………………………… (235)
　　五、小结 ……………………………………………………………… (238)

第十五章　中国海洋权益 ……………………………………………… (239)
　　一、海洋权益的概念及特点 ………………………………………… (239)
　　二、中国海洋权益的历史发展 ……………………………………… (245)
　　三、中国当前的海洋权益问题 ……………………………………… (250)
　　四、小结 ……………………………………………………………… (253)

第十六章　中国海洋安全 ……………………………………………… (254)
　　一、海洋安全概述 …………………………………………………… (254)
　　二、中国海洋安全形势 ……………………………………………… (258)
　　三、维护海洋安全的政策和举措 …………………………………… (261)
　　四、小结 ……………………………………………………………… (268)

第七部分　建设海上丝绸之路

第十七章　海上丝绸之路的发展演变 ………………………………… (271)
　　一、古代海上丝绸之路 ……………………………………………… (271)
　　二、21世纪海上丝绸之路 …………………………………………… (275)
　　三、小结 ……………………………………………………………… (279)

第十八章　推进21世纪海上丝绸之路建设 …………………………… (280)
　　一、总体进展情况 …………………………………………………… (280)
　　二、重点领域进展 …………………………………………………… (282)
　　三、沿线国家的响应 ………………………………………………… (292)
　　四、小结 ……………………………………………………………… (309)

附　件

附件 1　中国领海基线示意图 ……………………………………………（313）
附件 2　中华人民共和国国民经济和社会发展第十三个五年规划纲要（摘录）…………
　　　　……………………………………………………………………（314）
附件 3　2016 年政府工作报告（摘录）……………………………………（318）
附件 4　李克强在第十届东亚峰会上的发言 ………………………………（320）
附件 5　2015 年中央领导关于海洋合作和发展的讲话 ……………………（324）
附件 6　2015 年国家海洋局推进海洋事业发展纪事 ………………………（327）
附件 7　中国主要海洋法律文件 ……………………………………………（333）
附件 8　中华人民共和国深海海底区域资源勘探开发法 …………………（342）
附件 9　主要涉海国际条约和协定 …………………………………………（347）
附件 10　200 海里以外大陆架划界案和初步信息情况 ……………………（351）
附件 11　中国与沿线国家共建 21 世纪海上丝绸之路达成的初步意向 ……（361）
附件 12　中国历次南北极科学考察任务及成果 ……………………………（370）
附件 13　国家社会科学基金涉海项目 ………………………………………（378）
附件 14　中国海军赴索马里海域护航情况 …………………………………（384）

第一部分
中国海洋发展的宏观环境

第一章　国际海洋事务的发展

在以联合国为主的国际组织的协调推动以及各国的广泛参与下，国际海洋事务管理协调机制不断发展，海洋环境保护、国际海底区域、外大陆架、公海渔业等方面的法规和管理进一步完善，联合国大会即将启动国家管辖范围以外海域生物多样性养护和可持续利用问题的国际协定谈判。2015年9月，联合国大会通过了2015年新的全球发展议程——《改变我们的世界：2030年可持续发展议程》，再次确认社会和经济发展离不开对包括海洋资源在内的地球自然资源进行可持续管理。[①] 实现海洋可持续发展是国际海洋事务的重要主题和核心目标。

一、国际海洋法的发展

1982年《联合国海洋法公约》（以下简称《公约》）是当代调整国际海洋事务的基本法，在维护和加强海洋和平、安全、合作以及可持续发展等方面发挥关键作用。[②]《公约》生效以来，国际海洋法律制度适用性不断加强，为各国所普遍接受并实施。[③] 随着各国相互联系日趋密切以及人类对海洋认识和利用程度不断提高，海洋法领域亦不断面临新问题、出现新动向、酝酿产生新规则。联合国大会及其下设各个工作组、《公约》缔约国会议、国际海底管理局、国际海洋法法庭和大陆架界限委员会等机构与机制所开展的活动，反映了各国在海洋和海洋法问题上的立场和动向，也成为推动海洋法规则渐进发展的重要平台。

（一）《公约》所设机构及其工作进展

国际海底管理局、国际海洋法法庭和大陆架界限委员会是根据《公约》设立的机构，是海洋法制度的重要组成部分，在实施《公约》和规范海上活动方面发挥重要作用。

[①] 该议程设定17项可持续发展目标及169项具体目标，其中第14项目标为"养护和可持续利用海洋和海洋资源以促进可持续发展"。详见：United Nations General Assembly, A/69/L.85, 12 August 2015, p.2。
[②] 联合国秘书长：《海洋和海洋法报告》，A/70/74/Add.1，2015年9月1日，第4段，第3页。
[③] 截至2015年8月31日，《公约》的缔约方（包括欧盟）达到167个。参见联合国秘书长：《海洋和海洋法报告》，A/70/74/Add.，2015年9月1日，第5段，第3页。

1. 国际海底管理局

根据《公约》建立的国际海底区域（以下简称"区域"）制度，国家管辖范围以外的海床和底土及其资源为人类共同继承的财产。有测算认为，即使扣除沿海国可主张的最大化的外大陆架面积，"区域"仍将包含世界海洋一半以上的海床及底土。[1] "区域"资源勘探与开发和环境保护是国际海底区域事务的两条主线。目前受关注程度最高的区域资源主要有多金属结核、多金属硫化物和富钴结壳三种。

1994年正式成立的国际海底管理局（International Seabed Authority, ISA。以下简称"管理局"）是管理"区域"及其资源的专门机构，总部位于牙买加的金斯敦。根据《公约》的授权，管理局负责安排和控制"区域"内活动、管理"区域"内资源，还负责收缴沿海国开发200海里外大陆架的费用和实物，并根据公平分享的标准将其分配给《公约》缔约国，以及制定适当的规则、规章和程序，保护海洋环境，防止、减少和控制"区域"内活动对海洋环境的污染等。

管理局成立以来一直采用渐进式发展路径，将工作重点放在制订区域内活动管理措施和监管勘探合同等领域，尤其重视与海洋环境保护有关的管理措施。管理局先后制定通过了三部勘探规章，即《"区域"内多金属结核探矿和勘探规章》《"区域"内多金属硫化物探矿和勘探规章》和《"区域"内富钴结壳探矿和勘探规章》。这三个规章对"区域"内主要资源种类的勘探活动规定了系统的程序和规则，包括申请区块的大小、申请区面积、开发区面积和开发制度安排等，使《公约》规定的有关"区域"的原则和制度进一步具体化。[2]

表1-1 "区域"三部勘探规章的主要内容[3]

	多金属结核规章	硫化物规章	富钴结壳规章
通过时间	2000年7月，2013年7月修订	2010年5月	2012年7月
区块	—	约100平方千米	约20平方千米
申请区面积（平方千米）	150 000	10 000	3 000
开发区面积（平方千米）	75 000	2 500	1 000

---

[1] [澳]维克托·普雷斯科特，克莱夫·斯科菲尔德：《世界海洋政治边界》，吴继陆、张海文译，北京：海洋出版社，2014年，第22页。

[2] International Seabed Authority's Contribution to the United Nations Secretary—General's Report pursuant to the United Nations General Assembly's Resolution A/RES/69/245, 11 February 2015, para. 7.

[3] 国家海洋局海洋发展战略研究所课题组：《中国海洋发展报告（2014）》，北京：海洋出版社，2014年，第22页。

续表

开发制度安排	多金属结核规章	硫化物规章	富钴结壳规章
	保留区	保留区/联合企业	保留区/联合企业
申请费用	50万美元	50万美元/累进缴费制	50万美元

管理局与包括中国大洋矿产资源研究开发协会在内的多个承包者和国家签订了矿产勘探合同。截至2015年12月，管理局已核准27份勘探工作计划，签订23份有效勘探合同，其中多金属结核合同14份，多金属硫化物合同5份，富钴铁锰结壳合同4份。[1] 2015年，管理局核准了中国五矿集团公司提出的东太平洋海底多金属结核资源勘探矿区申请；管理局与新加坡、基里巴斯的相关实体签订了多金属结核勘探合同，与德国地球科学和自然资源联邦研究所签订了多金属硫化物勘探合同，与俄罗斯自然资源与环境部和巴西CPRM公司签订了富钴结壳勘探合同。[2]

在矿产资源勘探体系建立之后，管理局的工作重心开始转向制订"区域"内资源开发和环境保护方面的规章。2015年3月，管理局发布《制订"区域"内矿产开采监管框架》文件草案，向各利益相关者征求意见。各成员国在于2015年7月召开的管理局第二十一届年度会议上，对草案修改稿涉及的高层级和战略性问题进行了进一步的讨论。[3]

表1-2 "区域"内矿区勘探申请及核准情况

序号	国家或实体	提交申请时间	管理局核准申请时间	矿区位置
"区域"多金属结核矿区情况				
1	南方生产协会（俄罗斯）	1997年	1997年	太平洋
2	国际海洋金属联合组织（保加利亚、古巴、斯洛伐克、捷克、波兰、俄罗斯）	1997年	1997年	太平洋

---

[1] International Seabed Authority, International Seabed Authority Concludes 21st Annual Session, SB/21/17, Twenty-First Session, Kingston, Jamaica, 13-24 July 2015, p. 4. Also see Deep Seabed Minerals Contractors, website of International Seabed Authority, https://www.isa.org.jm/deep-seabed-minerals-contractors?qt-contractors_tabs_alt=2#qt-contractors_tabs_alt, 2016-01-24.

[2] International Seabed Authority, Deep Seabed Minerals Contractors, https://www.isa.org.jm/deep-seabed-minerals-contractors?qt-contractors_tabs_alt=2#qt-contractors_tabs_alt, 2015-10-18.

[3] International Seabed Authority, International Seabed Authority Concludes 21st Annual Session, SB/21/17, Twenty-First Session, Kingston, Jamaica, 13-24 July 2015, p. 7.

续表

序号	国家或实体	提交申请时间	管理局核准申请时间	矿区位置
\multicolumn{5}{c}{"区域"多金属结核矿区情况}			
3	韩国政府	1997 年	1997 年	太平洋
4	中国大洋矿产资源研究开发协会（中国）	1997 年	1997 年	太平洋
5	深海资源开发公司（日本）	1997 年	1997 年	太平洋
6	法国海洋开发研究所（法国）	1997 年	1997 年	太平洋
7	印度政府	1997 年	1997 年	印度洋
8	德国政府	2005 年	2005 年	太平洋
9	瑙鲁海洋资源公司（瑙鲁）	2008 年	2011 年	太平洋
10	汤加近海采矿有限公司（汤加）	2008 年	2011 年	太平洋
11	英国海底资源有限公司（英国）	2012 年	2012 年	太平洋
12	马拉瓦研究与勘探有限公司（基里巴斯）	2012 年	2012 年	太平洋
13	G－TEC 海洋矿产资源公司（比利时）	2012 年	2012 年	太平洋
14	英国海底资源有限公司（英国）	2013 年	2014 年	太平洋
15	新加坡大洋矿产有限公司（新加坡）	2013 年	2014 年	太平洋
16	库克群岛投资公司（库克群岛）	2013 年	2014 年	太平洋
17	中国五矿集团公司（中国）	2014 年	2015 年	太平洋
\multicolumn{5}{c}{"区域"多金属硫化物矿区情况}			
1	中国大洋矿产资源研究开发协会（中国）	2010 年	2011 年	印度洋
2	俄罗斯政府	2010 年	2011 年	大西洋
3	韩国政府	2012 年	2012 年	印度洋
4	法国海洋开发研究所（法国）	2012 年	2012 年	大西洋
5	印度政府	2013 年	2014 年	印度洋
6	地球科学和自然资源联邦研究所（德国）	2013 年	2014 年	印度洋
\multicolumn{5}{c}{"区域"富钴结壳矿区情况}			
1	中国大洋矿产资源研究开发协会（中国）	2012 年	2013 年	太平洋

续表

序号	国家或实体	提交申请时间	管理局核准申请时间	矿区位置
"区域"富钴结壳矿区情况				
2	日本石油天然气金属矿产资源公司（日本）	2012 年	2013 年	太平洋
3	俄罗斯政府	2013 年	2014 年	太平洋
4	海洋资源研究公司（巴西）	2014 年	2014 年	大西洋

资料来源：国家海洋局海洋发展战略研究所课题组《中国海洋发展报告（2014）》第二章，以及国际海底管理局网站发布的信息。

2. 国际海洋法法庭

国际海洋法法庭（International Tribunal for the Law of the Sea, ITLOS。以下简称"法庭"）是根据《公约》设立的独立司法机构，对有关《公约》解释和适用的争端具有管辖权。法庭除对《公约》缔约方开放外，还对符合规定的其他国家、组织和实体开放。

法庭设海底争端分庭、简易程序分庭、特别分庭和专案分庭。常设特别分庭包括渔业争端分庭、海洋环境争端分庭和海洋划界争端分庭。专案分庭是法庭经当事各方请求为处理特定争端而设立的。法庭由《公约》缔约国选举产生的 21 名法官组成。法庭法官于 1996 年 10 月在德国汉堡正式就职后，截至 2015 年 12 月已有 25 个案件提交法庭审理。2015 年，法庭就"次区域渔业委员会提出的咨询意见请求"发表了咨询意见，就加纳和科特迪瓦在大西洋的海洋划界争端案（加纳诉科特迪瓦案）规定了临时措施。2015 年 7 月，在与印度关于"Enrica Lexie"号海轮的纠纷中，意大利请求法庭规定临时措施。12 月，巴拿马向法庭起诉意大利逮捕并扣押 M/V "Norstar"号船。

经过两年的审理，法庭针对西非"次区域渔业委员会提出的咨询意见请求"发表了咨询意见。"次区域渔业委员会"由塞内加尔、毛里塔尼亚、几内亚比绍、几内亚、塞拉利昂、佛得角、冈比亚西非七国组成。[①] 针对咨询案中的第一个问题——船旗国对悬挂其旗帜的船只在第三方专属经济区水域内从事"非法、未报告和无管制捕捞"（以下简称"IUU"）的义务问题，法庭强调，沿海国在应对发生在其专属经济区内的 IUU

---

① "次区域渔业委员会"与建立在公海区域的区域性渔业组织主要不同之处在于，该委员会负责范围不涵盖公海区域，而是由成员国的领海和专属经济区组成。参见 FAO, Subregional Fisheries Commission (SRFC), http://www.fao.org/fishery/rfbsrfcen, 2015 - 10 - 17。

活动方面负有主要责任,同时船旗国也负有相应的责任和义务。① 法庭认为根据《公约》第 62(4)条等的规定,船旗国有义务确保其在别国专属经济区内捕鱼的国民遵守《公约》的养护措施以及所在沿海国的法规,确保悬挂其旗帜的船只不在别国专属经济区内从事 IUU 活动。① 法庭进一步明确指出,其他国家应"尽全力"对悬挂其旗帜的船只,在行政、技术和社会事务等方面有效行使管辖和控制。① 但是,法庭同时也指出,这是一项"尽职调查义务",重在一国是否通过采取相应的措施来体现义务,而非这些措施的实际效果。①

表1-3 国际海洋法法庭受理案件

序号	当事国/机构	案件	案由	受理时间
1	圣文森特和格林那丁斯诉几内亚	"塞加号"案	迅速释放	1997 年
2	圣文森特和格林那丁斯诉几内亚	"塞加号"案(2)	临时措施实质问题	1998 年
3	新西兰诉日本	南方蓝鳍金枪鱼案	临时措施	1999 年
4	澳大利亚诉日本	南方蓝鳍金枪鱼案	临时措施	1999 年
5	巴拿马诉法国	"卡莫科号"案	迅速释放	2000 年
6	塞舌尔诉法国	"蒙特·卡夫卡号"案	迅速释放	2000 年
7	智利诉欧盟	养护和可持续开发东南太平洋剑旗鱼种群案	实质问题	2000 年
8	伯利兹诉法国	"大王子号"案	迅速释放	2001 年
9	巴拿马诉也门	"契斯雷·雷夫 2 号"案	迅速释放	2001 年
10	爱尔兰诉英国	MOX 工厂案	临时措施	2001 年
11	俄罗斯诉澳大利亚	"奥尔加号"案	迅速释放	2002 年
12	马来西亚诉新加坡	新加坡在柔佛海峡围海造地案	临时措施	2003 年

---

① International Tribunal for the Law of the Sea, Advisory Opinion, International Tribunal for The Law of The Sea, Request for an Advisory Opinion Submitted by the Sub - Regional Fisheries Commission (SRFC) (Request for Advisory Opinion submitted to the Tribunal), 2 April 2015, paras. 106 - 108, 123 - 124, 127 - 129.

续表

序号	当事国/机构	案件	案由	受理时间
13	圣文森特和格林那丁斯诉几内亚比绍	"朱诺商人号"案	迅速释放	2004 年
14	日本诉俄罗斯	"丰进丸"案	迅速释放	2007 年
15	日本诉俄罗斯	"富丸"案	迅速释放	2007 年
16	孟加拉诉缅甸	孟加拉与缅甸孟加拉湾海洋边界划界争端案	海域划界	2009 年
17	国际海底管理局	个人和实体的担保国对"区域"内活动的责任和义务	请求海底争端分庭提供咨询意见	2010 年
18	圣文森特和格林纳丁斯诉西班牙	M/V "Louisa" 号案	迅速释放 临时措施	2010 年
19	巴拿马诉几内亚比绍	M/V "Virginia G" 号案	实质问题	2011 年
20	阿根廷诉加纳	"ARA Libertad" 号案	临时措施 实质问题	2012 年
21	次区域渔业委员会	相关渔业问题	咨询意见	2013 年
22	荷兰诉俄罗斯	"北极日出号"案	临时措施	2013 年
23	加纳诉科特迪瓦	在大西洋的海洋划界争端案	海域划界	2014 年
24	意大利诉印度	"Enrica Lexie" 号海轮事件案	临时措施	2015 年
25	巴拿马诉意大利	M/V "Norstar" 号案		2015 年

资料来源：国际海洋法法庭网站，https://www.itlos.org/cases/list-of-cases/，2016-01-24。

3. 大陆架界限委员会

根据《公约》的规定，沿海国的大陆架自然延伸自领海基线量起超过 200 海里的，可以主张 200 海里以外大陆架。若划定 200 海里以外大陆架的外部界限，沿海国必须将确定外部界限的相关数据资料（以下简称"划界案"）提交大陆架界限委员会（Commission on the Limits of the Continental Shelf, CLCS。以下简称"委员会"）审议。

委员会于 1997 年 6 月开始工作，由 21 名委员组成。根据《公约》的规定，委员会的主要职能包括两项：第一，审议沿海国提出的200海里以外大陆架划界案，并提出建议；第二，经沿海国请求，为沿海国准备外大陆架划界案提供科学和技术咨询意见。截至2015年12月31日，委员会已举行39届会议，[①] 收到81项划界案（包括订正划界案）、46项初步信息，提出22项划界案建议。[②] 委员会的工作量持续增加，预计在未来几年中划界案的数量仍会增加。等待审议的划界案数量增多，委员会尚未予以实质审议的划界案数目为49项，沿海国在提交划界案后大概需要等待超过6年时间才能进入实质审议程序。[②] 委员会的工作量问题受到《公约》缔约国的持续关注，联合国有关机制不断讨论改善措施，保证委员会能够加快审议进展。

（二）争端解决

《联合国宪章》和《公约》规定了和平解决与海洋法有关争端的机制，国际法院和国际海洋法法庭是国际海洋领域的主要司法机构。此外，根据《公约》附件七设立的仲裁法庭也构成争端解决机制的一部分。

国际法院正在审理的涉海案件有5件。2015年5月，国际法院就玻利维亚诉智利的就太平洋通道进行谈判义务案举行了公开庭审。玻利维亚请求法院判决智利负有义务与玻利维亚进行谈判，以便就赋予玻利维亚进出太平洋的完全权利达成协议。[③] 在2013年9月提交国际法院的尼加拉瓜诉哥伦比亚的大陆架划界案中，主要争议是两国在尼加拉瓜海岸200海里以外区域的大陆架划界问题。尼加拉瓜请求国际法院做出判决，划定两国间大陆架的准确界限，并请求法院明确涉及两国在大陆架重叠区域内权利和义务的国际法原则和规则。[③]

2015年，根据《公约》附件七设立的仲裁法庭对毛里求斯诉英国的"查戈斯群岛海洋保护区仲裁案"（以下简称"查戈斯案"）做出了裁决。该案于2010年12月由毛里求斯提起，涉及英国在同年4月在查戈斯群岛附近建立一处海洋保护区问题。该群岛目前由英国作为英属印度洋群岛管辖。"查戈斯案"属领土、海洋混合型争端案件，控辩双方在查戈斯群岛主权归属上存在争端。案件的直接起因是英国外交部于2010年4月宣布在查戈斯群岛建立大型海洋保护区，范围覆盖自该群岛向外200海里以内的全部海域，在海洋保护区内禁止商业捕鱼和深海采矿等行为。

对于毛里求斯请求仲裁庭裁定英国并不是《公约》所指的查戈斯群岛的"沿海

[①] 大陆架界限委员会的工作进展，CLCS/91，2015年12月21日发布，纽约。

[②] 联合国秘书长：《海洋和海洋法报告》，A/70/74/Add.1，2015年9月1日，第5页。

[③] International Tribunal for the Law of the Sea, Procedural Status of Cases Pending before the International Court of Justice Which Relate to the Law of the Sea, http：//www.un.org/Depts/los/general_assembly/contributions_2015_2/ICJ_Contribution_En.pdf, 2015-10-21, p.1, p.2.

国"诉求，仲裁法庭以三票对两票的结果认为，仲裁庭对此没有管辖权。仲裁庭以同样的结果裁定，对于毛里求斯请求仲裁庭裁决英国的某些行为赋予毛里求斯以该群岛"沿海国"权利的诉求，仲裁庭同样不具管辖权。[①] 但是，仲裁法庭一致认为，有权裁定毛里求斯关于英国宣布建立海洋保护区不符合《公约》规定的义务这一请求。而且，仲裁庭认为，根据英国1965年及其之后一贯的行为，毛里求斯拥有在查戈斯群岛周围水域捕鱼和保全自然资源的权利。仲裁庭因而裁定，英国在宣布建立海洋保护区时，没有妥为顾及毛里求斯的捕鱼和资源权利，违反了《公约》规定的义务。[①]

二、海洋环境保护

海洋生态系统健康受到多种威胁，尤其是氮和磷污染对全球生物多样性和生态系统造成了严重威胁。海洋环境中的塑料垃圾问题引起国际社会的持续关注。联合国大会多年来一直强调保护海洋环境以及养护海洋生物资源，防治污染和防止生态退化。

（一）海洋环境保护举措

联合国大会在第69/245号决议中确认海洋污染物大多来自陆上活动，并呼吁各国优先执行《保护海洋环境免受陆上活动污染全球行动纲领》，采取一切适当措施履行在《促进执行全球行动纲领的马尼拉宣言》中做出的承诺。[②] 该纲领确定的行动重点是海洋垃圾和废水等污染物的管理。

联合国近年来尤为关注塑料废弃物对海洋环境的不利影响，认为必须更好地了解这种污染并减少排放。联合国大会做出决定，2016年非正式协商进程第十七届会议将重点讨论"海洋废弃物、塑料和塑料微粒"主题。而且，2016年第二届联合国环境大会将根据环境署的一项研究审议海洋塑料废弃物和塑料微粒问题。海洋废弃物也受到《生物多样性公约》《养护野生动物移栖物种公约》和国际水会议等国际组织和机构的高度关注。各级区域性组织也采取了各种行动应对海洋废弃物问题，主要为制订和执行区域行动计划，如波罗的海海洋垃圾问题区域行动计划、《保护地中海免受污染公约》框架下的海洋垃圾问题区域行动计划等。

在废物处理方面，防止倾倒废物及其他物质污染海洋的《伦敦公约》及其1996年《京都议定书》的缔约方，决定开展一项针对所有放射性废料等放射性物质的科学研

---

① Permanent Court of Arbitration, PCA Press Release, Chagos Marine Protected Area Arbitration (Mauritius V. United Kingdom), The Hague, 19 March 2015, p. 1.
② 联合国大会，2014年12月29日大会决议，A/RES/69/245，第34页，第190段。

究，以审查《伦敦公约》及其《京都议定书》中禁止排放此类物质的有关规定的执行情况。联合国大会注意到海洋噪声对海洋生物资源的潜在重大不利影响，鼓励对这些影响开展深入的调查、研究和审议。对此，一些全球和区域组织继续努力提高对水下噪声及其影响的认识，并通过讲习班和出版物等方式分享这些信息。有关组织和机构正在制定各种尽量减少和减轻人为水下噪声重大不利影响的行动计划、实用指南，开发工具包。[1]

（二）海洋环境管理工具

为保护海洋环境，联合国大会除倡导按照《公约》改善全球各级合作、加强协调以外，还支持海洋综合管理，倡导采取生态系统方法，支持利用环境影响评价、综合管理方法和海洋保护区等多种手段养护和管理海洋生物多样性和生态系统。

评估各种活动、项目和方案对海洋环境的影响，包括累积影响及其与生态系统的互动关系，是制定有效管理措施的关键。保护东北大西洋海洋环境委员会（以下简称"奥巴委"）目前正在测试一套评估累积影响的方法。各部门继续评估渔业、石油泄漏和有害物质的溢漏等对海洋环境的影响和威胁。

海洋保护区作为一项划区管理工具近年来受到高度重视。世界公园大会制定了通过海洋保护区加强海洋保护的建议。2015年5月，海事组织扩展了大堡礁和托雷斯海峡特别敏感海区的东部界限，从而覆盖珊瑚海的西南部，并随后以新的船舶定线方式通过了相关的保护措施。海洋保护区目前覆盖了波罗的海大约12%的海洋面积。[1]奥巴委海洋保护区网络增加了77个海洋保护区，使该网络保护区总数达到413个，占奥巴委总管辖面积的6%，其中10个保护区处于国家管辖范围以外。[1]

三、海洋生物资源开发与养护

海洋生物资源和生物多样性的开发与养护是国际海洋事务的重点领域之一。联合国大会每年都通过关于可持续渔业的各项决议，粮农组织和各相关区域性渔业组织在国际和区域层面推动合作，倡导加强管理与养护。在生物多样性养护方面，联合国大会决定就国家管辖范围以外区域海洋生物多样性的养护和可持续利用问题拟订一份具有法律约束力的国际文书。

---

[1] 联合国秘书长：《海洋和海洋法报告》，A/70/74/Add.1，2015年9月1日，第110段，第27页；第114段，第28－29页。

（一）海洋渔业资源养护和管理

海洋渔业对可持续发展的贡献得到普遍认可。联合国大会通过关于可持续渔业的各项决议，强调各国应单独或通过国际组织采取行动，改进海洋生物资源的养护和管理，切实实施《公约》和1995年《执行1982年12月10日＜联合国海洋法公约＞有关养护和管理跨界鱼类种群和高度洄游鱼类种群的规定的协定》（以下简称《联合国鱼类种群协定》）及相关国际文书，促进海洋渔业可持续发展。

1. 促进渔业可持续发展的全球行动

为促进渔业在全球范围内的可持续发展、执行相关条约和国际文书的规定，联合国大会和粮农组织等国际机构和组织积极推动国际文书的批准和执行。《联合国鱼类种群协定》建立了跨界鱼类和高度洄游鱼类养护和可持续利用制度。2015年3月17日，联合国举行了纪念该协定开放签署二十周年活动。为支持联合国大会决议强调的国际文书执行工作，粮农组织继续支持各国拟定执行《公约》等国际协定的国内立法。[①] 为促进2009年《预防、阻止和消除非法、未报告和无管制的捕捞活动港口国措施协议》的实施，粮农组织举办了一系列区域能力开展讲习班和针对具体国家的培训，并支持各国加强相关的国内渔业立法。粮农组织还编制了执行该"协议"的指南和港口检查培训手册。

2. 促进渔业可持续发展的区域行动

在区域层面，区域渔业管理组织采取了一系列养护和管理措施，促进渔业的可持续利用。这些举措包括电子捕捞文件计划、将海事组织与劳氏认证公司编号系统纳入可公开查阅的渔船数据库和针对具体目标鱼种和鲨鱼等非目标鱼种的措施。各国还继续参与制定新的区域渔业管理组织制度，参与业绩审查工作。

各区域渔业管理组织继续合作，尤其是在打击IUU活动方面开展合作。例如，大西洋金枪鱼养护委员会制定了指导方针，将其他金枪鱼区域渔业管理组织的IUU名单上的船只列入其对应的名单上，以提高应对IUU行为的透明度和一致性。[①] 东北大西洋国家管辖范围以外区域内的国际组织建立了合作与协调的集体安排。在这个安排下，东北大西洋渔业委员会和保护东北大西洋海洋环境委员会于2015年4月举行第一次会议，以更好地了解对方优先事项以及对方的工作和决策方式。在墨西哥湾，联合国工业发展组织制订了墨西哥湾大型海洋生态系统战略行动方案，预计墨西哥和美国将联

[①] 联合国秘书长：《海洋和海洋法报告》，A/70/74/Add.1，2015年9月1日，第19-21页。

合实施渔业资源量评估并制定管理计划。①

（二）海洋生物多样性养护

海洋生物多样性是营养循环、粮食安全和碳封存等一系列生态系统产品和服务的基础。联合国大会一贯强调，各国应单独或通过主管国际组织，尽快考虑如何更好地统一处理海山、冷水珊瑚、热液喷口和若干其他水下地貌等海洋生物多样性面临的危险。①为从制度上保障海洋生物多样性的有效养护，联合国决定就国家管辖范围以外区域海洋生物多样性的养护和可持续利用问题拟订一份具有法律约束力的国际文书。

1. 全球海洋生物多样性养护行动

联合国大会鼓励各国继续努力实现建立海洋保护区（包括代表性网络）的目标，呼吁各国进一步审议各种选项，以便根据国际法并在现有最佳科学数据基础上，确定和保护具有重要生态或生物意义的区域。②《生物多样性公约》、联合国粮农组织、区域渔业管理组织及国际海事组织继续推动此项工作的开展。③

《生物多样性公约》和联合国环境规划署等继续采取行动保护珊瑚礁。《生物多样性公约》正在开发全球珊瑚礁门户系统，以促进关于可持续管理珊瑚礁和相关生态系统的协作和信息分享。环境规划署全球珊瑚礁伙伴关系项目也在继续开展工作，特别是降低旅游业的影响、指标的制定和评估以及利用经济手段开展保护等。

2. 国家管辖范围以外区域的海洋生物多样性

在2012年联合国可持续发展大会上，各国元首和政府首脑在成果文件"我们希望的未来"中承诺，在联合国大会第69届会议结束之前抓紧处理国家管辖范围以外区域海洋生物多样性的养护和可持续利用问题，包括就根据《公约》的规定拟订一份国际文书的问题做出决定。之后，国家管辖范围以外区域海洋生物多样性的养护和可持续利用有关问题不限成员名额非正式特设工作组，就该国际文书的范围、参数和可行性进行讨论并取得进展，从而为联合国大会做出决定奠定了重要基础。2015年6月19日，联合国大会决定，根据《公约》的规定就国家管辖范围以外区域海洋生物多样性的养护和可持续利用问题，拟订一份具有法律约束力的国际文书，目的为通过全面的全球性制度更好地处理该领域事务。

---

① 联合国秘书长：《海洋和海洋法报告》，A/70/74/Add.1，2015年9月1日，第21页。
② 联合国大会，2014年12月29日大会决议，A/RES/69/245，第225段，第34页。
③ 联合国秘书长：《海洋和海洋法报告》，A/70/74/Add.1，2015年9月1日，第22页。

为了开展相关工作，大会同时决定，在举行政府间会议之前，设立一个筹备委员会，主要职责为就该国际文书的案文草案要点向大会提出实质性建议。所有联合国会员国、专门机构成员和《公约》缔约方均可参加，并按照联合国惯例邀请其他观察员参加筹备委员会的工作。该筹备委员会将在 2016 年开始工作，并在 2017 年年底前向大会报告其进展情况。筹备委员会在 2016 年和 2017 年至少举行两次会议，每次为期 10 个工作日。为确保该法律文书得到广泛接受，大会决定筹备委员会应尽力以协商一致方式就实质性事项达成协议。[1]

四、国际海事

国际海运承担了约 90% 的世界贸易运输，对全球经济至关重要。[2] 该行业非常容易受到全球经济波动的冲击，并已受到最近增长下滑以及世界海运货物和船只数量、运费和港口吞吐量减少的影响。海事安全和海事保安[3]也是影响国际海运的重要因素。

（一）海事安全（Maritime Safety）

联合国大会强调应通过实施相关法规等措施加强海事安全，继续监测与海事安全有关的事态发展，特别是关注水道测量、海图绘制、导航、海员和船旗国执行等方面的情况。联合国大会继续强调船旗国执行海事组织通过的关于海上安全、航行效率及预防和控制海洋污染的国际航运规则和标准的重要性。

为提高海事安全，海事组织最新通过的法律文书包括：《建造和装备载运散装危险液化气船舶的国际准则》（于 2016 年 1 月 1 日生效），《使用气体或其他低燃点燃料船舶安全国际准则》（预计将于 2017 年 1 月 1 日生效），以及若干为使该准则具有强制拘束力而通过的修正案。

水道测量和海图绘制对国际航运至关重要。目前全球电子航海图的覆盖范围已接近纸质海图，但由于缺乏可靠的极地地区勘查数据和资金，电子海图难以进一步扩大覆盖范围。国际海事组织核准了电子航行战略实施计划，作为电子航行发展任务的路

---

[1] 联合国大会：《根据<联合国海洋法公约>的规定就国家管辖范围以外区域海洋生物多样性的养护和可持续利用问题拟订一份具有法律约束力的国际文书》，2015 年 6 月 19 日大会决议，A/RES/69/292，第 2 页。

[2] 参见 www.ics-shipping.org/shipping-facts/key-facts，2015-12-31。

[3] 联合国秘书长《海洋和海洋法报告》中将"海事安全"细分为"maritime safety"和"maritime security"，在本章中分别采用该报告的措辞，用"海事安全"和"海事安保"予以区分。参见联合国秘书长：《海洋和海洋法报告》，A/70/74/Add.1，2015 年 9 月 1 日，第 7-14 页。

线图。①

(二) 海事安保 (Maritime Security)

联合国大会继续呼吁各国依据国际法采取措施，打击海盗行为、武装抢劫船舶、走私和针对船只、近海平台和其他海事利益的恐怖主义行为。2015年上半年，全球范围内共报告了22起海盗袭击或未遂袭击事件，130起海上武装抢劫或抢劫未遂事件；②海盗和武装抢劫船舶事件在亚洲比2014年同期增加了18%，其他地区的类似事件数量减少。③

区域性打击海盗行为的努力与合作取得几项重要进展。得益于协调一致的国际海军行动和航运业专门行动，以及索马里沿海海盗问题联络小组的支持，打击索马里沿海的海盗行动取得进展。2015年6月，鉴于苏伊士湾和红海区域所取得的进展，国际海事组织不再将这两个区域列为高风险海区。几内亚湾实施了一项法律改革方案，目标是协助沿岸各国评估和改进有关海盗行为和武装抢劫船舶的国家法律框架。为资助若干区域组织和2013年《在西非和中部非洲防止和打击海盗、武装抢劫船舶和海上非法活动的雅温得行为守则》协调打击海上犯罪的措施，欧盟制订了《2015—2020年欧盟几内亚湾行动计划》。在亚洲，东盟与《亚洲打击海盗和武装抢劫船舶行为区域合作协定》和其他组织合作，通过了2015—2017年海事安保区域工作计划。④

五、海洋科学和技术

海洋开发与养护、海洋管理、应对气候变化与海洋防灾减灾等均离不开科学技术。联合国呼吁各国和国际组织不断加强海洋科学研究，增进对海洋和深海，特别是对深海生物多样性和生态系统的范围和脆弱性的了解和认识。联合国强调在海洋科学技术领域开展国家间、区域和国际合作的重要性，并在全球层面推动大型海洋科学研究项目的开展。

---

① Contribution of the International Maritime Organization to the UN Secretary – General's Report on Oceans and the Law of the Sea, p3, http：//www. un. org/Depts/los/general_assembly/contributions_2015_2/IMO_Contribution. pdf, 2015 - 10 - 26.

② 联合国秘书长：《海洋和海洋法报告》，A/70/74/Add. 1，2015年9月1日，第44段，第11页。

③ Re CAAP, Half Yearly Report on Piracy and Armed Robbery against Ships in Asia, 1 January - 30 June 2015, page 2, at www. recaap. org/Portals/0/docs/Reports/2015/Re CAAP%20ISC%20Half%20Yearly%202015%20Report. pdf, 2015 - 10 - 25. 转引自联合国秘书长：《海洋和海洋法报告》，A/70/74/Add. 1，2015年9月1日，第44段，第11 - 12页。

④ 联合国秘书长：《海洋和海洋法报告》，A/70/74/Add. 1，2015年9月1日，第49 - 51段，第13页。

在科学和技术方面,《2030年可持续发展议程》强调指出,要根据联合国教科文组织和政府间海洋学委员会《海洋技术转让标准和准则》,增加科学知识、培养研究能力和转让海洋技术,以便改善海洋的健康状况,增加海洋生物多样性对发展中国家、特别是小岛屿发展中国家和最不发达国家发展的贡献。①

海委会是负责在全球范围内推动海洋科学研究和提供相关海洋科学服务的联合国机构,并负责实施联合国大会有关海洋科学的决议和决定。海委会于2014年启动新一版《全球海洋科学报告》编制工作,计划于2017年完成。该报告将总结介绍海洋科学技术发展、科研设施投入、能力建设需要等方面的全球概况和总体趋势,并且分析在海洋科学项目投入方面存在的潜在不足。报告还将提供各国在海洋科学投入、资源和科学生产力等领域的概况。该报告可用于了解并评估各国在海洋研究、观测以及数据/信息管理方面的人力和体制能力。② 海委会还于2014年11月举办了主题为"一个地球、一个海洋"的第二次国际海洋研究会议,审查过去20年的海洋科学进展情况,讨论今后10年海洋科学和技术的国际合作。

船基生物地球化学时间序列项目为海洋学界提供研究生物化学和生态系统的长期、高质量数据。在当前海洋不断发生变化的情况下,时间序列方法被视为定性和定量海洋通量以及与生态系统联系的最有价值的工具。在海委会的主持下,海洋生态时间序列国际小组汇编了来自世界范围内400多个地点的时间序列数据。这些数据的分析结果有助于区分海洋生态系统中自然和人为引起的变化,并且了解生态系统应对气候变化的情况。②

在灾害监测和早期预警方面,于2015年3月在日本召开的第三届世界减灾大会通过了《仙台宣言》和《2015—2030年仙台减少灾害风险框架》,各国承诺加强世界范围内的减灾努力,减少生命财产损失。该"框架"所确定的七个全球目标之一是:到2030年大幅增加民众获得和利用多灾种预警系统以及灾害风险信息和评估结果的几率。③ 在防灾减灾方面的努力还包括世界气象组织正在与利益攸关方、合作伙伴和相关组织合作,推动建立一个多灾种预警系统国际网络;南太平洋常设委员会商定了一个区域通信协议,为东南太平洋的国家海啸预警中心建立了一个虚拟平台。③

---

① 联合国大会,A/69/L.85,2015年8月12日,附件,目标14,第14a段。
② Intergovernmental Oceanographic Commission of UNESCO, Contribution of the Intergovernmental Oceanographic Commission of UNESCO to the Report of the Secretary - General, 30 June 2015, http://www.un.org/Depts/los/general_assembly/contributions_2015_2/IOC - UNESCO_Contribution.pdf, 2015 - 10 - 23, p. 2, p. 6 - 7.
③ 联合国大会,2014年12月29日大会决议,A/RES/69/245,第65段,第16页。

六、国际极地事务

南北极具有独特的自然环境，对人类社会具有重要的环境、科学研究和政治经济等方面的意义。国际极地事务的重点包括环境保护和生物资源养护等方面。2015年，《南极条约》体系和南极海洋生物资源养护委员会等组织采取多项措施，保护南极环境，养护生物多样性。

（一）南极事务

为了全人类的共同利益，《南极条约》规定，南极应永远专为和平目的而使用，并冻结对南极的领土主权要求，推动在南极的科学研究与国际合作，保护南极环境和生物资源。[①] 南极条约体系围绕这些目标在南纬60度以南的区域开展各项举措。[②]

《南极条约》签订并生效之后，南极条约协商国又先后于1964年签订了《南极海豹保护公约》，于1980年签订了《南极海洋生物资源养护公约》，于1991年签订了《关于环境保护的南极条约议定书》。《南极条约》和上述公约以及在历次南极条约协商会议上通过的具有法律效力的各项措施，统称为"南极条约体系"。《南极条约》缔约国的地位存在差异，分为具有决策权的协商国和没有决策权的非协商国。《南极条约》的协商国目前有29个，包括：12个原始缔约国，以及17个在南极建立科学考察站或派遣科学考察队开展实质性科学研究活动的缔约国，中国于1985年10月7日获得协商国资格。[③]

南极条约协商国一直强调南极环境的重要性，为保护南极的环境和资源开展了大量工作。自1961年以来，对南极自然环境的保护问题一直是南极条约协商国历次会议的中心议题。2015年6月，南极条约协商国第38届会议在保加利亚的索菲亚举行。《南极条约》缔约方审查了《南极环境影响评估准则》，讨论了关于17个南极保护区的更新和改进安排。[④]

自《南极条约》生效以来，在南极条约体系内已形成了完善的生物资源开发与养护法律制度。为规范和管理南极生物资源的开发和养护，《保护南极动植物议定措施》（1964年）、《南极海豹保护公约》（1972年）和《南极海洋生物资源养护公约》（1980

[①] 《南极条约》，1959年12月1日签订，1961年6月23日生效。
[②] 《南极海洋生物资源养护公约》的管辖范围略大于南纬60度以南面积。
[③] Antarctic Treaty, Parties, http://www.ats.aq/devAS/ats_parties.aspx?lang=e, 2015-11-09. 12个原始缔约国为：阿根廷、澳大利亚、比利时、智利、法国、日本、新西兰、挪威、南非、苏联、英国和美国。
[④] 联合国秘书长：《海洋和海洋法报告》，A/70/74/Add.1，2015年9月1日，第114段，第28页。

年)、《关于环境保护的南极条约议定书》及其"南极动植物保护"和"南极特别保护区"等五个附件相继生效。在南极罗斯海域和南极洲东南部海域建立大面积的海洋保护区是南极海洋生物资源养护委员会框架下的重点讨论议题。

(二) 北极事务

北极特殊的地理位置以及战略、资源、环境、航行、科研等方面的独特优势和价值，使北极成为国际社会关注的焦点之一。北极地区正在发生巨大变化，包括全球气候变化对北极的影响，以及由此引发的人类社会与北极关系的变化，如北极北方航道的利用、油气资源开发、渔业资源开发利用与养护等，[1] 需要对北极的管理进行完善和适应性调整。

北极理事会是由美国、加拿大、俄罗斯、丹麦、挪威、瑞典、冰岛和芬兰8个国家组成的政府间区域性组织，是讨论北极地区环境和可持续发展问题、推动北极事务合作的最重要区域性平台。中国于2013年5月成为该理事会的正式观察员。

随着北极海冰的加速消融，北极的商业航行机会受到更多国家的关注。海事组织最近通过了《极地水域作业船舶国际守则》，该守则将适用于2017年1月1日之后新建造的船舶。为使该守则具有强制性，海事组织修订了《国际海上人命安全公约》和《国际防止船舶造成污染公约》。[2]

七、海洋与气候变化

联合国持续重点关注气候变化，特别是其所引发的海洋酸化对海洋环境和海洋生物多样性产生的不利影响，并在大会决议中强调应对这些问题的紧迫性。[2]

为应对气候变化，气候变化巴黎大会于2015年12月12日通过了《巴黎协定》，为2020年后全球应对气候变化行动做出安排。《巴黎协定》在正式生效后，将成为《联合国气候变化框架公约》下继《京都议定书》后第二个具有法律约束力的协定。《巴黎协定》共29条，包括目标、减缓、适应、损失损害、资金、技术、能力建设、透明度、全球盘点等内容。《巴黎协定》指出，各方将加强对气候变化威胁的全球应对，把全球平均气温较工业化前水平升高控制在2℃之内，并为把升温控制在1.5℃之内而努力。

有关国际组织就气候变化对海洋的影响开展广泛的研究活动。例如，联合国教科

---

[1] 唐建业，赵嵌嵌：《有关北极渔业资源养护与管理的法律问题分析》，载《中国海洋大学学报 (社会科学版)》，2010年第5期，第11页。

[2] 联合国大会，2014年12月29日大会决议，A/RES/69/245，第3页。

文组织海委会设立了一个工作组，改进检测日益升高的二氧化碳对海洋生物影响的测量手段。国际会议也提供机会，可借助气候变化最新知识和在预测生物多样性、渔业和生态系统变化等方面的最新进展交流信息。①

政府间气候变化专门委员会第一工作组 2013 年报告显示，自工业时代开始以来，海洋表层水酸度增加了约 30%，酸化程度令人震惊，带来极为广泛的影响。② 联合国大会敦促各国做出重大努力，解决造成酸化的根源问题，进一步开展研究，并加强这方面的地方、国家、区域和全球合作。③ 各国在"我们希望的未来"中，支持采取措施应对海洋酸化以及气候变化对海洋和沿海生态系统及资源的影响，重申需要集体努力防止海洋进一步酸化，支持对海洋酸化，尤其是脆弱的生态系统进行海洋科学研究、监测和观察。

国际社会正在开展对海洋酸化程度的科学研究。例如，全球海洋酸化监测网络正在进行协调并改进海洋观测，以记录海洋酸化状态和进度。在该项目下，海委会协调组建了一个生物工作组，主要任务是改进措施，以判断不断提高的二氧化碳浓度对海洋生物的影响。④ 最新的全球海洋表面二氧化碳地图于 2015 年 9 月发布，为海洋酸化的深入研究提供重要数据。

八、小结

海洋是世界可持续发展不可或缺的组成部分。联合国大会通过了《2015—2030 年全球可持续发展议程》，重申社会和经济发展离不开对包括海洋资源在内的自然资源进行可持续管理。联合国和各国、各级国际组织围绕这一理念，在海洋法、海洋环境保护、海洋生物资源管理和养护、海洋生物多样性养护和海事安全等方面积极开展多项工作，加强各方协调与合作。

联合国和有关国际组织近年来尤为关注塑料等海洋废弃物、海洋噪声等对海洋环境和海洋生物的不利影响，鼓励对这些影响开展深入的调查、研究和审议。有关组织和机构正在制定各种行动计划和实用指南，以尽量减少和减轻人为水下噪声的重大不利影响。多数行动目前仍停留在讨论和科学研究阶段。联合国持续重点关注气候变化

---

① 联合国秘书长：《海洋和海洋法报告》，A/70/74/Add.1，2015 年 9 月 1 日，第 118 段，第 29 页。
② 政府间气候变化专门委员会第一工作组 2013 年报告。转引自联合国大会，2014 年 12 月 29 日大会决议，A/RES/69/245，第 169 段，第 26 页。
③ 联合国大会，2014 年 12 月 29 日大会决议，A/RES/69/245，第 169 段，第 26 – 27 页。
④ Intergovernmental Oceanographic Commission of UNESCO, Contribution of the Intergovernmental Oceanographic Commission of UNESCO to the Report of the Secretary – General, 30 June 2015, http：//www.un.org/Depts/los/general_assembly/contributions_2015_2/IOC – UNESCO_Contribution.pdf, 2015 – 10 – 23, p. 1.

和海洋酸化对海洋环境和海洋生物多样性产生的不利影响。

为应对海洋法领域不断出现的新问题和新需求，国际社会即将制定新的海洋法规则。为更好地处理国家管辖范围以外区域海洋生物多样性的养护和可持续利用问题，建立综合性的全球性制度，联合国大会于2015年6月决定根据《公约》的规定就国家管辖范围以外区域海洋生物多样性的养护和可持续利用问题拟订一份具有法律约束力的国际文书。

第二章　中国海洋发展的周边环境

中国是海洋地理相对不利国[1]，也地处当今世界经济发展最具活力的亚太地区，周边各国由海洋连接，中国、美国、俄罗斯、日本、东南亚国家联盟（以下简称"东盟"）和印度六大政治力量汇集，既相互借重、合作，又相互制约、竞争，这加剧了中国周边海域地缘政治的潜在风险。近年来，中国经济的发展，与海洋的联系也日益密切。中国海洋发展的周边环境在整体上处于相对和平的态势，但不确定因素仍然存在。

一、中国周边海洋环境

中国在地理上陆海兼备的特点明显。中国有 14 个陆上邻国，是世界上陆地边界线最长和邻国最多的国家，也是边界情况极为复杂的国家。中国也是海洋大国，濒临世界上最辽阔的大洋，大陆海岸线北起中朝交界的鸭绿江口，南到中越交界的北仑河口，有 8 个海上邻国。

（一）自然概况

中国大陆东南两面为海洋所环抱，濒临渤海、黄海、东海和南海，习惯上称"中国周边海"。中国周边海北经朝鲜海峡与日本海相连，东出琉球群岛诸水道和巴士海峡等进入太平洋，西南由马六甲海峡与印度洋沟通，具有重要战略地位。

中国及其周边海被岛链环绕。第一岛链是北起阿留申群岛，经过千岛群岛、琉球群岛、中国台湾、菲律宾，南至澳大利亚和新西兰的环形封锁线。第二岛链是北起日本列岛，经小笠原群岛、硫黄群岛、马里亚纳群岛、雅浦群岛、帛琉群岛，延至哈马黑拉等岛群。因此除台湾岛方向外，中国不能直接面向世界大洋，要经过诸多海峡和水道。

（二）历史发展

作为传统的陆地国家，在 15 世纪前，海洋对中国政治、经济、安全等方面的影响

---

[1] 傅崐成：《中国周边大陆架的划界方法与问题》，载《中国海洋大学学报（社会科学版）》，2004 年第 3 期，第 5-12 页。

有限，主要是作为大陆的天然屏障。中国在15世纪早期出现了郑和下西洋的壮举。但由于中国仍处于封建社会，农业经济、大陆文明居于主导地位，远洋活动缺乏制度、经济和海洋文明的支持，没有像欧洲国家那样发展成强大的海权国家。明朝中叶以后，由于海洋方向面临的安全压力逐渐显现，统治者为加强海防，实行海禁政策，本不十分活跃的海洋活动受到进一步冲击。到19世纪，西方列强纷纷从海上打开中国国门。中国被纳入以欧洲为中心的殖民体系中，逐渐沦为半封建半殖民地社会。

新中国成立后，中国面临的地缘政治形势严峻。苏联长期构成西北方向的现实威胁，成为中国防务的重点。与此同时，对海洋权益和岛屿主权的维护被迫居于次要地位，导致周边国家自20世纪70年代开始吞占中国南沙群岛。以美国为首的资本主义国家对中国实行海上封锁政策，建立了孤立和封锁中国的新月形军事包围圈。①

"冷战"结束促使国际政治、安全等方面发生深刻变革，和平与发展逐渐成为时代主题。国际海洋政治秩序出现重大变革，原有海洋地缘政治格局被打破，中国的海洋政治地理环境发生重大变化。全球化时代的到来，为中国走向海洋提供了历史机遇。海洋成为中国实行"走出去"战略的窗口。国际及周边安全形势的改善，为中国走向海洋提供了保障，中国开始大步迈向海洋。国际海洋新秩序的建立，为中国和平利用海洋提供了契机，扩展了中国海洋发展的空间。

进入21世纪，人类进入了大规模开发利用海洋的新时代，人类的可持续发展越来越多地依赖海洋。海洋在中国国家发展战略中的地位日益重要，东部沿海地区的继续发展需要海洋的支持，改革开放的经济格局需要海上通道的安全来保障，中国国家战略空间的拓展需要依托海洋来实现。随着世界海洋形势的深刻变化以及海洋在各沿海国战略地位的普遍提高，中国所处的海洋政治地理环境更加复杂多变，外向性和开放性更加突出，更易受到国际以及周边海洋政治、经济以及安全形势的影响。

二、中国周边海洋形势

中国周边海洋形势因特定地缘政治环境而具有复杂性。中国周边海洋形势既涉及中国周边海域即黄海、东海和南海方向的形势，也涉及西北太平洋和北印度洋的海洋形势。总体而言，中国周边海洋形势平稳，同时影响海洋权益和海洋安全的因素渐趋多元化，面临的问题和挑战也有所增加。

---

① 邵永灵，时殷弘：《近代欧洲陆海复合国家的命运与当代中国的选择》，载《世界经济与政治》，2000年第10期，第50页。

（一）合作与发展是周边国家的共同愿景

求稳定、促发展，是亚洲国家的共同愿望。亚洲不少国家面临的共同任务是：如何在千变万化的国际环境中，保证国内社会稳定和经济合理增长。这为亚洲国家有意愿、有动力通过对话和协调解决彼此间的分歧提供了政治基础。当前中国周边环境形势总体稳定，国家间关系持续发展。中国与周边海洋邻国合作共赢的前景光明。

1. 政治互信不断增强

亚洲相互协作与信任措施会议（以下简称"亚信"）已成为亚洲国家探索亚洲安全治理模式的重要机制。亚信成立23年来，在建立和落实信任措施、增进不同文明对话、促进共同发展等方面做出不懈努力，取得积极进展。亚信非政府论坛首次年会于2015年5月25日在北京召开。[1] 亚非团结合作传统得到全面弘扬和拓展。亚非领导人会议于2015年4月在印度尼西亚举行，通过了《2015万隆公报》《重振亚非新型战略伙伴关系宣言》《巴勒斯坦问题宣言》3份成果文件。[2]

2. 经济融合不断加深

中国周边经济一体化不断推进。区域经济融合发展是不可阻挡的时代潮流，也是地区各国的共同利益所在。亚洲基础设施投资银行（以下简称"亚投行"）于2016年1月16日在北京开业。亚投行将有效增加亚洲地区基础设施投资，推动区域互联互通和经济一体化进程，也有利于改善亚洲发展中成员国的投资环境，创造就业机会，提升中长期发展潜力，对亚洲乃至世界经济增长带来积极提振作用。[3]

3. 合作领域不断拓宽

中国与周边的合作进一步深化，领域不断拓宽，程度不断加深。中、日、韩三国在各领域合作稳步推进。中韩于2015年6月正式签署自贸协定，[4] 中、日、韩自贸区谈判正在稳步推进。距上次会议三年半之后，第六次中、日、韩领导人会议于2015年

---

[1] 亚信非政府论坛首次年会在京举行，外交部，http://www.fmprc.gov.cn/web/wjdt_674879/gjldrhd_674881/t1266652.shtml，2016-01-27。

[2] 习近平出席万隆会议60周年纪念活动，外交部，http://www.fmprc.gov.cn/web/wjdt_674879/gjldrhd_674881/t1257576.shtml，2016-01-27。

[3] 习近平出席亚洲基础设施投资银行开业仪式并致辞，外交部，http://www.fmprc.gov.cn/web/wjdt_674879/gjldrhd_674881/t1332257.shtml，2016-01-27。

[4] 习近平主席与韩国总统朴槿惠就两国正式签署中韩自贸协定互致贺信，外交部，http://www.fmprc.gov.cn/web/wjdt_674879/gjldrhd_674881/t1269003.shtml，2016-01-27。

11 月 1 日在韩国首都首尔召开，标志着三国合作全面恢复。会议发表的《关于东北亚和平与合作的联合宣言》表示，必须改变地区国家经济相互依存与政治安全紧张并存的情况，才能推动地区实现永久和平稳定和共同繁荣，才能坚定推动三国合作向前发展。[1]

中国 - 东盟关系不断向前发展。东盟于 2015 年年底成为亚洲地区第一个次区域共同体，是中国周边外交的优先方向和构建以合作共赢为核心的新型国际关系重要伙伴。[2] 经过共同努力，双方的政治互信不断增强。21 世纪海上丝绸之路、中国 - 东盟命运共同体以及 "2 + 7 合作框架"，得到东盟国家普遍赞同和支持，并与东盟共同体建设蓝图对接起来，与东盟国家各自发展战略对接起来。双方的经济融合不断加深。中国 - 东盟自贸区升级谈判全面达成[3]，区域全面经济伙伴关系（RCEP）谈判取得积极进展，泛北部湾经济合作路线图制定完成。双方的合作领域不断拓展。2015 年是"中国 - 东盟海洋合作年"，双方设计了建设中国 - 东盟海洋合作中心、中国 - 东盟海上紧急救助热线、中国 - 东盟海洋学院等 40 多个项目，正在有序落实。[4]

（二）周边海域形势稳中存变

中国周边海域形势总体稳定，但涉海争议因素也在上升，部分海域的局势在高位运行。

1. 黄海

黄海周边国家包括朝鲜、韩国、日本和中国。黄海所处的东北亚地区历来是大国力量交汇的敏感区域，地缘政治关系复杂。

（1）朝鲜半岛问题

朝鲜半岛问题是当今影响中国周边海域东北方向的主要不稳定因素。进入 21 世纪，半岛局势呈现时起时伏、复杂多变的发展态势。一方面，促进和解、推动

---

[1] 关于东北亚和平与合作的联合宣言（全文），外交部，http://www.fmprc.gov.cn/web/zyxw/t1310974.shtml，2016 - 01 - 27。

[2] 王毅：对接"一带一路"倡议和东盟国家发展战略开辟中国 - 东盟关系新前景，外交部，http://www.fmprc.gov.cn/web/zyxw/t1286654.shtml，2016 - 01 - 27。

[3] 自 2014 年 8 月起经过 4 轮谈判，中国 - 东盟自贸区升级谈判于 2015 年 11 月 22 日全面结束，签署成果文件——《中华人民共和国与东南亚国家联盟关于修订〈中国 - 东盟全面经济合作框架协议〉及项下部分协议的议定书》。李克强出席中国 - 东盟自贸区升级谈判成果文件签字仪式，外交部，http://www.fmprc.gov.cn/web/wjdt_674879/gjldrhd_674881/t1317347.shtml，2016 - 01 - 27。

[4] 张高丽在第 12 届中国 - 东盟博览会和中国 - 东盟商务与投资峰会开幕大会上的致辞，外交部，http://www.fmprc.gov.cn/web/zyxw/t1298024.shtml，2016 - 01 - 27。

谈判、制约战争的内外因素继续存在和发展。在中国的努力推动下，朝核问题"六方会谈"机制于2003年启动，为和平解决争端提供了重要机遇，半岛和平进程有可能在曲折中前进。另一方面，朝鲜与美国、韩国之间的矛盾根深蒂固，各自的国家利益和政策目标大相径庭，半岛局势的发展仍存在较大的不稳定和不确定因素。近年来，海洋成为朝、韩两国政治军事斗争博弈的前沿和焦点，尤其是黄海"北方限界线"附近海域，双方围绕该海域的政治、法律、军事斗争逐年加剧，军事冲突逐年升级。

（2）中韩海域划界

中韩两国主张管辖海域有重叠。中韩两国就海域划界问题进行过多次非正式磋商。为落实中韩两国领导人2014年达成的启动海域划界谈判的共识，中国与韩国于2015年12月22日在韩国首尔举行了中韩海域划界首轮会谈①。中韩两国力图通过友好协商，公平合理解决海洋权益主张重叠问题，为地区国家解决类似问题树立良好典范。

2. 东海

日本的海洋战略对日本未来走向、东亚地区乃至整个亚太的安全都将产生重要影响。"冷战"结束后，世界范围内两大阵营对抗的消失，促使日本寻找新的国家定位并确定对外战略的目标和手段。日本确定"海洋立国"的综合战略，积极推动成为海洋国家，从海洋立法、机构设置、加强军备、强化日美同盟等领域进行全方位努力，并将中国视为其主要战略对手。中日在海上安全、对外投资多个领域矛盾重重，关系持续低迷。继中日两国于2014年达成处理和改善两国关系的四点原则共识后，中日2015年的海上关系略呈缓和。两国于2015年1月和12月举行了两次海洋事务高级别磋商。东海海上形势目前相对平静。

3. 南海

南海周边国家在加强政治安全合作的同时，采取综合手段加紧争夺海洋权益，加上域外大国势力积极渗透，导致影响地区和平与稳定的不确定因素增加。

（1）海洋权益争端日趋激烈

海洋权益斗争是南海海洋形势的焦点。南海问题已从单纯的岛礁争夺、海域划界和资源开发之争，发展为全方位的海洋战略利益的争夺，涉及双边和多边的政治、外

---

① 中韩海域划界首轮会谈成功举行，中国政府网，http://www.gov.cn/xinwen/2015-12/22/content_5026586.htm，2016-02-05。

交、经济、通道安全及军事安全等诸多问题。

"冷战"结束后，东南亚国家多以东盟为形式活跃于国际舞台。东盟近年侧重于关注海洋权益和维护地区稳定。南海周边国家在东盟框架下的政治安全合作也不断加强。美国、日本、澳大利亚、印度等域外国家积极推进与东盟国家的政治、外交、经济、军事关系，不断强化在南海地区的影响。

（2）对话合作不断推进

作为南海周边的重要地区力量，中国通过开展各种对话合作，展示出积极推动南海地区合作与发展的意愿。中国推动实施《南海及其周边海洋国际合作框架计划》。自该计划实施以来，国家海洋局通过多层面的合作机制，依托联合国政府间海洋学委员会西太平洋分委会等国际组织，牵头发起并实施了近70个合作项目。合作得到了南海及周边国家的积极响应，促进了相关国家的海洋合作伙伴关系。

中国还通过连续举办"南海合作与发展国际研讨会"，促进与有关国家的交流对话。第三届"南海合作与发展国际研讨会"由国家海洋局海洋发展战略研究所与武汉大学"国家领土主权与海洋权益协同创新中心"于2015年10月29—30日共同举办。此次会议对于宣传和强调中国在南海的一贯立场和主张，澄清和消除外界对中菲南海仲裁案以及中国南沙岛礁建设的误解和误导，宣传中国建设21世纪海上丝绸之路，促进南海周边国家共同发展等具有积极作用。

（三）周边海洋竞争与合作并存

从中国周边海域往外是中国周边海洋，主要涉及西太平洋和北印度洋两个方向。

1. 西太平洋

西太平洋地区大致的地理范围包括第二岛链以西的太平洋地区以及亚洲东海岸的滨海地带。西太平洋地区对中国具有重要的地缘战略意义。世界上五大力量中心的三个（日本、中国和俄罗斯）位于西太平洋地区。美国虽不是西太平洋地区国家，但由于其超级大国的实力和遍及世界的全球利益，美国在西太平洋地区的海洋安全结构中占据着主导地位。随着美国战略重心逐渐转移到西太平洋地区，这种"1＋X"的结构可能会在相当长的时间内处于稳定状态。印度近年来也对西太平洋地区的事务颇感兴趣。

西太平洋地区各行为体之间地缘经济相互依赖和地缘安全困境均有所发展，海洋竞争日趋激烈。一方面，西太平洋地区的中国、日本、韩国和东盟各国等，相互之间的贸易、投资、人员往来日益活跃，经济关系日益密切，互相成为最重要的贸易伙伴，地缘经济融合的趋势明显；另一方面，由于各国均把经济发展作为最重要的任务，从而使得各国对于资源尤其是能源的需求大幅度增长，因此涉及各国生存与发展的海洋资源以及海洋战略通道的安全问题也随之突出。海洋在各国国家战略中的地位上升，使得海洋已成为各国极为关注、极具战略意义的问题，海洋竞争已经上升到影响整体地区格局的重要程度。

西太平洋地区海洋安全交流机制仍有较大提升空间。西太平洋地区的海洋交流机制主要包括：一是双边的海洋安全磋商机制或者海上突发事件协议。二是美国所主导的海上军事联盟和安全联盟、其他协议等。美国支持日本建立的《亚洲地区反海盗及武装劫船合作协定》（RECAAP）是东南亚地区第一个政府间的海上安全合作机制。三是中国与东盟签署的《南海各方行为宣言》。四是一些论坛性质的海上安全或者与海上安全相关的合作机制等。这些机制的主体、宗旨、结构各不相同，在实践中的效果也不一样。由于西太平洋地区的海洋争端涉及国家的主权和尊严、民族传统和感情、国家发展所需的资源和空间等重大问题，各国都很难做出让步，势必导致这一地区难以建立起全面的海洋安全合作机制。

2. 北印度洋

北印度洋地区东起印度尼西亚、马六甲海峡，西至中东包括伊朗、沙特阿拉伯、阿曼、也门等国家，南面包括埃塞俄比亚、索马里和肯尼亚等东非国家的区域。印度洋北部的弧形战略地带是一条重要但却充满冲突和利益纠纷的地缘战略弧。印度洋的安全与稳定对中国的战略和经济利益意义重大。随着近年来各种地缘因素尤其是海洋地缘政治因素的变化，印度洋地区已经成为世界地缘政治和地缘战略的前列。该地区在资源、人口、经济和环境安全方面的当务之急普遍地汇聚于海洋领域，海洋是沿岸国家和外来大国集体利益和交叉利益的焦点之所在。

印度洋地区地缘价值突出。首先，印度洋连接太平洋和大西洋，贯通欧亚非与大洋洲，东靠南海，并通过马六甲海峡和龙目海峡通向太平洋，北靠南亚次大陆并深入到中亚，西北角有波斯湾和中东，通过亚丁湾、红海、苏伊士运河、地中海通往西欧，西有非洲大陆，直到好望角，与大西洋相通。印度洋"能源通道"是许多国家的"战略生命线"。其次，印度洋周边是世界资源极为丰富的地区之一。其矿产资源以石油和天然气为主，主要分布在波斯湾地区。此外，澳大利亚附近的大陆架、孟加拉湾、红海、阿拉伯海、非洲东部海域以及马达加斯加岛附近，都发现有石油和天然气。

多方因素导致印度洋地区的动荡。一是能源需求急剧上升引发的动荡。二是海洋资源的占有和开发利用引发的竞争。此外，印度洋地区还一直是海盗、恐怖主义等各种非传统威胁相对集中的区域。

目前，在印度洋主要的地区组织是"环印度洋地区合作联盟"。另一个可能对印度洋地区产生影响的多边机构是"南亚区域合作联盟"。在印度洋地区的"群龙无首"现象说明该地区还不是全球事务中的焦点地区。这可能意味着印度洋地区的架构需要重组。

为降低北印度洋地区安全环境的不确定性，有关国家已建立起相关机制。一是地区机制，主要包括环印度洋联盟（中国为对话伙伴国）和印度洋海军论坛。二是"对话"与"联合演习"，主要包括"美印战略对话""美、印、日三边战略对话"以及"美印2014准备战争"（Yudh Abhyas）和美、印、日三边联合军演等。这些机制为促进海洋安全合作提供了制度性基础。中国至今不是该地区任何机制的完全成员国，被融入的程度较低。中国与印度洋沿岸很多国家政治、经济关系良好，这为中国在此区域开展海洋安全合作创造了良好的基础和条件。

三、周边海洋环境与21世纪海上丝绸之路

共建21世纪海上丝绸之路是中国推动对外开放合作，与沿线国家建设命运共同体的重大战略举措，既符合现阶段中国现代化、全球化发展的实际需要，也与沿线国家的发展利益高度契合，对营造更加有利于中国发展的宽松有利的海洋环境具有重要意义。

（一）共建海上丝绸之路的核心是发展好海洋合作伙伴关系

中国国家主席习近平在2013年先后提出建设丝绸之路经济带[1]和21世纪海上丝绸之路[2]（以下简称"一带一路"）的合作倡议。"一带一路"倡议契合中国、沿线国家和本地区发展需要，符合有关各方共同利益，顺应了地区和全球合作潮流。[3] 中共十八届三中全会提出要构建开放型经济新体制，将推进丝绸之路经济带、海上丝绸之路建设作为形成全方位开放新格局的重要部署，以扩大内陆沿海沿边开放。[4] 中国政府于

---

[1] 习近平在上海合作组织成员国元首理事会第十三次会议上的讲话，新华网，http：//news.xinhuanet.com/world/2013-09/13/c_117365545.htm，2016-01-26。

[2] 习近平在印度尼西亚国会发表演讲：携手建设中国－东盟命运共同体，新华网，http：//news.xinhuanet.com/world/2013-10/03/c_117591652.htm，2016-01-26。

[3] 习近平主席在博鳌亚洲论坛2015年年会上的主旨演讲（全文），新华网，http：//news.xinhuanet.com/politics/2015-03/29/c_127632707.htm，2016-01-26。

[4] 授权发布：中共中央关于全面深化改革若干重大问题的决定，新华网，http：//news.xinhuanet.com/2013-11/15/c_118164235.htm，2016-01-26。

2015 年 3 月 28 日发布《推动共建丝绸之路经济带和 21 世纪海上丝绸之路的愿景与行动》①，全面阐述"一带一路"的内涵与布局。中共十八届五中全会进一步明确，要推进"一带一路"建设，打造陆海内外联动、东西双向开放的全面开放新格局。②

海洋是各国经贸文化交流的天然纽带。21 世纪海上丝绸之路是"一带一路"合作倡议的重要组成部分。21 世纪海上丝绸之路的核心在于积极发展与沿线国家的经济伙伴关系，共同建设"和平海洋""和谐海洋""合作海洋"，促进蓝色经济的发展，共同打造政治互信、经济融合、文化包容、互联互通的利益共同体和命运共同体，以实现地区各国的共同发展和共同繁荣。③ 共建 21 世纪海上丝绸之路，可不断加强国家间、地区间以及国际组织之间的交流和沟通，加深在海洋领域的全方位合作，推动蓝色经济的发展，是中国履行走和平发展道路的大国责任的具体体现，是造福于沿线各国人民的伟大事业。

（二）沿线各国积极响应共建海上丝绸之路倡议

21 世纪海上丝绸之路倡议得到了广泛的国际共识和支持响应。已经有 60 多个沿线国家和国际组织对参与"一带一路"建设表达了积极态度。④

东盟是共建 21 世纪海上丝绸之路的重点地区。东盟高度重视东盟 – 中国战略合作伙伴关系。在 2015 年 8 月 5 日举行的中国 – 东盟（10 + 1）外长会上，与会东盟各国外长表示，愿与中国共建 21 世纪海上丝绸之路，加强互联互通，升级中国 – 东盟自贸区建设。⑤

东南亚各国对 21 世纪海上丝绸之路倡议表示支持。作为 2015 年的东盟轮值主席国，马来西亚特别重视马中关系，支持亚投行和 21 世纪海上丝绸之路的倡议，推动东盟成员国积极参与 21 世纪海上丝绸之路建设。⑥ 印度尼西亚认为，共建 21 世纪海上丝绸之路同其"全球海洋支点"规划高度契合，愿深入研究探讨 21 世纪海上丝绸之路倡

---

① 《推动共建丝绸之路经济带和 21 世纪海上丝绸之路的愿景与行动》，国家发展和改革委员会，sdpc. gov. cn/xwzx/xwfb/201503/t20150328_669089. html，2016 – 01 – 26。
② 授权发布：中国共产党第十八届中央委员会第五次全体会议公报，新华网，http：//news. xinhuanet. com/politics/2015 – 10/29/c_1116983078. htm，2016 – 01 – 26。
③ 喻思娈：《共谱 21 世纪海上丝绸之路新篇章——专访国家海洋局局长王宏》，载《人民日报》，2015 年 3 月 27 日 13 版。
④ 习近平主席在博鳌亚洲论坛 2015 年年会上的主旨演讲（全文），新华网，http：//news. xinhuanet. com/politics/2015 – 03/29/c_127632707. htm，2016 – 01 – 27。
⑤ 王毅：《对接"一带一路"倡议和东盟国家发展战略　开辟中国 – 东盟关系新前景》，外交部，http：//www. fmprc. gov. cn/web/zyxw/t1286654. shtml，2016 – 01 – 27。
⑥ 习近平会见马来西亚总理纳吉布，外交部，http：//www. fmprc. gov. cn/web/wjdt_674879/gjldrhd_674881/t1249562. shtml，2016 – 01 – 27。

议和印度尼西亚新的发展战略给双方合作带来的契机①,希望加快发展战略对接。② 越南也正积极研究参与 21 世纪海上丝绸之路建设,希望同中国加强交流合作。③ 泰国④、老挝⑤、缅甸⑥、柬埔寨⑦等也纷纷表示支持 21 世纪海上丝绸之路倡议,愿意加强互联互通建设,拓展合作领域。

南亚各国也对 21 世纪海上丝绸之路倡议给予回应。印度是 21 世纪海上丝绸之路沿线的重要国家,重视南亚地区互联互通建设,愿加强同中国在这一领域合作。⑧ 巴基斯坦与中国是全天候战略合作伙伴关系,支持"一带一路"倡议,愿积极参与亚洲基础设施投资银行建设。⑨ 孟加拉国支持"一带一路"和孟中印缅经济走廊倡议。⑩ 斯里兰卡认为,丝绸之路是与中国的共同历史遗产,希望在 21 世纪海上丝绸之路框架内加强同中方合作。⑪

阿拉伯国家对中阿合作共建"一带一路"的倡议作出积极回应。⑫ 阿拉伯国家联盟表示,愿深入开展与中国的全方位合作,共建"一带一路"。⑬ 海湾阿拉伯国家合作委

---

① 习近平会见印度尼西亚总统佐科,外交部,http://www.fmprc.gov.cn/web/wjdt_674879/gjldrhd_674881/t1256964.shtml,2016-01-27。
② 习近平同印度尼西亚总统佐科通电话,外交部,http://www.fmprc.gov.cn/web/wjdt_674879/gjldrhd_674881/t1275281.shtml,2016-01-27。
③ 习近平同越共中央总书记阮富仲举行会谈,外交部,http://www.fmprc.gov.cn/web/wjdt_674879/gjldrhd_674881/t1252726.shtml,2016-01-27。
④ 《中国-东盟海洋合作年启动》,载《光明日报》,2015 年 3 月 29 日 4 版。
⑤ 李源潮会见出席第三届中国-南亚博览会的外国政要,外交部,http://www.fmprc.gov.cn/web/wjdt_674879/gjldrhd_674881/t1272887.shtml,2016-01-27。
⑥ 习近平会见缅甸总统吴登盛,外交部,http://www.fmprc.gov.cn/web/wjdt_674879/gjldrhd_674881/t1256967.shtml,2016-01-27。
⑦ 习近平会见柬埔寨首相洪森,外交部,http://www.fmprc.gov.cn/web/wjdt_674879/gjldrhd_674881/t1257299.shtml,2016-01-27。
⑧ 习近平会见印度总理莫迪,外交部,http://www.fmprc.gov.cn/web/wjdt_674879/gjldrhd_674881/t1263918.shtml,2016-01-27。
⑨ 习近平同巴基斯坦总理谢里夫举行会谈,外交部,http://www.fmprc.gov.cn/web/wjdt_674879/gjldrhd_674881/t1256273.shtml,2016-01-27。
⑩ 孟加拉国总理哈西娜会见刘延东,外交部,http://www.fmprc.gov.cn/web/wjdt_674879/gjldrhd_674881/t1266463.shtml,2016-01-27。
⑪ 习近平同斯里兰卡总统西里塞纳举行会谈,外交部,http://www.fmprc.gov.cn/web/wjdt_674879/gjldrhd_674881/t1248862.shtml,2016-01-27。
⑫ 习近平主席致 2015 中国-阿拉伯国家博览会的贺信,外交部,http://www.fmprc.gov.cn/web/zyxw/t1295827.shtml,2016-01-27。
⑬ 杨洁篪会见阿拉伯国家联盟秘书长阿拉比,外交部,http://www.fmprc.gov.cn/web/wjdt_674879/gjldrhd_674881/t1269298.shtml,2016-01-27。

员会同中国一直保持良好关系，期待加强"一带一路"框架下合作。[1] 沙特阿拉伯支持中国"一带一路"倡议，同意加强发展战略对接，在共同推进"一带一路"建设的框架内深入合作。[2] 阿联酋致力于深化同中国战略伙伴关系，积极支持和参与"一带一路"建设，也愿在亚投行建设中发挥积极作用。[3] 埃及愿将自身发展规划同"一带一路"建设对接，在亚投行框架内推进基础设施等合作。[4]

（三）共建海上丝绸之路有助于塑造和平稳定的周边海洋环境

21世纪海上丝绸之路传承了古代海上丝绸之路"和平友好、互利共赢"的价值理念，而且注入新的时代内涵，合作层次更高，覆盖范围更广，参与国家更多。21世纪海上丝绸之路对于中国优化发展周边海洋环境意义重大。

共建21世纪海上丝绸之路有利于营造和平稳定的周边环境。21世纪海上丝绸之路沿线国家多为发展中国家或转型经济体，国情相似，发展阶段相近，经济互补性强，利益交集点多面广，加快经济社会发展、实现民族振兴和国家富强的愿望都十分迫切。通过共建21世纪海上丝绸之路，能够有效推动区域经济合作，促进要素资源优化配置，释放沿线各国巨大的发展潜力，在互利共赢中实现共同发展繁荣，在交流合作中构建命运共同体，进而拴牢利益纽带，深化战略互信，形成和平、稳定、和谐的周边环境。

21世纪海上丝绸之路与中国"亲、诚、惠、容"的周边外交理念一致。21世纪海上丝绸之路建设将以政策沟通、设施联通、贸易畅通、资金融通、民心相通为主要内容，全方位推进务实海上合作，打造新的沿线国家和谐共处的和平之路、稳定畅通的安全之路、情感相依的友谊之路、互利共赢的合作之路、持续繁荣的发展之路。

四、小结

中国地处当今世界经济发展最具活力的亚太地区，各大政治力量汇集，既相互借重、合作，又相互制约、竞争。中国周边海洋形势因特定地缘政治环境而具有复杂性。

---

[1] 习近平会见海湾阿拉伯国家合作委员会秘书长扎耶尼，外交部，http：//www.fmprc.gov.cn/web/wjdt_674879/gjldrhd_674881/t1333109.shtml，2016-01-27。
[2] 习近平同沙特阿拉伯国王萨勒曼举行会谈，外交部，http：//www.fmprc.gov.cn/web/wjdt_674879/gjldrhd_674881/t1333108.shtml，2016-01-27。
[3] 习近平会见阿联酋阿布扎比王储穆罕默德，外交部，http：//www.fmprc.gov.cn/web/wjdt_674879/gjldrhd_674881/t1324148.shtml，2016-01-27。
[4] 习近平同埃及总统塞西举行会谈，外交部，http：//www.fmprc.gov.cn/web/wjdt_674879/gjldrhd_674881/t1333748.shtml，2016-01-27。

同时影响海洋权益和海洋安全的因素渐趋多元化，局部海域出现了不利的变化。尽管如此，中国与周边海洋邻国仍存有意愿和动力通过对话和协调解决彼此间的分歧，共同构建合作共赢的光明前景。共建 21 世纪海上丝绸之路的倡议是对形势发展需要的积极反应。其所倡导的和平合作、开放包容、互学互鉴、互利共赢理念，与沿线各国求和平、谋发展的诉求高度契合，与团结协作、共同应对全球性挑战的时代要求不谋而合，是人类命运共同体精神的生动体现。共建 21 世纪海上丝绸之路既符合现阶段中国现代化、全球化发展的实际需要，也与沿线国家的发展利益高度契合，对中国营造更加宽松有利的发展环境有着重要影响。

第二部分
加强海洋综合管理

第三章　中国海洋政策

党的十八大提出"建设海洋强国"奋斗目标，国务院总理李克强在2015年的政府工作报告中提出："要编制实施海洋战略规划，发展海洋经济，保护海洋生态环境，提高海洋科技水平，加强海洋综合管理，坚决维护国家海洋权益，妥善处理海上纠纷，积极拓展双边和多边海洋合作，向海洋强国的目标迈进。"中央的明确部署和国家的大政方针对于海洋事业的发展奠定了良好的政策基础和发展环境。

一、促进海洋经济发展

近年来，中国海洋经济已成为国民经济的新增长点。"十二五"期间中国海洋经济持续保持总体平稳的增长势头，海洋生产总值占国内生产总值比重始终保持在9.3%以上。[①] 2015年，为推动海洋经济向质量效益型转变，海洋政策继续支持优化海洋经济空间布局和产业结构调整，提升海洋经济运行监测与评估能力。

（一）以开发性金融政策促进海洋经济发展

金融政策是促进海洋经济发展的重要保障。2014年12月，国家海洋局与国家开发银行联合印发《关于开展开发性金融促进海洋经济发展试点工作的实施意见》，提出重点支持海洋传统产业改造升级、海洋战略性新兴产业培育壮大、海洋服务业积极发展、海洋经济绿色发展，以及涉海重大基础设施建设5个领域。该实施意见还对创新开发性金融支持海洋经济发展的融资服务方式和试点工作的保障机制、协调机制、产业投融资指引与管理、项目申报与管理、重点项目推荐与支持、培训与交流、监督与管理等方面予以规定。

本次试点工作是实施海洋强国战略和建设21世纪海上丝绸之路，落实《全国海洋经济发展"十二五"规划》关于"财税金融政策促进海洋经济发展"的重大举措，是提高海洋经济金融服务水平的一次重要尝试。

---

① 国家发展改革委，国家海洋局：《中国海洋经济发展报告2015》，北京：海洋出版社，2015年。

（二）大力支持重点海洋产业发展

中国政府大力发展海洋战略性新兴产业，推动海洋传统产业升级改造，对现代海洋渔业、海洋可再生能源发展、海洋船舶工业以及海运业等重点海洋产业进行规划部署和政策引导。

1. 提升海洋渔业可持续发展能力

在党中央、国务院关于发展海洋经济和建设海洋生态文明的决策部署下，中国海洋渔业加快转变发展方式，合理开发利用海洋渔业资源，加强海洋环境保护，促进海洋生态修复，走产出高效、产品安全、资源节约、环境友好的现代海洋渔业发展之路。

《国务院关于促进海洋渔业持续健康发展的若干意见》提出中国坚持生态优先、养捕结合和控制近海、拓展外海、发展远洋的生产方针，着力加强海洋渔业资源和生态环境保护，不断提升海洋渔业可持续发展能力。[①] 为全面提升远洋渔业装备水平，逐步实现远洋渔船的专业化、标准化、现代化，农业部组织开展了远洋渔船船型标准化工作，根据"安全、环保、经济、节能、适居"的标准，制定了《远洋渔船标准化船型参数系列表（第一批）》。

海洋伏季休渔制度是养护海洋生物资源、建设海洋生态文明、促进海洋渔业可持续发展的重要举措。海洋伏季休渔制度自1995年实施以来，经过数次调整完善，已经成为中国最重要和最具影响力的渔业资源养护管理制度。

2. 支持开发利用海洋可再生能源

为缓解沿海地区能源紧缺状况，国家海洋局印发了《海洋可再生能源发展纲要2013—2016年》（以下简称《纲要》）。《纲要》指出，要把开发利用海洋能作为增加可再生能源供应、优化能源结构、发展海洋经济、缓解沿海及海岛地区用电紧张状况的战略举措，推动海洋能规模化、产业化发展，培育可再生能源新兴产业。

为加强海洋能发电装置海试前的质量控制，健全质量控制体系，统一质量控制标准，国家海洋局办公室还印发了海洋能发电装置海试前关键过程质量控制管理文件及技术要求的通知。[②]

[①] 国务院公布关于促进海洋渔业持续健康发展的若干意见，新华网，http://news.xinhuanet.com/politics/2013-06/25/c_116285134.htm，2013-06-25。

[②] 国家海洋局办公室关于印发海洋能发电装置海试前关键过程质量控制管理文件及技术要求的通知，国家海洋局，http://www.soa.gov.cnzwgkgfxwjkxcg201512/t20151229_49473.html，2015-12-29。

3. 推动海运业健康发展

为了加快推动海运业健康发展，2014年9月，国务院发布《国务院关于促进海运业健康发展的若干意见》（以下简称《意见》），这是新中国成立以来国家层面第一个关于海运业发展的顶层设计，也是第一次对海运发展工作的全面系统部署，标志着海运发展上升为国家战略。[①]《意见》明确提出到2020年，基本建成安全、便捷、高效、经济、绿色和具有国际竞争力的现代化海运体系，海运服务贸易位居世界前列，国际竞争力明显提升。

为将《意见》任务落到实处，交通运输部印发《关于加快现代航运服务业发展的意见》，提出到2020年，基本形成功能齐备、服务优质、高效便捷、竞争有序的现代航运服务业体系。现代航运服务业发展与中国航运业转型升级相适应，航运中心的航运服务功能进一步完善，现代航运服务业综合竞争力和服务经济社会发展的能力进一步提升。该意见提出了促进传统航运服务业转型升级、提升航运交易服务能力、创新航运金融保险服务、强化航运法律服务能力、提高航运信息服务能力、增强运价指数服务功能、强化船舶技术服务、完善航运服务业市场监管体系等主要任务。[②]

（三）加快发展船舶及海洋工程装备

海洋船舶及工程装备是发展海洋产业的重要载体和基础，国家出台相应战略和政策，大力推动海洋船舶及海洋工程装备制造业发展。

1. "战略"指导船舶及海工装备制造业发展

2015年5月19日，国务院发布《中国制造2025》，部署全面推进实施制造强国战略。在对第一个十年的战略任务和重点进行具体部署时，海洋工程装备及高技术船舶被"圈定"为十大重点领域之一，这将对船舶及海工装备制造业发展产生深远影响。《中国制造2025》指出，要大力发展深海探测、资源开发利用、海上作业保障装备及其关键系统和专用设备。推动深海空间站、大型浮式结构物的开发和工程化。形成海洋工程装备综合试验、检测与鉴定能力，提高海洋开发利用水平。《中国制造2025》中相关内容的提出，为船舶及海工产业的发展营造良好环境，指出了创新发展方向。[③]

---

① 新华网：国务院印发《关于促进海运业健康发展的若干意见》http：//www.qstheory.cn/yaowen/2014-09/04/c_1112351042.htm，2014-09-03。
② 《2020年将形成现代航运服务业体系》，载《中国海洋报》，第362期A1版。
③ 海洋工程装备及高技术船舶入围《中国制造2025》十大重点领域，载《中国船舶报》，http：//www.cssc.net.cn/component_news/news_detail.php?id=19725，2015-05-26。

2. "规划"引领海洋工程装备创新发展

为加快推进海洋工程装备发展，多部委联合编制并发布了《海洋工程装备工程实施方案》（以下简称《方案》）。根据《方案》，"海洋工程装备工程"将从深海油气资源开发装备创新发展、深海油气资源开发装备应用示范、深海油气资源开发装备创新公共平台建设三方面组织实施，旨在突破深远海油气勘探装备、钻井装备、生产装备、海洋工程船舶、其他辅助装备以及相关配套设备和系统的设计制造技术。

《方案》明确了五项主要任务。一是加快主力装备系列化研发，形成自主知识产权。通过引进消化吸收再创新，开展物探船、半潜式钻井/生产/支持平台、海洋调查船等主力装备的系列化设计研发，着力攻克关键技术，加强技术标准制定，形成具有自主知识产权的品牌产品，扩大国际市场占有率。二是加强新型海洋工程装备开发，提升设计建造能力。通过集成创新和协同创新，加强浮式钻井生产储卸装置、自升式钻井储卸油平台等装备开发，逐步提升研发设计建造能力。开展原始创新，加强海上大型浮式结构物、深海工作站、大洋极地调查及深远海海洋环境观测监测和探测装备设计建造关键技术的研发。三是加强关键配套系统和设备技术研发及产业化，提升配套水平。重点开展深水锚泊系统、动力定位系统、单点系泊系统等技术研发。四是加强海洋工程装备示范应用，实现产业链协同发展。支持由用户牵头建立产业联盟，加强产学研用合作，推动本土研制的海洋工程装备的应用，开展关键配套系统和设备的示范，为全面形成产业化能力奠定基础。五是加强创新能力建设，支撑产业持续快速发展。在整合利用现有创新平台的基础上，依托骨干企业、重点科研院所和大学，围绕海洋工程核心装备及其配套系统设备的共性技术、关键技术，建立一批国家级企业技术中心、工程研究中心、工程实验室。

（四）推进海洋经济创新发展区域示范建设

示范区建设是推进海洋经济创新发展的重要抓手。财政部和国家海洋局组织在天津、江苏实施海洋经济创新发展示范区建设，重点推动海水淡化、海洋装备等产业科技成果转化和产业化，并通过战略性新兴产业发展专项资金支持，推动产业向全球价值链高端跃升，培育新的区域经济带，形成新的区域海洋经济增长极。

《关于在天津、江苏实施海洋经济创新发展区域示范的通知》要求，示范省（市）一是要搭建创新平台，创新体制机制，重点是做好顶层设计和科学规划，促进目前分散在相关部门和单位的资金、资源、人才等要素向海水淡化、海洋装备等产业集中；二是要结合产业发展的不同阶段和特点，运用补助、贴息、风险投资、担保费用补贴等多种有效方式，加强与所在地金融机构的衔接，创新金融产品，引导社会资金更多投向海洋经济；三是要按照产学研用一体化发展思路，以合理的利益分配为纽带，鼓励企业等各创新主体根据自身特色和优势，探索多种形式的协同创新模式；四是尽快推动某一领域率先突破，在海水淡化或海洋装备领域中选择最有基础和优势的作为示范重点；五是要编制实施方案，明确总体实施目标、分年度实施目标，且便于考核。①

（五）启动海洋经济调查

海洋经济调查是国务院批准开展的一项重大的国情国力调查。2015年10月，首次全国海洋经济调查试点工作正式启动。按照国务院统一部署，第一次全国海洋经济调查领导小组办公室选择在河北、江苏和广西开展调查的试点工作。此项调查旨在摸清中国海洋经济的"家底"，实现海洋经济基础数据在全国、全行业的全覆盖和一致性，有效满足海洋经济统计分析、监测预警和评估决策等的信息需求，为制定"十三五"海洋规划提供科学翔实的依据。②

二、加强海洋综合管理

加强海洋综合管理，优化海域和海洋空间资源配置是规划海洋开发秩序、发展海洋经济的重要保障。2015年8月，国务院印发实施《全国海洋主体功能区规划》，为科学谋划海洋空间开发，规范开发秩序，提高开发能力和效率，构建陆海协调、人海和谐的海洋空间开发格局提供了基本依据。

（一）以制度建设推进海域使用管理

海洋管理制度建设是海洋政策工作的重要组成和具体体现。近年来，海洋领域制度建设不断加强，特别是在海域使用审批、海洋功能区划、围填海与海岸线管理等制度建设方面持续推进，以制度建设推动海域使用管理工作。

在健全海洋功能区划体系方面，推进县级海洋功能区划编制工作，健全国家、省、市县三级海洋功能区划体系；启动海洋功能区划中期评估工作，开展海洋功能区划执行情况监督检查；完善区域用海规划制度，出台关于加强区域用海规划管理的意见、出台海域使用权招拍挂政策、完善海域物权产权交易等制度，联合中国人民银行研究出台海域使用权抵押贷款政策。

在围填海和岸线管理方面，严格执行围填海计划；制定主要产业节约集约用海控

---

① 两部门通知新增天津江苏为海洋经济创新示范试点，中央政府门户网站，http：//www.gov.cn，2014 - 04 - 15。
② 第一次全国海洋经济调查试点工作启动，中央政府门户网站，http：//www.gov.cn，2016 - 01 - 12。

制指标，实施差别化的海域、岸线供给政策；建立海岸带分级保护机制，推进省级海岸线保护与利用规划编制；建立健全反映海域区位条件、生态价值、市场供求和资源稀缺程度的有偿使用制度。

在海域海岸带整治修复方面，出台项目管理办法，规范整治修复项目申报、审核、实施、监督管理和竣工验收，并完成11个沿海省海域海岸带整治修复规划编制，首次启动全国整洁海岸评选活动。

在海域使用权审批方面，研究下放相关审批权限。在建设项目用海上严格执行项目用海预审制度。建立国家重大建设项目用海公示和听证制度，优化项目用海审查程序。

（二）优化海洋空间资源配置

2015年8月，国务院发布了《关于印发全国海洋主体功能区规划的通知》，通知指出，"本规划是《全国主体功能区规划》的重要组成部分，是推进形成海洋主体功能区布局的基本依据，是海洋空间开发的基础性和约束性规划"。实施海洋主体功能区规划是加快海洋经济发展方式转变、促进产业结构优化升级的迫切需要。《全国海洋主体功能区规划》的颁布与实施，标志着中国主体功能区战略实现了陆海统筹和国土空间全覆盖。它是制定各类与海洋空间开发有关的法规、政策和规划必须贯彻遵循的基础性、约束性规划，也是实现海洋治理能力和治理体系现代化的重要抓手。[1]

在总体要求上，《全国海洋主体功能区规划》提出陆海统筹、尊重自然、优化结构、集约开发的基本原则，将海洋空间划分为四类区域，包括优化开发区域、重点开发区域、限制开发区域和禁止开发区域。根据到2020年主体功能区布局基本形成的总体要求，提出的主要目标是：海洋空间利用格局清晰合理、海洋空间利用效率提高、海洋可持续发展能力提升。[2]

（三）以新的理念促进海域管理新发展

《中共中央关于制定国民经济和社会发展第十三个五年规划的建议》，提出了创新发展、协调发展、绿色发展、开放发展和共享发展五大发展理念。该建议以新的发展理念对海域管理提出了新要求。一是科学依法管海，树立服务意识。海域管理部门需进一步优化审批程序，增强服务意识，提高行政效能，严格用海审查，保障合理用海。

---

[1] 王宏：《积极实施海洋主体功能区规划》，载《人民日报（网络版）》，http://www.pprd.org.cn/lingdao/201511/t20151104_697948.htm，2015 - 12 - 24。

[2] 海洋主体功能区规划优化海洋空间开发格局，新华网，http://news.xinhuanet.com/fortune/2015 - 08/21/c_128151026.htm，2015 - 10 - 20。

二是发挥用海调控作用，主动与国家财政政策、货币政策、产业政策、区域政策、环保政策、海洋政策等宏观调控手段进行对接、配合，为实现美丽海洋和沿海地区社会经济发展做出贡献。三是海域使用管理应更加注重总量调节和定向施策并举、短期和中长期结合、全国和区域统筹。在此基础上完善制度设计，采取相机调控、精准调控措施，更加注重调整产业结构、提高综合效益、防控环境风险、保护海洋生态。①

三、保护海洋生态环境

近两年来，中国不断加强海洋环境保护，组织拟订海洋生态环境保护标准、规范和污染物排海总量控制制度并监督实施，制定海洋环境监测监视和评价规范并组织实施。目前，中国海洋生态环境基本处于稳定状况，海洋生态建设也取得相应成效。

（一）加强海洋环境保护

国务院在2013年重组国家海洋局的文件中明确要求，中国环境保护部和国家海洋局两部门要加强重、特大环境污染和生态破坏事件调查处理工作的沟通协调，建立海洋生态环境保护数据共享机制，加强海洋生态环境保护联合执法检查。目前，中国实行的是"统一监督管理、分工分级负责"的海洋环境管理体制，国家海洋局与环境保护部已建立了完善的海洋环境保护沟通合作工作机制，形成了陆海统筹保护海洋环境的新局面。

为贯彻落实生态文明建设要求，2014年4月，国家海洋局出台了《海洋油气勘探开发工程环境影响评价技术规范》《海砂开采环境影响评价技术规范》和《海上风电工程环境影响评价技术规范》三项技术规范，使海洋工程环境影响评价更具针对性和可操作性。2014年9月，国家海洋局发布了"关于加强海洋生态环境监测评价工作的若干意见"，要求紧紧围绕海洋生态文明建设，全面强化组织领导和统筹协调，创新发展监测评价业务体系。以基层监测机构建设为基础，完善国家与地方相结合的全覆盖监测网络，壮大监测力量；以制度建设为主线，实施全流程规范化管理，提高监督管理水平；以近岸海域为主战场，实施海洋资源环境承载能力监测预警，提升技术水平；以信息公开为抓手，推进数据信息管理和应用，提高服务效能。

2014年10月，国家海洋局组织制定并发布了《国家级海洋保护区规范化建设与管理指南》，拟通过规范化建设与管理，推动国家级海洋保护区达到保护目标明确、生态

---

① 张平，赵骞：《"十三五"规划建议对海域管理提出新要求》，载《中国海洋报》，2015年12月2日A1版。

环境及资源本底清楚，管护及监控设施完备，管理队伍专业，管理制度健全，规划科学合理，保护与利用关系协调的目标。

针对目前在监测网络规划布局、数据质量管理、标准规范建设、信息集成应用、监测能力建设等方面的不足，2015年12月，国家海洋局发布《关于推进海洋生态环境监测网络建设的意见》（国海发〔2015〕13号），计划基本实现全国海洋生态环境监测网络的科学布局，监测预警能力、信息化和保障水平显著提升，监测数据信息互联共享、高效利用，监测与监管协同联动。全面建成协调统一、信息共享、测管协同的全国海洋生态环境监测网络。

2015年9月，中共中央、国务院印发《生态文明体制改革总体方案》（以下简称《方案》），提出，要健全海洋资源开发保护制度，实施海洋主体功能区制度，确定近海海域海岛主体功能，引导、控制和规范各类用海用岛行为。实行围填海总量控制制度，对围填海面积实行约束性指标管理。建立自然岸线保有率控制制度。完善海洋渔业资源总量管理制度，严格执行休渔禁渔制度，推行近海捕捞限额管理，控制近海和滩涂养殖规模。健全海洋督察制度等。根据《方案》，中国将继续完善海域海岛有偿使用制度，建立海域、无居民海岛使用金征收标准调整机制。建立健全海域、无居民海岛使用权招拍挂出让制度。同时，建立陆海统筹的污染防治机制和重点海域污染物排海总量控制制度。

国家海洋局实施面向沿海地方政府的海洋生态环境质量通报制度。该通报制度旨在强化对沿海地方政府海洋环保责任落实的监督管理，通报主体是国家、省级海洋主管部门，对象是沿海地方政府。

此外，2015年，国家海洋局先后印发了《海水浴场环境监测与评价技术规程》（试行）、《海水增养殖区环境监测与评价技术规程》（试行）、《海洋垃圾监测与评价技术规程》（试行）、《大气污染物沉降入海通量评估技术规程》（试行）、《污水生物毒性监测技术规程》《发光细菌急性毒性测试——费歇尔弧菌法》（试行）、《陆源入海排污口及邻近海域环境监测与评价技术规程》（试行）、《江河入海污染物总量监测与评估技术规程》（试行）、《海洋沉积物质量综合评价技术规程》（试行）、《海水质量状况评价技术规程》（试行）等多个规范性文件，加大了海洋环境保护技术政策引导力度。[①]

（二）提高海岛资源保护与开发利用管控水平

2014年以来，海岛管理工作以推进制度建设为重点，全面提升海岛综合管理能力。以推进业务体系建设为支撑，全面提升海岛管理科学化水平。以生态整治修复为导向，

---

① 国家海洋局：http://www.soa.gov.cnzwgkgfxwjsthb，2015-12-28。

全面提升海岛资源保护与开发利用的管控能力，开创了海岛监督管理新格局。

为贯彻落实《中华人民共和国海岛保护法》（以下简称《海岛保护法》），保护海岛生态环境，合理开发利用海岛自然资源，建立海岛监视监测体系，逐步摸清中国海岛及其周边海域生态环境基本情况、变化趋势和潜在危险，国家海洋局下发《关于建立县级以上常态化海岛监视监测体系的指导意见》，该意见要求各地建立县级以上常态化海岛监视监测体系，完善信息公开制度，满足公众知情权。该意见指出，要深入贯彻实施《海岛保护法》和《全国海岛保护规划》，以科学监视监测与评价为导向，准确把握海岛监视监测工作的基本原则，建立海岛监视监测分级管理责任制，建立与海岛监视监测分级管理责任制相适应的工作机制，创新和实施海岛监视监测业务，逐步形成覆盖中国全部海岛的监视监测网络和监视监测技术支撑体系。

该意见从五方面提出开展海岛监视监测业务：一是全面推进海岛分类监视；二是深入开展海岛及其周边海域保护与利用等状况的监测；三是加快开展领海基点所在海岛及其周边海域生态系统的监视、监测；四是科学开展应急监视监测；五是创新和集成海岛监视监测技术体系。[1]

为更好地提升海岛资源保护与开发利用管控水平，2015年12月25日，国家海洋局政策法制与岛屿权益司主办了《海岛统计报表制度》填报实操培训班，对海岛统计报表制度的填报详解和数据填报系统实际操作进行培训，为海岛统计数据上报工作奠定了良好的基础。

四、维护国家海洋权益

近年来，中国面临着周边海洋争端的困扰，海洋权益形势错综复杂，不仅涉及岛礁主权、海域划界和资源争端问题，还面临严峻的海洋安全威胁。同时，国家管辖外海域正面临着新规制的建立，拓展海洋利益任重道远。党的十八大明确指出要"坚决维护国家海洋权益，建设海洋强国"，维护海洋权益是建设海洋强国的重要任务。

根据中央的相关指示精神，坚决贯彻中央关于维权与维稳相统一的方针，统筹维稳和维权两个大局，坚持维护国家主权、安全、发展利益相统一，维护海洋权益和提升综合国力相匹配，实现稳中求进。在海洋权益斗争中统筹谋划，积极作为，开展有理、有利、有节的斗争，保持维权与维稳的动态平衡。既要维护我国海洋权益，又要通过合作与周边国家增信释疑，形成相互依存、优势互补、共同发展的局面。近年来，

---

[1] 国家海洋局下发《建立县级以上常态化海岛监视监测体系意见》，http://money.163.com/14/052815/9TBHJUKV00253B0H.html，2014-11-28。

中国维护海洋权益的基本原则和政策如下。

一是坚持通过双边谈判、和平解决海洋划界和其他海洋争端是中国海洋维权的一贯原则。中国坚决维护岛屿主权、海洋权益和海上安全，努力维护海洋航行自由和航行安全。岛礁领土事关国家主权和领土完整问题，海洋权益关乎着国家的发展利益，中国坚决维护岛礁主权以及与之相关的海洋划界、资源勘探开发、海洋科学研究等海洋权益。中国尊重各国正当的海洋权益，在维护本国海洋权益的同时，充分尊重各国根据国际法享受的海洋权益，推动和平利用海洋、合作开发保护海洋，实现和谐海洋愿景。中国坚决维护管辖海域的安全稳定，是航行自由与航行安全的受益者和坚定维护者，并将继续与各国共同维护航行自由与航行安全，反对以航行自由为借口干涉地区海洋事务。

二是坚持"主权属我，搁置争议，共同开发"。在解决我国与周边海上邻国领土和海洋权益争端时，坚持有关争议岛礁及其附近海域主权的前提下，积极推动同周边国家互利友好合作，通过加强合作来寻求和扩大共同利益的汇合点，推进在争议海域的资源共同开发。另一方面，统筹谋划，大力推进自主开发，掌握主动，以实际行动反制周边国家的单方面开发，为解决海上问题创造条件。

三是坚持通过双边谈判和平解决争端。中国在处理国家间关系时倡导和遵循"和平共处五项原则"，始终坚持通过和平谈判协商解决分歧，努力维护周边海洋和平稳定。另一方面，也要做好应对各种复杂局面的准备，提高海洋维权能力，决不能放弃正当权益，更不能牺牲国家核心利益。

四是坚持先易后难、循序渐进。维护海洋权益、加强海上合作与共同开发，应以双边合作为主，重点海域为主，突破一点，逐步推开。在此基础上，通过谈判和协商，逐步扩大共同开发规模，扩大合作领域，并逐步创造条件解决海洋权益争端。

五、提升海洋公益服务能力

海洋公益服务是为社会和公众提供的认识海洋环境，减轻和预防海洋灾害，保障海上活动安全的公共服务。在各级海洋管理工作者的努力下，制定和实施各项海洋公益服务政策和措施，服务于沿海地区社会经济发展。

（一）加强海洋防灾减灾管理工作

海洋防灾减灾是关系到沿海地区人民群众生命财产安全的重要海洋公益服务工作之一。为提高海洋灾害应对工作的科学性和可操作性，根据近年来取得的应急工作实际经验，依据《中华人民共和国突发事件应对法》和《海洋观测预报管理条例》，国家海洋局对《风暴潮、海浪、海啸和海冰灾害应急预案》进行了修订,并印发了《风暴潮、海浪、海啸和海冰灾害应急预案》,这是保障人民生命和财产安全、履行海洋部门的海洋灾害预警和海洋灾害应急处置职责的具体体现。

为进一步规范海洋灾害风险评估和区划工作,2015年,国家海洋局组织对风暴潮、海浪、海啸、海冰、海平面上升五个灾种区划技术导则进行了修订和完善,编制了《风暴潮灾害风险评估和区划技术导则》《海浪灾害风险评估和区划技术导则》《海冰灾害风险评估和区划技术导则》《海啸灾害风险评估和区划技术导则》以及《海平面上升风险评估和区划技术导则》。下发了"关于印发风暴潮、海浪、海啸、海冰、海平面上升灾害风险评估和区划技术导则的通知",要求沿海地区各级海洋管理部门和机构遵照执行,以有效实施海洋防灾减灾管理工作。[①]

在海洋预警报工作方面,为适应新形势发展要求,规范海洋预警报会商工作,2015年11月24日,国家海洋局印发了《全国海洋预警报会商规定》的通知。全国海洋预警报会商包括年度风暴潮、海浪、海冰灾害预测会商、半年度厄尔尼诺(拉尼娜)预测会商、海洋预报月会商、海洋预报周会商、海洋灾害预警报应急会商和海上突发事件环境保障预报会商。该规定的实施,将有利于预防和减轻海洋灾害损失,有效提高海洋预警报准确率和服务水平。

(二)构建海洋综合观测网

建设海洋观测网是提高中国海洋综合实力、实施海洋强国战略的一项重要基础工作,对于促进海洋科学研究、提高海上突发事件应急响应能力、保障和促进沿海地区经济社会发展、维护国家海洋权益具有重要作用。为构建多层次、立体化海洋综合观测网,经国务院同意,国家海洋局印发《全国海洋观测网规划(2014—2020年)》(以下简称《规划》)。

《规划》提出,到2020年,中国将建成以国家基本观测网为骨干、地方基本观测网和其他行业专业观测网为补充的海洋综合观测网络,覆盖范围由近岸向近海和中远海拓展,由水面向水下和海底延伸,实现岸基观测、离岸观测、大洋和极地观测的有机结合,初步形成海洋环境立体观测能力。建立与完善海洋观测网综合保障体系和数据资源共享机制,进一步提升海洋观测网运行管理与服务水平,基本满足海洋防灾减灾、海洋经济发展、海洋权益维护等方面的需求。

为实现发展目标,《规划》提出了建设海洋观测网的四项主要任务:一是强化岸基

[①] 关于印发风暴潮、海浪、海啸、海冰、海平面上升灾害风险评估和区划技术导则的通知,国家海洋局,http://www.soa.gov.cnzwgkzcghybjz201601/t20160115_49734.html,2016-01-15。

观测能力，包括加强岸基海洋观测站（点）、岸基雷达站、海啸预警观测台建设；二是提升离岸观测能力，包括浮（潜）标、标准断面调查、海上观测平台、海上志愿观测平台和志愿观测船、海底观测系统、卫星观测系统的设置和运行；三是开展大洋和极地观测；四是建设综合保障系统。[①]

（三）规范海上船舶及平台志愿观测工作

为推动中国海洋观测事业发展，加强和规范海上船舶、平台志愿观测工作，国家海洋局出台《海上船舶和平台志愿观测管理规定》。[②] 根据该规定，国家海洋局将对海上船舶、平台志愿观测工作按照政策引导、统筹协调、志愿加入、服务公益的原则进行管理，同时鼓励符合国家观测预报业务需求的海上船舶、油气开采作业平台及其他人工构造物等加入志愿观测工作。各海区派出机构及沿海省级政府海洋主管部门将按有关规范和技术要求对志愿船、志愿平台上的观测仪器设备进行安装、调试、巡检，并对存在故障的观测仪器设备及时进行维修或更换。

六、小结

海洋工作事关国家海洋权益维护、海洋经济发展、海洋生态安全和沿海地区社会稳定，海洋政策是引领海洋事业发展的重要保障。党的十八大和中国政府的大政方针对于海洋事业发展做出明确部署和导向，为发展海洋经济，保护海洋环境，维护国家海洋权益，推动海洋生态文明建设提供了政策依据。近两年来，随着建设海洋强国和"21世纪海上丝绸之路"等国家战略的相继实施，中国的海洋政策顺应形势发展更趋完善和积极、主动。按照中央重大战略部署，海洋领域全面推进依法治海，有效维护国家海洋权益，优化海洋空间资源配置，促进海洋经济发展，推动海洋环境保护和生态文明建设，提升海洋公益服务水平，努力建设法治海洋，不断推动海洋事业的健康发展。

---

① 国家海洋局印发《全国海洋观测网规划（2014—2020年）》，国家海洋局，http://www.mlr.gov.cnxwdthyxw/201412/t20141222_1338880.htm，2014-12-22。

② 国家海洋局出台《海上船舶和平台志愿观测管理规定》，中央政府门户网站，http://www.gov.cn，2014-02-25。

第四章　中国海洋管理

海洋管理是海洋事业的重要组成部分，它是通过行政、法律、经济等途径，对海洋开发利用活动进行组织、领导、指挥和调控，从而保证有效维护国家海洋权益和秩序，合理开发利用海洋资源，切实保护海洋生态环境，实现海洋资源、环境的永续利用和海洋事业的协调发展。实施海洋管理是各级海洋行政主管部门代表政府履行的一项基本职责。

一、海洋管理体制

海洋管理体制是适应国家海洋经济建设、维护海洋权益的需要而建立的，它是海洋管理权力的分配、管理的程序、规则和方式的总和。海洋管理体制及运行机制状况，直接影响中国海洋事业的发展。[①]

（一）海洋管理体制现状

中国的海洋管理体制历经变革，目前形成了国家海洋行政主管部门的综合协调与农业、海事、海洋矿产资源等行业管理相结合的管理体制，呈现出海洋综合管理与行业管理相结合，部门机构与协调机制相辅相成的特点，海洋管理的综合协调能力不断加强，在体制上为海洋综合管理创造了良好条件。

1. 国家层面海洋管理体制

1964 年 7 月成立的国家海洋局是中国海洋行政主管部门。2013 年，第十二届全国人民代表大会批准对国家海洋局进行重组。根据第十二届全国人民代表大会第一次会议批准的《国务院机构改革和职能转变方案》和《国务院关于部委管理的国家局设置的通知》（国发〔2013〕15 号），重新组建后的国家海洋局的主要职责包括：拟定海洋发展规划，实施海上维权执法，监督管理海域使用、海洋环境保护等。此轮改革的重点是将原国家海洋局及其中国海监、公安部边防海警、农业部中国渔政、海关总署海上缉私警察的队伍和职责整合，推进海上统一执法。国家海洋局以中国海警局名义开

---

① 王琪，等：《海洋管理，从理念到制度》，北京：海洋出版社，2007 年。

第二部分 加强海洋综合管理

展海上维权执法，接受公安部业务指导。此轮改革将海上执法队伍和职责初步整合，是推进海上统一执法，解决现行海上执法力量分散，执法效能不高，维权能力不足等问题的有效办法，对于加强海洋资源保护和合理利用，维护国家海洋权益具有重要意义。从实践看，中国海警局在组织机构调整、人员力量调配、执法装备提升等方面做了大量工作，在东海和南海的维权执法行动中发挥了重要作用，国家海洋行政执法和海洋维权斗争成效显著。

同时，为加强海洋事务的统筹规划和综合协调，设立高层次议事协调机构——国家海洋委员会，负责研究制定国家海洋发展战略，统筹协调海洋重大事项。国家海洋委员会的具体工作由国家海洋局承担。为高效应对海上突发事件，还成立了维护海洋权益的高层次协调机构——中央外办海权局，负责协调国家海洋局、外交部、公安部、农业部和军方等涉海部门，统筹管理海洋权益事宜。

从管理体制纵向来看，中国海洋管理层次主要分为国家－海区－地方三级，国家海洋局和地方政府对海洋的管理体现了分级性的特点。在横向上，除海洋行政主管部门外还有其他相关部门承担相应涉海职能，如国家发展与改革委员会、外交部、国土资源部、环保部、科技部、交通部、农业部、水利部、公安部、工信部、国家旅游局、国家林业局、国家文物局和海关总署等多个政府部门都具有涉海行政管理职能。中国海洋管理体制呈现出海洋综合管理与行业管理相结合，部门机构与协调机制相辅相成的特点。

2. 沿海地方海洋管理体制

中国的地方海洋管理始于20世纪80年代末。1989年海洋管理体制改革后，地方海洋管理机构陆续成立，开启了地方用海管海的新阶段[①]。目前，中国地方海洋管理机构设置主要是海洋与渔业管理相结合模式。在全国沿海省、自治区、直辖市和计划单列市中，"海+渔"的管理模式最为普遍，有11个海洋管理机构采用海洋与渔业管理相结合的方式，管理机构名称一般为"海洋与渔业厅（局）"。地方海洋与渔业厅（局）兼有海洋综合管理与渔业行业管理的两种管理职能，受国家海洋局和农业部渔业渔政管理局的双重指导。

此外还有一些特殊的管理模式，例如，上海市将与国家海洋局东海分局合并的原上海市海洋局职责划入上海市水务局，上海市海洋局和上海市水务局合署办公。天津市海洋局主管该市海洋行政事务，为市政府职能部门。广西壮族自治区海洋局于2010年成立，承担自治区原国土资源厅的海洋行政管理（含执法监察）职责。河北省将地

[①] 鹿守本：《海洋管理通论》，北京：海洋出版社，1997年，第80页。

矿、国土和海洋管理职能合并，成立了国土资源厅，其中内设的海洋部门负责海洋综合管理和海上执法工作。深圳市在2011年将该市农业和渔业局（市海洋局）承担的海洋规划、海洋资源管理及海洋环境保护等职责划入市规划和国土资源委员会，市规划和国土资源委员会加挂市海洋局牌子。

随着国家海洋管理体制改革的深化，地方海洋管理体制改革根据国家海洋管理体制改革总体要求进一步推进，三大海区的海警队伍整合基本到位，为规范海域使用管理和维护海洋权益奠定了基础。

（二）海洋管理体制改革方向

中国的海洋管理体制是在多年的实践中形成的，对于保障和促进国家海洋事业的发展起到了积极的支持作用。但是随着国际形势及国家社会经济的发展，海洋管理体制也必将不断地发展和完善。海洋综合管理是当今世界海洋管理的必然趋势，随着中国海洋经济的不断快速发展，海洋综合管理模式将是必然的改革方向。2015年3月13日，中共中央、国务院发布《关于深化体制机制改革加快实施创新驱动发展战略的若干意见》，该意见指出，面对实现"两个一百年"奋斗目标的历史任务和要求，必须深化体制机制改革，加快实施创新驱动发展战略。体制机制改革被提到一个新的高度，为深化海洋管理体制改革提供了良好的政策环境。

完善的海洋综合管理体制不仅能够促进海洋经济的发展、海洋生态的可持续性，更能够维护国家海洋权益和国家主权。海洋综合管理理念的重要内容之一是要有级别较高的统揽大局的行政部门，这个部门的优势是可以综合最大范围的技术与设备资源、信息资源，可以从宏观视野做出决策。中国现行的海洋综合管理体制尚在进一步改革完善之中，还存在诸多问题，在今后一段时间内，需研究和借鉴发达国家海洋管理体制的经验和做法，在对海洋集中式管理、半集中式管理和分散式管理进行比较研究的基础上，继续改革中国海洋综合管理体制，从而形成适合中国国情和海情的海洋综合管理体制，以形成合力，提高管理效能。进一步加强和完善海洋立法与海上维权执法，统一规划、统一建设、统一管理、统一指挥中国海警队伍，规范执法行为，优化执法流程，提高海洋维权执法能力，加强海洋综合管理、生态环境保护和科技创新制度机制建设，推动完善海洋事务统筹规划和综合协调机制，维护海洋秩序和海洋权益，促进海洋事业发展。

二、海洋管理制度

海洋管理制度指的是对涉海人群和涉海组织行为进行约束的一系列规则，包括海洋管理的法规、政策、规划、管理战略等，对涉海人员和事务具有强制力。自新中国成立以来，中国的海洋法制建设不断发展完善，先后制定和颁布了各类法律制度和行政法规。近年来，国家依法治海，强化管理，逐步完善海洋法律法规体系，不断加强海洋管理制度建设，为推进海洋强国建设提供了根本保障。

（一）海洋综合管理制度

海洋综合管理是国家通过各级政府对海洋的空间、资源、环境和权益等进行的全面、统筹协调的管理活动，是以国家海洋整体利益为目标，通过发展战略、政策、规划、区划、立法、执法以及行政监督等行为，对国家管辖海域实施统筹协调管理。[1] 2002年开始实施的《中华人民共和国海域使用管理法》（以下简称《海域使用管理法》）是中国颁布的第一部规范海域资源开发利用、全面调整海域权属关系的全国性法律，《海域使用管理法》明确规定了海域管理的基本制度，包括海洋功能区划制度、海域权属管理制度和海域有偿使用制度三项基本制度。海域管理三项制度是目前实施海洋综合管理的最基本制度。

1. 海域管理三项制度

一是海洋权属管理制度。《海域使用管理法》首次明确规定海域所有权属于国家所有，国务院代表国家行使海域所有权。任何单位和个人使用海域，必须符合海洋功能区划，依法取得海域使用权，并进行海域使用权登记。依法取得和登记的海域使用权受法律保护。单位和个人使用海域，应当按照国务院的规定缴纳海域使用金。[2]

2015年1月，国务院办公厅印发《精简审批事项规范中介服务实行企业投资项目网上并联核准制度的工作方案》，深化改革企业投资项目核准制度，进一步精简前置审批项目。其中，用海预审为保留的前置审批事项。用海预审是实施海洋功能区划的一个重要措施，是审批用海项目的第一个环节，也是审批这个项目的先决条件。严格依法依规对建设项目进行用海预审，科学配置海域资源，节约、集约使用海域资源，才能保证依法管海、科学用海。

二是海洋有偿使用制度。《海域使用管理法》明确规定，海域属于国家所有，实行有偿使用海域的制度。海域有偿使用是指国家出让海域使用权、海域使用权人向国家缴纳一定费用的制度。国家先后发布了《海域使用金减免管理办法》《关于加强海域使用金征收管理的通知》等规范性文件，规范了海域使用金征收、管理和减免行为。

---

[1] 鹿守本：《海洋管理通论》，北京：海洋出版社，1997年。
[2] 《中华人民共和国海域使用管理法》（2001年）。

2015年6月，财政部和国家海洋局联合印发《中央海岛和海域保护资金使用管理办法》进一步加强和规范中央海岛和海域保护资金管理，提高资金使用效益，促进海洋生态文明建设和海域的合理开发、可持续利用。根据该办法，中央海岛和海域保护资金是指中央财政安排用于支持海洋生态环境整治、保护和建设，促进海洋经济发展等工作的资金。该办法于2015年7月1日起施行，与此同时，《海域使用金管理暂行办法》和《中央海岛保护专项资金管理办法》废止。

三是海洋功能区划制度。海洋功能区划是海洋管理的另一项基本制度，是中国实施海洋综合管理的重要途径和制度保障。近年来海洋功能区划制度已逐步完善，沿海地方相继开展了省、市、县三级海洋功能区划的编制和报批工作。2012年3月，国务院批准《全国海洋功能区划（2011—2020年）》，该区划对中国管辖海域之后十年的开发利用和环境保护作出的全面部署和具体安排，确定了五大海区的总体管控要求，明确了重点海域主要功能和开发保护方向。

2015年8月国务院印发《全国主体功能区规划》是推进形成海洋主体功能区布局的基本依据，是海洋空间开发的基础性和约束性规划。海洋主体功能区划根据海洋资源环境承载能力、已有开发密度和发展潜力，统筹考虑相邻陆域地区的人口分布、海洋产业结构和布局、海洋技术利用程度等，将中国沿海地区及管辖海域的开发空间，划分为优化开发、重点开发、限制开发和禁止开发四类区域。

海洋功能区划与海洋主体功能区划关系密切。海洋功能区划是指根据海洋的区位条件、自然环境、自然资源，并考虑到海洋开发利用现状和社会经济发展需求，按照海洋功能标准，将海域划分为不同类型的海洋功能区，在不同的功能区内实行不同的环境质量要求，用以控制和引导海域的使用方向，保护和改善海洋生态环境，促进海洋资源的可持续利用[1]。海洋功能区划的编制及修编应以海洋主体功能区划为基础，同时，海洋主体功能区划的编制应借鉴海洋功能区划的结果、基础资料、理论、方法[2]。

2. 海洋环境管理制度

海洋环境保护的基本制度是在1982年颁布的《中华人民共和国海洋环境保护法》（1999年和2013年两次修订）以及多部配套法规建立的，主要包括：重点海域排污总量控制制度、海洋污染事故应急制度、海洋倾废管理制度、陆源污染防治制度、海岸工程建设海洋污染防治制度、海洋工程建设海洋污染防治制度、船舶油污损害民事赔偿制度等。在近两年的海洋生态环境管理中，逐步形成了海洋生态红线制度、海洋工

---

[1] 张宏生：《海洋功能区划概要》，北京：海洋出版社，2003年。
[2] 王倩、郭佩芳：《海洋主体功能区划与海洋功能区划关系研究》，载《海洋湖沼通报》，2009年第4期。

程区域限批制度、海洋资源环境承载力监测预警制度、陆海统筹的生态保护修复机制、陆海统筹的区域污染防治联动机制和海洋生态赔偿补偿制度等项制度。

总量控制制度是环境保护领域的一项基本制度，2013年12月修订的《中华人民共和国海洋环境保护法》第三条规定："国家建立并实施重点海域排污总量控制制度，确定主要污染物排海总量控制指标，并对主要污染源分配排放控制数量"。当前中国实施的入海污染物总量控制制度主要是通过行政计划的方式分解指标进行，落实入海污染物总量控制制度是抓好海洋环境污染防控工作的基本要求。

"生态保护红线"是继"18亿亩耕地红线"后，另一条被提到国家层面的"生命线"。海洋生态红线是指为维护海洋生态健康与生态安全，将重要海洋生态功能区、生态敏感区和生态脆弱区划定为重点管控区域，实施严格分类管控的制度安排。2012年，国家海洋局提出在渤海建立渤海海洋生态红线制度，将渤海海洋保护区、重要滨海湿地、重要河口、特殊保护海岛和沙源保护海域、重要砂质岸线和重要渔业海域等区域划定为海洋生态红线区。今后将继续完善海洋生态保护红线制度，逐步在全海域实施海洋生态保护红线制度。

自然保护区制度是自然环境资源保护的重要制度之一。根据《海洋自然保护区管理办法》，海洋自然保护区是指"以海洋自然环境和资源保护为目的，依法把包括保护对象在内的一定面积的海岸、河口、岛屿、湿地或海域划分出来，进行特殊保护和管理的区域"。[1]

党的十八届三中全会明确提出对造成生态环境损害的责任者严格实行赔偿制度。为逐步建立生态环境损害赔偿制度，2015年12月，中共中央办公厅、国务院办公厅印发了《生态环境损害赔偿制度改革试点方案》。该方案指出，2015—2017年，选择部分省份开展生态环境损害赔偿制度改革试点。通过试点逐步明确生态环境损害赔偿范围、责任主体、索赔主体和损害赔偿解决途径等，形成相应的鉴定评估管理与技术体系、资金保障及运行机制，探索建立生态环境损害的修复和赔偿制度，加快推进生态文明建设。从2018年开始，在全国试行生态环境损害赔偿制度。到2020年，力争在全国范围内初步构建责任明确、途径畅通、技术规范、保障有力、赔偿到位、修复有效的生态环境损害赔偿制度。[2]

3. 海岛开发与保护制度

《中华人民共和国海岛保护法》（以下简称《海岛保护法》）确立了海岛规划、生

---

[1] 《海洋自然保护区管理办法》第二条，国家海洋局1995年5月颁布。
[2] 新华社：《中共中央办公厅国务院办公厅印发〈生态环境损害赔偿制度改革试点方案〉》，中央政府门户网站，http://www.gov.cn，2015-12-06。

态保护等基本制度，将海岛分为有居民海岛、无居民海岛和特殊用途海岛三种不同类型进行管理。中国海岛管理实行科学规划、保护优先、合理开发、永续利用的原则，实行海岛保护规划制度，加强海岛分类分区管理，加强有居民海岛的合理开发和无居民海岛的保护，强化特殊用途海岛管理。

根据中国的海岛保护规划制度，全国海岛保护规划应当与全国城镇体系规划和全国土地利用总体规划相衔接。在无居民海岛管理方面，近年来，国家海洋局制定出台了《无居民海岛保护和利用指导意见》《无居民海岛使用金征收使用管理办法》等20多项法律配套制度。2014年12月，国家海洋局《海岛统计报表制度》获批执行。建立海岛统计制度，这是深入落实《海岛保护法》的一项重要举措，同时也是加强海岛管理的重要基础性工作。

2015年1月，为贯彻落实《海岛保护法》，保护海岛生态环境，合理开发利用海岛自然资源，建立海岛监视监测体系，国家海洋局发布了"关于建立县级以上常态化海岛监视监测体系的指导意见"，要求依法履责统领海岛监视监测工作，建立健全海岛监视监测工作体制机制，主要包括建立海岛监视监测分级管理责任制、建立与海岛监视监测分级管理责任制相适应的工作机制，同时要创新和实施海岛监视监测业务，做好监视监测信息公开工作，并强化对海岛监视监测工作的保障。

（二）海洋行业管理制度

进入21世纪之后，随着中国社会经济的发展，海洋资源开发利用得到越来越多的关注，海洋经济成为国民经济的新增长点。国家在海洋行业管理制度建设方面成效显著，为海洋经济快速发展奠定了基础。

1. 海洋渔业管理制度

自2000年以来，国务院及海洋渔业管理部门制定和颁布了一系列法律法规。中国通过实行捕捞许可、伏季休渔及海洋捕捞渔船总量和功率总量控制等制度控制海洋渔业捕捞强度，养护生物资源，促进海洋渔业资源的可持续利用。

一是捕捞许可制度。中国实行捕捞许可制度。2013年12月，新修订的《中华人民共和国渔业法》规定："到中华人民共和国与有关国家缔结的协定确定的共同管理的渔区或者公海从事捕捞作业的捕捞许可证，由国务院渔业行政主管部门批准发放。海洋大型拖网、围网作业的捕捞许可证，由省、自治区、直辖市人民政府渔业行政主管部门批准发放。"[1]

二是伏季休渔制度。为保护海洋生物资源，中国自1995年起在黄海、东海和南海三大海区实行两到三个月的海洋伏季休渔制度。[2] 连续实施的休渔制度对减缓海洋渔业捕捞强度、遏制渔业资源衰退发挥了重要作用，获得了良好的生态和经济效益。

三是捕捞强度控制制度。国务院2013年6月发布《国务院关于促进海洋渔业持续健康发展的若干意见》，要求严格控制近海捕捞强度。在加强海洋渔业资源和生态环境保护方面，该意见提出，要全面开展渔业资源调查，科学确定可捕捞量，研究制定渔业资源利用规划，每五年开展一次渔业资源全面调查；大力加强渔业资源保护，开展近海捕捞限额试点工作。[3] 农业部发布的《关于实施海洋捕捞准用渔具和过渡渔具最小网目尺寸制度的通告》指出，为加强捕捞渔具管理，清理整治违规渔具，保护海洋渔业资源，从2014年6月1日起将在黄渤海、东海、南海海区全面实施海洋捕捞准用渔具和过渡渔具最小网目尺寸制度，禁止使用小于最小网目尺寸的渔具进行捕捞。

2. 海洋交通运输安全制度

海上交通运输安全制度是为了维护海上交通航行安全和秩序而制定的管理制度。1983年颁布的《中华人民共和国海上交通安全法》对沿海水域内一切航行、停泊、作业及其他与海上交通安全有关的活动做出管理规定。之后，国务院、交通主管部门先后制定了《海上航行警告和航行通告管理规定》（1993年）、《船舶登记条例》（1995年）、《航道管理条例》（2009年）、《水上水下活动通航安全管理规定》（2011年）等多部配套法规。2014年8月15日，国务院印发了《关于促进海运业健康发展的若干意见》（〔2014〕32号）。交通运输部也发布了实施方案，提出具体任务和措施，着力促进海运发展提质增效，切实把国家海运发展战略部署落到实处。[4] 2014年3月7日，中华人民共和国海事局印发关于《海事行政执法证据管理规定》的通知（海政法〔2014〕141号），进一步加强海事执法管理。

截至2015年9月30日，中华人民共和国海事局现行有效规范性文件已达387份，分别从综合管理、通航管理、船员管理、船舶管理、危防管理、船公司管理、海事调

---

[1] 中国人大网：《全国人大常委会关于修改〈海洋环境保护法〉等七部法律的决定》，http：//www.npa.gov.cn，2015－01－10。

[2] 农业部：《我国南海大部进入伏季休渔期黄岩岛海域属于休渔范围》，中国网络电视台，http：//news.cntv.cn/china/20120514/105699.shtml，2015－06－26。

[3] 国务院：《关于促进海洋渔业持续健康发展的若干意见》（国发〔2013〕11号），2013－03－08。中国政府网，http：//www.gov.cnzwgk2013－06/25/content_2433577.htm，2015－07－21。

[4] 交通运输部：《加快建立中国海洋运输保障机制》，新华网，http：//www.chinanews.com/gn－11－06/6760392.shtml，2015－02－16。

查、航海保障管理、船检管理及规费管理等方面制定和发布相应规章制度以保障海上交通运输安全。

3. 海洋矿产资源开发管理制度

针对海洋矿产资源开发活动的管理，1996 年颁布的《中华人民共和国矿产资源法》是规范中国矿产资源勘查、开发利用和保护工作的基本法律，《中华人民共和国对外合作开采海洋石油资源条例》（2013 年 7 月第四次修订）规定了同外国企业合作开采海洋石油的管理制度。这两项法规是规范中国矿产资源勘查、开发利用和保护工作的基本制度，确立了海洋矿产资源属于国家所有，在中国领海及其他管辖海域开采矿产资源，实行审批许可等制度。

海砂是重要的海洋矿产资源。管理部门先后制定发布了《海砂开采使用海域论证管理暂行办法》《海砂开采动态监测简明规范（试行）》《关于加强海砂开采管理的通知》（国土资发〔2007〕190 号）、《关于全面实施以市场化方式出让海砂开采海域使用权的通知》等一系列管理规定，形成了比较完备的海砂开采管理制度。

（三）海洋管理制度建设方向

海洋事业发展离不开国家社会经济发展的大政方针，海洋管理制度建设也必将适应于海洋事业发展的形势需求。海洋管理制度建设表现在海洋事业发展涉及的各个海洋领域。海域是各项海洋活动的载体，海域使用管理制度是约束和规范一切海洋活动的根本制度。

1. 健全和完善海洋综合管理制度

2015 年 9 月，中共中央、国务院印发《生态文明体制改革总体方案》（以下简称《方案》），进一步明确了生态文明体制改革的任务书、路线图，为加快推进改革提供了重要遵循和行动指南。在海洋生态文明建设方面，《方案》提出，要健全海洋资源开发保护制度，实施海洋主体功能区制度，确定近海海域海岛主体功能，引导、控制和规范各类用海用岛行为；实行围填海总量控制制度，对围填海面积实行约束性指标管理。建立自然岸线保有率控制制度；完善海洋渔业资源总量管理制度，严格执行休渔禁渔制度，推行近海捕捞限额管理，控制近海和滩涂养殖规模；健全海洋督察制度等。

根据《方案》，中国将继续完善海域海岛有偿使用制度，建立海域、无居民海岛使用金征收标准调整机制。建立健全海域、无居民海岛使用权招拍挂出让制度。同时，建立陆海统筹的污染防治机制和重点海域污染物排海总量控制制度。

第二部分 加强海洋综合管理

2015年7月，国家海洋局印发《国家海洋局海洋生态文明建设实施方案》（2015—2020年），要求从10个方面推进海洋生态文明建设，提出了10个方面31项主要任务，设计了4个方面共20项重大工程项目。根据《生态文明体制改革总体方案》对海洋领域的具体要求，海洋生态环境管理制度建设将进一步深化和加强。

2. 不断加强海洋法制建设

2015年7月20日国家海洋局党组审议通过了《中共国家海洋局党组关于全面推进依法行政加快建设法治海洋的决定》（国海党发〔2015〕30号）（以下简称《决定》）。

《决定》提出，一要服务海洋强国建设大局，明确海洋领域全面推进依法行政总目标；二是以法治引领保障海洋领域重大改革，完善海洋管理法律法规体系；三要坚持依法科学民主决策，规范行政权力运行；四要加强制度建设，强化行政权力运行监督；五要加强和改进党对法治海洋建设的领导，把党的领导贯彻到全面推进法治海洋的全过程。《决定》指出，到2020年，建成法制完备、职能科学、权责统一的海洋管理体系，建设廉洁勤政、权威高效、执法严明的海洋管理队伍，构建法治统筹、公正文明、守法诚信的海洋管理秩序。

在制度建设方面，强化内部层级监督和专项监督。加强海洋行政主管部门内部监督，完善岗位责任制和权力制约机制，对海洋行政审批管理、公共工程建设等权力集中的部门和岗位，要建立并实行定期轮岗制度。积极推进建立海洋督察制度。建立覆盖沿海各地区、海洋全系统的海洋督察工作机制，推进海区海洋督察制度建设和实践。完善行政纠纷处理制度。健全海洋领域行政调解制度。完善听证制度和行政复议制度，建立行政应诉工作机制和海洋行政主管部门负责人出庭应诉制度。《决定》强调要严格遵守立法原则，完善海洋立法程序，加强重点领域立法。要研究适合中国国情的海洋法律制度体系和法律法规框架体系，要积极推进相关法律的修改和完善，及时将改革成果上升为立法内容。①

2015年7月第十二届全国人民代表大会常务委员会第十五次会议通过了《中华人民共和国国家安全法》，明确指出，国家安全领导机构实行统分结合、协调高效的国家安全制度与工作机制，"国家加强边防、海防和空防建设，采取一切必要的防卫和管控措施，保卫领陆、内水、领海和领空安全，维护国家领土主权和海洋权益"。未来，中国将进一步考虑军民融合兼顾的方针，改革与完善海洋管理体制机制，推进海洋法制建设。

---

① 国家海洋局：《中共国家海洋局党组关于全面推进依法行政加快建设法治海洋的决定》，2015-08-07，http://www.soa.gov.cnzwgkgsgg/201508/t20150807_39403.html，2015-10-09。

三、海洋管理实践

国家和地方不断加强海洋管理，以海洋法律手段规范海洋管理，以行政手段推动海洋管理，以经济手段实施海洋管理，在海域使用综合管理、海洋生态环境保护、海岛开发与保护、海洋防灾减灾管理等方面取得了显著成就。①

（一）海域使用综合管理

海域使用综合管理是海洋管理的重中之重。根据国家社会经济发展的需要，中国坚持"五个用海"，从海域使用权管理、海域使用金管理、围填海管理、海底电缆管道管理、海域动态监视监测等方面加强管理，优先保证国家重点项目建设和民生领域等的需求，科学配置海域资源，提高海洋资源开发控制能力，使海域资源在经济、社会、环境和权益维护中发挥最大效益。

1. 加强海域使用管理

近两年，海域综合管理重点开展制度研究和建设工作，一是开展海域综合管理研究与实践。二是依法科学配置海域资源。三是节约集约使用海域资源。确保海域资源价值最大化，推进管理体系和能力现代化，加强海域管理队伍能力建设，营造海域管理工作良好社会氛围。在这一年中，继续加强海域资源的科学配置，优先保障国务院批准的沿海区域国家级新区和自贸区以及国家重大基础设施、海洋战略性新兴产业、沿海新型城镇化建设用海需求。优先考虑自然淤涨型海滩开发利用。在海域有偿使用制度方面，全面开展海域分等定级，建立海域使用金征收标准动态调整机制，开展海域使用金征收管理制度执行情况跟踪评估。

2014年共颁发《海域使用权证书》8 669本，其中通过招拍挂颁发1 104本，同比增加近20倍，市场化配置海域资源能力大幅提高。全国新增确权海域面积374 148.37公顷，其中渔业用海确权海域面积349 611.61公顷，占总数的93.44%；优先保障国家重大基础设施建设以及重点产业用海需求，2014年报国务院批准的重大项目用海共有21个。从用海方式来看，开放式用海确权海域面积达341 785.88公顷，占到91.35%。②

---

① 此部分数据及图件如无说明均来自国家海洋局网站。
② 《2014年海域使用管理公报》，来源：国家海洋局网站，http://www.coi.gov.cn/gongbao/haiyu/201504/t20150429_32476.html，2015-11-19。

表 4-1　全国海域使用申请审批情况

地区	经营性项目 证书（本）	经营性项目 面积（公顷）	公益性项目 证书（本）	公益性项目 面积（公顷）
辽宁	1 029	103 052.99	4	32.38
河北	340	13 949.58	3	189.01
天津	40	1 070.00	4	991.07
山东	1 399	169 108.65	50	2 153.72
江苏	242	28 809.60	10	64.79
上海	3	480.91	1	8.33
浙江	92	2 051.73	48	2 244.44
福建	123	2 064.86	20	584.31
广东	115	5 069.16	18	270.78
广西	296	2 445.01	22	129.61
海南	35	891.05	12	25.77
省（区、市）以外	1	95.91	—	—
全国	3 715	329 089.45	192	6 694.51

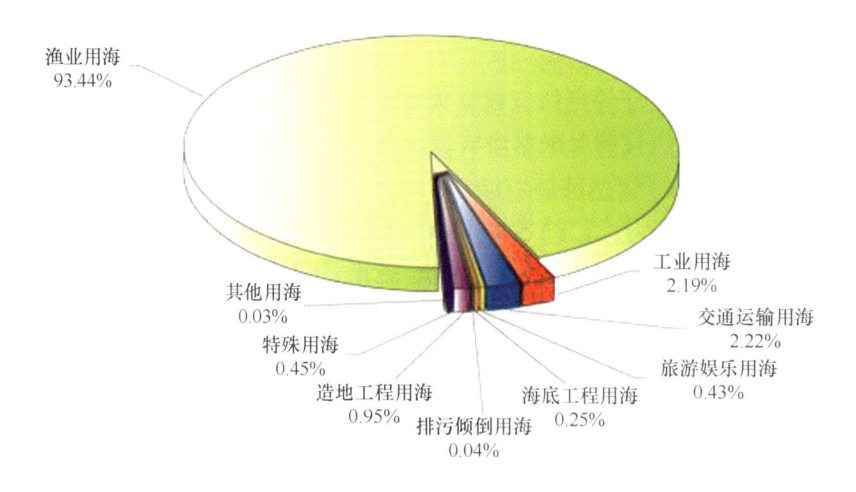

图 4-1　全国各用海类型确权海域面积百分比

渔业用海 93.44%
工业用海 2.19%
交通运输用海 2.22%
旅游娱乐用海 0.43%
海底工程用海 0.25%
排污倾倒用海 0.04%
造地工程用海 0.95%
特殊用海 0.45%
其他用海 0.03%

2014年，海域使用金征收管理更加严格、规范。全年共征收海域使用金85.02亿元，其中，填海造地征收海域使用金70亿元，占全部海域使用金征收总额的82.6%。

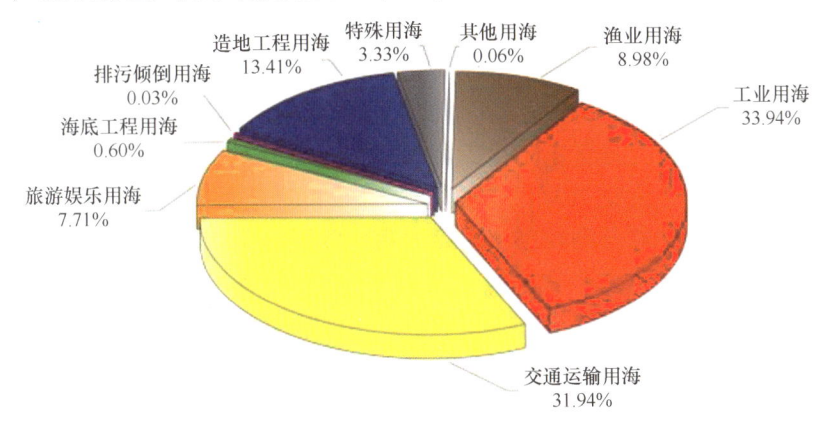

图4-2 全国各用海类型海域使用金征收金额百分比

排污倾倒用海 0.03%
海底工程用海 0.60%
旅游娱乐用海 7.71%
造地工程用海 13.41%
特殊用海 3.33%
其他用海 0.06%
渔业用海 8.98%
工业用海 33.94%
交通运输用海 31.94%

受经济结构调整和部分地区围填海审批制度改革影响，2014年共安排围填海计划指标约1.48万公顷，较上年减少约6 700公顷。其中，建设用围填海计划指标约1.3万公顷，农业用围填海计划指标1 798.1公顷。在围填海项目管理方面，全年共批准围填海项目450个，确权填海面积9 767.3公顷。

2014年国家海域动态监视监测管理系统升级改造深入开展，县级海域动态监管能力建设启动，近岸海域遥感监测全面进行。海洋领域首条连接至三沙市的4兆专线开通，在永兴岛建立了视频会商系统和远程视频监控系统，初步实现了对三沙市周边海域的实时监控。

2. 推进地方海洋管理

各沿海地方不断加强海域使用管理工作。2015年1月，《河北省国土保护和治理条例》出台，这是全国首部关于国土保护和治理的综合性地方法规。该条例明确，河北国土保护和治理工作实行自然资源有偿使用制度、建立生态补偿制度和黑名单制度。其中，在海洋保护治理方面，为促使沿海县级以上政府实施严格的海洋生态红线管理制度，一是沿海县级以上政府及其有关部门应当组织实施岸滩整治修复、人工湿地建设、上游综合治理、河口清淤清障等工作，修复受损的重要生态功能区、生态敏感区、生态脆弱区和入海河口海域生态环境。合理布局养殖空间，控制养殖密度，恢复海洋生物种群和生物多样性。二是禁止向海域违法排放陆源污染物。在海洋自然保护区、重要渔业水域、海滨风景名胜区和其他需要特别保护的区域，不得新建排污口。

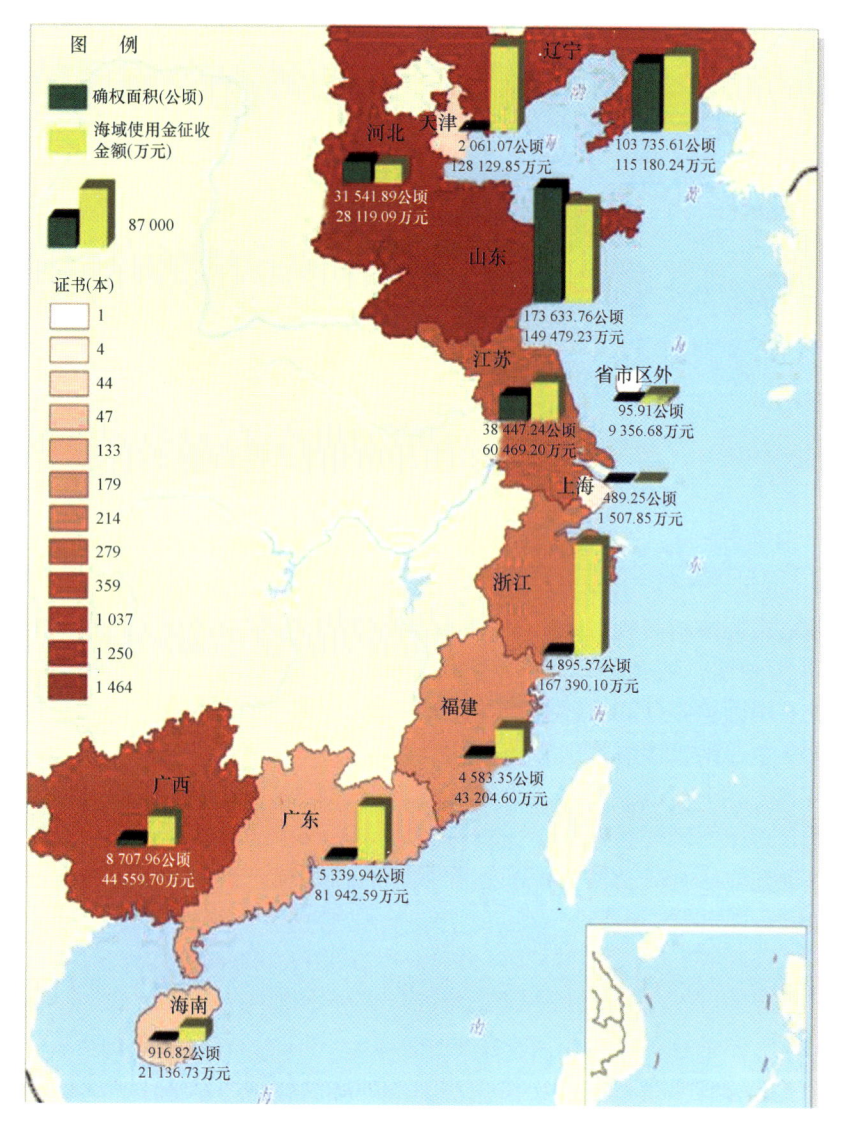

图4-3 全国海域使用确权及海域使用金征收情况示意

  为杜绝盲目圈海节约集约用海，福建对填海用海项目实施指标控制。2015年9月，福建省海洋与渔业厅出台《海洋产业用海控制指标办法（试行）》（以下简称《办法》）。《办法》要求，申请用海的单位或个人应当明确项目用海各项控制指标值，不符合强制性指标要求的，不予审批项目用海。《办法》主要涉及三方面的内容：一是明确了海洋产业用海的控制指标；二是明确了海洋产业用海控制指标的划定方法；三是明确了控制指标的运用方法。

(二) 海洋生态环境保护

海洋生态环境质量关系到人民群众的切身利益，各级海洋管理部门继续加强海洋污染防治工作，努力推进海洋生态环境保护。

1. 强化海洋生态环境管理

2015年，海洋生态环境管理工作以推进海洋生态文明建设为主题，全面加强理论研究、政策研究和规划编制，分类推进海洋生态环境保护能力建设。

在依法行政方面，协同推进简政放权和提质增效，严格依法依规办理行政审批事项，强化海洋环境行政审批和监测信息公开。加强海洋工程项目全过程监督检查，开展海洋环保领域违法违规建设项目的清理整改。

在深化海洋生态文明制度建设方面，在全国全面建立实施海洋生态红线制度，开展海洋资源环境承载能力监测预警试点，建立健全海洋生态损害赔偿制度和生态补偿制度，继续推进入海污染物总量控制制度试点。

在推进海洋污染联防联治方面，着力开展海湾综合治理，从16个污染严重、生态脆弱的重点海湾中选取部分海湾开展动态监测并试点开展治理。深化海洋污染防治摸底调查，明确海洋污染防治责任划分并对地方政府进行责任考核。

在海洋生态环境应急响应工作方面，完善赤潮（绿潮）等海洋生态灾害及突发事件的应急响应机制，推进黄海绿潮灾害综合治理。优化放射性监测网络和核应急工作机制，健全完善边处置边报告的海上溢油应急工作机制。

2. 沿海各地推进污染防治和生态整治工作

防治海洋污染和生态建设是中国沿海各地海洋管理重要任务。辽宁省将入海排污口邻近海域水质达标情况纳入沿海各市政府的绩效考评。福建省对各沿海县区市和平潭综合实验区年度污染控制目标落实情况进行检查考核。青岛市出台《青岛市胶州湾保护条例》，启动胶州湾生态湾区建设。浙江省印发《近岸海域污染防治规划》，实施杭州湾和乐清湾综合整治；宁波市开展陆源污染整治防治先期工作，启动象山港综合整治工作。厦门市出台《厦门海域水环境污染治理方案》。广东省启动"美丽海湾"建设等，极大地推进了海洋生态环境保护工作。[1]

---

[1] 《2015年全国海洋生态环境保护工作要点》，来源：中国海洋报，2015-03-05，http://www.soa.gov.cn/xw/hyyw_90/201503/t20150305_36181.html，2015-12-02。

海南省有效整合海洋、环保、水务、林业等部门的生态保护红线，全省生态保护红线依据生态服务功能类型和管理严格程度，实施分类分区管理，坚持性质不转换、功能不降低、面积不减少、责任不改变，探索实施生态补偿、尊重现实区别对待的生态红线管控原则。对于法定红线区域，按照现有法律法规进行管控；对于其他红线区域，根据区域经济发展、资源管理和生态环境保护的需要，提出分区分类的管控措施和发展指引。按生态服务功能实施"一区一策"的分区分类管控措施，严格审批限制红线区内的各项建设活动。

（三）海洋维权实践

近年来，中国综合运用政治、经济、外交和安全等多种手段，维护国家海洋权益。2015年，国家在维护国家海洋权益方面开展了卓有成效的工作：

一是采取多项举措开展海洋维权实践活动。举办南海问题国际研讨会、中英海洋法专家对话、东盟地区论坛海上溢油应急响应与处置国际研讨会。举办7场钓鱼岛主权展览，将钓鱼岛网站升级为7个语种版本。对外公布我在国际海底124个海底地名。完成第31次南极科学考察和2015年度北极黄河站科学考察，第32次南极科学考察顺利实施。添置首架极地固定翼飞机，并已投入试飞。完成大洋科考第34、35、36航次调查任务，"蛟龙"号首次在西南印度洋海底热液区下潜取得重大突破。[①]

二是加强南极考察活动管理。随着南极活动日趋多样化，参与南极考察活动的人员数量日益增多，组织与考察活动方式更加社会化，人员构成也日趋多样化，对南极考察活动的管理提出了新的要求。为规范中国南极考察活动行政许可行为，保障南极考察活动有序开展，根据《中华人民共和国行政许可法》、国务院第412号令和南极条约体系的要求，国家海洋局办公室《关于印发〈南极考察活动行政许可管理规定〉的通知》（海办发〔2014〕18号）。该规定共5章33条，从申请与受理、审查与决定、监督管理等方面对中国南极考察活动进行规范，其目的就是为进一步规范南极考察活动许可的管理和实施，保护公民、法人和其他组织的合法权益，维护中国国家形象和南极考察活动秩序，履行南极条约体系规定的权利和义务，保障和监督行政机关有效实施行政管理。同时，为提高南极考察管理水平，增强考察队员工作的积极性，根据国务院赋予国家海洋局的职责，以及国家海洋局南极考察队管理相关规定，国家海洋局办公室还印发了《关于〈南极考察队员考核管理规定〉的通知》（海办发〔2014〕11号）。

[①] 《王宏在全国海洋工作会议上的工作报告（摘编）》，载《中国海洋报》，2016年1月25日。

（四）海岛保护与利用

在海岛规划管理方面，立足生态文明建设，启动编制《全国海岛保护"十三五"规划》与省级海岛保护"十三五"规划。完善海岛保护规划体系，依法编制沿海城市海岛保护专项规划和县域海岛保护规划。

在完善制度分类管理方面，研究制定海岛保护名录，对特殊用途海岛和其他具有重要价值的海岛，划定保护红线，制定强制性保护措施。推进建立海岛地名管理制度，依法推进公益用岛的确权发证工作。推进海岛生态实验基地建设。

在加强岛礁管控方面，加快推进远岸岛礁调查，研究制定领海基点保护范围内工程建设管理办法，制订全国领海基点海岛保护行动计划。

在开展基础性业务工作方面，推进县级以上海岛监视监测体系建设，不断提高监视监测能力。按照规定内容和频率对领海基点所在海岛、已开发利用和有重要生态价值的无居民海岛进行全面监视监测。

为了加强海岛保护，发挥海岛旅游资源优势，广东省海洋与渔业局联合广东省旅游局，印发《关于切实加强海岛保护有序发展海岛旅游的意见》，该意见从完善海岛保护利用和旅游管理规范方面，强化海岛基础管理方面，优化海岛旅游环境方面提出具体要求，要以"保护为主，适度利用"为原则，以发展绿色海岛旅游为导向，以推进海岛保护利用监管体系和基础设施建设为主要内容，全面提升广东省海岛保护利用水平，将广东省主要海岛打造成为国家乃至世界的滨海旅游重要目的地。

（五）海洋经济管理

2015年，在中国经济增长进入"新常态"的宏观背景下，进一步加强海洋经济管理，加快推动海洋经济向质量效益型转变，使海洋经济成为推动国民经济发展的新动力。加强海洋经济宏观指导和调控能力，引导金融资本支持海洋经济发展，推进全国海洋经济发展试点工作，充分发挥海洋经济在"21世纪海上丝绸之路"建设中的作用。

第一次全国海洋经济调查是国务院批准开展的一项重大的国情国力调查。为推动第一次全国海洋经济调查工作的顺利进行，2015年1月，"调查"领导小组办公室向沿海各省、自治区、直辖市和计划单列市以及局属有关单位印发了《全国海洋经济调查区域分类》《海洋及相关产业分类（调查用）》和《主要海洋产品分类目录（调查用）》三项标准规范。2015年8月26日，国家海洋局和国家开发银行在京联合召开开发性金融促进海洋经济发展试点工作动员会。试点工作重点围绕支持海洋传统产业改造升级、海洋战略性新兴产业培育壮大、海洋服务业积极发展、海洋经济绿色发展、涉海重大基础设施建设等领域。目前，各地海洋部门结合实际情况，主动与国家开发银行分支机构对接，绝大多数地区已经基本建立起推进试点的工作机制。

（六）海洋公益服务

近年来，海洋减灾相关制度、标准和规范进一步完善，逐步建立健全国家和地方相结合的海洋减灾业务体系，努力规范海洋公益服务管理工作。2015年12月，国家海洋信息中心发布了《海洋生态环境监测数据共享服务程序（试行）》（以下简称《共享程序》），并在其门户网站——中国海洋信息网（www.coi.gov.cn）上公开了《共享程序》全文。《共享程序》体现了按需申请、公益服务、保障安全的基本原则，较好地展现了监测数据的公益性质，推动了监测数据共享与服务。①

2015年共新建12个海况视频监控点，精细化预报试点重点保障目标增加至70多个，成功应对"杜鹃""彩虹"等6次台风风暴潮、20余次温带风暴潮和海浪灾害。推进海洋灾害重点防御区划定试点和减灾综合示范区建设；南中国海区域海啸系统25个宽频地震台实现业务化运行；海洋渔业生产安全和海上搜救环境保障服务系统投入试运行；省级海洋预警报能力升级改造项目全面实施。②

（七）推进简政放权

按照国务院推进简政放权、放管结合、职能转变的工作精神，国家海洋局组织开展了对涉及取消和下放行政审批事项的规范性文件的修改工作，先后发布了关于修改《关于颁发〈海洋石油勘探开发化学消油剂使用规定〉的通知》等3份规范性文件的决定，分别是《关于颁发〈海洋石油勘探开发化学消油剂使用规定〉的通知》（国海管发〔1992〕479号）、《关于印发〈进一步加强海洋石油勘探开发环境保护工作意见〉的通知》（国海环字〔2006〕426号）和《关于进一步加强自然保护区海域使用管理工作的意见》（国海函〔2006〕3号）。根据简政放权精神，按照《海域使用管理法》有关规定和取消行政审批项目有关要求，对这三份文件中有关的申请审批程序和监督检查等方面内容进行修改完善，根据本决定作相应修改，重新公布施行。

四、小结

党的十八届四中全会提出"依法治国"，党的十八届五中全会提出"要拓展蓝色经

---

① 国家海洋信息中心：《海洋生态环境监测数据共享服务工作迈上新台阶》，http://www.soa.gov.cn/xw/dfdwdt/jsdw_157/201512/t20151231_49498.html，2016-01-05。
② 《王宏在全国海洋工作会议上的工作报告（摘编）》，载《中国海洋报》，2016年1月25日。

济空间。坚持陆海统筹，壮大海洋经济，科学开发海洋资源，保护海洋生态环境，维护中国海洋权益，建设海洋强国"。2015年，各级海洋行政管理部门积极贯彻党的十八届四中、五中全会精神，改革和完善海洋管理体制机制，不断推进海洋法制建设，积极履行海洋管理职责，以海洋法律手段规范海洋管理，以行政手段推动海洋管理，以经济手段实施海洋管理，在海域使用综合管理、海洋生态环境保护、海岛开发与保护、海洋防灾减灾管理等方面取得了显著成就。

第五章　中国海上执法

党的十八届五中全会强调："坚持陆海统筹，壮大海洋经济，科学开发海洋资源，保护海洋生态环境，维护中国海洋权益，建设海洋强国。"海上执法是维护海洋资源开发秩序，保护海洋生态环境和维护国家海洋权益的有效方式和重要保障。中国海上执法队伍加强执法能力建设，不断推进综合执法，严格执法责任，维护国家海洋利益和海洋权益。

一、海上执法概述

海上执法是指国家海上执法队伍为实现国家海洋行政管理的目的，依照法定职权和法定程序，执行海洋法律、法规和规章，实施的直接影响海洋行政相对人权利义务的行为。中国海上执法队伍依据海洋法律文件，通过多种执法方式维护海洋资源开发秩序，保护海洋生态环境和维护国家海洋利益和海洋权益。

（一）海上执法类型

由于各国国情、历史和地理位置不同，海上执法力量的体制、职能、隶属关系等也各不相同。从执法方式来讲，沿海国的海上执法力量主要分为两大类，即由单一执法机构实施的集中统一的海上执法和多个部门的多个执法机构实施的分散的海上执法。

世界上许多沿海国家，不论是实行集中类型的海洋管理体制，还是实行半集中类型或分散类型的管理体制的国家，大多都拥有统一的海上执法力量。这些国家包括：美国、日本、韩国、加拿大、英国、澳大利亚、瑞典、荷兰、冰岛、意大利、印度、越南、菲律宾、巴勒斯坦、阿根廷、科威特、牙买加、厄瓜多尔、墨西哥、以色列、新加坡、土耳其等国。

有些沿海国家实行多个部门执法。例如，葡萄牙由海军负责海上巡逻，空军承担空中巡逻和侦察走私、海洋事故和非法捕鱼，内政部设有税务警察，国防部有海上警察和港口管理局，这些单位共同负责查处海上走私、偷渡和渔事纠纷案件。泰国由海军负责海洋执法工作，缉私由海军、海警和海关负责；船舶事故和海洋污染由港务局负责处理；涉外渔事纠纷由海军负责处理。

新中国成立初到改革开放前这一时期的海洋观念和政策是以海洋防卫为重点的，

海上执法多由海军行使。随着海上交通安全、海洋渔业资源的利用和保护、海洋权益和海洋环境保护等法律法规的制定与实施，中国逐步形成了以海监、渔政、海事、边防、海关等为行政执法队伍、海军为军事执法队伍的分散型海上执法体制。2013年，中国政府将原国家海洋局及其中国海监、公安部边防海警、农业部中国渔政、海关总署海上缉私警察的队伍和职责整合，重新组建国家海洋局。中国海上执法队伍整合后，形成了相对集中的海上执法体制。

（二）海上执法队伍

目前，中国海上执法队伍主要是指中国海警和中国海事。

1. 中国海警

中国海警在中国管辖海域实施维权执法活动，主要职责包括管护海上边界，防范打击海上走私、偷渡、贩毒等违法犯罪活动，维护国家海上安全和治安秩序；负责海上重要目标的安全警卫，处置海上突发事件；负责机动渔船底拖网禁渔区线外侧和特定渔业资源渔场的渔业执法检查并组织调查处理渔业生产纠纷；负责海域使用、海岛保护及无居民海岛开发利用、海洋生态环境保护、海洋矿产资源勘探开发、海底电缆管道铺设、海洋调查测量以及涉外海洋科学研究活动等的执法检查；指导协调地方海上执法工作；参与海上应急救援，依法组织或参与调查处理海上渔业生产安全事故，按规定权限调查处理海洋环境污染事故等。

图 5 – 1　中国海警标志

2. 中国海事

中国海事是海上交通执法监督队伍，负责对船舶安全检查和污染防治；管理水上安全和防止船舶污染，调查、处理水上交通事故、船舶污染事故及水上交通违法案件；负责外籍船舶出入境及在中国港口、水域的监督管理；负责船舶载运危险货物及其他货物的安全监督；负责禁航区、航道（路）、交通管制区、安全作业区等水域的划定和监督管理；管理和发布全国航行警（通）告，办理国际航行警告系统中国国家协调人的工作；审批外籍船舶临时进入中国非开放水域；管理沿海航标、无线电导航和水上安全通信；组织、协调和指导水上搜寻救助并负责中国搜救中心日常工作；危险货物运输安全管理；维护通航环境和水上交通秩序；调查海上交通事故；组织实施国际海事条约等。

二、海上执法制度

中国海上执法队伍依据法律文件开展海上执法活动，严格遵守海上执法程序，根据不同执法活动类型和海上情形采取相应执法措施。2015年，新国家安全法将外层空间、国际海底区域和极地等新型领域纳入国家安全领域。海上督察制度进一步健全和完善，海洋督察推进"双随机"抽查制度，海事督察实施"联动式"督察。随着海上执法队伍的整合推进，海上执法法律的未来发展方向是整合现有法律和完善执法程序。

（一）海上执法法律

海洋执法活动具有严格的法定性，必须遵守依法行政的基本要求。中国海上执法队伍严格依据法律规定，有法必依、执法必严。中国海上执法的法律依据，主要包括法律法规、部门规章、其他规范性文件及有关国际公约和国际协定等。

表 5-1　综合性法律法规一览

法律类别	法律法规
海洋综合性法律法规	全国人民代表大会常务委员会关于批准《联合国海洋法公约》的决定
	中华人民共和国政府关于领海的声明
	中华人民共和国政府关于中华人民共和国领海基线的声明
	中华人民共和国领海及毗连区法
	中华人民共和国专属经济区和大陆架法
	中华人民共和国国家安全法
	中华人民共和国海上交通安全法
	中华人民共和国海洋环境保护法
	中华人民共和国水污染防治法
	中华人民共和国环境影响评价法

续表

法律类别	法律法规
海洋行政处罚与监督	中华人民共和国行政处罚法
	中华人民共和国行政复议法
	中华人民共和国行政诉讼法
	中华人民共和国国家赔偿法

2015年7月1日,全国人大常委会第十五次会议通过了新的《中华人民共和国国家安全法》。国家安全法第三十二条规定:"国家坚持和平探索和利用外层空间、国际海底区域和极地,增强安全进出、科学考察、开发利用的能力,加强国际合作,维护中国在外层空间、国际海底区域和极地的活动、资产和其他利益的安全。"其中,外层空间、国际海底区域和极地等新型领域纳入国家安全领域。新的国家安全法提出要增强安全进出、科学考察、开发利用的能力,无疑对中国当下维护国家新型领域安全的硬实力和软实力都提出了更高要求。中国是《外空条约》《联合国海洋法公约》《南极条约》等国际条约的缔约国,中国有权在外层空间、国际海底区域和极地等领域开展科学考察、资源勘探等活动,这些活动有助于深化对上述领域的探索认识和开发利用。海上执法的未来目标是依法保障极地、区域领域的相关活动的正常开展、资产和人员的安全。加强执法国际合作,为和平探索和利用国际海底区域和极地,造福全人类作出应有的贡献。

海上执法队伍的职责、任务以及分工的不同,其管辖对象和管理内容所依据的法律法规也有所不同。在依据综合性法律的同时,其也应遵守相关的法律法规。中国海上执法队伍以各自领域法律法规作为依据,在职责范围内开展执法活动。

表5–2 相关海上执法的法律法规一览表

执法队伍	相关法律法规
中国海警	中华人民共和国海域使用管理法
	中华人民共和国海岛保护法
	中华人民共和国人民警察法
	中华人民共和国渔业法
	中华人民共和国矿产资源法
	中华人民共和国野生动物保护法
	中华人民共和国治安管理处罚法
	中华人民共和国海关法
	中华人民共和国刑法
	中华人民共和国刑事诉讼法
	铺设海底电缆管道管理规定
	中华人民共和国涉外海洋科学研究管理规定
	海洋观测预报管理条例
	海底电缆轨道保护规定
	海关行政处罚实施条例
	中华人民共和国知识产权海关保护条例
	中华人民共和国防治海洋工程建设项目污染损害海洋环境管理条例
	中华人民共和国海洋倾废管理条例
	中华人民共和国海洋石油勘探开发环境保护管理条例
	中华人民共和国自然保护区条例
	公安机关海上执法规定
	中华人民共和国渔业法实施细则
中国海事	中华人民共和国船舶登记条例
	中华人民共和国船舶载运危险货物安全监督管理规定
	中华人民共和国船舶签证管理规则
	中华人民共和国船舶安全检查规则
	国际海运危险货物规则

（二）海上执法方式

根据中国法律法规的规定，并结合国际法，中国海上执法队伍在管辖海域内可采取以下措施。

1. 宣示性措施

宣示性措施是确认对方的身份特征或者向相对方宣示主张，该措施以喊话或者其他宣示性行为予以表现。海上执法中，可以表现为喊话确认相关船舶的国籍归属，向相对方宣示主权，在中国管辖岛屿环岛巡视等。

2. 责令性措施

责令性措施是执法机关作出的具有要求相对方作为或者不作为一定行为的意思表示。在海上执法中，可以表现为责令临时停航、责令驶离指定地点、责令停产作业、责令回航或者改航、责令改正或者限期改正等。

3. 强制措施

强制措施是为制止违法行为或者在紧急、危险等情况下依法对违法人的人身自由或者财产实施的控制性措施。分为三种：对人身自由的限制；对物的扣留使用、处置或者限制其使用；强行进入设施、场所、船舶或其他处所及其他依法定职权的必要处置，如登临、扣押等。

（三）海上执法程序

海上执法程序作为行政程序的一种特别程序，是中国海上执法队伍在行使海上执法权力、实施海上管理和服务过程中所遵循的步骤、方式、顺序及时限的总称。

海上执法与普通执法相比，具有主体特定，执法范围、领域广泛和涉外的特点。海上综合执法需要遵守《中华人民共和国行政许可法》《中华人民共和国行政处罚法》和《中华人民共和国行政强制法》中关于行政许可、行政处罚和行政强制程序的规定，也应遵守《中华人民共和国刑事诉讼法》关于侦查程序的规定。

海上巡航执法具有涉外性的特点。海上巡航执法不仅要遵循国内法程序，也要依据国际条约和国际习惯的程序性规定。中国现行法律只有关于海上巡航执法的原则规定，并无工作内容、管辖对象、执法程序等具体内容。中国应着手制定并出台有关海上巡航执法条例或者部门规章，执法机构制定可操作性的执法规范和示范守则等。

（四）海上执法监督

建立和推进海洋督察制度是履行好国家海洋局和地方海洋部门职责的重要举措。国家海洋局推进海洋行政执法随机抽查机制，抽查采取"双随机"机制，即随机抽查待查对象、随机抽取执法检查人员。随机抽查的领域主要包括海域使用、海洋生态环境保护、无居民海岛开发与保护、海底电缆管道路由调查勘测铺设施工、休渔海上执法监管活动等规范行政执法行为。国家海洋局负责组织、协调、督促全国海洋行政执法的随机抽查工作，地方各级海洋行政主管部门负责本辖区内海洋行政执法的随机抽查工作。

海事执法督察是推进依法行政、"三化建设"的重要保障。为进一步建立和完善内控机制，落实执法风险管理制度，增强海事执法人员的风险意识、责任意识，海事局健全海事行政执法督察制度，拓展海事执法督察范围，创新海事执法督察思路，丰富综合督察手段，与纪检联手实施"联动式"督察。

三、海上执法能力建设

提升执法人员能力，加强执法装备建设，发展执法技术装备是全面履行中国海上执法队伍职责、依法规范海洋开发秩序、有效保护海洋生态环境、切实维护国家海洋权益、推动海洋经济持续健康发展的必然要求和重要保障。

（一）提升执法人员能力

2015 年，中国海上执法队伍以提高执法人员能力素质为重点，全面加强队伍组织建设、思想建设、业务建设和廉政建设，打造成为一支具有鲜明中国特色、能够有效履行国家使命的现代化海洋执法力量。

中国海警举办执法人员培训班，学习业务理论、提高执法装备操作技能。探索县级"警渔"综合执法试点，开启海上执法新模式。山东省总队举办第二代智能执法仪实操培训，专家详细讲解第二代智能执法仪的具体操作知识，参训人员实践操作。福建海警第二支队三大队与福建省晋江市海洋与渔业局签署了《海上执法合作协议》，"警渔"海上综合执法合署办事处投入使用，开启了县级"警渔"合作执法新模式。

中国海事"三化"（革命化、正规化、现代化）建设全面铺开，执法人员能力提升。"三化"建设开展以来，全国海事系统在政治水平保障、服务国家战略和法治海事建设方面取得突出成效，截至 2015 年年底，"六大体系"25 项任务 166 项重点工作紧扣时间节点、按计划有序推进。① 全国海事系统举办中高级执法人员培训班，旨在增强地、市、县级地方海事机构负责人的执法业务能力和事故应急处置能力，强化法律意识和安全意识，提高水上交通安全监管能力，保障社会和谐稳定，为地方海事科学发展、协调发展、安全发展提供人才保障和智力支持。

（二）加强执法装备建设

中国海警重视海洋执法装备建设，加大投入力度，执法的物质技术条件持续改善，基本具备全天候、全海域巡航执法能力。2015 年中国海警入列的部分船舶，详见表格 5-3。

表 5-3　2015 年中国海警入列船艇②

时间	中国海警入列船艇
2015 年 1 月 16 日	国家海洋局北海分局 5000 吨级"中国海警 1501"船在武汉顺利下水
2015 年 3 月 31 日	"中国海警 2308"船在国家海洋局东海分局上海码头交接入列。随着该船的入列，东海分局拥有的千吨级以上海洋调查和公务执法船舶增至 16 艘
2015 年 4 月 10 日	山东省海洋与渔业监督监察总队第五支队所属"中国渔政 37005"执法船在蓬莱入列，该船是山东省目前技术设备最先进的省级渔政执法船
2015 年 5 月 20 日	"三沙市综合执法 1 号"正式交付海南省三沙市使用，成为目前三沙市吨位最大、设备最齐全、性能最先进的执法船
2015 年 6 月	5000 吨级"中国海警 3501"船入列中国南海海区
2015 年 9 月 18 日	"中国海警 1501"船在上海正式入列

航空执法是中国海上执法队伍对管辖海域实施空中巡航监视，查处侵犯海洋权益、违法使用海域、损害海洋环境与资源、破坏海上设施、扰乱海上秩序等违法违规行为的重要手段之一。2015 年，高科技信息化装备在执法工作中的作用凸显。利用卫星、飞机、监控视频对作业海域、项目进行动态监管，已成为一种成本更低、效率更高的执法监管方式。中国海监宁波市支队利用"沙漠鹰"智能电动无人机，对南堤工程进行航摄及定位测试。厦门支队利用动态监控镜头"鹰眼"严打盗采海砂的违法行为。中国海监第九支队执法人员自行改装的航模飞行器"inspire"，可按预定航线自动飞行、

---

① 《六大体系 25 项任务 166 项重点工作有序推进——海事"三化"建设取得阶段性重要成果》，中华人民共和国交通部网站，http://www.moc.gov.cn/zhuzhan/jiaotongxinwen/xinwenredian/201511xinwen/201511/t20151118_1928899.html，2015-12-20。

② 该数据是根据《中国海洋报》的报道整理（详见表 5-3），可能小于实际数据。

摄像、定位，拍摄画面高清稳定，实时提供经纬度坐标数据和低空视频监控。

（三）发展执法信息系统

2015年，中国海警持续完善升级现代化指挥信息系统，采用光纤、短波、超短波和卫星等多种指挥通信手段，大幅提升海上执法行动指挥控制效能；建设完善监视监测系统，完善海岛数据资料。山东省海洋与渔业执法指挥系统试运行，该系统以"智慧执法、阳光审批"为主线，建立融渔政监督、海洋监察、渔港监督、渔船检验、安全监管和人员、装备管理"多位一体"的综合性执法指挥平台，实现了渔船的可识别、可监控、可共享。中国海警东海总队全面启用海岛监视监测系统，完成海岛监视监测的报送任务，更新完善海岛本底资料，为海岛"网格化、全覆盖"管理奠定基础。

中国海事坚持以海事业务需求为导向，积极应用物联网、云计算、大数据、"互联网+"等新技术和新理念，建设海事船舶、船员、船检等数据库。推进海事信息化顶层设计的落地，建成了覆盖全国的海事两级云数据中心基础框架，建立了统一的中国海事协同管理平台和综合服务平台门户框架及身份认证体系。中国海事局发布海事协同管理平台和综合服务平台门户框架招标公告，江苏地方海事加快"智慧海事"感知监控一体化网络工程建设，完善新版船舶动态监控与海事在线服务系统，组织开展"船舶身份与定位信息传感器"（VITS）的中期试验，加快船舶船员信息化系统建设，建设与部局船检数据交换平台，实现船检系统数据对接。

四、海上执法实践

中国海上执法统筹维稳和维权两个大局，坚持维护国家主权、安全、发展利益相统一，维护国家海洋权益和提升综合国力相匹配。中国海上执法队伍依据相关法律、法规和规章开展管辖海域执法活动并取得显著成效。

（一）海上维权执法

2015年，中国海警严格履行维护国家海洋权益职责，在管辖海域实施定期维权巡航执法，对在中国管辖海域进行非法调查、测量作业的外籍船只进行监视和驱离。中国海警持续开展钓鱼岛常态化维权巡航，继续保持黄岩岛优势管控，有效值守管辖海域。典型执法活动如下。

中国公务船常年在黄岩岛海域依法进行值守并维护该海域正常秩序。4月，中国海警船人员在黄岩岛附近海域登临2艘菲律宾渔船，制止、驱离在中国黄岩岛海域非法作业的菲律宾渔民和渔船。① 5月，海南省海洋与渔业监察总队的中国海监"2169船"和"2168船"赴西沙和中沙群岛进行综合执法监测科考联合行动，巡查西沙和中沙群岛及岸线、清理绝户网、检查海上渔业安全生产、整治"三无"渔船、非法海上旅游以及非法采捕水生野生动植物等违法违规行为。10月，美国"拉森"号军舰未经中国政府允许，非法进入中国南沙群岛有关岛礁邻近海域，威胁中国主权和安全利益，危及岛礁人员及设施安全，损害地区和平稳定。中方有关部门依法对美方舰艇实施了监视、跟踪和警告。② 4月，海南海事局"海巡21"船和"海巡1103"船编队开赴西沙海域开展海空联合巡航执法行动。海事巡航编队前往永乐群岛、永兴岛、北礁等西沙水域进行巡查，总里程约400海里。

2015年1月1日至2015年12月31日，中国海警执法船组织开展钓鱼岛专项维权巡航35次，共计252天。每次巡航保持2艘以上船舶有效常态化巡航，每月定期巡航2~3次。

表5-4　中国海警钓鱼岛维权巡航执法③

时间	维权巡航执法
2015年1月9日	中国海警2151、2337、2115舰船编队在中国钓鱼岛领海内巡航
2015年1月19日	中国海警2305、2306、2102舰船编队在中国钓鱼岛领海内巡航
2015年1月27日	中国海警2305、2306舰船编队在中国钓鱼岛领海内巡航
2015年2月6日	中国海警2350、2113舰船编队在中国钓鱼岛领海内巡航
2015年2月15日	中国海警2401、2337、2506舰船编队在中国钓鱼岛领海内巡航
2015年2月27日	中国海警2401、2337、2506舰船编队在中国钓鱼岛领海内巡航
2015年3月16日	中国海警2306、2350、2102舰船编队在中国钓鱼岛领海内巡航
2015年3月22日	中国海警2306、2350、2102舰船编队在中国钓鱼岛领海内巡航
2015年3月30日	中国海警2306、2350、2102舰船编队在中国钓鱼岛领海内巡航
2015年4月4日	中国海警2401、2506、2113舰船编队在中国钓鱼岛领海内巡航
2015年4月17日	中国海警2307、2337、2101舰船编队在中国钓鱼岛领海内巡航

---

① 《中方敦促菲方杜绝在黄岩岛海域从事非法活动》，http://world.people.com.cn/n/2015/0424/c1002_26901021.html，2015-12-02。

② 《外交部发言人陆慷就美国拉森号军舰进入中国南沙群岛有关岛礁邻近海域答记者问》，http://www.fmprc.gov.cn/web/fyrbt_673021/jzhsl_673025/t1309512.shtml，2015-12-08。

③ 依据国家海洋局网站相关信息整理。

续表

时间	维权巡航执法
2015年4月30日	中国海警2307、2101、2102舰船编队在中国钓鱼岛领海内巡航
2015年5月3日	中国海警2350、2305、2102舰船编队在中国钓鱼岛领海内巡航
2015年5月15日	中国海警2350、2305、2102舰船编队在中国钓鱼岛领海内巡航
2015年5月28日	中国海警2401、2151、2306舰船编队在中国钓鱼岛领海内巡航
2015年6月3日	中国海警2305、2308、2166舰船编队在中国钓鱼岛领海内巡航
2015年6月17日	中国海警2307、2337、2149舰船编队在中国钓鱼岛领海内巡航
2015年6月26日	中国海警2307、2337舰船编队在中国钓鱼岛领海内巡航
2015年7月3日	中国海警2305、2151、2166舰船编队在中国钓鱼岛领海内巡航
2015年7月24日	中国海警2307、2308舰船编队在中国钓鱼岛领海内巡航
2015年7月29日	中国海警2307、2308舰船编队在中国钓鱼岛领海内巡航
2015年8月2日	中国海警2337、2151、2501舰船编队在中国钓鱼岛领海内巡航
2015年8月26日	中国海警2305、2166、2113舰船编队在中国钓鱼岛领海内巡航
2015年9月7日	中国海警2307、2308、2506舰船编队在中国钓鱼岛领海内巡航
2015年9月10日	中国海警2307、2308、2506舰船编队在中国钓鱼岛领海内巡航
2015年9月19日	中国海警2305、2151、2113舰船编队在中国钓鱼岛领海内巡航
2015年10月3日	中国海警2401、2101、2112舰船编队在中国钓鱼岛领海内巡航
2015年10月9日	中国海警2401、2112舰船编队在中国钓鱼岛领海内巡航
2015年10月24日	中国海警2501、2506舰船编队在中国钓鱼岛领海内巡航
2015年11月9日	中国海警2307、2308舰船编队在中国钓鱼岛领海内巡航
2015年11月23日	中国海警2401、2149、2101舰船编队在中国钓鱼岛领海内巡航
2015年11月29日	中国海警2401、2149、2101舰船编队继续中国钓鱼岛领海内巡航
2015年12月11日	中国海警2501、2506舰船编队继续在中国钓鱼岛领海内巡航
2015年12月20日	中国海警2307、2308舰船编队在中国钓鱼岛领海内巡航
2015年12月26日	中国海警2307、2308、31239舰船编队在中国钓鱼岛领海内巡航

（二）海上综合执法

海上综合执法涉及领域广泛，是中国管辖海域内的海洋渔业管理、海域管理、海岛保护、海上治安、海上秩序的重要保障。

1. 海洋渔业执法

中国海警通过集中清理取缔涉渔"三无"船舶和"绝户网"、加强休渔管理、开展专项资源管理、保护水生野生动物等措施，维护海洋与渔业生产秩序，保持渔业资源的合理开发与利用。

2015年，中国海警分局及地方执法队伍开展休渔期的联合执法行动，整治"三无船舶"，严厉打击违规捕捞行为。中国海警东海分局筹备组组织协调本局执法力量以及辖区内三省一市海警、渔政、海监执法力量，开展了2015年东海区海洋休渔海上执法勤务行动。福建省海洋与渔业执法总队开展打击休渔期间非法捕捞的"净海2015"海上联合执法行动，实施海洋"蓝剑2015-1"联合执法行动，严厉打击各类海洋与渔业违法行为。山东省开展2015年黄海中部休渔海上联合执法行动，重点打击渔船非法出海捕捞、非法捕捞水产品等行为，严厉查处外省籍渔船违反休渔规定、违规捕捞等行为。浙江省开展"一打三整治"，取缔"三无"船舶，打击其他各类违法行动，整治"船证不符"捕捞渔船和渔运船，整治禁用渔具，整治海洋环境污染。

2. 海域执法

中国海警"海盾2015"专项执法行动由中国海警局统一组织，各海警分局筹备组和各省（区、市）海监总队具体实施。专项行动加大对"三边工程"案件的查处力度，强化用海项目全程监管，加强区域用海规划实施情况及重大案件查处工作监督。"海盾"专项执法共计处罚40多亿元，收缴罚款36亿余元，处罚收缴金额创新高。

中国海警深化海砂开采重点监控区执法工作。辽宁、山东、福建、广东等省组织开展大规模打击非法盗采海砂行动，有力遏制了违法采砂趋势。同时，广西、海南地区持续开展专项执法行动，严厉查处违法采砂行为。

中国海警深入开展打击非法围填海的工作。辽宁、福建、江苏等省严格执行海岸线巡查任务，做到岸线巡查全方位、全覆盖，及时发现并打击非法围填海的行为，遏制了未批先建、超面积围填海、擅自改变已批准海域用途等违法用海行为，规范海域使用秩序。

3. 海洋环境保护执法

中国海警局启动了"碧海2015"专项执法行动，重点任务包括海洋工程建设项目、海洋倾废、海洋石油勘探和海洋保护区4方面，执法行动由中国海警局统一领导并组织实施，中国海警局司令部负责全国专项执法行动的组织、领导和协调工作。各海警分局筹备组配合中国海警局司令部指导协调地方海监机构开展行动。专项行动涵盖中国海警资源环境执法的全部领域。"碧海2015"专项执法行动共立案561件，结案516件，收缴罚款4 407.4万元。

中国海警在2015年开展了"北戴河海域海洋环境保护"专项执法行动，严厉打击海洋环保违法行为，有效应对溢油、赤潮等灾害，切实保障滨海旅游环境。专项执法行动由中国海警局全程监督指导，北海分局筹备组负责组织、协调和实施。北海分局筹备组、河北海警总队筹备组、中国海监河北省总队，分别成立专项执法工作组，分领域、分任务执行专项执法行动。

中国海警在保护海洋生态环境方面的执法行动卓有成效。2015年开展了打击非法猎捕红珊瑚专项活动。中国海警局采取海上控、港口查的方式，在重点海域开展全天候、全方位巡逻，始终保持高压严打态势，连续破获特大非法猎捕红珊瑚案件，有效震慑了不法分子的嚣张气焰，共查获红珊瑚224.41千克，估值超亿元。

4. 海岛执法

2015年，中国海警开展了无居民海岛执法专项活动，组织开展无居民海岛专项执法行动。专项行动由中国海警各分局筹备组，各省、自治区、直辖市海警总队筹备组和各省、自治区、直辖市海监总队负责组织实施。专项行动与海岛定期巡航工作统筹兼顾，将航空巡视、船舶巡航和人员登岛执法形成合力，高效开展执法行动。同时，加强舆论监督，适时通报违法情节严重、影响恶劣的大案、要案。

各地方执法队伍根据海岛保护规划和海域海岛标准名录加强海岛保护执法工作。福建省部署省、市、县海洋行政主管部门及其所属海监机构开展海岛保护执法工作，加强海岛及其周边海域的巡查，核实海岛现状，打击违法用岛、海岛周边非法采砂及非法倾废等行为。

5. 海上治安执法

2015年，中国海警忠实履行职责，积极查办刑事违法案件，在查处抢劫、偷盗、贩毒等违法行为中，充分发挥刑事处罚和海上执法作用，保护正常的海上开发活动，维护海上治安秩序。

福建海警一支队采取全线巡航、分段巡逻、重点摸排等方式，全面加强辖区海域治安管控，开展全线巡航，熟悉海域海况，摸清治安状况，及时消除突发性事件苗头、不稳定因素，严厉打击和查处非法猎捕红珊瑚、非法采砂、抢劫、偷渡、贩毒贩枪等各类违法犯罪行为，净化辖区海上环境。

6. 海上缉私执法

2015年，中国海警联合海关总署开展打击走私的"春雷"专项活动，严厉查处非法买卖、走私成品油及毒品的违法犯罪活动。

中国海警局联合部署8个直属海关和7个省（市）海警总队筹备组，成功打掉两个走私成品油犯罪团伙，抓获犯罪嫌疑人250余名。浙江海警驻台州单位查处非法买卖成品油案11起，查获非法买卖成品油834吨，案值290余万元。

12月，中国海警局联合海关总署、福建省公安厅，成功侦破代号"4·21"的特大走私案，打掉一个特大走私犯罪团伙，查扣涉嫌走私船舶11艘，现场查获成品油约4 400吨。6月，厦门海警三支队成功破获海上走私制毒物品案件，现场缴获制毒物品麻黄碱493.2千克。该案是中国海警队伍自2013年整合以来，侦破的首起海上特大涉毒走私案件。

7. 海上安全监管

2015年，中国海上执法队伍全力推进海上搜救和水上交通安全制度化，为海上丝绸之路和海洋强国建设提供可靠的海上应急保障。

中国海事开展水上交通安全"打非治违"专项整治，通过巡航检查、现场核查、海事调查等手段，加大管理力度，彻查"三无"船舶非法从事运输行为。交通运输部和农业部联合下发《关于进一步加强海上搜救联动机制的通知》，切实强化海上搜救合作，全面提升海上安全保障水平，筑牢海上安全防线。

（三）海上执法合作

中国海上执法队伍积极推动执法合作和执法交流，与部分国家和地区开展执法合作，构建交流合作机制，提升执法合作水平。

1. 两岸合作

2015年5月，福州市海洋与渔业执法支队与马祖海巡机构，在连江—马祖之间海域组成编队，按既定巡航航线开展协同执法巡查，共同打击非法采砂、非法用海、海洋违法倾废、渔业违法作业等行为。

2. 双边合作

2015年，在中美第七轮战略与经济对话中，双方就重大双边、地区和全球性问题交换意见。双方决定在打击非法、未报告和无管制捕捞,海事安全等领域加强海上执法合作。[①] 8月,中国和印度尼西亚海上搜救机构围绕落实《中华人民共和国交通运输部和印度尼西亚共和国国家搜救局海上搜救合作谅解备忘录》相关条款,研讨"2015年中国-印尼国家联合海上搜救沙盘演习"脚本、演习平台技术方案和中国-印尼国家海上搜救热线平台建设方案等议题,着重加强海上搜救合作。

3. 多边合作

2015年,中国海警参与了洲际打击猎捕、贩卖野生动物的联合执法行动在亚洲、非洲、欧洲、美洲的64个国家参与的洲际跨国联合执法行动——"眼镜蛇三号"行动。在行动中,中国海警局负责打击海上非法猎捕、运输、走私红珊瑚、海龟等珍贵、濒危野生动物违法犯罪行为。

7月,北太平洋地区海岸警备执法机构论坛(简称"六国论坛")"执法协作2015"多边多任务演练在大连市举行。中国海警局、俄罗斯联邦安全总局边防局、美国海岸警卫队、日本海上保安厅、韩国海洋警备安全本部、加拿大海岸警备署等国家的相关人员参加。活动以海上禁毒为主题,包括海上禁毒业务研讨、海上查缉实兵演练、登船检查联合训练3个部分。

中国海事参加了中国-东盟国家海上联合搜救沙盘推演在广州举行首次协调会议。会议商讨沙盘推演的实施方案、演练脚本、场景演示和海上搜救热线平台建设方案等议题。

五、小结

2015年,中国海上执法工作全面推进。海上执法队伍开展管辖海域的定期维权巡航执法,持续进行钓鱼岛、黄岩岛专项维权执法活动,对在中国管辖海域进行非法调查、测量作业的外籍船只进行监视和驱离。实施海域使用常规检查、违法用海专项检查,深化海砂开采重点监控,规范海域使用秩序;加强海洋工程建设、红珊瑚保护专项执法。开展海岛定期巡航执法工作,维护海岛开发利用秩序。加强巡航护渔执法,维护渔业生产秩序;查办刑事违法案件,维护海上治安秩序;巡视通航环境,维护良好的通航环境和通航秩序。两岸、双边及多边执法协作取得新进展。

[①] 《第七轮中美战略与经济对话框架下战略对话具体成果清单》,新华网,http://news.xinhuanet.com/2015-06/26/c_1115727263.htm,2015-10-20。

第三部分
发展海洋经济

第六章　中国海洋经济发展

中国的海洋经济是开发、利用和保护海洋的各类产业活动以及与之相关联活动的总和，是国民经济和社会发展的重要领域。"十二五"时期以来，中国海洋经济已先于国民经济进入新常态的进程，产业结构深度调整，发展方式加快转变。2015年，尽管增速放缓，但全国海洋经济整体依然保持了较好的发展势头。"十三五"阶段将是中国海洋经济转型升级的关键时期，努力保持海洋经济的可持续发展将成为政策主线。

一、2015年全国海洋经济情况

2015年，全年海洋生产总值64 669亿元，同比增长7%。其中，海洋第一产业增加值3 292亿元，海洋第二产业增加值27 492亿元，海洋第三产业增加值33 885亿元。海洋传统产业总体平稳，部分产业面临较大下行压力，海洋新兴产业新增长点不断显现，海洋服务业比重稳步提高。海洋生产总值略高于同期国民经济6.9%的增长速度，与"十二五"期间的前几年相比增速明显回落。海洋生产总值占国内生产总值的比重为9.6%，未有显著变化。

（一）海洋产业结构调整步伐加快

2015年，全球经济复苏缓慢，贸易增长低位徘徊，国内宏观经济增速换挡期、结构调整阵痛期、前期政策消化期"三期叠加"，对外向型的海洋产业发展带来负面影响。但由于主要海洋产业的主动适应、积极应对，海洋产业结构向"三、二、一"状态转换逆势提速。海洋第一产业比重继续下降，从2014年的5.4%到2015年的5.1%，下降0.3个百分点；海洋第二产业从45.1%到42.5%，下降2.6个百分点；海洋第三产业从49.5%到52.4%，提升2.9个百分点。

（二）海洋新兴产业成为重要增长极

据不完全统计，2015年海洋生物医药业实现增加值4 352亿元，同比增长2.8%，山东、浙江、福建等省建成了一批海洋生物医药园区基地，带动了相关产业的发展；海水利用业稳步增长，实现增加值14亿元，同比增长7.8%，天津、青岛等地不断推进产学研深度融合和海水淡化与综合利用产业链建设，加快了海水淡化产业发展；海洋电力业平稳发展，多项风电利好政策提升了企业投资建设海上风电的预期，实现增加值 116 亿元，同比增长 9.1%。

（三）海洋经济出现多种新业态

随着海洋科技进步，海洋开发的内容、方式以及市场导向日益多样化，特别是在大力培育发展海洋战略性新兴产业的国家政策引导下，海洋经济在产业类型、产业链、跨业融合等多层面出现新形态。主要表现有以下五方面。

一是需求主导，产业链延伸，模块细化。大项目带动突破关键技术，进而串起产业链级别的新业态。例如：传统的海上石油钻井平台是生产、生活在一起，一旦发生事故，很容易造成重大人员伤亡。中国企业开发新的海上生活平台，使得海上石油生产、生活模块分割，大大提高了安全系数，并实现了平台模块化 90% 以上国产化率。

二是服务主导，跨界融合，衍生细化分支。如：海洋高效物流、海洋文化体验、海洋健康体育、海洋特色金融、海洋母港经济等新兴业态。

三是海洋服务业大幅扩展，势头强劲。如：海洋旅游业呈现出蓬勃向上的发展态势。数据显示，2015 年，海洋旅游业继续保持快速增长势头，实现增加值 10 874 亿元，同比增长 11.4%，旅游消费对地区海洋经济增长的贡献率继续提高。

四是海洋产业结构升级转型加速。传统海洋产业获得提升路径，"新经济"倒逼转型，"老产业"谋求新生，新兴海洋产业规模逐步扩大，"三、二、一"的海洋产业结构基本定型。

五是新兴经济业态已经显现出了新的增长动力。虽然各种新兴经济业态在海洋经济总量中所占的比例尚小，但是这些业态展现出强劲的发展活力。已经成为一些地方和企业新一轮转型发展的"金钥匙"，如"智慧海洋""虚拟海洋"。

（四）海洋经济有力促进海上丝绸之路建设

随着"21 世纪海上丝绸之路"战略的实施，中国与沿线国家以政策沟通、设施联通、贸易畅通、资金融通、民心相通为主要内容，在基础设施建设、经贸合作、金融合作、人文交流、公共服务等领域展开务实合作。近十年，中国与"海上丝绸之路"沿线国家的贸易额年均增长 18.2%，占中国对外贸易总额的比重从 14.6% 提高到 20%，中国企业对海上丝绸之路沿线国家的直接投资额从 2.4 亿美元扩大到 92.7 亿美元，年均增长 44%。

本着建立开放合作新机制的愿望，中国与沿线国家和地区积极探讨建立蓝色经济交流合作机制、海洋产业发展合作机制、海上互联互通合作机制和海上公共服务合作机制。

合作规模不断扩大。中国已经与沿线 26 个国家和地区签署了海洋合作协议，正在探讨海洋合作的国家和地区有 13 个。中国海外在建的港口 12 个，在建的通港铁路 3 条。中国远洋渔业作业海域遍及亚洲、非洲、南美和太平洋岛国等 40 多个合作国家和地区的专属经济区以及太平洋、印度洋、大西洋公海和南极海域。至 2014 年年底，中国远洋渔业企业共 164 家，各类远洋渔业作业渔船 2 460 艘，总产量 203 万吨。中国与 20 多个国家建立了渔业合作协定，协议加入 8 个政府间国际渔业组织。中国共有 27 家企业在 15 个国家建设了远洋渔业基地 24 个，总投资 2.83 亿美元。2014 年，中国与沿线沿路国家贸易总额达到 1.12 万亿美元，占对外贸易总额的 26%；对外直接投资 125 亿美元，占总对外投资总额的 12.1%，完成工程承包营业额 643 亿美元，接近总额的一半。

合作领域不断拓展。从传统的商品和劳务输出为主发展到商品、服务、资本"多头并出"，从单个企业走出去发展到通过境外经贸合作区建设集群式走出去。一批重大合作项目扎实推进。巴基斯坦瓜达尔港等项目进展顺利，中白工业园、中马钦州产业园和马中关丹产业园、中印尼综合产业园、中埃苏伊士经贸合作区等园区加快建设。这些项目促进了相关国家经济社会发展，带动了就业和民生改善，展现了"一带一路"建设的广阔前景。

二、"十二五"期间海洋经济的发展

"十二五"期间，世情国情发生深刻变化，通过主动适应'增速放缓、转型换挡、结构优化、全面提质'的宏观经济"新常态"，中国海洋经济也进入"新常态"的发展进程。五年来，海洋生产总值增长速度呈现出逐年下降的态势，基本实现了海洋经济的软着陆。海洋经济步向质量效益型进程。

（一）海洋经济增长保持中高速，对国民经济贡献保持平稳

海洋生产总值降速增长。"十二五"阶段，全国海洋生产总值 5 年平均增速 8.1%，由高速增长转为中高速增长，高于同期世界海洋经济 2.5% 左右的年均增速，在世界主要海洋国家中名列前茅。分年度看，2011 年比上年增长 10.4%，2012 年为 9.7%，2013 年和 2014 年连续下降值为 7.6%，2015 年降至 7%。

海洋经济对国民经济贡献保持平稳。"十二五"前期，海洋生产总值占全国 GDP 比重保持在 9.3% 以上，期初在 9.6% 以上，后期逐年下降，到期末，贡献率为 9.6%。

（二）海洋产业增速趋缓，区域集约集聚格局基本成型

主要海洋产业增速回调。"十二五"期间，12 个主要海洋产业增加值增速在 2010

第三部分 发展海洋经济

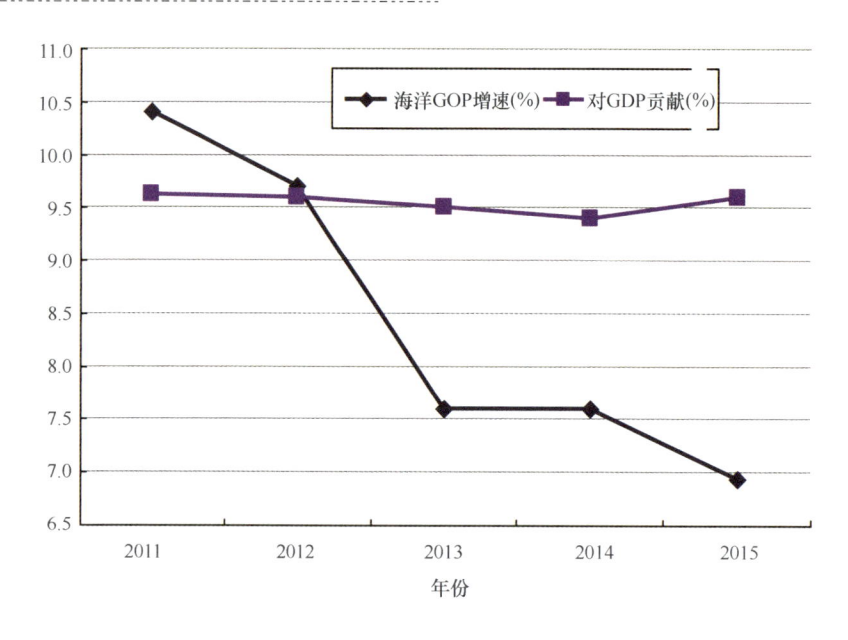

图 6-1 2011—2015 年海洋生产总值增速与对国内生产值（GDP）的贡献

年比上年增长 13.1% 的起点上，2011 年增速下降为 9.3%，之后两年稳定在 6.5% 上下，到 2014 年回调升至 8.1%。"十二五"末期，增速为 7%。相比"十一五"时期，年均增速明显放缓。

区域海洋产业集聚格局基本成型。海洋传统产业改造提升成效显著，海洋新兴产业发展迅速，海洋战略性新兴产业年均增速 20% 以上，成为海洋经济的重要增长极，海洋服务业稳步成长。特别是经过连续四年海洋经济区域创新示范建设，海洋产业集约集聚成效显著。2014 年，6 个海洋经济创新发展区域试点省（直辖市）[①] 海洋战略性新兴产业新增产值 1 200 多亿元。依托生物医药产业优势，福建、广东海洋战略性新兴产业分别增长 16.9%、22.7%；天津海洋装备产业增长 20%。初步形成青岛、厦门、广州为中心的海洋医药与生物制品产业集聚区，天津海水淡化产业集聚区和江苏海洋工程装备产业集聚区。

（三）海洋经济结构优化调整，海洋产业创新能力显著提高

"十二五"期间，海洋经济结构优化调整成效显著。① 海洋经济三次产业结构由

[①] 包括：山东、浙江、福建、广东、江苏、天津。

图 6-2 "十二五"期间主要海洋产业增长变化情况

2010 年的 5.1∶47.8∶47.1，调整为 2015 年的 5.1∶42.5∶52.4。② 海洋传统产业转型升级加速。海洋油气勘探开发进一步向深远海拓展，实现了从水深 300 米到 3 000 米的跨越；海洋养殖在海洋渔业中比重进一步提高，捕养比由 2010 年的 44.8∶55.2 转变到 2014 年的 41.4∶58.6；海洋船舶工业自主研发能力不断提升，2014 年中国海工装备新承接订单 147.6 亿美元，占世界市场份额第一。海洋战略性新兴产业已成为海洋经济发展的新热点，"十二五"期间的前 4 年海洋战略性新兴产业年均增速（现价）达到 15% 以上，远高于海洋产业年均增速 11.7% 的水平。

"十二五"期间阶段，在《全国科技兴海规划纲要（2008—2015）》指导下，"科技兴海"战略深入实施，海洋产业创新能力显著提高。国家有关部门先后设立了 8 个国家海洋高技术产业基地试点、6 个全国海洋经济创新发展区域示范、7 个国家科技兴海产业示范基地和 3 个工程技术中心。海洋产业技术创新取得跨越式发展，例如设计建造了深水 3 000 米第六代半潜式钻井平台、深水铺管起重船等深海油气勘探开发装备；兆瓦级非并网风电海水淡化系统技术研发取得突破，海水淡化设备国产化率由 40% 上升到现在的 85% 左右。

通过国家和地方科技兴海产业示范基地与创新平台建设，促进了科技创新要素向海洋产业优势领域集中，不断延伸和完善高技术产业链，探索形成各具特色的科技兴海新模式。通过大力示范应用和推广海洋公益、海洋管理技术成果，发展循环利用产

第三部分 发展海洋经济

图6-3 "十二五"期间海洋生产总值三次产业结构

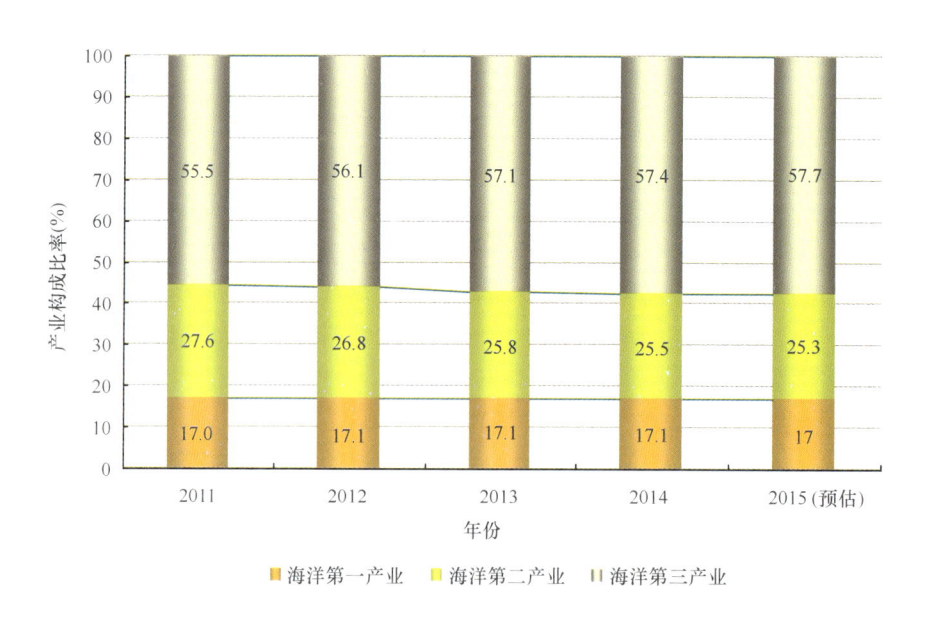

图6-4 "十二五"期间主要海洋产业（12个）三次产业结构

业模式，加强节能减排和环境友好型工艺开发，提高了海洋公益服务、海洋生态环境保护和海洋管理的技术水平，提升了海洋经济可持续发展能力。

（四）政策调整和体制机制建设并举，海洋经济绿色转型初见成效

"十二五"时期以来，国家高度重视发展海洋经济，全国人大及国务院发布了多项涉海法律法规及政策规划，国务院各有关部门和沿海地方积极落实国家战略部署，分别制定发布了多项促进海洋经济发展的政策规划，海洋经济政策措施密集出台。

"中央＋地方"的海洋经济领导与协调机制进一步健全。2014年1月，经国务院同意，由国家发展改革委牵头建立"促进全国海洋经济发展部际联席会议制度"，明确了联席会议的主要职责、成员单位和相关工作机制。同时，省级海洋经济发展领导小组及协调机制相继建立，沿海地区大多都成立了省委、省政府主要领导牵头的海洋经济发展领导小组，统筹协调海洋经济发展的重大事项。此外，以海洋经济发展为主题的浙江舟山群岛新区、青岛西海岸新区等国家级新区相继设立。海洋经济运行监测评估进一步强化，创新海洋科技成果产业化的体制机制不断完善，促进海洋发展的投融资政策措施出台实施，海洋经济宏观指导与调节能力逐步增强。

海洋经济绿色转型是绿色理念在海洋经济领域的实践，是海洋经济发展模式或运行状态由粗放、低质、低效向绿色低碳、资源节约、环境友好转变的过程。"十二五"期间主要有以下几点表现：① 主要传统海洋产业开启"绿化"升级进程。国务院于2013年印发了《关于促进海洋渔业持续健康发展的若干意见》，旨在促进海洋渔业持续健康发展。2014年国务院印发了《关于促进海运业健康发展的若干意见》，引导全行业以转变发展方式为主线，以促进海运业健康发展、建设海运强国为目标，以培育国际竞争力为核心，为保障国家经济安全和海洋权益、提升综合国力提供有力支撑。② 海洋新兴产业得到大力扶持并快速发展。2012年国务院办公厅印发《关于加快发展海水淡化产业的意见》，2013年国家海洋局发布《海洋可再生能源发展纲要（2013—2016年）》，2014年国家能源局发布《全国海上风电开发建设方案（2014—2016）》、国家发展改革委发布《关于海上风电上网电价政策的通知》，一系列政策引导及项目带动，极大地促进了海洋经济的结构"绿化"。"十二五"期间，战略性海洋新兴产业年均增速达15%以上，成为海洋经济的重要增长极。③ 海洋服务业增长势头显著。海运服务方面，2014年国务院发布了《加快发展生产性服务业指导意见》，2014年交通运输部发布了《关于促进中国邮轮运输业持续健康发展的指导意见》，2015年交通运输部发布了《关于加快现代航运服务业发展的意见》。金融服务方面，2014年8月，国务院发布了《关于加快发展现代保险服务业的若干意见》，2014年年底，国家海洋局与国家开发银行联合印发《关于开展开发性金融促进海洋经济发展试点工作的实施意见》。上述政策措施涉及海洋服务业的多个行业领域，为海洋生产性服务业的拓展式发展营造了良好的宏观环境和发展助力。"十二五"期间，海洋服务业增速明显超过海洋

传统产业，邮轮游艇等旅游业态快速发展，涉海金融服务业快速起步。

三、"十三五"期间海洋经济展望

"十三五"时期是中国全面建成小康社会的决胜阶段。《中共中央关于制定国民经济和社会发展第十三个五年规划的建议》明确提出，要"拓展蓝色经济空间，壮大海洋经济，建设海洋强国"。《全国海洋主体功能区规划》为谋划海洋空间开发，规范开发秩序，提高开发能力和效率，构建陆海协调、人海和谐的海洋空间开发格局，提供了基本依据。与此同时，国家海洋局全面启动《海洋经济可持续发展规划（2016—2020）》《全国科技兴海规划纲要（2016—2020年）》的研究编制工作，通过广泛调研，充分论证，谋划在"十三五"时期，通过创新驱动，促进海洋科技成果转化与产业化，支撑引领海洋经济提质增效，拓展蓝色经济空间，壮大海洋经济。

（一）新常态下的新机遇

"十三五"时期，在和平与发展的时代主题环境下，经济全球化走势继续强化，世界经济将在深度调整中曲折复苏，新一轮科技革命和产业变革蓄势待发，国际金融危机深层次影响依然存在，全球经济贸易增长乏力，保护主义抬头。国内经济处于转变发展方式、调整优化结构的关键时期。按照党和国家的统一部署，坚持发展第一要务，以提高发展质量和效益为中心，加快形成引领经济发展新常态的体制机制和发展方式，坚持稳中求进，统筹推进经济建设。"拓展蓝色经济空间，壮大海洋经济"被提升到国家战略的重要位置。随着海洋经济各项发展指标逐渐平衡协调，海洋经济发展空间格局进一步优化，现代海洋产业体系进一步壮大，海洋经济将成为中国经济"中高速"增长的新动力。

海洋经济向质量效益型转变面临新机遇。中国海洋经济已经基本实现了"软着陆"，并正在向形态更高级、分工更复杂、结构更合理的阶段演化。"十三五"期间，将在三个方面可以期待：一是消费要素牵引驱动力加大，海洋民生福祉建设得到加强，涉海公共产品和公共服务供给扩大；二是以生态系统为基础的海洋综合管理初步建立，可持续发展能力成为衡量海洋经济发展的质量与效益的重要标准；三是海洋服务业在三类产业中的比重进一步提高。

海洋产业转型升级面临新机遇。五中全会提出产业迈向中高端水平，实施《中国制造2025》，加快建设制造业强国。海洋经济作为国民经济发展的重要支柱，必将加快海洋产业结构调整与升级的步伐。一是进一步推动传统渔业、船舶工业、油气业的转型升级，延伸高端产业链；二是加大力度扶持海洋工程装备、海洋生物医药、海洋可再生能源、海水利用等海洋战略性新兴产业的发展，提升产业竞争力；三是大力发展海洋交通运输、海洋旅游、涉海金融、海洋公共服务等现代海洋服务业，推动生产性服务业向专业化和价值链高端延伸、生活性服务业向精细和高品质转变。

海洋高新技术产业化面临新机遇。五中全会提出必须把发展基点放在创新上，培育发展新动力，激发创新创业活力，释放新需求，创造新供给，推动新技术、新产业、新业态蓬勃发展。构建产业新体系，培育一批战略性产业。海洋经济因其广阔发展空间和巨大发展潜力，是实现上述工作任务的重点领域和重要动力来源，特别是海洋石油勘探开发技术、海洋工程装备制造技术、深海装备制造技术、海洋药物与生物技术、海水淡化及其综合利用技术、海洋仪器制造技术等高新技术必将迎来快速大发展，有望步入产业化发展快车道，为海洋经济跨上一个新台阶提供巨大驱动力。

（二）新常态下的新部署

"十三五"阶段，海洋经济发展中的问题和矛盾依然存在。海洋产业结构和布局不合理问题依然突出，部分海洋产业产能过剩，区域间产业同构和恶性竞争仍然存在；海洋经济发展需求与海洋资源供给矛盾比较严重，海洋管理工作任重道远；开放型经济下的地缘政治、安全、经济不确定性风险以及国内企业的产业转型升级阻力，会在一定程度上对壮大海洋经济带来困难。

面对新机遇和新挑战，从国家到沿海地方的各级政府，再次将海洋经济的可持续发展提升到空前高度。国家层面提出了"拓展蓝色经济空间，壮大海洋经济，建设海洋强国"战略部署，《全国海洋经济可持续发展"十三五"规划纲要》即将编制完成，沿海地区纷纷将海洋经济可持续发展纳入地区"十三五"国民经济和社会发展规划，并启动本地海洋经济专项规划编制工作。

以新理念引领海洋经济可持续发展。按照党的十八届五中全会提出的创新、协调、绿色、开放、共享的理念，紧紧把握世界经济和中国经济的脉搏，紧紧围绕转方式、调结构的主旋律，主动适应新常态，努力引领新常态，坚持创新驱动，整体协调，绿色增长，开放融合，惠及民众，提升海洋经济对国民经济和社会发展的推动作用。

以科学规划谋划海洋经济长远发展。陆海统筹，制定好国家海洋经济可持续发展规划，指导沿海地区发展规划的制定，促进陆海联动，统筹开展基础设施、产业发展、生态保护等方面的项目。做好产业发展统筹，加强对海洋产业发展的指导与政策调节，协调好沿海各省海洋产业发展的区域布局。做好内外统筹，对接有关海洋国家的发展战略与规划，积极推进"一带一路"建设，谋求利益汇合点，形成深度融合的互利合作格局。

以海洋生态文明建设平衡海洋经济协调发展。坚持蓝色经济、绿色发展的理念，

第三部分　发展海洋经济

加快海洋生态文明建设，实施陆源污染物排海总量控制制度和海洋生态红线制度，强化海洋环境影响评估，建立海洋资源环境承载力预警机制，实施"蓝色海湾"综合治理、"银色海滩"岸滩修复、"南红北柳"湿地修复、"生态海岛"保护修复等重大工程，使可持续发展能力成为衡量海洋经济发展质量与效益的重要标准。

以依法治海保障海洋经济顺利发展。以法治强固市场经济的基础，按照建立完善社会主义市场经济体制的要求，统筹谋划保障海洋经济健康发展的法制建设和制度建设，完善相关法律法规和制度，完善海洋执法与监督机制，不断提高海洋依法行政能力和海洋综合管理水平，进一步规范海洋经济发展的市场秩序，保障海洋经济活动参与者的合法权利，实现海洋经济的可持续发展。

以"三链融合"推动海洋经济开放发展。加快海洋产学研一体化，强化创新链；依托"一带一路"建设和自贸区建设，打造特色海洋产业园区，促进海洋产业集聚发展，拓展产业链；搭建海洋产业投融资公共服务平台，谋划解决涉海企业的融资问题，部署资金链。以产业链和资金链的融合激活创新链，强化海洋经济发展的驱动力；以创新链和资金链的融合升级产业链，实现海洋产业向中高端发展；以产业链和创新链的融合疏通资金链，提升涉海资金的使用效率与增值。

四、小结

现代海洋经济是人类社会技术经济进步的集中体现。全面开发利用海洋，对于缓解国家能源安全、粮食安全和水资源安全矛盾，实施可持续发展战略具有重要作用。发展壮大海洋经济，对于拓宽中国经济发展方式，促进产业结构优化升级，提升人民群众生活水平，具有非常重要的现实意义。

"十二五"期间以来，中国传统海洋产业加快转型升级，海洋油气勘探开发逐步向深海扩展，海洋船舶工业自主研发能力不断提升，海产养殖在海洋渔业中的比例进一步提高；海洋服务业带动效应明显，海洋交通运输业、海洋旅游业等服务业发展势头突出，游轮、游艇等产业快速发展；涉海金融旅游业迅猛起步，海洋经济已进入产业结构持续优化、战略性新兴产业迅速起步、新型产业形态加速涌现的新常态。然而，海洋经济发展平稳向好的同时，挑战依然存在。近海资源开发秩序亟待规范，海洋产业同质同构问题依然存在，海洋科技创新能力有待提高，海洋环境污染形势依然严峻，制约海洋经济发展机制问题依旧突出。中国海洋经济的市场化水平相对偏低，缺乏足够的生产链；国内海洋产业如何从规模化竞争走向有序发展的新业态，也需体制机制方面的创新。

"十三五"时期，是中国拓展蓝色经济空间，调整优化经济结构的关键时期。要认清新形势，找准新问题，坚持"创新、协调、绿色、开放、共享"的发展理念，明确海洋经济可持续发展的战略定位。加快海洋渔业、海洋船舶工业、海洋盐业等传统产业的绿色转型。培育壮大海洋生物医药、海水淡化、海洋可再生能源等战略性新兴产业，不断提高产业国际竞争力。大力发展现代海洋服务业，推动生产性服务业向专业化和价值链高端拓展，实现生活性服务业向精细和高品质转变。深入推进信息化与各海洋产业的协同和融合，积极推动"互联网+海洋""大数据+海洋"等发展模式创新。构建跨国海洋产业链，提升中国海洋产业在全球价值链中的地位，构建起结构合理、开放兼容、自主可控、具有国际竞争力的海洋产业新体系。要拓展思路，解放思想，海内外视野布局部署，中央和地方上下联动，政府与市场协调互动，制定出台加速海洋经济向质量效益型转变的政策规划。

第七章　中国海洋产业发展

2015 年，面对国内外更加严峻的形势挑战，海洋经济发展在新常态下总体呈现出增速趋稳、结构趋优、效益向好的态势。海洋产业作为实现海洋经济向质量效益转变的基本载体，结构调整步伐加快，转型升级势头良好。海洋传统产业总体平稳，部分产业面临较大下行压力，海洋新兴产业新增长点不断显现，海洋服务业比重稳步提高。[①]

一、海洋传统产业

海洋传统产业一般是指 20 世纪 60 年代以前已经形成一定规模且不完全依赖现代高新技术的海洋产业，主要包括海洋渔业、海洋船舶工业、海洋油气业、海洋盐业和盐化工等。近年来，受劳动力等要素成本上升、海洋资源环境约束、市场空间收窄等限制，海洋传统产业发展面临较大的下行压力。但忧中有喜的是，随着新技术、新管理、新模式的不断推广应用，海洋传统产业转型升级加速，海洋渔业生产技术水平和效益明显提升，海洋油气勘探开发进一步向深远海拓展，高端船舶和特种船舶的新接订单有所增加，海盐综合开发利用产业链不断拓展。2014 年，海洋传统产业占主要海洋产业增加值比重约 33%，比 2013 年下降 1%。

（一）海洋渔业

海洋渔业包括海水养殖、海洋捕捞、远洋捕捞、海洋渔业服务业和海洋水产品加工等活动。目前，中国海洋渔业已发展成养殖、捕捞、加工流通、增殖、休闲五大产业为主体，渔用工业以及科研、教学、推广相互配套、比较完整的产业体系，为保障水产品有效供给、增加沿海渔民收入作出了重要贡献，成为现代农业和海洋经济的重要组成部分。2015 年，在宏观经济下行压力加大的背景下，渔业生产保持稳定发展态势，市场交易活跃、供给充足，整体保持平稳增长态势。上半年，海洋渔业实现增加值 1 750 亿元，同比增长 2.1%。

海洋捕捞方面，国家不断加大"绝户网"、涉渔"三无"船舶清理整治力度，渔

[①] 受数据发布时间限制，本报告以 2014 年、2015 年上半年发布数据为主。

业资源环保和生态修复工作有序推进，捕捞管理更加规范。海水养殖方面，海参、大菱鲆等中高价位养殖品种，经过几年深幅调整后价格趋于理性，生产趋于有序。对虾价格高位略有回调，养殖病害未得到有效解决，风险依然较大。海水贝类养殖效益较好，养殖户生产积极性普遍较高。远洋渔业发展形势良好，2015年上半年远洋渔业产量111.3万吨，同比增长16%。

海洋渔业平稳较快发展的同时也面临诸多挑战。据农业部监测，上半年水产品批发市场交易较为活跃，市场成交量、成交额同比分别增长7.32%和下降1.92%。但是，市场价格延续上年偏弱走势，综合平均价格同比小幅下降0.96%，其中海水产品综合平均价格同比下降0.21%。[①] 此外，资源状况和安全生产形势严峻，国际贸易形势不容乐观等问题也不容忽视。

面对新形势，各沿海政府和相关企业要更加积极地转方式、调结构，开展有益探索，积极开拓"互联网+现代渔业"的发展新格局，为传统渔业向现代渔业的转型升级提供了新的动力。

专栏7-1　中国海洋渔业互联网"起航"[②]

2014年4月，由阿里巴巴"聚划算"与浙江华盛水产公司联合举办的海上第一网——中国海洋渔业互联网起航仪式在浙江瑞安举行。该网开通后，出海的渔船可以通过船上铺设的wifi信号，实时接受"聚划算"网上买家的订单，启动限时抢拍。买家在抢得"宝贝"后，还可以通过微信微博直播，实时了解"宝贝"在海上的状态。海上工厂、现代冷链物流及海上wifi的配合，从物流时间和保持鲜度两个方面为买家的消费体验提供了双重保障，创造了互联网消费者从下单到享受最新鲜的海鲜美味只需要48小时的电商速度。

（二）海洋船舶工业

海洋船舶工业是以金属或非金属为主要材料，制造海洋船舶、海上固定及浮动装置的生产活动以及对海洋船舶的修理及拆卸活动。2015年上半年，中国船舶工业转型升级步伐愈发加快，船舶工业生产平稳增长，实现增加值729亿元，同比增长7.6%。

[①] 农业部：《2015年上半年渔业经济形势分析》，http://www.gov.cn/xinwen/2015-07/25/content_2902485.htm，2015-9-10。

[②] 《中国海洋渔业互联网"起航"》，载《中国海洋报》，2014年4月1日A2版。

第三部分　发展海洋经济

造船完工量1 853万载重吨,同比增长6.3%。

国家密集出台"给力"政策。2015年5月,国务院印发了《中国制造2025》,把海洋工程装备和高技术船舶作为十大重点发展领域之一,并配套下发了《关于加快培育外贸竞争新优势的若干意见》和《关于推进国际产能和装备制造合作的指导意见》等文件,要求强化船舶等装备制造业和大型成套设备出口的综合竞争优势。中国人民银行等九部委联合发布了《关于金融支持船舶工业加快结构调整促进转型升级的指导意见》,国家发展和改革委发布了《战略性新兴产业专项债券发行指引》,财政部、工业和信息化部、保险监督管理委员会联合发布《关于开展首台(套)重大技术装备保险补偿机制试点工作的通知》,工业和信息化部发布了《军民融合深度发展2015专项行动》等文件,这些政策对稳定船舶工业健康发展起到了重要作用,为船舶工业迈入"3.0时代"带来了新的机遇。

部分造船企业调结构、转方式初显成效,亮点频现。2015年上半年,骨干造船企业交付了全球最大8 500车位汽车滚装船、国内首艘3万立方米液化天然气(LNG)船、全球第二大7.2万吨半潜船。与此同时,中国最大箱位18 000TEU集装箱船试航成功,全球最大独立货罐型3.7万吨沥青船顺利下水。批量承接了万箱集装箱船、超大型原油船(VLCC)、7 800车位汽车滚装船,液化天然气(LNG)动力客滚船等高技术、高附加值船舶,新船订单修载比达到0.369。[①]

图7-1　试航归来的中国首艘18 000TEU超大型集装箱船

当前和今后一段时期,中国劳动用工成本刚性上升,与日韩相比优势逐渐消失。在政策指引和市场倒逼的双重作用下,智能制造已经成为船舶工业转型升级的必然道路,船舶企业要不断提高生产效率、提升造船精度、降低生产成本,提高企业竞争力,

---

①《中国船协权威发布上半年经济运行情况》,中国船舶在线,http://www.shipol.com.cnztlmcbxyyxfxysc-zsyxfx308397.htm,2015-10-18。

促使船舶建造朝着设计智能化、产品智能化、管理精细化和信息集成化方向发展。

(三) 海洋油气业

海洋油气业是指在海洋中勘探、开采、输送、加工原油和天然气的生产活动。2015年上半年，海洋油气勘探稳中求进，多个油井相继投产，海洋原油产量2 637.7万吨，同比增长19.2%。受国际原油价格持续低位徘徊影响，海洋油气业实现增加值520亿元，同比增长0.3%，对海洋经济增长贡献率下滑。

据全球获得的重大勘探表明，近50%油气资源来自深水。目前，全球已有50多个国家在北海、墨西哥湾等深水区域进行油气勘探。南海是世界四大海洋油气聚集中心之一，其中70%的油气资源蕴藏在深水区。2014年8月18日，深水钻井平台"海洋石油981"在南海北部深水区"陵水17-2-1"井测试获得高产油气流，测试最高日产量达160万立方米。这是中国海油深水自营勘探的里程碑。这口井的测试成功，创下三项"第一"：中国海油深水自营勘探获得了第一个高产大气田；"海洋石油981"第一次进行深水测试获圆满成功；自主研发的深水模块化测试装置第一次成功运用。至此，中国海油已掌握全套深水测试技术。

在全球经济发展和人类追求高品质生活的共同驱动下，能源需求将持续上升，预计全球能源消费量在未来20年将增加37%。为保障能源供应，中国正在进行"减煤增气"的能源结构转型，天然气产业发展将进入"快车道"[①]。当前和今后一段时期，全球能源消费增速有所放缓，国际油价低位运行的压力短期内难以消除。中国经济正在步入"新常态"，能源需求、市场、政策条件及行业驱动因素发生深刻变化。国内原油产量将稳中有升，成品油供过于求局面仍会继续；天然气产量将持续增长，局部地区呈现供应过剩态势。围绕建设"海洋强国"的战略目标，以建设"一带一路"为契机，需优化整合全球油气资源，更加高效开发利用海洋油气资源，不断提升中国能源供应保障能力。

(四) 海洋盐业和盐化工

海洋盐业是利用海水生产以氯化钠为主要成分的盐产品的活动，包括采盐和盐加工。随着城市化、工业化进程加快，海盐生产面临的外部环境压力越来越大，浅层地下卤水过度开采，盐田面积逐步退让减少，海盐产量也呈现下降态势。2014年，虽然海洋盐业加快了结构调整，但原盐市场受多雨天气、下游产业持续低迷以及原盐进口量激增等多因素影响，海洋盐业继续呈下行趋势，全年实现增加值63亿元，比上年减

---

① 《中国海洋石油总公司2014年可持续发展报告》，第16页。

第三部分 发展海洋经济

少 0.4%。

海盐化工业，指以海盐、溴素等直接从海水中提取的物质作为原料进行的一次加工产品的生产，如烧碱、纯碱等碱类的生产以及以制盐副产物为原料进行的氯化钾和硫酸钾的生产。目前，虽然海盐产量和生产面积都有所下降，但海盐化工的工艺技术、节能降耗、综合利用、生产装备等方面的生产和技术改造均取得了一定突破，海水淡化与盐化工生产相结合、氯碱与石油化工相结合等具有节能环保特点的新型工艺已逐渐成为大型盐化工企业推行的主要生产工艺。

专栏 7-2　海水"一水六用"，循环经济创"奇迹"

山东海化集团在生产过程中实现了"一水六用"的循环经济新模式。海水首先被用来养殖贝类、鱼虾等海产品；浓度升高到初级卤水时放牧卤虫；中级卤水和抽取的地下卤水先送纯碱厂、热电厂等供给工艺冷却；吸收了这些厂余热之后的卤水送到溴素厂吹溴，提高溴素提取率；吹溴后的卤水送到盐场晒盐；晒盐后的老卤送到硫酸钾厂生产硫酸钾、氯化镁等产品。这六道"工序"下来，进入系统的海水中的有用成分就基本被"吃干榨尽"了。

图 7-2　卤水在盐厂晒制成盐

二、海洋新兴产业

海洋新兴产业是在 20 世纪 60 年代以后至 21 世纪初形成，由于科学技术进步发现了新的海洋资源或者拓展了海洋资源利用范围而成长起来的产业。现阶段，海洋新兴产业日趋多元化、规模化、效益化，海洋生物育种与健康养殖业、海洋工程装备制造业、海洋医药和生物制品业、海洋可再生能源业、海水利用业等正引领中国海洋新兴产业发展的新态势。2015年，在经济下行压力较大的情况下，海洋新兴产业总体保持较快发展，产业发展进入全面深入推进期，对海洋经济的支撑引领作用更加凸显。

（一）海洋生物育种与健康养殖业

海洋生物育种与健康养殖是指综合利用现代育种技术、养殖技术和疾病防控技术，培育高产优质新品种，并实施健康、环保的养殖模式。

在海洋生物育种方面，中国构建了主要海水养殖品种的种质库和繁育技术体系；研发形成一批环境友好型高效人工饲料、病害防控与质量安全以及高效健康养殖的技术成果，建立了优质、安全的海水养殖鱼类产业链技术的研发体系，初步形成系统推广能力，具有广阔的应用前景。

据不完全统计，全国现有海洋生态高效养殖企业100余家。工厂化循环水等健康养殖模式在辽宁、天津、山东等地的应用规模持续扩大，大大减少了疾病的发生，降低了渔药使用率，且养殖过程不向外界排放任何污染物，实现了水产养殖环保、高效的目标，受到了众多企业和养殖户的一致好评，应用前景良好。

目前，全国共有1万多只抗风浪网箱投入生产，建立了冷水性鱼类抗风浪网箱养殖产业基地、大黄鱼抗风浪网箱养殖产业基地、卵形鲳鲹及军曹鱼抗风浪网箱养殖产业基地。浙江、广东、海南等地已基本形成深水抗风浪网箱养殖产业群。苗种、饲料、养殖、加工、流通等抗风浪网箱产业链环节都得到迅速发展，抗风浪网箱养殖新增经济效益累计超过160亿元。抗风浪网箱养殖工程技术的推广应用，使中国海水鱼类养殖由内湾、浅海水域逐步推向外海，有效促进了中国海洋渔业增长方式的转变，既改善了养殖环境，又拓展了养殖空间，保障了国家食物的安全供应。此外，沿海各省份还积极推行滩涂和浅海生态养殖模式，建立起多营养层次生态养殖新模式，大幅度提高了海洋生态环境容量和生产效率。

（二）海洋工程装备制造业

海洋工程装备制造业是指以金属或非金属为主要材料制造海洋工程装备的产业活动，其中，海洋工程装备主要指海洋资源（现阶段主要包括海洋油气资源、海上风电资源）勘探、开采、加工、储运、管理、后勤服务等方面的大型工程装备和辅助装备。

2014年，中国承接各类海洋工程装备订单31座、海洋工程船149艘，接单金额147.6亿美元，占全球市场份额的35.2%，位居世界第一。2015年，对于全球海工装备制造业来讲是极具挑战性的一年。由于国际油价的暴跌，加之近十年来，全球航运市场运力增速一直高于运量需求增速，海工装备市场面临的形势较为严峻。以 2015 年上半年数据来看，国际原油价格低位震荡，海洋工程装备制造和营运市场延续低迷态势，大型石油公司削减投入资金。全球成交各类海洋工程装备 46.8 亿美元，同比下降高达 81.8%。

图 7-3 "希望 7"号　　　　图 7-4 "海洋石油 525"

在面临严峻形势的同时，中国海洋工程装备制造也不乏一些亮点。例如，在海工建造领域交付了世界首台半潜式圆筒型海洋生活平台（"希望 7"号）、亚洲首艘 LNG 动力全回转工作船（"海洋石油 525"）、国内首艘深水环保船，全球最大 12 000 吨级起重船总装调试，全球首制 R-550D 自升式平台出坞。

中国海工装备制造企业在前两年高油价时期承接的订单中，不少为船东无租约订单，弃单风险较大，尤其是于 2016 年交付的在建项目。由于海工项目首付款比例较低，船企不断面对着船东修改设计、主要设备采购拖期、延期接受装备和撤单的行为，对企业生产技术准备、资源调配、建造效率、质量控制等都带来了较大压力。当前，中国手持海洋工程装备订单违约风险明显增加，且中国不少船舶企业转型海工装备制造时间不长，处理危机能力不足。为此，各海工装备企业要加大对合同条款的审核、密切监测手持订单状况、强化与船东的沟通交流、加强船东履约情况的跟踪，制定订单风险预案，降低船东违约对企业造成的损失。

（三）海洋医药和生物制品业

海洋医药和生物制品业以海洋生物资源为研发对象，以海洋生物技术为主导技术，以海洋药物为主导产品，包括海洋创新药物、生物医用材料、功能食品等产业体系。作为战略性新兴产业的重要组成部分，海洋医药和生物制品业发展迅速，已成功开发一批农用海洋生物制品、海洋生物材料、海洋化妆品及海洋功能食品、保健品等。

随着国家对海洋生物医药和生物制品业政策扶持和投入力度的逐步加大，海洋医药和生物制品业发展势头良好。2015年上半年实现增加值135亿元，同比增长12%。各沿海省市相继建立了数十家研究机构，形成了以上海、青岛、厦门、广州为中心的4个海洋生物技术和海洋药物研究中心。通过海洋经济创新发展区域示范等项目的实施带动，山东、浙江、福建等省加快推进海洋生物医药产业高端优质项目的培育和集聚，建成了一批海洋生物医药园区基地，带动了相关产业的发展。山东省初步建立以青岛为核心，烟台、威海为两翼的海洋生物医药和生物制品的创新示范集聚区。浙江省打造了象山石浦生物产业园、舟山经济开发区海洋生物园等基地园区11家，形成了鱼油类（角鲨烯、甘油三酯类鱼油）、氨糖类（盐酸氨基葡萄糖、硫酸氨基葡萄糖）、鱼胶蛋白等5个海洋生物产品拳头产品，年销售额超亿元。福建省厦门市形成了以厦门火炬高新区、海沧海洋生物医药港为载体，国家海洋局第三海洋研究所、厦门大学等科研院所、4个国家级重点实验室和工程中心，17个部省级工程中心为依托，蓝湾科技、金达威生物工程等100多家高科技企业为主体的海西国家海洋与生命科学产业集群。

（四）海洋可再生能源业

海洋可再生能源业是指在沿海地区利用海洋能、海洋风能进行的电力生产活动，不包括沿海地区的火力发电和核力发电。其中，海洋能通常是指海洋本身所蕴藏的能量，主要包括潮汐能、潮流能（海流能）、波浪能、温差能、盐差能等，不包括海底储存的煤、石油、天然气等化石能源和"可燃冰"，也不含溶解于海水中的铀、锂等化学能源。2015年上半年，海洋可再生能源业平稳发展，多项风电利好政策提升了企业投资建设海上风电的预期，实现增加值50亿元，同比增长1.3%。

目前，中国在各项海洋能利用方面都实现了一定突破。潮汐发电技术已达国际先进水平，江厦潮汐电站已稳定运行30多年；潮流能发电技术目前正处于工程示范阶段，浙江大学60千瓦潮流能机组累计发电量超过2万千瓦时，大连理工大学15千瓦机组完成了海试；波浪能技术处于装备研发阶段，中科院广州能源所、浙江海洋学院等波浪能装置海试效果较好；温差能和盐差能方面开展了一些技术研究与试验。

提高中国海洋能开发利用水平，做好海洋能开发的支撑服务体系，尤其是海洋能海上试验场建设在推动海洋可再生能源产业方面至关重要。例如，波浪能、潮流能发电装置，从设计、制造到产业化需要经历模型样机、比例尺工程样机、原型样机等一系列过程，其中涉及多个环节、多个领域的试验与测试，而海上试验是工程样机到成型产品过程中的必备环节，这是实验室无法替代的。中国已规划建设了山东威海、浙江舟山、广东万山三大国家海洋能试验场及示范基地。首个国家级浅海海上试验场于2014年11月落户山东威海，该试验场海域的波浪和潮流资源可满足波浪能、潮流能发电装置模型/小比例尺样机试验的需求，同时周边科研、交通、制造加工等基础条件优越，可为后续试验场的建设运行积累经验。潮流能试验场选址浙江舟山。舟山海域的潮流能资源优越，是中国潮流资源最好的海域，可以充分开展兆瓦级潮流能发电装置的实海况试验、测试和评价。试验场潮流能年均能流密度为1.5千瓦/平方米，规划建设3个各具备1兆瓦测试能力的泊位。波浪能试验场选址广东万山，该海域波浪资源条件优越，是中国近岸波浪条件最好的海域之一，可充分满足对波浪能发电装置大比例尺样机及原型样机开展试验、测试和评价的需要。该试验场年均波能密度4千瓦/米，自2015年起开展了国家波浪能试验场3个测试泊位及其配套设施的建设工作。三大海洋能试验场建设将为中国海洋能技术成熟度的提升、实现海洋能长期稳定的商业化运行提供强有力的支撑。

（五）海水利用业

海水利用业是指对海水的直接利用和海水淡化活动，包括利用海水进行淡水生产和将海水应用于工业冷却用水和城市生活用水、消防用水等活动。不包括海水化学资源综合利用活动。2015年上半年，海水利用业实现增加值8亿元，同比增长9.3%。

海水利用规模不断增大。据《2014年全国海水利用报告》公布，2014年，全国新增海水淡化工程产水规模2.61万吨/日，已建成海水淡化工程112个，产水规模约93万吨/日，最大海水淡化工程规模为20万吨/日。海水直流冷却、海水循环冷却应用规模不断增长，年利用海水作为冷却水量达1 009亿吨，新增用量126亿吨。

海水利用分布更加广泛。截至2014年年底，全国海水淡化工程在沿海9个省市分布，主要是在水资源严重短缺的沿海城市和海岛。北方以大规模的工业用海水淡化工程为主，主要集中在天津、河北、山东等地的电力、钢铁等高耗水行业；南方以民用海岛海水淡化工程居多，主要分布在浙江、福建、海南等地，以百吨级和千吨级工程为主。

海水淡化技术与装备能力显著提升。目前，中国海水淡化单机产能达到国际通用水平，具备了单机规模2.5万吨/日低温多效蒸馏法装置和单机2万吨/日反渗透膜法海水淡化装置的制备能力，大部分海水淡化核心设备已经具备国产化能力。浓海水提钾、提溴等海水资源综合利用技术已能满足工业化生产要求，风电海水淡化等新技术取得重要突破。国内海水淡化企业创新能力逐步提升，在基本满足国内市场需求的同时，在国际海水淡化市场上逐渐崭露头角。[1] 2012年，由中国企业自主设计研发的两台大型低温多效蒸馏海水淡化设备在印尼成功投运；2014年，杭州水处理中心获得中东一

---

[1] 科技部、国家海洋局：《海水淡化与综合利用关键技术和装备成果汇编》，2015年11月。

个15万吨/日的钢厂海水淡化项目,成功将中国大型海水淡化装备推入国际市场。

海水淡化成本接近国际水平。目前,中国已掌握反渗透和低温多效海水淡化技术,相关技术达到或接近国际先进水平。但受能源、人力等价格波动影响,产水成本集中在(5~8)元/吨。其中,万吨级以上海水淡化工程平均产水成本6.4元/吨,千吨级海水淡化工程产水成本8.4元/吨。

海水淡化国际合作取得新进展。2014年6月,亚太脱盐协会(IDA)[①]秘书处落户中国。2014年12月,国家海洋局派出技术专家组赴马尔代夫针对海水淡化厂火灾问题提供紧急技术支持和援助。两国将在实现马尔代夫能源和水资源可持续利用方面加强交流与合作,并具体在新建海水淡化厂、柴油机废热利用、太阳能海水淡化、国产反渗透膜应用及一体化污水综合处理等领域建立广泛合作关系。2015年6月,主题为"创新驱动与绿色发展"的青岛国际脱盐大会(第十届)在青岛市开幕。2015年10月,由亚太脱盐协会、中国膜工业协会、国家海洋局天津海水淡化与综合利用研究所共同主办的"2015年亚太脱盐技术国际论坛"(2015 Asia – Pacific International Desalination Technology Forum)在北京成功举办。

图7-5　2015年青岛国际脱盐大会开幕　　图7-6　2015年亚太脱盐技术国际论坛在京召开

三、海洋服务业

海洋服务业是为海洋开发提供保障服务的海洋产业,具体包括海洋交通运输业、海洋旅游业、海洋文化产业、涉海金融服务业等。随着海洋经济结构调整步伐加快,

---

① 亚太脱盐协会是国际脱盐协会(International Desalination Association,IDA)在亚太地区的分会组织,是致力于发展和促进亚太地区各国海水淡化及水处理技术交流、应用和推广的国际非政府组织(NGO)。

依托海洋信息技术和现代化理念发展起来的新兴服务业，以及部分改造后"再现活力"的传统海洋服务业发展迅速，邮轮、游艇等旅游业态快速发展，涉海金融服务业快速起步，创新模式层出不穷，信贷产品不断创新。2014年，仅海洋旅游业和海洋交通运输业增加值就占主要海洋产业增加值比重近57%。

（一）海洋交通运输业

海洋交通运输业是指以船舶为主要工具从事海洋运输以及为海洋运输提供服务的活动，包括远洋旅客运输、沿海旅客运输、远洋货物运输、沿海货物运输、水上运输辅助活动、管道运输业、装卸搬运及其他运输服务活动。2015年上半年，海洋交通运输业缓中趋稳，沿海规模以上港口完成货物吞吐量39.4亿吨，同比增长2.4%；沿海规模以上港口完成集装箱吞吐量9 210.2万标箱，同比增长5.7%。实现增加值2 358亿元，同比增长7.1%。

据统计，目前全国有240多家海洋交通运输企业，海运船队总运力规模达1.42亿载重吨，占世界海运总运力的份额约为8%，位列全球第四。但是，与发达国家相比，中国海洋交通运输业大而不强，还不能完全适应经济社会发展和海洋强国建设的需要。例如，中国海运服务贸易长期处于逆差状态，高端服务业竞争力较弱；海运企业承运本国进出口货运量的总体份额目前仅占进出口货物总量的1/4，保障中国经济安全运行的总体能力不足，有待提高。但随着中国经济社会稳步发展和人民生活水平日益提高，一些新业态也逐渐成熟壮大。近年来，邮轮旅游市场呈现持续快速发展态势，邮轮运输正在成为中国水路运输新的增长点。2015年4月，交通运输部发布了《全国沿海邮轮港口布局规划方案》，旨在指导港口合理布局，推进码头设施有序建设，促进邮轮业持续、健康发展。中国现已成为亚洲地区最大的邮轮市场，国际三大知名邮轮公司嘉年华、皇家加勒比、丽星均已进入中国。海航旅业、渤海轮渡等国内企业正在积极拓展邮轮业务，并初步形成了以日韩线、越南线、中国台湾线等始发航线为主，国际挂靠航线为辅的格局。2014年，沿海港口到港邮轮466艘次、完成旅客吞吐量171万人次，上海港、天津港、三亚港和厦门港已建成10个邮轮泊位，设计年通过能力420万人次。

（二）海洋旅游业

海洋旅游包括以海岸带、海岛及海洋各种自然景观、人文景观为依托的旅游经营、服务活动。主要包括：海洋观光游览、休闲娱乐、度假住宿、体育运动等活动。2015年上半年，海洋旅游业保持快速增长势头，海洋旅游基础设施不断完善，邮轮、游艇、休闲渔业等新兴旅游业态规模不断壮大，海洋文化节庆活动丰富多彩，实现增加值

4 440亿元，同比增长12.1%，旅游消费拉动海洋经济增长的贡献不断提高。目前，中国沿海地区已经形成了五大特色区，即环渤海滨海旅游区、长三角滨海旅游区、海峡西岸滨海旅游区、泛珠三角滨海旅游区、海南国际旅游岛。

世界海洋旅游发展正在从单纯的观光向休闲度假转变，旅游产品也逐渐形成了涵盖滨海、海面、空中、海底的立体式格局。相对而言，中国海洋旅游产业多停留在发展的起步阶段和初级阶段，仍局限于以城市为依托的滨海旅游，海洋旅游线路整体规划和资源开发的水平较低，缺少高端海洋旅游产品。"十三五"时期，中国应加快推动海洋旅游从单纯滨海观光旅游向滨海休闲度假旅游和海上观光旅游的转化，将目前单一的滨海游览观光产品调整为涵盖滨海游览观光、休闲度假、海上运动、科普教育等多元化的产品结构。同时，要注意因地制宜、合理规划海洋旅游业发展。对于已开发建设的、较为成熟的海洋旅游区，要集约利用，提升质量与效益。对于潜在的、具有开发前景的旅游区，要统筹规划，引导开发或适度开发。

（三）海洋文化产业

海洋文化产业是从事海洋文化产品生产和提供服务的经营性行业，具体分为海洋文化旅游产业、海洋节庆会展业、海洋休闲体育产业、海洋文艺产业等。在转变海洋经济发展方式、拓展新的经济增长空间的背景下，海洋文化产业已成为沿海城市发展的软实力与城市形象的重要支撑。

图7-7　象山开渔节民俗文化巡展　　　图7-8　2015·厦门国际海洋周开幕式

中国的海洋文化历史积淀深厚，形成了众多优质的海洋文化资源，发展海洋文化产业具有得天独厚的优势。中国海洋文化节、青岛国际海洋节、象山开渔节、厦门国际海洋周、全国大中学生海洋知识竞赛等海洋文化品牌受到越来越多的人关注。浙江宁波象山开渔节已成功举办了18届，从一个由国家休渔制度和民间传统出海仪式的节庆活动，逐渐演变发展成为象山的文化盛事和中国渔事节庆的品牌活动。自2005年以

来，厦门市已成功举办十届国际海洋周，将海洋周打造成为享誉国内外的高水平的海洋合作交流品牌和公众广泛参与的海洋文化节日。2015厦门国际海洋周以"共建21世纪海上丝绸之路：中国与海丝沿线国家的海洋合作"为主题。据不完全统计，参加本届海洋周各项活动的社会各界人士超过10万人次。该届海洋周取得了丰硕成果，得到了国际社会、有关国际组织和参会嘉宾的肯定，获得了较强的社会反响。

（四）涉海金融服务业

涉海金融服务业是指涉海金融服务提供者所提供的各种资金融通方面服务活动所构成的产业。它是以涉海银行金融业（信托、银行、保险、证券）为主体，其他涉海非银行金融业（股票、典当等）为补充的金融服务业体系。

国家层面上，国家海洋局和国家开发银行于2014年12月联合印发了《关于开展开发性金融促进海洋经济发展试点工作的实施意见》，重点支持海洋传统产业改造升级、海洋战略性新兴产业培育壮大、海洋服务业积极发展、海洋经济绿色发展以及涉海重大基础设施建设5个领域。目前，各地海洋部门结合实际情况，主动与国家开发银行分支机构对接，绝大多数地区已经基本建立起推进试点的工作机制。此外，中国银行、兴业银行、交通银行、民生银行、太平洋保险、平安保险、安诚保险、阳光产险、华泰保险等创新各类产品，探索适合海洋产业发展的多种信贷与保险方式，加大金融保险业对海洋经济的服务支持力度。

区域层面上，各沿海省市积极发展富有区域特色的涉海金融服务业。例如，上海市积极推动自贸区与海洋相关领域对外开放的力度，依托陆家嘴上海国际金融中心核心功能区建设，以船舶和海工装备融资租赁为重点，引导金融资本向海洋产业领域拓展，更好地发挥金融服务实体经济的作用，着力打造国际金融、国际航运"双中心"。福建省引导设立现代蓝色产业风险创投基金，重点支持海洋新兴产业、现代海洋服务业、现代海洋渔业和高端船舶制造等海洋产业。通过设立现代海洋产业中小企业助保金贷款政府风险补偿资金，重点解决海洋中小企业融资难问题，引导、扶持中小企业开展技术创新活动。

四、小结

2015年，围绕着海洋经济的提质增效，中国已经在推动海洋产业结构调整领域开展了富有成效的实践，并取得了一些成绩，主要表现在：海洋传统产业转型升级加速，海洋战略性新兴产业已成为海洋经济发展的新热点，海洋服务业增长势头显著。但是，在世界经济持续低迷和国内经济增速放缓的大环境下，海洋产业发展面临的形势也更加严峻，特别是转型升级过程中新旧问题并存、新老矛盾交织。近海资源开发秩序亟待规范，海洋产业同构和重复建设问题依然突出，海洋科技成果产业化水平有待提高，海洋产业国际竞争力尚需加强。新形势下，要把握好海洋产业发展的协同性、平衡点，准确定位结构性改革方向，化解部分海洋产业领域产能过剩，降低涉海高技术企业成本，创新金融支持方式，加强国际产能和装备制造合作，构建起结构合理、开放兼容、自主可控、具有国际竞争力的海洋产业新体系。

第八章 区域海洋经济发展

"十二五"时期在各项区域和海洋产业发展战略的引领和指导下,北部经济区、东部经济区、南部经济区空间开发格局持续优化,省域海洋经济发展成效显著,海洋经济规模和增长质量不断提高,产业集聚初步形成,基本实现了预期发展目标。

一、北部海洋经济区

北部海洋经济区,依托黄渤海,包括三省一市,即辽宁、河北、山东和天津。区内岸线绵长、良港众多;海洋科技发达;海洋资源产业、海洋制造业、海洋服务业发展均衡。2014年,海洋生产总值达22 152亿元,占全国海洋生产总值的37.0%,比上年提高了0.6个百分点。[①]

(一)辽宁

辽宁省是中国重要的高端海产品养殖基地、海洋工程装备基地。受宏观经济形势和部分产业统计调整等因素影响,辽宁省海洋经济增速有所放缓,但海洋经济发展质量,以及对区域经济和社会的带动作用不断提高。2014年,辽宁海洋生产总值近4 000亿元,同比增长6.3%。海洋经济占地区生产总值的14%,涉海就业人员达到326.8万人。[②]

辽宁省海洋传统产业得到恢复性增长,海洋新兴产业高速发展。海洋渔业结构不断优化,海洋船舶工业、海洋油气业总体平稳,滨海旅游业稳步推进,海洋电力业发展迅速。产业结构方面,辽宁省海洋第二产业、第三产业比重此消彼长趋势明显。三次产业结构比例由2006年的10∶54∶37转变为2013年的13∶48∶49,海洋第一产业略提高3个百分点,海洋第二产业比重下降6个百分点,海洋第三产业比重则大幅上升12个百分点,这一改变与辽宁省整体产业结构的变化趋势一致。

在沿海经济带开发战略推动下,辽宁省制造业、重化工业向沿海聚集,基本形成

[①] 数据来源:《2014年中国海洋经济统计公报》。
[②] 说明:海洋经济数据引自辽宁海洋与渔业网,http://www.lnhyw.gov.cn/hyjj/201502/t20150213_1578239.html,2015-11-09;涉海就业为2013年数据,引自《中国海洋统计年鉴2014》。

了以大连为中心，分别向渤海、黄海扩展的半岛空间发展格局。目前辽宁省处于产业转型和经济振兴的重要阶段。今后五年，海洋经济将成为辽宁省产业转型和持续发展的重要力量。具体包括：一是要充分利用信息技术和先进适用技术改造传统海洋产业，做大做强船舶等优势产业，转变海洋渔业发展方式，加快海洋牧场建设；二是要将区域发展纳入国家发展战略，主动融入国家"一带一路"战略，发挥沿海经济带区位和先发优势推动港口资源整合，加快推进大连、营口、丹东、锦州、盘锦和葫芦岛港服务功能，大力发展临港经济。

（二）天津

海洋经济在天津社会经济中发挥着重要作用。2013 年，天津海洋生产总值 4 554.1 亿元，占地区生产总值 31.7%，涉海就业人员 177.4 万人。天津海洋产业主要以第二产业、第三产业为主，比重分别为 67% 与 33%，海洋第一产业仅占海洋生产总值的 0.2%。天津临港工业发达，单位岸线海洋生产总值为 30 亿元，是全国平均水平的 10 倍，海洋油气、海洋盐业、海洋化工产业规模位居全国前列。

天津积极探索转变海洋经济发展方式，以项目为抓手推动传统产业升级和战略性新兴产业培育，依托现有海洋工业基础，积极扶持培育绿色、环保、节能等海洋高技术产业，提高海洋经济增长后劲。近两年，天津充分利用现有海洋政策和产业基础，结合国内外海洋产业的发展潮流与趋势，重点打造海洋高端装备制造、海水综合利用、海洋工程、海洋新材料、海洋高技术服务产业，海洋产业结构提升明显，产业附加值增长显著。

天津继续推动南港工业区、临港经济区、天津港主体港区、塘沽海洋高新区、中新生态城滨海旅游区和中心渔港六大海洋产业集聚区建设。在国家海洋高技术产业基地试点和海洋经济区域创新示范的带动下，企业发展的制度环境不断改善，企业数量和生产规模显著提升，海洋产业基本实现集群化发展。

（三）河北

河北省有秦皇岛、唐山、沧州 3 个沿海地级市。2013 年，河北实现海洋生产总值 1 741.8 亿元，涉海就业 96.7 万人。海洋经济三次产业结构比例为 5∶52∶43，海洋第二产业增加值占比在中国沿海省份中仅次于天津。

河北省海洋经济以海洋交通运输、海洋化工为主。这与其经济基础和海洋发展政策导向有关。河北港址资源优越，唐山、沧州均有宜建港址多处，其中曹妃甸港址拥有深水岸线 44.5 千米，可建 25 万吨级深水泊位岸线达 8 千米，是中国北方优越的深水港址。同时，河北近海石油探明储量、天然气探明储量、盐田面积居北方前列。依托便利的交通运输和海洋资源优势，沧州渤海新区和唐山曹妃甸新区已经成为中国最大的重化工、盐化工、临港重工业集聚区之一。

河北省按照"以港建区、以区促港、以港兴城、以港兴市"的发展思路，大力发展临港工业和沿海基础设施建设。到2014年年末，河北港口生产性泊位达到183个，吞吐能力达到9.2亿吨，提前一年超过预定目标，吞吐能力跃升至全国第二位，全年港口货物吞吐量共完成9.5亿吨。

京津冀协同发展战略为河北海洋经济发展带来重大机遇。河北省出台的《关于加快沿海港口转型升级为京津冀协同发展提供强力支撑的意见》《中共河北省委关于制定河北省"十三五"规划的建议》均强调航运业在京津冀和环渤海地区协同发展中的重要作用。预期河北将继续加快沿海地区开发，着重打造曹妃甸新区和渤海新区两个沿海区域增长极，继续加大产业集聚区建设力度。截至2015年4月底，曹妃甸新区已实施亿元以上项目352个，总投资5 611.2亿元；渤海新区实施亿元以上项目超过250个，总投资超过3 000亿元。

（四）山东

山东省位于北部海洋经济圈的南部，共有7个沿海城市，是中国海洋经济发展试点省份之一。多年来，山东省海洋经济总规模稳居全国第二。2013年，山东省海洋生产总值达到9 696.2亿元，占地区生产总值的17.7%，海洋三次产业结构比例为7∶47∶45，涉海就业533.4万人。

山东省海洋经济基础好，产业体系完备，海洋渔业、海洋化工、海洋交通运输、滨海旅游、海洋船舶工业等具有较强竞争力。"十二五"期间，沿渤海南岸、黄海西岸分别形成了黄河三角洲高效生态海洋产业集聚区、胶东半岛高端海洋产业集聚区和鲁南临港产业集聚区。通过发挥地区海洋科技优势，大力提高科技成果转化率，山东省海洋新兴产业、海洋现代服务业不断壮大。2014年，海水健康养殖产量、海洋生物医药产量和外贸货物吞吐量均居全国第一。

综合来看，北部海洋经济区岸线利用程度高，临港工业布局密集，产业结构呈现"二、三、一"格局。"十二五"时期，该地区汇集了较多的交通、能源、石化、钢铁等产业项目，海洋经济发展以投资和海域资源投入驱动为主。随着本地区海洋经济发展阶段的跃升以及经济增长方式转变、经济增长"新常态"、生态文明建设新要求的确立，北部海洋经济区需探索出海洋经济增长与海洋环境保护、海洋经济增长与海洋承载力、海洋经济增长与人们对美丽海洋需求相统一的发展道路。

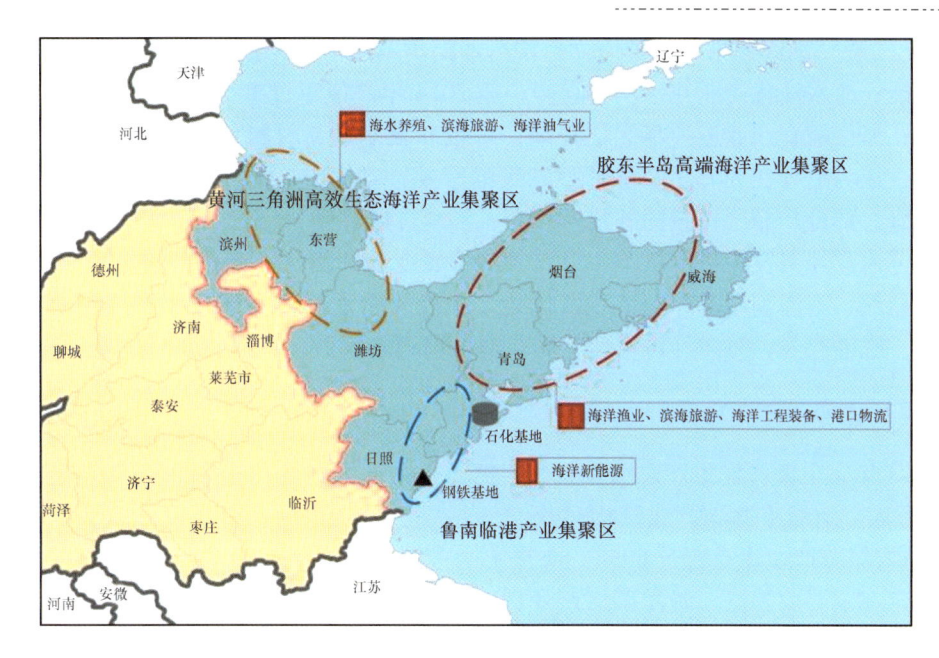

图 8-1　山东海洋产业布局示意

二、东部海洋经济区

东部海洋经济区含江苏省、浙江省以及上海市。2014 年，该区实现海洋生产总值 17 739 亿元，占全国海洋生产总值的 29.6%，与上年基本持平。[①] 东部海洋经济区在远洋渔业、海洋交通运输业、海洋船舶工业和海洋工程装备制造业方面处于领先地位，是中国主要的海洋工程装备及配套产品研发与制造基地。

（一）江苏

江苏北接环渤海经济圈，南连长江三角洲核心区域，在中国海洋经济发展中具有重要地位。2013 年，江苏省海洋生产总值 4 921.2 亿元，占全省地区生产总值的 8.3%。涉海就业 212.6 万人。2013 年海洋三次产业结构比例为 5:50:46。

江苏海洋交通运输业规模处于国内领先地位，海水养殖、海洋船舶修造、海洋工程装备制造也很发达。江苏省海水养殖面积达 19.9 万公顷，占全国海水养殖面积的近一成。海洋船舶修造及海洋运输业主要集中在长江三角洲地区，产业规模位居全国前

[①] 数据来源：《中国海洋经济统计公报》（2014 年）。

列。"十二五"期间以来，江苏海洋经济行业门类不断丰富：依靠滩涂优势，海洋风电快速发展；海水淡化产业几乎从零起步，至2014年产值超过1亿元，并呈现出良好发展态势；海工配套产业进一步优化升级，一批新技术、新材料、新工艺得到转化和产能放大，成为引导江苏海洋经济转型升级的重要推动力量；海洋观测与探测设备制造发展较好，部分产品已打破国外技术垄断、实现进口替代。

江苏海洋经济发展格局从单一沿江经济带转变为"沿江+沿海经济带"的反"L"格局。盐城、南通利用海洋经济后发优势，积极探索发展海洋高技术产业、海洋现代服务业、临港产业，海洋经济增速位居东部区前列。

（二）上海

2013年，上海海洋生产总值6 305.7亿元，占地区经济比重为29.2%。涉海就业212.6万人。上海市海洋产业结构呈现"三、二、一"格局，海洋第一产业比重不足1%，海洋第三产业比重超过60%。海洋第一产业以远洋渔业为主，年产量超过10万吨，稳定在全国前五位。海洋第二产业以船舶和海洋工程装备制造为主。受造船业整体不景气的影响，2013年造船完工量865.69万吨，较上一年下降18%。此外，作为中国东部沿海的核心城市和对外开放的窗口，上海航运业、旅游业十分发达。2013年上海完成港货物吞吐量6.8亿吨，集装箱运量3.2亿标准箱。

（三）浙江

浙江省是国家级海洋经济示范区之一，拥有丰富的港口、渔业、旅游、油气、滩涂、海岛、海洋能等海洋资源，组合优势明显，发展海洋经济潜力巨大。据初步统计，2014年全省实现海洋生产总值5 920亿元，比上年增长9.5%，其中第一产业434.67亿元，第二产业2 387.3亿元，第三产业3 098.03亿元，分别比上年增长7%、8.6%、10.6%。海洋三次产业结构比例为7∶40∶53。2014年浙江海洋及相关产业从业人员约170万人。浙江省海洋经济占地区生产总值的比重由2009年的12%上升到2014年的14.7%。

浙江省海洋渔业、滨海矿业、船舶修造、海洋运输等传统海洋产业优势突出。海洋产业沿杭州湾及东海岸线成"S"形布局。海洋渔业以海洋捕捞为主。2013年，海洋捕捞产量319万吨，远洋捕捞产量36.8万吨，分别占全国的25%和27%。浙江是海洋矿砂的主要产区，产量一直维持在200万吨以上，约占全国总产量的50%。浙江船舶制造以中小型船舶为主，2013年，修船完工量4 459艘，造船完工量688艘。海洋运输以散货和大宗商品为主，年货物吞吐量10亿吨，位居全国第三。

综合来看，东部海洋经济区是中国重要的海洋经济集聚区，各地海洋经济水平相对均衡。该区远洋渔业、海洋高端装备制造、海洋现代服务业较为发达，海洋第三产业比重较大，海洋产业结构呈现"三、二、一"格局。最近两年，受宏观经济环境影响，外向型海洋产业如船舶修造、海洋工程装备、航运业增速放缓。

三、南部海洋经济区

南部海洋经济区海洋生产总值20 045亿元，约占全国海洋生产总值的33.4%。[①] 该区在远洋渔业、滨海旅游、海洋交通运输、海洋医药和生物制品等领域具有较强竞争力，也是中国主要的海洋工程装备生产及研发基地。

图8-2 福建海洋产业布局示意

---

① 数据来源：《中国海洋经济统计公报》（2014年）、《中国海洋经济发展报告2015》。

（一）福建

福建省是国家海洋经济示范区之一，位于台湾海峡西岸，有 6 个沿海地级市。2013 年海洋生产总值达 5 028 亿元，占地区生产总值的 23.1%，涉海就业 433 万人。

福建省海洋经济的三次产业发展相对均衡，海洋三次产业结构比例为 9:40:51。海洋产业以宁德－福州、厦门－泉州为中心形成了两大集聚区。福建省海洋渔业以海水养殖和远洋捕捞为主。海水养殖产量、远洋捕捞量分别为 354.9 万吨和 23 万吨，均居全国第二位。福建海洋新兴产业，特别是海洋生物医药业发展迅猛，增速位居全国前列。滨海旅游业较为发达，厦门、福州两市国际旅游年收入均超过 10 亿美元。

（二）广东

广东省有 14 个沿海市，是中国海洋经济第一大省。2014 年广东省海洋生产总值达 1.35 万亿元，同比增长 13.8%，居全国首位。渔业经济总产值达 2 350 亿元，同比增长 10.6%。渔民年均纯收入 13 300 元，同比增长 8.6%。[①] 广东省涉海就业人员超过 800 万人。海洋经济已成为广东省地区经济的重要组成部分，为该省经济社会平稳较快发展做出了突出贡献。

图 8-3　广东海洋产业布局示意

---

① 数据源自 2015 年召开的广东省海洋与渔业工作会议。

广东海洋产业基础雄厚、产业体系完善。海洋渔业以近海捕捞和近海养殖为主，海洋水产品年产量超过 500 万吨；广东近海海域油气资源丰富，产量位居全国前列；港口货物吞吐量、集装箱吞吐量连续多年处于全国首位。"十二五"期间，广东省围绕经济中高速增长和产业中高端发展的目标，加快培育发展海洋装备制造业、战略性新兴产业，海洋经济增长质量和环境友好度显著提高。

从空间发展看，珠江三角洲经济优化发展区、粤东海洋经济重点发展区和粤西海洋经济重点发展区定位清晰，发展方向明确，区域布局不断优化。未来，广东将通过海洋经济综合试验区建设，进一步提升、壮大本省海洋经济，实现海洋事业发展和海洋生态文明的双丰收。

（三）广西

广西位于珠江三角洲和东盟经济圈的结合部，有 3 个沿海市，是西南地区重要的陆海通道。2013 年，广西海洋生产总值899 亿元，占地区生产总值的 6.3%。涉海就业人员约114.9 万人。

广西海洋经济的发展主要依靠海洋渔业、海洋交通运输业和滨海旅游业，海洋三次产业结构比例为 17∶42∶41。广西海洋第一产业比重高于全国平均水平，海洋第二、第三产业比重低于全国平均水平。从最近两年的数据看，海洋第一产业比重有所降低，海洋第二产业提升明显。

广西海洋经济发展必须找准定位，避免跟风，走一条符合自身条件的、有特色的道路。与中国其他沿海地区相比，北海、钦州、防城港组成的北部湾海洋经济区在海洋文化、海洋渔业、海洋工艺品生产方面具有较好的发展基础，海洋交通运输业、海洋会展、滨海旅游产业方面具有后发优势。在国家提出"一带一路"战略背景下，广西积极探索中国同东盟在海洋资源、交通、科技、人才领域的互联互通，加快发展北部湾海洋旅游、热带-亚热带地区水产品养殖与加工、海洋功能制品、海洋物流等产业，加快推动现代海洋产业集聚。

（四）海南

海南处于中国最南端，区位优势独特。自 2010 年年初国务院发布《国务院关于推进海南国际旅游岛建设发展的若干意见》以来，海南省的基础设施建设和以滨海旅游业为代表的现代服务业保持快速增长态势，并带动了海洋渔业和热带农业的发展。2013 年，海南实现海洋生产总值883.5 亿元，海洋三次产业结构比例为 24∶19∶58。涉海就业人员约为134 万人。海南省海洋服务产业面临转型升级，未来将重点打造邮轮游艇经济和会展产业，从注重追求国内外旅游人数总量到注重游客体验和人均消费量，打造高端服务品牌和差异化服务,实现海洋服务业的二次起飞。

综合来看,南部海洋经济区的海洋养殖与捕捞、海洋装备制造、海洋工程建筑业、滨海旅游业较为发达。区内各省海洋经济发展各具特色,差异显著。广东省海洋产业门类齐全,海洋经济综合实力强,产业规模一直处于全国首位;海南、广西的海洋生物资源和景观资源丰富,第一产业和第三产业比重较高,未来发展潜力巨大。

四、三大海洋经济区比较

中国沿海地区海洋经济发展迅猛,海洋产业日益壮大,凭借不同的经济基础、区位条件、资源特色、政策环境,形成了各具特色的海洋产业集聚和产业结构。总体看,三大地区海洋经济发展相对均衡。

(一)海洋经济总量方面

三大海洋经济区中,北部经济区海洋经济总量最大,其次为南部经济区,东部海洋经济区第三。从发展速度上看,"十二五"时期,北部经济区年均增速最快,东部经济区年均增速较慢,南部经济区年均增速居中。东部经济区与另外两个之间的差距有增加之势。

表 8–1　2011—2014 年三大海洋经济区经济总量(亿元)比较[①]

	2011	2012	2013	2014
北部海洋经济区	16 456	18 051	19 977	22 152
东部海洋经济区	14 254	15 464	16 245	17 739
南部海洋经济区	14 872	16 657	18 726	20 045

(二)海洋经济的生产效率

三大海洋经济区差异显著。根据现有数据计算,三大海洋经济区全员劳动生产率分别为,北部 17.4 亿元/万人、东部 19.7 亿元/万人、南部 11.9 亿元/万人。东部经济区最高,其次为北部经济区,南部经济区约为东部经济区的 60%。这与东部、北部经济区交通运输业、海洋制造业发达,资本密集型产业比重较高,而南部经济区资源产

---

① 数据源自《中国海洋经济发展报告 2015》。

业发达，劳动密集型产业比重较高有关。

（三）海洋产业结构方面

三大海洋经济区总体呈现海洋第二、第三产业比重大，第一产业比重小的格局。但各区又有所不同，其中北部经济区产业结构为"二、三、一"，东部经济区和南部经济区为"三、二、一"的结构。第三产业占比最高的是东部经济区，已经超过了50%。

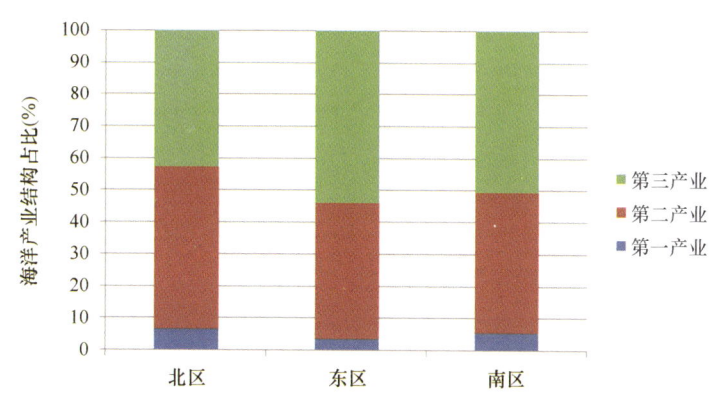

图 8-4 三大海洋经济区海洋产业结构示意

五、省域海洋经济比较

衡量地区海洋经济发展程度的指标和角度很多，本报告拟从经济产出总规模、经济产出效率、产业优势度、科技投入等4个维度对省域海洋经济发展进行比较，尝试找出省域海洋经济的特点。

（一）经济规模

广东、山东海洋经济总量一直稳定在全国前两位，为1万亿水平级。福建、浙江、上海、天津、江苏海洋经济处于第二梯队，在5 000亿至7 000亿元之间。"十二五"期间，福建、浙江、江苏三省海洋经济获得空前发展，增速处于全国前列，进一步缩小了与上海之间的差距。海南、广西、河北的海洋经济规模处于第三梯队，小于2 000亿元。海南、广西侧重于发展环境友好度较高的海洋渔业、游轮游艇、海洋功能制品、滨海旅游等，河北则侧重于发展临港工业，如海洋化工、海洋油气、海洋装备制造等。近些年，广西向海洋经济重化趋势也有所加剧。

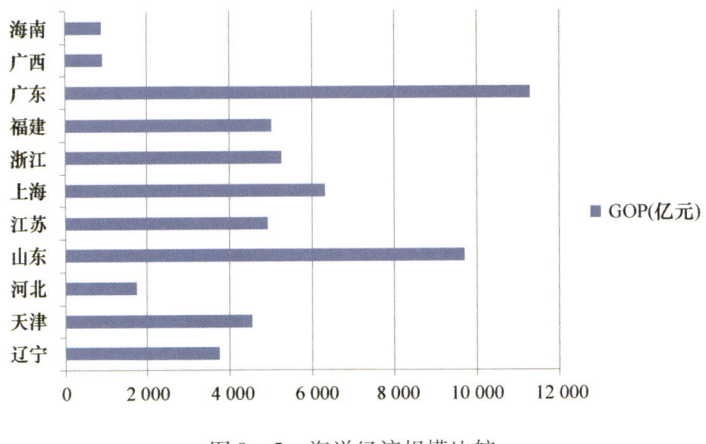

图 8-5 海洋经济规模比较

（二）产出效率

产出效率衡量的是单位涉海就业规模人口所产生的海洋经济规模，计算公式为 $y_i = GOP_i/L_i$，① 计算结果如图 8-6 所示。上海、天津、江苏海洋经济产出效率较高，海洋经济产出效率超过 25 亿元/万人，山东、河北产出效率也较高，接近 20 亿元/万人水平。其余地区差异不大。产出效率与地区主导产业类型相关，一般技术密集型、资本密集型海洋产业对应高的产出率。

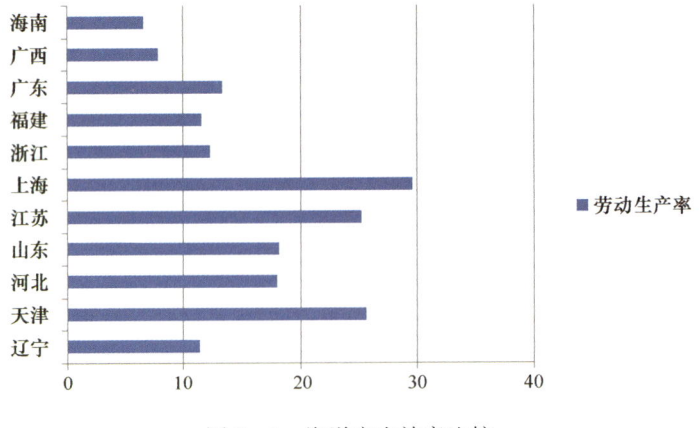

图 8-6 海洋产出效率比较

---

① 说明：y_i 表示 i 省的海洋经济产出效率；GOP_i 表示 i 省海洋生产总值；L_i 表示 i 省的涉海就业规模。

(三) 产业优势度

该指标表征沿海省份的主要海洋产业在全国范围内的相对优势程度，$y_i = (x_i - \sum \frac{x_i}{11})/\sum \frac{x_i}{11}, (i = 1, 2, \cdots 11)$ [①]。如 $y_i \in [-1, 0]$ 表明没有相对优势，其中极值 $y_i = -1$ 表明 i 地区几乎不存在该项产业，$y_i = 0$ 表示产业发展处于全国平均水平。$y_i \in (0, 10]$，表明产业发展在全国范围内存在相对优势，其中极值 $y_i = 10$ 表明 i 省该产业在全国一家独大。计算结果显示，中国的海水养殖业主要集聚在辽宁、山东、福建、广东，但优势度并不显著，说明该产业在全国范围内发展较为平均；中国的海洋捕捞业主要集聚在浙江、山东、福建、广东；海洋盐业集中在山东和河北，特别是山东海洋盐业优势度显著，海盐产量占全国的八成以上；海洋化工产业集聚在山东、江苏；海洋船舶制造业集中在江苏、上海、辽宁，特别是江苏，优势度较为显著；海洋货运重点集中在浙江、上海、广东、福建、江苏，优势度并不显著；集装箱运输集中在广东、上海、山东。

表 8-2 沿海各省（市、区）主要海洋产业优势度测算

	养殖	捕捞	海洋盐业	海洋化工	造船	海洋货运	集装箱运输
天津	-0.992 2	-0.953 5	-0.371 9	-0.054 5	-0.852 1	-0.542 3	-0.156 5
辽宁	0.788 3	-0.061 1	-0.594 4	-0.411 3	1.490 2	-0.294 3	0.165 7
河北	-0.714 0	-0.799 4	0.187 1	-0.995 4	-0.844 3	-0.839 2	-0.912 5
山东	1.888 0	1.014 2	7.212 7	5.290 1	-0.059 2	-0.546 3	0.345 9
江苏	-0.406 3	-0.518 2	-0.679 6	0.113 9	2.479 0	0.231 6	-0.640 8
上海	-1	-0.982 9	-1	-1	1.480 7	0.978 8	1.179 6
浙江	-0.448 7	1.777 0	-1	-0.410 8	-0.716 8	1.619 2	0.238 3
福建	1.244 6	0.685 4	-0.879 4	-0.047 8	-0.575 8	0.068 9	-0.242 1
广东	0.815 2	0.297 0	-0.968 0	-0.484 1	-0.406 4	0.728 2	1.865 6
广西	-0.331 8	-0.434 0	-0.933 6	-1	-0.997 7	-0.725 0	-0.935 2
海南	-0.843 1	-0.024 5	-0.972 9	-1	-0.997 6	-0.679 6	-0.907 9

---

① y_i 表示 i 省产业优势度；x_i 表示 i 省的某一海洋产业。

（四）科技投入

科技投入水平与地区海洋科技发展水平、海洋科技创新驱动能力等密切相关。数据显示，沿海省市中广东、江苏、山东、上海海洋科技投入处于全国前列，而这些地区也是中国海洋科教力量相对集中的地区。

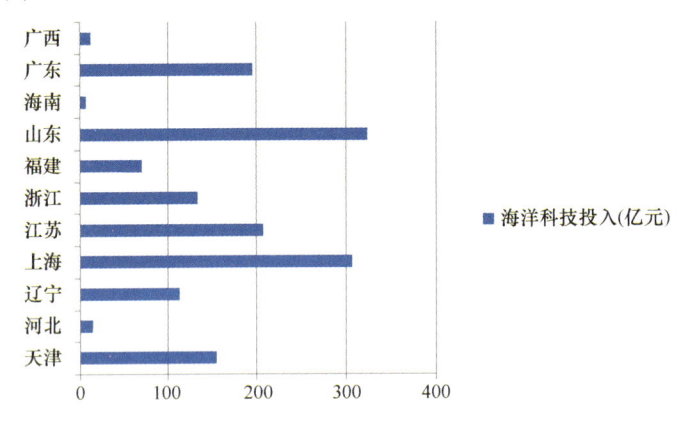

图8-7　沿海地区海洋科技投入量

六、小结

总体而言，中国区域海洋经济发展态势良好，海洋产业集聚初步形成。各地区根据自身经济基础、区位条件、资源禀赋制定发展路线，形成了具有特色的产业结构和空间布局，三大区海洋经济发展相对均衡，省域海洋经济发展差异逐渐显著。

"十二五"期间，北部经济区继续保持在港口物流、海洋制造领域的优势，重点发展临港工业、重化工业，海洋第二产业比重持续提升。在经济规模大幅度提高的同时，海洋环境压力也在不断凸显。

受外部经济环境影响，东部海洋经济区的传统优势产业，如海洋运输、船舶修造受到一定的冲击，但海洋新兴产业、现代服务业规模初具，海洋产业转型成果显著。江苏依靠丰富的滩涂资源大力发展港口、临港工业、海洋风电产业；上海努力实现海洋经济转型升级，大力发展海洋金融等现代服务业和高端装备制造；浙江则在积极推动大宗商品储运发展。

南部海洋经济区继续发挥作为大陆-台湾地区、大陆-港澳地区、中国-东盟地区交流窗口和平台的优势，探索海洋资源、交通、科技、人才领域的互联互通，加快发展跨区域的海洋旅游、水产品养殖与加工、海洋功能制品、海洋物流等产业，推动现代海洋产业集聚。

"十二五"后期以来，中国海洋经济增速处于平稳放缓的阶段，海洋结构调整进入关键期。从发展现状和发展轨迹看，区域海洋经济总体稳步推进，增长质量有所提高，产业结构持续优化，空间布局不断调整，海洋经济对沿海地区社会经济发展支撑作用愈发显著。

第四部分
提高海洋资源开发能力

第九章　中国海洋资源开发利用

随着中国海洋事业的发展，海洋在提供资源保障和拓展发展空间方面的战略地位更为突出。着力提升海洋资源开发能力，实现海洋资源的可持续利用，对促进沿海地区经济社会发展、加快国民经济发展方式转变、提高经济发展的质量和效益，具有重要意义。

一、中国的主要海洋资源

中国主张管辖海域面积约 300 万平方千米，大陆海岸线长 18 000 千米，岛屿岸线长 14 000 千米，面积大于 500 平方米的岛屿 7 300 多个，海岛陆域总面积约 80 000 平方千米。中国辽阔的海域蕴藏着丰富的海洋生物资源、海洋矿产资源、海洋空间资源、海水资源和海洋可再生能源。

（一）海洋生物资源

海洋生物资源是指有生命的能自行繁殖和不断更新的海洋资源。中国海洋生物资源丰富，已有记录的海洋生物 20 278 种，其中，鱼类 3 032 种，螺贝类 1 923 种，蟹类 734 种，虾类 546 种，藻类 790 种。[1] 中国海洋生物资源分布由南向北递减，生物密度近海高、远海低。其中，南海生物种类丰富，达 5 613 种，东海 4 167 种，黄海和渤海较低，约 1 140 种。中国近海经济利用价值较大的鱼类有 150 多种，重要的捕捞对象有带鱼、鱿、鳗、大黄鱼、小黄鱼、鲽、鲳、鲐、红鱼、金线鱼、鳍、沙丁鱼、盆鱼、河豚等；具有经济价值的软体动物有鱿鱼、乌贼、鲍鱼、扇贝、章鱼等；节足动物有对虾、青虾、龙虾、毛虾、鹰爪虾、锯齿缘青蟹、梭子蟹等；棘皮动物有海胆、棘参、梅花参；腔肠动物有海蜇等。[2]

海洋渔业资源是重要的海洋生物资源，是人类摄取动物蛋白质的重要来源。中国渤海最大可持续渔获量为 12 万吨，黄海为 81 万吨，东海为 182 万吨，南海为 472 万吨。然而在过度捕捞、海洋环境污染等因素影响下，海洋渔业资源出现明显衰退，许

---

[1] 傅秀云、王长云、王亚楠：《海洋生物资源可持续利用对策研究》，载《中国生物工程杂志》，2006 年第 7 期。
[2] 中国自然资源丛书编撰委员会：《中国自然资源丛书：渔业卷》，北京：中国环境科学出版社，1995 年。

第四部分 提高海洋资源开发能力

多重要经济种类资源量下降、个体变小、性成熟提前。保护和可持续利用海洋渔业资源，对维持海洋生态平衡，保障国民食品安全具有重要意义。

（二）海洋矿产资源

中国海洋矿产资源既包括国家管辖范围内的海洋油气资源、天然气水合物和滨海砂矿等，还包括中国在"区域"申请专属勘探开发权区块的多金属结核、富钴结壳和多金属硫化物等。

1. 油气资源

中国是环太平洋油气带主要分布区之一，海岸带和浅海大陆架埋藏着丰富的油气资源。大陆架海区含油气盆地面积近70万平方千米，约有300个可供勘探的沉积盆地，大中型新生代沉积盆地18个，其中大型含油气盆地10个，分别为：渤海盆地、北黄海盆地、南黄海盆地、东海盆地、台湾西部盆地、南海珠江口盆地、琼东南盆地、北部湾盆地、莺歌海盆地和台湾浅滩盆地。

根据第三次全国油气资源评价结果，中国海洋石油远景资源量为246亿吨，占全国石油资源总量的23%；海洋天然气远景资源量为16万亿立方米，占全国天然气资源总量的30%。目前海洋石油探明量30亿吨，探明率12.3%；海洋天然气探明量1.74万亿立方米，探明率11%，远低于世界平均探明率水平，海洋资源勘探开发潜力巨大。2014年中国相继在南海琼东南盆地深水区陵水凹陷发现大型油气田——陵水17-2和中型以上天然气田陵水25-1。陵水17-2平均作业水深约1 500米，天然气探明储量超千亿立方米；陵水25-1平均水深约900米，平均日产天然气约35.6百万立方英尺（合100万立方米），日产原油约395桶。这两次发现验证了琼东南盆地巨大的油气勘探潜力。

2. 天然气水合物

天然气水合物由天然气与水在高压低温条件下形成的笼形结晶化合物，因其外观像冰而且遇火即可燃烧，所以又被称作"可燃冰"。"可燃冰"的主要成分是甲烷，其甲烷含量可高达99%，燃烧污染比煤炭、石油、天然气等低得多，是一种高效能的清洁能源。海底天然气水合物通常分布在水深200～800米以下，主要赋存于陆坡、岛坡和盆地的上表层沉积物或沉积岩中。[①] 经勘探调查，中国已将南海北部陆坡、南沙海槽、西沙海槽、东海陆坡、东沙群岛圈定为天然气水合物远景区，总面积达14.84万

[①] 徐文世，等：《天然气水合物开发前景和环境问题》，载《天然气地球科学》，2005年第5期。

平方千米，预测远景资源量相当于744亿吨油当量。①

3. 滨海砂矿

滨海砂矿资源指的是在砂质海岸或近岸海底开采的金属砂矿和非金属砂矿，主要品种有铁砂矿、锡石砂矿、砂金和稀有金属砂矿、金刚石砂矿以及非金属建筑材料等。中国重要海砂资源区面积约30.3万平方千米，估算资源量约4 749亿立方米，其中近海陆架出露海砂约3 866亿立方米，陆架埋藏砂约883亿立方米。② 滨海矿砂主要可分为8个成矿带：海南岛东部成矿带、粤西南海滨带、雷州半岛东部海滨带、粤闽海滨带、山东半岛海滨带、辽东半岛海滨带、广西海滨带和台湾北部及西部海滨带等。

4. 国际海底区域矿产资源

国际海底区域（以下简称"区域"）是指国家管辖范围以外的海床、洋底及底土。"区域"已知具有潜在商业开采价值的金属矿产资源主要有多金属结核、富钴结壳和多金属硫化物。多金属结核广泛分布于水深4~6千米的海底，含有70多种元素，全球资源总量约为3万亿吨，有商业开采潜力的资源量达750亿吨。富钴铁锰结壳氧化床遍布全球海洋，广泛分布于大洋盆地的海山斜坡或平顶海山顶部，一般形成于400~4 000米的水下，较厚及含钴较多的结壳位于800~2 500米的洋底。多金属硫化物主要为结晶矿物组分，富含多种金属和稀有金属，主要组分有铜、铅、锌、铁和贵金属银、金、钴、镍、铂。

根据《联合国海洋法公约》（以下简称《公约》）规定："区域"及其资源为人类共同继承财产，"区域"内资源的一切权利属于全人类，由国际海底管理局（International Seabed Authority）代表全人类行使。中国是"区域"资源勘探活动的先行者，1990年国务院批准以中国大洋矿产资源研究开发协会（以下简称"中国大洋协会"）的名义申请"区域"矿区。截至2015年，中国已在太平洋和印度洋共申请到四块具有优先专属勘探开发权的矿区。

（三）海水资源

海水可用于淡化、冷却用水，海水中含有的钠、镁、溴等矿物质经提取后具有重要的经济价值，海水是重要的海洋资源。海水进行脱盐或软化处理后，可直接成为工、

---

① 《中国开展可燃冰"精确调查"普查将全面开始》，http://energy.people.com.cn/GB/17999090.html，2013-11-19。

② 《国家海洋局"908"通过验收，近海海洋调查成果展示》，http://www.china.com.cninfo2012-10/26/content_26915103.htm，2013-12-12。

农业及生活的水源。海水可直接用作火电、核电及石化、钢铁等高耗水行业的冷却水，缓解水资源短缺。海水中有80种天然元素，含量较高的有氧、氢、氯、钠、镁、硫、钙和钾等元素。中国近海氯化镁、硫酸镁的储量分别达到4 494亿吨和3 570亿吨。

（四）海洋可再生能源

海洋可再生能源属于清洁能源，其开发利用对于提高清洁能源比例，构建低碳能源体系具有重要意义。中国潮流能、温差能资源丰富，波浪能资源具有开发价值，离岸风能资源具有巨大的开发潜力。开发利用海洋可再生能源，是丰富沿海地区能源供给体系，解决边远岛屿用能的重要途径。

1. 潮汐能

中国近海潮汐能蕴藏量19 286万千瓦，技术可开发量2 283万千瓦。中国沿岸的潮汐能资源主要集中在东海沿岸，福建、浙江沿岸最丰富，如浙江的钱塘江口、乐清湾，福建的三都澳、罗源湾等；其次是辽东半岛南岸东侧、山东半岛南岸北侧和广西东部等岸段。

2. 波浪能

中国近海波浪能蕴藏量1 600万千瓦，技术可开发量1 471万千瓦。中国沿岸波浪能资源地域分布很不均匀，以台湾省沿岸最高；浙江、广东、福建、山东沿岸次之；广西沿岸最低。外围岛屿沿岸波浪能功率密度高于近海岛屿沿岸，近海岛屿沿岸波浪能高于大陆沿岸，渤海海峡、台湾南北两端和西沙群岛地区等沿岸波浪能功率密度较高。

3. 潮流能

中国近海潮流能蕴藏量833万千瓦，技术可开发量166万千瓦。潮流能以浙江沿岸最多，有37个水道，资源丰富，占全国资源总量的一半以上；其次是台湾、福建、辽宁等省份沿岸，约占全国资源总量的42%。杭州湾和舟山群岛海域是全国潮流能功率密度最高的海域。渤海海峡北部的老铁山、福建三都澳、台湾澎湖列岛中渔翁岛海域潮流能功率也较高。

4. 温差能

中国近海温差能蕴藏量36 713万千瓦，技术可开发量2 570万千瓦。南海由于纬度低、水深、海域广阔等原因，温差能资源丰富，占总温差能的90%以上。南海表层海水和深层海水温差大，具有利用海水温差发电的有利条件和广阔前景。东海以及台湾以东海域同样蕴藏着较丰富的温差能资源。

5. 盐差能

中国近海盐差能蕴藏量 11 309 万千瓦，技术可开发量 1 131 万千瓦。中国海洋盐差能主要分布在长江口及其以南江河入海口沿岸，长江口沿岸可开发装机容量占全国总量的 60% 以上；珠江口约占全国总量的 20%。

6. 海上风能

中国近岸海上风能蕴藏量 88 300 万千瓦，技术可开发量 57 034 万千瓦。近海地区 100 米高度、5～25 米水深范围内技术开发量约为 1.9 亿千瓦，25～50 米水深范围约为 3.2 亿千瓦。中国海上风能资源丰富，主要分布在福建、江苏和山东省。

（五）海洋空间资源

海洋空间资源是指与海洋开发利用有关的海岸、海上、海中和海底地理区域的总称。随着中国人口的不断增长，陆地可开发利用空间越来越狭小。中国拥有漫长的海岸线、广阔的海域、数量众多的海湾和海岛，广阔的海洋空间将是支撑沿海地区经济社会发展的重要基础。

1. 海岸线

中国大陆海岸线北起鸭绿江口，南至北仑河口，长达 1.8 万多千米，岛屿岸线长达 1.4 万多千米。海岸类型多样，包括淤泥质岸线、砂砾质岸线、基岩岸线、生物岸线、河口和人工岸线。由于过度开发和海岸带植被破坏，中国 70% 的砂质海滩和大部分开阔泥质潮滩存在不同程度的侵蚀现象，海岸带保护刻不容缓。

2. 海湾

中国拥有大于 10 平方千米的海湾 160 多个[①]，包括四大海湾集群：辽东半岛东部海湾、上海市和浙江省北部海湾、浙江省南部海湾、海南省海湾。海湾作为一种特殊的海洋资源，可利用其可避风、基岩深水等特点，进行船舶停靠；或利用与内河相交特征，布设港口；或利用其提供鱼类栖息地或产卵场的特点，开展渔业生产。海湾为中国海洋经济发展提供了重要阵地。

---

① 国家海洋局：《全国海洋功能区划（2011—2020 年）》，2012 年。

3. 滨海湿地

中国滨海湿地分布广，面积约为 5 942 万公顷。其中，山东、广东滨海湿地面积最大，分别为 112.1 万公顷和 101.8 万公顷，天津最小，仅为 58 万公顷。[①] 中国滨海湿地的分布总体上以杭州湾为界，分为南北两个部分。杭州湾以北的滨海湿地，除山东半岛和辽东半岛的部分地区为基岩性海滩外，多为砂质和淤泥质海滩，由环渤海滨海湿地和江苏滨海湿地组成。环渤海滨海湿地主要由辽河三角洲和黄河三角洲组成，江苏滨海湿地主要由长江三角洲和废黄河三角洲组成。杭州湾以南的滨海湿地以基岩性海滩为主。

4. 海域

中国海域面积广阔，领海及内水面积约为 40 万平方千米，毗连区面积为 13.04 万平方千米，主张管辖的海域面积约 300 万平方千米。[②] 中国沿海城市范围内，现有滨海旅游资源区 12 413 处，潜在滨海旅游资源区 343 处，其中近期可开发的 84 处，包括 15 处生态滨海旅游区、7 处休闲渔业滨海旅游区、6 处观光滨海旅游区、26 处度假滨海旅游区、5 处游艇旅游区、2 处特种运动滨海旅游区、23 处海岛综合旅游区。中国具有潜在开发价值的海水养殖区面积 170.78 万公顷，其中池塘养殖区面积 19.11 万公顷，底播养殖面积 69.91 万公顷，筏式养殖区面积 64.08 万公顷，网箱养殖区面积 17.31 万公顷，工厂化养殖面积 0.37 万公顷。沿海各省（市、区）的潜在海水增殖放流区 109 个，人工鱼礁区 182 个，水产原、良种场 835 个。[③]

5. 海岛

中国海岛众多，面积大于 500 平方米的海岛 7 300 多个。按海区统计，渤海区内海岛数量占总数的 4%，黄海区占 5%，东海区占 66%，南海区占 25%。按离岸距离统计，距大陆岸线 10 千米之内的海岛数量占总数的 70%，10～100 千米的海岛占总数的 27%，100 米之外的占 3%。海岛广布温带、亚热带和热带海域，生物种类繁多，不同海岛的岛体、海岸线、沙滩、植被、淡水和周边海域生物群落形成了各具特色、相对独立的海岛生态系统。一些海岛还具有红树林、珊瑚礁等特殊生境。海岛及其周边海域自然资源丰富，有港口、渔业、旅游、油气、生物、海水、海洋能等优势资源。海

---

① 国家海洋局：《中国海洋统计年鉴 2012》，2013 年。
② 国家海洋局海洋发展战略研究所测算。
③ 国家海洋局 908 通过验收，近海海洋调查成果展示，http：//www.china.com.cninfo2012 - 10/26/content_26915103.htm，2013 - 12 - 12。

岛人口总量少，分布集中。全国现有2个海岛市，14个海岛县（市、区），191个海岛乡（镇），全国海岛人口约547万人（不包括港、澳、台和海南岛），其中98.5%居住在上述市县乡中心岛上。[①]

二、海洋资源开发利用现状

2014年，中国远洋渔业发展迅速，产量同比提升50%；海内外海洋油气勘探取得显著进展，中海油自营深水勘探发现陵水25-1天然气田，海外海上原油产量继续提升；海水淡化利用及直接利用规模继续增长，海水循环冷却技术得到进一步应用。在坚持海洋资源可持续利用、提倡海洋科技创新发展、鼓励海洋经济外向发展的原则下，海洋资源开发利用取得新的成就。

（一）海洋生物资源开发利用

海洋生物资源开发利用主要指海洋渔业开发、海洋生物医药以及新型海洋生物制品的研发生产。海洋生物资源不仅是重要的人类食用蛋白来源，而且为抗癌、抗心脑血管等疾病的药物研制提供了宝贵的基因资源和生物活性材料，为生物医药产业的发展提供支持。

1. 海洋捕捞及养殖

2014年中国海水产品产量3 296.22万吨，同比增长5.01%。其中，国内海水捕捞产量1 280.84万吨，同比增长1.30%；远洋渔业产量202.73万吨，同比增长49.95%；海水养殖产量1 812.65万吨，同比增长4.22%。

近海捕捞得到有效管控。为解决不断衰退的渔业资源和持续增长的海洋捕捞产量之间的矛盾，从20世纪90年代末开始，中国实施近海捕捞产量"零增长"战略及渔船"双控"制度（海洋捕捞渔船数量和功率总量控制），强化捕捞管控。"十二五"期间以来，中国近海捕捞规模基本稳定在1 300万吨左右，近海捕捞进入平稳发展阶段。海水养殖继续蓬勃发展。2000年全国海水养殖产量928.0万吨，2014年增长到1 812.65万吨，产量扩大近一倍。海水养殖空间不断拓展，从传统的池塘养殖、滩涂养殖、近岸养殖向离岸养殖业发展。海水养殖设施与装备水平不断提高，工厂化和网箱养殖业持续发展，机械化和自动化程度明显提高。海水养殖业的社会化和组织化程度明显增强。

[①] 国家海洋局：《全国海岛保护规划（2011—2020年）》，2012年。

远洋渔业发展强劲。2013年中国新投产329艘远洋渔船,2014年船队扩容效益开始显现,山东、福建、浙江等远洋渔业大省都实现了产量的快速增长,全国远洋渔业产量同比增长近50%。从作业能力看,2014年全国作业远洋渔船达到2 460多艘,总功率近100万千瓦,船队总体规模居世界前列。中国先后与亚洲、非洲、南美和太平洋岛国等许多国家建立了渔业合作关系,与20多个国家签署了渔业合作协定、协议,加入了8个政府间国际渔业组织,远洋渔业作业海域扩展到40个国家和地区的专属经济区及太平洋、印度洋、大西洋公海和南极海域,实现了中国远洋渔业在现有国际渔业管理格局下的顺利发展。[1]

2. 海洋生物医药利用

海洋生物医药利用是指以海洋生物为原料或提取有效成分,进行海洋生物化学药品、功能性食品、化妆品和基因工程药物的生产活动。目前,中国已知药用海洋生物约有1 000多种,分离得到天然产物数百个,制成单方药物10余种,复方中成药近2 000种。

海洋医药与生物制品产业是战略性新兴产业重点发展领域。"十二五"期间,在国家和沿海省市政策的大力支持下,海洋生物制药技术快速发展。在山东、浙江、福建、广东等省开展的海洋经济创新发展区域示范项目中,海洋医药与生物制品产业得到项目、资金、人才等多方面支持。截至2015年,全国获国家批准的海洋药物相关专利20余件,一批新型抗肿瘤、抗心脑血管疾病和抗感染类的海洋药物和技术经研发面世,海洋医药领域发明创造蓬勃发展。

表9-1 海洋药物制品专利

序号	申请公布号	专利名称	申请公布日期	申请人
1	CN1120908	海宝养生源提取物制品及制备工艺和用途	1996年4月24日	国家海洋局第三海洋研究所
2	CN1318634	高级脱腥鱼油的制备方法	2001年10月24日	国家海洋药物工程技术研究中心
3	CN1345544	海洋产物营养保健蛋的生产方法	2002年4月24日	国家海洋药物工程技术研究中心
4	CN1345546	营养保健禽蛋制品的生产方法	2002年4月24日	国家海洋药物工程技术研究中心
5	CN1461644	一种治疗肺癌的药物——波风胶囊及工艺技术	2003年12月17日	张连波

---

[1]《国务院副总理汪洋在中国远洋渔业30年座谈会上强调:转变远洋渔业发展方式,向远洋渔业强国迈进》,载《中国水产》,2015年第4期。

续表

序号	申请公布号	专利名称	申请公布日期	申请人
6	CN1768602	超临界精制甲鱼油多膜微胶囊及其制备方法	2006年5月10日	国家海洋药物工程技术研究中心
7	CN101012249	K-卡拉胶偶数寡糖醇单体及其制备方法	2007年8月8日	中国海洋大学
8	CN101161231	含牡蛎壳粉的海洋药物美容防晒霜	2008年4月16日	广东海洋大学
9	CN101724631A	鳐血管生成抑制因子1功能区的制备及在防治肿瘤药物中的应用	2010年6月9日	广东海洋大学
10	CN101898936A	一种新的抗肿瘤萜类化合物FW03105	2010年12月1日	福建省微生物研究所
11	CN101921721A	一种新的海洋疣孢菌菌株及其应用	2010年12月22日	福建省微生物研究所
12	CN102787131A	大竹蛏糜蛋白酶基因SgChy及其重组蛋白	2012年9月3日	山东省海洋水产研究所
13	CN102935089A	荔枝螺在制备解热抗炎药物中的应用	2013年2月20日	南京中医药大学；国家海洋局第三海洋研究所
14	CN103405725A	一种治疗乳腺增生的以海洋药物为主的中药组合物	2013年8月27日	寿光富康制药有限公司
15	CN103360329A	一类吩嗪化合物及其在制备抗肿瘤药物中的应用	2013年10月23日	中国科学院南海海洋研究所
16	CN103864946A	一种坛紫菜多糖定位硫酸酯化方法	2014年6月18日	张忠山
17	CN103880975A	一种岩藻聚糖硫酸酯及其制备方法和在制备抗流感病毒药物中的应用	2014年6月25日	中国海洋大学
18	CN103933070A	一种抑菌健齿中药提取物及其制备方法和应用	2014年7月23日	广州中医药大学
19	CN103948592A	生物碱类化合物在制抗肠道病毒及乙酰胆碱酯酶抑制剂药物中的应用	2014年7月30日	中国科学院南海海洋研究所
20	CN103951617A	吡啶酮生物碱类化合物及其制备方法和在制备抗肿瘤药物中的应用	2014年7月30日	中国科学院南海海洋研究所
21	CN103948611A	低聚古罗糖醛酸盐在制备防治帕金森症药物或制品中的应用	2014年7月30日	青岛海洋生物医药研究院股份有限公司

续表

序号	申请公布号	专利名称	申请公布日期	申请人
22	CN103961365A	低聚甘露糖醛酸盐在制备防治肝损伤和各种肝炎、肝纤维化或肝硬化药物的应用	2014年8月6日	青岛海洋生物医药研究院股份有限公司
23	CN103977021A	低聚古罗糖醛酸盐在制备防治肝损伤和各种肝炎、肝纤维化或肝硬化药物中的应用	2014年8月13日	青岛海洋生物医药研究院股份有限公司
24	CN104522664A	增强免疫力的保健食品及其制备方法	2015年4月22日	广西中医药大学
25	CN104706599A	一种携带膜海鞘素化合物的冻干粉针剂	2015年6月17日	中国海洋大学
26	CN104744533A	一类角环素化合物及其在制备抗肿瘤或抗菌药物中的应用	2015年7月1日	中国科学院南海洋研究所

注：国家知识产权局－中国专利公布公告网站按照"海洋药物"检索结果。

（二）海洋矿产资源勘探开发

2014年，中国近海油气勘探稳步推进，深海油气勘探取得成果，海洋油气产量稳步增长，海洋油气工程与技术服务迅速发展，海洋油气事业快速发展。近海矿产资源勘探取得突破，山东省莱州三山岛北部海域发现超大型金矿，金矿资源量达470多吨，矿体位于水深2 000米的海底，开创中国海域金矿勘察的先河。[①]"区域"矿产资源勘探开发稳步推进，中国成功申请第四块"区域"矿产资源勘探区，积极履行"区域"内多金属结核、富钴结壳、多金属硫化物的专属勘探合同。

1. 海洋油气资源开发利用[②]

近海油气勘探、深水油气勘探和海外油气勘探均取得新的突破，全年获得20个新发现，成功评价了18个含油气构造，储量替代率达112%，为油气的可持续供应奠定了基础。在中国海域，全年获得15个新发现，包括陵水25－1、锦州23－2、渤中

[①] 《山东莱州发现超大金矿，藏海下2000米储量470吨》，http://world.huanqiu.com/hot/2015－11/7950981.html，2015－11－16。
[②] 本节中的数据主要来自：中国海洋石油总公司：《中国海油2014年度报告》，2015年。

22-1、陆丰14-4等，成功评价17个含油气构造，在中国海域的自营井勘探成功率达50%~70%。继在南海北部发现大型油田陵水17-2后，2014年年底中海油自营深水勘探再探获中型以上天然气田——陵水25-1。该发现再次证明了琼东南盆地巨大的勘探潜力。在海外勘探中取得5个新发现，包括美国墨西哥湾的Rydberg、乌干达的Rii-B、英国北海的Blackjack和Ravel及尼日利亚的OML 138区块Usan区域的新发现，展示了海外油气勘探的广阔前景。

海洋油气产量稳步增长。2014年，中海油生产原油6 868万吨，其中国内生产原油3 964万吨，海外生产原油2 904万吨；生产天然气219亿立方米，其中国内生产天然气124亿立方米，海外生产天然气95亿立方米。2014年海上原油生产同比增长2.7%，海上天然气生产同比增长11.7%。

海洋油气工程与技术服务迅速发展。中海油油田服务由物探勘察、钻完井、油田技术和船舶服务四大业务板块组成，近年来在国际市场的影响力不断提升。目前中海油服形成了以新加坡、迪拜、休斯敦、挪威为中心，辐射亚太、中东、美洲和欧洲四大区域的海外业务布局，实现了由单一钻井业务到公司所有业务的突破，实现了从浅水到深水的重大跨越，成为世界上最具规模的综合型海上油田服务公司之一。

2. 天然气水合物调查和勘探

自1999年开始，国家在南海北部陆坡开展了高分辨率多道地震调查和准三维地震调查，发现了天然气水合物存在的一系列指示标志。近年来，中国逐步开展天然气水合物调查勘探并成功获得发现。2007年，在南海神狐海域成功钻获天然气水合物实物样品。2012年，国土资源部天然气水合物重点实验室成立。该实验室位于山东省青岛市，以天然气水合物模拟实验研究为特色，围绕天然气水合物勘探、开发及环境效应等问题开展研究，为勘查和开发天然气水合物提供服务。2013年下半年，中国在南海东北部陆坡水深664~1 420米范围内钻探13个站位，获取了大量、多种类型的天然气水合物实物样本，其中甲烷气体含量超过99%。[1] 天然气水合物作为未来的清洁高效能源，具有极高的勘探价值和能源潜力。天然气水合物勘探开发对于扩展未来能源储备、促进能源安全具有积极意义。

3. 国际海底区域资源勘探

中国积极参与"区域"矿产资源勘探研究工作，先后在2001年、2011年、2013年和2015年申请获得了四块"区域"矿产资源勘探区。2001年，中国大洋协会与国际

---

[1] 张光学，等：《南海东北部陆坡天然气水合物藏特征》，载《天然气工业》，2014年第11期。

海底管理局签订了勘探合同，取得位于东太平洋中部克拉里昂－克里帕顿断裂带海域 7.5 万平方千米矿区多金属结核的专属勘探权，以及在多金属结核进入商业开采时的优先开发权。据调查，该矿区内约有 4.2 亿吨干结核资源量，含 11 175 万吨锰、406 万吨铜、514 万吨镍、98 万吨钴矿藏。2011 年 7 月，中国大洋协会获得了西南印度洋面积约 1 万平方千米海底矿区的多金属硫化物的专属勘探权和优先开采权。自合同签署后 15 年内，中国将完成勘探区面积 75% 的区域放弃，保留 2 500 平方千米区域作为享有优先开采权的矿区。2013 年 7 月，经国际海底管理局理事会核准，中国大洋协会获得了位于西北太平洋，面积为 3 000 平方千米的富钴结壳矿区的专属勘探权和优先开采权。按照规定，在勘探合同签订 15 年后，中国至少完成 2/3 的区域放弃，最终保留 1 000 平方千米的勘探权。2015 年 7 月，国际海底管理局理事会核准了中国五矿集团公司提出的东太平洋海底多金属结核资源勘探矿区申请，中国五矿集团公司获得该国际海底矿区的专属勘探权和优先开采权。该矿区位于东太平洋克拉里昂－克里帕顿断裂带，面积近 7.3 万平方千米，包括分布在断裂区的 8 个区块，是中国第一块以企业名义获得的区域矿产资源矿区。

（三）海水资源综合利用[①]

海水综合利用是国家海洋战略性新兴产业。中国海水利用规模不断增大，截至 2014 年年底，全国海水淡化工程规模达 92.69 万吨/日，较上年增长 2.9%；2014 年利用海水作为冷却水量为 1 009 亿吨，较上年增长 14.3%。海水利用的各种用途中，工业冷却水的用水量最大，占到全国海水利用的 90% 以上；其次是工业淡化用水，淡化用水普遍用于沿海电力、钢铁、石化等行业。

1. 海水淡化利用

近年来，全国已建成海水淡化工程总体规模稳步增长。2014 年，全国新建成海水淡化工程 9 个，新增海水淡化工程产水规模 26 075 吨/日。截至当年底，全国已建成海水淡化工程 112 个，产水规模 926 905 吨/日。其中，万吨级以上海水淡化工程 27 个，产水规模 812 800 吨/日；千吨级以上、万吨级以下海水淡化工程 34 个，产水规模 104 500 吨/日；千吨级以下海水淡化工程 51 个，产水规模 9 605 吨/日。全国已建成最大的海水淡化工程为 2013 年投运的天津国投北疆电厂海水淡化项目，一期和二期工程产水规模总计 20 万吨/日。

全国海水淡化工程分布在沿海 9 个省市，集中分布在水资源严重短缺的沿海城市

[①] 本节中的数据主要来自：国家海洋局，《2014 年全国海水利用报告》，2015 年。

和海岛。北方以大规模的工业用海水淡化工程为主,主要集中在天津、河北、山东等地的电力、钢铁等高耗水行业,如天津北疆电厂 20 万吨/日海水淡化工程、河北首钢京唐钢铁厂 5 万吨/日海水淡化工程、河北曹妃甸北控阿科凌 5 万吨/日海水淡化工程等;南方以民用海岛海水淡化工程居多,主要分布在浙江、福建、海南等地,以百吨级和千吨级工程为主,如浙江舟山市本岛、衢山岛、秀山岛海水淡化工程、福建台山岛海水淡化工程、海南三沙市永乐群岛海水淡化工程等。

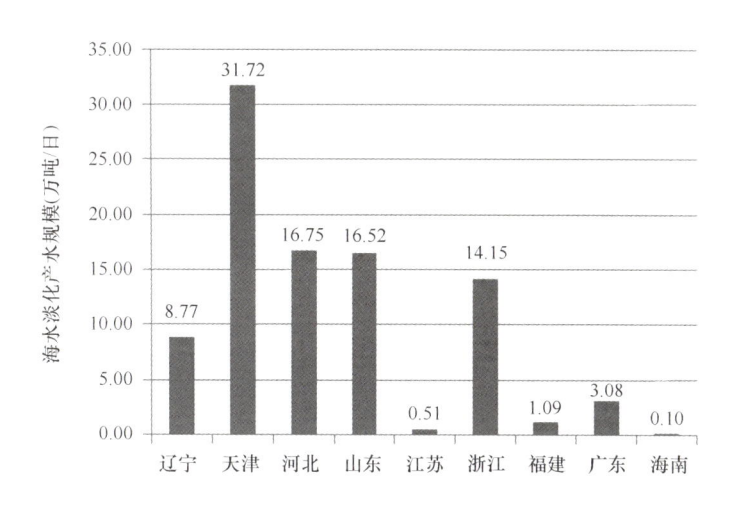

图 9-1 全国沿海省市 2014 年海水淡化工程分布

中国海水淡化技术以反渗透(RO)和低温多效(LT-MED)技术为主,相关技术达到或接近国际先进水平。截至 2014 年年底,全国应用反渗透技术的工程 99 个,产水规模 599 615 吨/日,占全国总产水规模的 64.69%;应用低温多效技术的工程 11 个,产水规模 321 090 吨/日,占全国总产水规模的 34.64%;应用多级闪蒸技术的工程 1 个,产水规模 6 000 吨/日,占全国总产水规模的 0.65%;应用电渗析技术的工程 1 个,产水规模 200 吨/日,占全国总产水规模的 0.02%。

海水淡化水以工业用途为主,居民生活用水为辅,也可用于绿化等市政用水。截至 2014 年年底,海水淡化水用于工业用水的工程规模为 587 260 吨/日,占总工程规模的 63.35%。其中,火电企业为 27.42%,核电企业为 2.37%,化工企业为 11.87%,石化企业为 13.60%,钢铁企业为 8.09%。用于居民生活用水的工程规模为 339 405 吨/日,占总工程规模的 36.62%。用于绿化等其他用水的工程规模为 240 吨/日,占 0.03%。

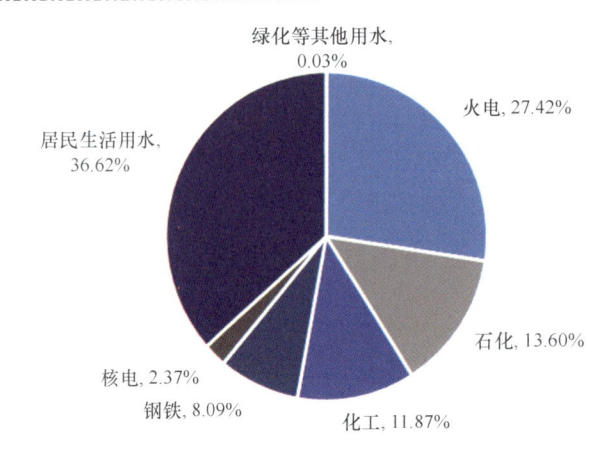

图 9-2　全国已建成海水淡化工程产水用途分布

2. 海水直接利用

国内海水直流冷却技术已基本成熟，主要应用于沿海火电、核电及石化、钢铁等行业。截至 2014 年年底，年利用海水作为冷却水量为 1 009 亿吨。其中，2014 年新增用量 126 亿吨。11 个沿海省（市、区）均有海水直流冷却工程分布，2014 年海水利用量超过百亿吨的省份为广东省、浙江省、辽宁省和福建省。

海水循环冷却技术是在海水直流冷却技术和淡水循环冷却技术基础上发展起来的环保型新技术。截至 2014 年年底，中国已建成海水循环冷却工程 12 个，总循环量为 623 800 吨/时。2014 年，相继建成珠海横琴热电有限公司 30 000 吨/时海水循环冷却工程、珠海燃气发电有限公司 30 000 吨/时海水循环冷却工程、滨州魏桥电厂 41 000 吨/时海水循环冷却工程、沧州华润渤海热电厂 38 000 吨/时海水循环冷却工程和唐山三友化工股份有限公司 14 000 吨/时海水循环冷却工程，新增海水循环冷却循环量 153 000 吨/时。

大生活用海水是将海水作为城市生活杂用水。2014 年，在海南省三沙市建成 2 个海岛大生活用海水试点。

3. 海水化学资源综合利用

海水化学资源利用是从海水中提取各种化学元素及其深加工利用的统称，主要包括海水制盐、海水提钾、海水提溴、海水提镁等。2014 年，中国海水提钾、提镁、提溴等发展较快，产品主要包括溴素、氯化钾、氯化镁、硫酸镁。海水和浓海水提溴产能进一步扩大。

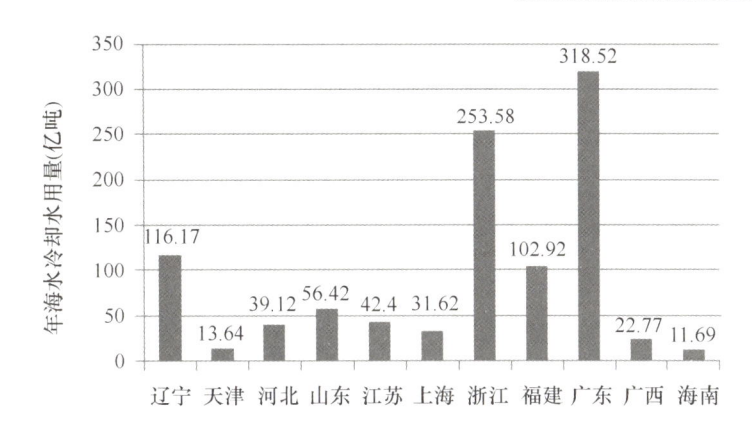

图 9-3 2014 年全国沿海省（市、区）冷却水量分布

（四）海洋可再生能开发

中国拥有面积大于 500 平方米的有居民海岛 400 多个，绝大多数海岛都面临能源短缺的问题。传统的海岛电力系统往往采用柴油发电机作为主电源，但面临柴油运输成本高、污染环境的问题。随着可再生能源发电技术的逐步成熟，海洋能、风能等可再生发电给海岛提供了更为清洁的供电方案。近年来，分布式可再生能源发电技术发展迅速，使用可再生能源配合柴油发电机的海岛独立型微电网模式应运而生。目前，中国已经建成及正在建设中的海岛独立供电系统包括舟山东福岛风光柴储供电系统、温州南麂岛兆瓦级风光柴储微电网示范工程、温州鹿西岛兆瓦级风力-光伏微电网示范工程、珠海万山岛波浪能-风力-光伏供电系统、青岛斋堂岛 500 千瓦海洋能独立电力系统示范工程等。

（五）海洋空间资源开发利用

岸线、港湾和海域等海洋空间资源为海洋经济的发展提供了外在环境，海洋空间资源开发利用必须综合考虑经济、社会和生态影响，科学规划、严格管理。

1. 海岸线及港湾资源开发利用

海岸线按利用类型可分为建设岸段、围垦岸段、港口岸段、渔业岸段、盐业岸段、旅游岸段、保护岸段和其他岸段八类基本功能岸段。为优化配置和集约使用海岸资源，充分发挥海岸资源的经济和社会效益，2009 年国家海洋局发布《关于开展海岸保护与利用规划编制工作的通知》，决定全面开展海岸带保护与利用规划编制工

141

作。在这一背景下，部分沿海省市编制实施了海岸带保护和利用规划，引领海岸带土地资源分用途、分等级、分时序开发利用。山东省早在2007年已经发布实施《山东海岸带规划》，将山东省海岸线划分为湿地保护区、湿地恢复区、生态及自然环境保护区、生态及自然环境培育区、风景旅游地区、城乡协调发展区、预留储备地区、农业生产地区、特殊功能区、卤水盐场、盐碱地和城镇等12类管制空间。2013年，河北省、辽宁省、海南省分别批准实施了海岸带保护与利用相关规划。《河北省海岸线保护与利用规划（2013—2020年）》将海岸线划分为严格保护岸段、适度利用岸段和优化利用岸段3个级别，提出了各级别岸线的保护与利用管理要求。《辽宁海岸带保护和利用规划》将海岸带划分为重点保护和重点建设两类功能区。重点保护区主要是强化生态保护和水源涵养，发展特色农果业、渔业和旅游业，占岸线总长度79%；重点建设区主要是推进产业发展、城镇和港口建设，占岸线总长度21%。《海南经济特区海岸带土地利用总体规划（2013—2020年）》将海岸带划分为5类岸段，包括生态保护岸段、城镇生活岸段、滨海旅游岸段、港口工业岸段和农业岸段，合理安排海岸带土地利用空间布局，细化土地规划用途和开发时序。科学制定并严格实施海岸保护与利用规划，是在新形势下深化海洋功能区划制度的重要举措，各沿海省批准实施的海岸带保护利用规划将成为管制岸段开发建设、保护和恢复自然岸段的重要依据和有力保障。

  港口建设是海岸线最重要的利用方式之一。国家在"十二五"期间有序推进沿海港口基础设施建设，优化沿海港口结构与布局，建设新港区，提升改造老港区，提升港口的专业化和规模化水平。截至2014年年末，沿海港口生产用码头泊位5 834个，比上年增加159个，比"十一五"末期增加381个，码头泊位总量持续增加。沿海港口万吨级及以上泊位1 704个，比上年增加97个，比"十一五"末期增加361个，泊位大型化水平显著提高。2014年，全国沿海主要港口完成货物吞吐量80.33亿吨，比上年增长6.2%，比"十一五"末期增长42.3%；完成外贸货物吞吐量32.67亿吨，比上年增长7.1%，比"十一五"末期增长42.8%；完成集装箱吞吐量1.82亿标准箱，比上年增长7.4%，比"十一五"末期增长38.9，全国沿海港口货运能力较快增长。[1]

---

[1]　交通运输部：《2014年交通运输行业发展统计公报》，2015年。

表9-2　2014年沿海主要规模以上港口货物吞吐量

港口	货物吞吐量（万吨）	港口	货物吞吐量（万吨）
宁波—舟山	87 346	营口	33 073
上海	66 954	秦皇岛	27 403
天津	54 002	烟台	23 767
广州	48 217	湛江	20 238
青岛	46 802	连云港	19 638
大连	42 337	海口	8 915
日照	33 502	八所	1 400

资料来源：国家统计局，沿海主要规模以上港口货物吞吐量，http://data.stats.gov.cn/easyquery.htm? cn = C01，2015 - 09 - 14。

2. 海域空间利用

2014年，海域管理落实国家宏观调控和产业政策，规范海域使用申请审批，依法推进海域使用权招标拍卖挂牌，提高海域资源配置和保障能力。全年经初始登记颁发了海域使用权证书5 011本，新增确权海域面积374 148.37公顷。

渔业为新增用海主要类型，渔业用海占新增用海海域面积的93.44%，交通运输和工业居第二和第三位，分别占2.22%和2.19%。各用海类型确权海域面积为：渔业用海349 611.61公顷，工业用海8 176.71公顷，交通运输用海8 313.81公顷，旅游娱乐用海1 607.80公顷，海底工程用海949.81公顷，排污倾倒用海133.13公顷，造地工程用海3 568.61公顷，特殊用海1 665.60公顷，其他用海121.30公顷。

从用海方式上来看，开放式用海为主要用海类型。2014年新增开放式用海海域面积341 785.88公顷，占全部新增用海海域面积的91.35%；新增围海面积16 015.52公顷，占4.28%；新增填海造地面积9 767.30公顷，占2.61%；新增构筑物用海面积3 361.78公顷，占0.90%；新增其他方式用海面积3 217.89公顷。

第四部分 提高海洋资源开发能力

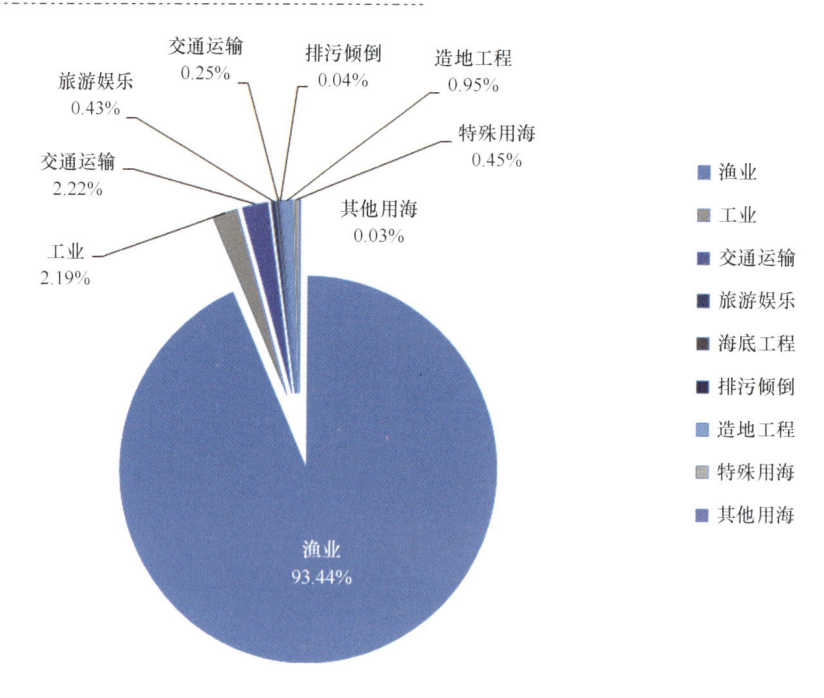

图9-4 2014年全国各用海类型确权海域面积百分比

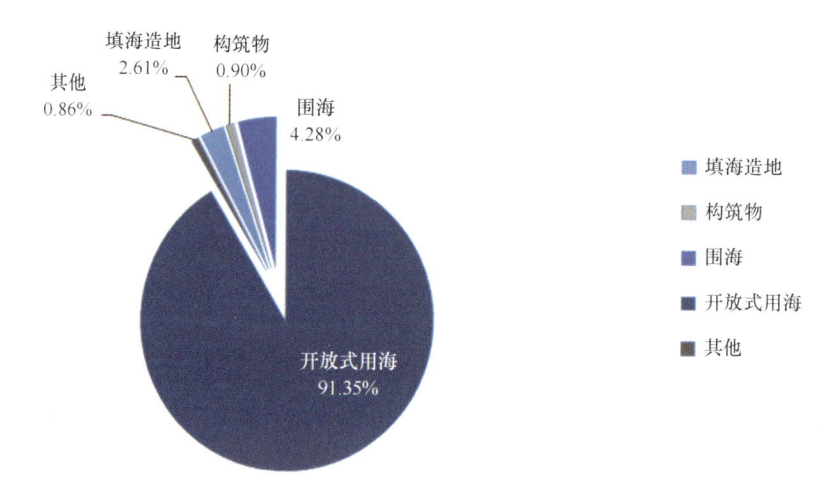

图9-5 2014年全国各用海方式确权海域面积百分比

三、促进海洋资源可持续开发利用

在海洋开发意识增强、海洋科技不断进步、海洋产业较快发展的背景下，中国海洋资源利用取得显著进展，海洋渔业、海洋生物医药、海洋油气、海水利用、海洋能利用等资源利用产业不断健全。然而，中国海洋资源开发利用也面临开发布局不均衡、产业链不长、创新支持不足、海洋生态环境恶化等问题。为进一步提高海洋资源开发利用能力，扩展海洋资源开发空间，有必要探索海洋资源可持续利用的方向和趋势。

（一）"十二五"期间海洋资源可持续利用进展

"十二五"期间，中国坚持可持续发展的原则，强化规范管理，科学养护和利用海洋生物资源，加强对海洋渔业资源、海洋油气资源、海洋可再生能源、海洋空间资源开发利用的规划指导，远洋渔业发展取得突破性进步，海洋油气产量大幅提升，海洋油气开发深水作业能力提高，沿海港口承运能力增加，港口大型化、专业化水平提升，海水利用取得较大进展，海洋资源对海洋经济发展的支撑作用明显增强。

1. 海洋渔业持续稳定发展

"十二五"期间，中国近海捕捞产量保持稳定，海水养殖业发展良好，远洋渔业实现跨越式发展。2014年，全国海水养殖产量1 812.65万吨，比2010年产量上升22.3%，占当年海水产品产量的55%。通过发展网箱养殖、陆基工厂化等养殖技术，海水养殖初步实现生产工厂化、管理现代化，海水养殖占海水产品产量不断提高。外海和远洋渔业综合生产能力不断增强，远洋船队总体规模和远洋渔业产量均居世界前列，装备水平明显提升，产业结构日趋优化。2011年以来，新建造专业远洋渔船达1 300多艘，中国自主设计、建造的一批金枪鱼超低温延绳钓船、金枪鱼围网船、秋刀鱼舷提网船先后投产，中国建造大型专业化远洋渔船水平上了新的台阶。2014年，全国远洋渔业产量达到202.73万吨，比2010年产量上升近一倍，其中公海渔业产量占远洋渔业总产量的比重已达65%，中国开始从远洋渔业大国向远洋渔业强国稳步迈进。随着海水养殖的发展和远洋渔业的拓展，海洋渔业在改善国民饮食结构、保障食品安全方面发挥了更重要的作用。

2. 海洋油气勘探开发水平大幅提高

"十二五"期间，海洋石油工业体系继续完善，形成集油气勘探开发、炼化生产、工程技术服务于一体的完整体系，石油工业陆海统筹的发展格局基本形成，海洋成为

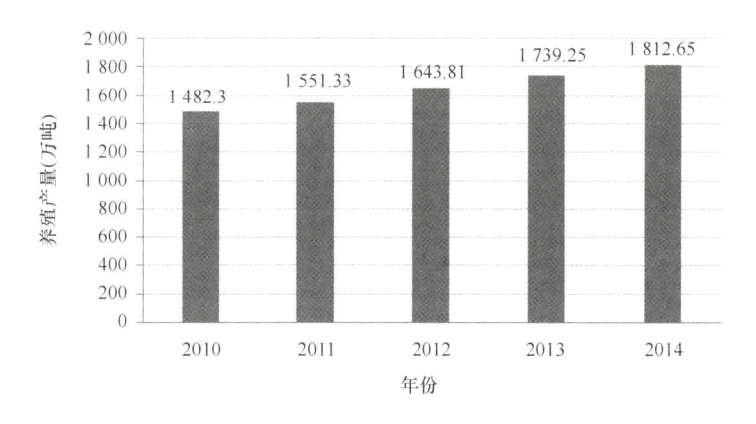

图9-6　2010—2014年海水养殖产量

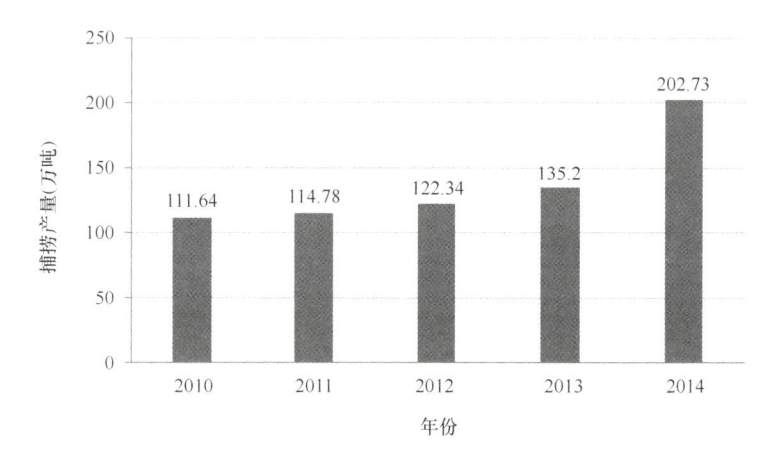

图9-7　2010—2014年远洋捕捞产量

中国油气产业的重要接替区。油气勘探开发成效显著，渤海主力地位更加凸显，南海深水勘探开发取得新突破，东海天然气勘探成果持续扩大，海外油气勘探取得进展。油气产量总体保持增长，国内海洋原油产量连续五年保持5 000万吨级水平，2014年产量比2010年增长38.5%。2013年中国海洋石油总公司成功收购加拿大尼克森石油公司后，海外油气产量跳跃式增长，2013年及2014年海外原油产量占海洋原油总产量的40%左右，成为海洋原油生产的重要组成部分。油气开发重大装备技术能力不断提升，中国自主研制的第六代3 000米深水半潜式钻井平台海洋石油"981"成功完成南海勘探任务，3万吨级平台整体浮托项目"荔湾3-1"建造完成，中国海洋石油实现由浅水向深水跨越。

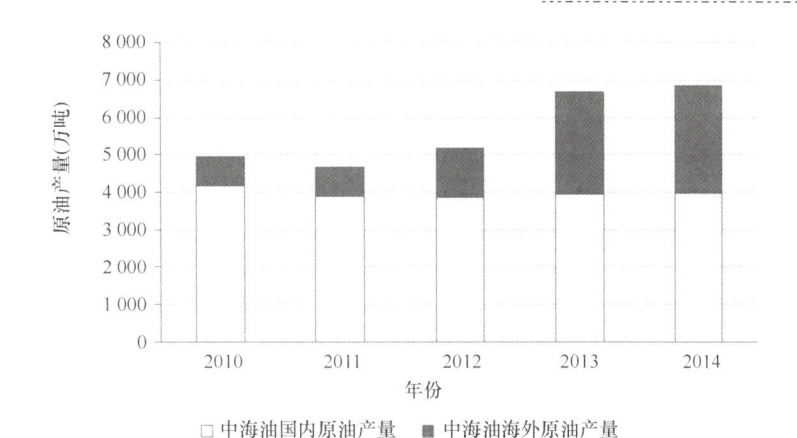

图 9-8　2010—2014 年海上油气产量

3. 海洋可再生能源应用示范稳步推进

"十二五"期间，中国高度重视海洋能开发利用。国务院印发的《"十二五"国家战略性新兴产业发展规划》明确了包括海洋能在内的新能源产业的发展目标和重点方向，提出积极推进技术基本成熟、开发潜力大的海洋能等可再生能源利用的产业化，并实施新能源集成利用示范重大工程。财政部设立了海洋可再生能源专项资金，全面推进海洋能开发利用技术的研究、应用和示范工作，为海洋能产业化培育及发展奠定了坚实的基础。"十二五"期间国家继续开展海洋可再生能源利用的研发示范项目，首台漂浮载体式百千瓦级水平轴潮流能发电装置成功发电，50 千瓦级坐海底式水平轴潮流能发电装置成功发电，潮流能开发技术研发取得进展。

4. 港口空间利用继续优化

2014 年，中国港口吞吐量已达 124 亿吨，全球货物吞吐量排名前十的港口中国占 8 个，中国已经成为名副其实的港口大国。"十二五"期间，中国沿海港口建设有序推进，2010—2014 年沿海交通建设累计投资 4 782.35 亿元，沿海港口万吨级以上泊位从 1 343 个上升到 1 704 个。港口货物吞吐能力持续上升，2010—2014 年，沿海主要港口货物吞吐量从 56.45 亿吨上升到 80.33 亿吨。然而，港口"大而不强"的问题较为凸显，随着港口建设规模的进一步加大，港口产能利用率下降，存在产能过剩风险。

5. 海水利用取得较大进展

近年来，海水淡化技术取得突破性进展，工程总体规模不断增长。2014 年，全国

第四部分 提高海洋资源开发能力

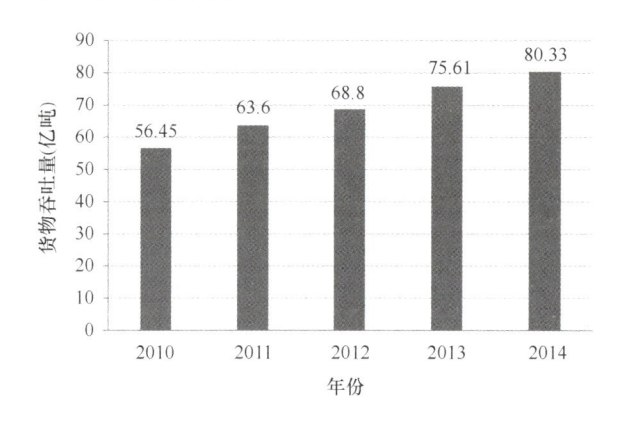

图9-9 2010—2014年沿海主要港口货物吞吐量

海水淡化产水规模为92.7万吨/日，较2011年产量增长38%。反渗透和低温多效蒸馏海水淡化技术得到较普遍应用，海水淡化与可再生能源耦合技术取得新进展。江苏大丰建成5 000吨/日非并网风电海水淡化工程，通过风电为海水淡化供能，实现能源的高效利用。海水直流冷却、循环冷却规模不断增长，2014年全国海水冷却水量1 009亿吨，较2011年冷却水量增长21%。海水直流冷却技术已基本成熟，循环冷却技术得到了较快应用。海水利用行业的发展不仅降低了沿海省市电力、钢铁等高耗水行业的新鲜水耗，而且缓解了海岛居民的生活用水短缺问题，具有较高的社会效益和良好的发展前景。

（二）海洋资源可持续利用存在的主要问题

海洋资源开发利用布局有待优化。中国绝大部分的海洋开发活动集中在海岸和近岸海域，深远海开发利用不足。海岸带地区承载了港口和临海工业区建设、油气勘探、养殖等多种功能，岸线资源过度开发，但岸线经济密度远低于美国、日本等国。远海开发利用活动如远洋渔业、深水油气勘探开发等受起步晚、技术支持不足等原因，落后于世界发达海洋国家。一些深海运载技术和装备达到世界先进水平，但深海采矿装备和深海微生物资源利用尚处试验研究阶段。总体而言，深远海开发活动对海洋产业发展贡献有限，对国民经济发展支持不足。

海洋资源开发利用效益有待提升。虽然近年来中国海洋高技术产业实现了跨越式发展，但海洋渔业等传统资源开发型产业增加值偏低的问题依然存在。中国的水产品加工业仍处于初级阶段，以提供初级产品为主，水产品深加工水平有限。港口产业规模较大，但国际竞争力有待提高，国际集装箱中转比例低，只有5%左右。港口服务业以装卸型为主，综合物流服务水平与鹿特丹、新加坡等国际一流港口存在差距。尽管中国资源利用规模不断扩大，但提供增值型产品和服务的能力和水平仍然不足。

海洋科技创新对资源开发的引领和支撑不足。科技成果转化是实现科技转变为现实生产力的有效途径。目前，中国海洋科技自主创新和成果转化能力显著增强，海洋科技成果转化率高于50%，但仍明显低于发达国家水平，海洋科技创新引领和支撑能力相对不足。如深海技术和装备总体上落后发达国家10年左右，个别领域如海洋通用技术设备等落后20年。海洋工程装备核心技术差距较大，高端深水油气勘探开发技术装备受制于人。远洋渔业起步较晚，在装备水平、作业方式、资源探测能力等方面，与日本、瑞典、美国等远洋渔业强国相比仍有一定差距。

近海生态环境恶化对资源开发造成制约。目前中国海洋经济基本上属于粗放式增长模式，近海海洋生态系统受到严重威胁，呈现出异于发达国家传统的海洋生态环境问题特征，具有明显的系统性、区域性和复合性。随着大型火电厂、核电站、炼油厂、海上油气管线以及石油储备基地等项目在沿岸相继建成，给邻近海域带来巨大的热污染、溢油等环境风险。随着海洋石油勘探规模和海洋运输规模的增大，船舶溢油风险也将增大。渤海湾、长江口、台湾海峡和珠江口水域被公认为是中国沿海四个船舶重大溢油污染事故高风险水域。持续恶化的近岸海洋生态环境已经成为海洋资源开发的制约性问题。

（三）"十三五"期间海洋资源可持续开发利用方向

"十三五"期间，坚持创新、协调、绿色、开放和共享五大发展理念，为推进资源可持续利用，拓展蓝色经济空间，应当加强海洋资源开发对外合作，健全海洋资源开发利用产业体系，加强深水勘探开发能力，切实提高海洋资源开发利用的质量和效益。

从国内走向国际，强化海洋资源开发对外合作。中国海洋经济无论是从规模上还是实力上，已具备了进入国际市场、适时发展对外直接投资、进行跨国经营的基本条件。中国海洋经济应当由单向吸纳型的初级阶段转向"引进来、走出去"双向交流的高级阶段，支持企业扩大对外投资，推动装备、技术、标准、服务走出去，深度融入全球产业链、价值链、物流链。海洋油气开发推行积极"走出去"战略，推进海外资产收购、资源控制及油气生产基地，实现海外资源拥有量、资源获取能力、海外作业能力与运营管理能力大幅提升，形成油气产量的多元化和国际化格局。健全完善与国际接轨的远洋渔业管理制度，提升管理水平，提高远洋渔业的国际竞争力。发展壮大过洋性渔业，在国际组织和制度框架下，加强公海新资源、新渔场的探捕和开发利用，提升公海渔业资源开发能力；巩固提高过洋性渔业，加强政府间双边渔业合作磋商，鼓励企业探索新型合作方式，建立长期稳定的合作关系。

第四部分　提高海洋资源开发能力

　　从初级利用转向复合型利用，提高海洋资源利用效率。延长资源利用行业产业链，从单纯的资源获取型产业向集资源获取、加工和多样化利用为一体的复合产业类型转变，提高资源开发利用的效率和水平。积极培育壮大现代化的远洋渔业企业，促进捕捞、加工、物流业相互融合和一体化发展。借助于现代生物技术手段，开发海洋生物化学资源、海洋微生物资源、海洋生物基因资源，获得海洋食品、海洋药物、海洋功能制品、海洋生物质能等高值制品，实现海洋生物资源高值利用。[①] 加快发展港口物流，推进港口与临港产业园区的有效对接和联动，建设以港口为依托的全国性物流枢纽、物流园区和国际物流中心，构建以港口为重要节点的物流服务网络。加快电子口岸建设，在主要港口建立港航电子数据交换中心，为通关一体化服务创造条件；推进港口物流公共信息平台和电子商务平台等重大示范工程建设，逐步建成区域性物流公共信息平台。

　　从浅水走向深水，加强深水资源勘探开发能力。深海技术属战略性高技术，发展深海技术有利于促进新材料、新工艺的开发应用，对国民经济发展具有较强的带动作用。围绕传统海洋资源开发产业的产业升级需求和新兴产业的发展需求，加大科技创新力度，重点在"深水、绿色、安全"的海洋高技术领域取得突破。重点支持深远海环境监测、资源勘查技术与装备，深海运载和作业技术与装备成果的应用；推进深海生物基因资源利用技术开发及产业化；开发多金属结核、结壳、热液硫化物开采技术和装备；形成具备深远海空间利用技术的集成与服务能力的国家深海开发基地。

四、小结

　　"十二五"期间，中国高度重视发展海洋事业，海洋资源开发水平和能力大大提高，海洋油气开发技术水平和服务能力具备国际竞争力，建成初具规模的现代化、专业化、标准化远洋渔业船队，海洋资源开发对海洋经济发展支撑能力增强。《中共中央关于制定国民经济和社会发展第十三个五年规划的建议》做出进一步发展海洋事业的部署，提出"拓展蓝色经济空间，科学开发海洋资源"。科学开发海洋资源，必须深入贯彻落实党的十八大指示精神，围绕科学发展主题和加快转变经济发展方式主线，加大海洋科技创新力度，健全海洋资源开发利用产业体系，加强深水勘探开发能力，实现海洋资源的绿色、安全、高值利用。

---

① 中国科学院海洋领域战略研究组：《中国至 2050 年海洋科技发展路线图》，北京：科学出版社，2009 年，第 113 – 124 页。

第十章　中国海洋科技发展

海洋科技是提高海洋资源开发能力的根本要素，是建设海洋强国的重要支撑力量。未来中长期中国海洋科技发展重点方向是：推动海洋科技向创新引领型转变，发展海洋高新技术，重点在深水、绿色、安全的海洋高技术领域取得突破，尤其是推进海洋经济转型过程中急需的核心技术和关键共性技术的研究开发。

一、海洋科研能力建设

海洋科研能力是在现有海洋科研资源基础上，通过海洋科研活动过程，取得海洋科研产出，促进社会、经济、科技全面发展的综合能力。它是在海洋科技资源与海洋科技活动过程统一的基础上对社会全面影响的综合能力。

（一）海洋科研基础

海洋科研基础是指支持海洋科研发展的专业科研机构数量、科研人员及结构、科研基础设施以及科研经费投入与产出等。近年来，中国海洋科研机构和从业人员不断壮大，经费投入规模持续增长，科研基础设施不断完善，取得了丰硕的研究成果。

1. 涉海科研机构和人员

近年来，国家海洋事业发展对海洋科学人才的需求不断增大，中国海洋科研机构和从业人员不断壮大。到 2013 年年底，全国拥有海洋科研机构 175 个，从事海洋科技活动的人员 32 349 个，比上年增长 2.74%。按行业分，从事海洋基础科学、海洋工程技术的科技活动人员合计占比超过 95%。按地区分，北京、广东、山东、辽宁、浙江、上海、天津七省市拥有总计 132 个海洋科研机构，占全国海洋科研机构总数的 75% 以上。按学历分，从事海洋科技活动的博士学位和硕士学位的高学历人员占 50% 以上。按职称分，从事海洋科技活动的高级职称 12 380 人，占总数的 38.27%。

表 10-1　2013 年中国海洋科研行业人员分布

科研类别	从事海洋科技活动人员人数（人）	占比重（%）
海洋基础科学研究	15 907	49.17
海洋工程技术	14 865	45.95
海洋信息服务	924	2.86
海洋技术服务	653	2.02
合计	32 349	100

注：数据摘自《中国海洋统计年鉴 2014》，北京：海洋出版社，2015 年。

2. 海洋科研机构经费收入

海洋科研机构经费收入逐年增长。2013 年，中国海洋科研机构科技经费收入 2 655.64 亿元，与上年相比增长 3.04%。北京、上海、山东的海洋科研机构经费收入最多，合计占全国总收入的 60% 以上。

3. 海洋科研课题及成果概况

2013 年，全国共完成海洋科研课题总计 16 331 项，比上年增加 6.02%。其中：基础研究 4 276 项，占总数的 26.18%；应用研究类课题 3 735 项，占总数的 22.87%；试验发展类课题 3 997 项，占总数的 24.47%；成果应用类课题 1 516 项，占总数的 9.28%；科技服务类课题 2 807 项，占总数的 17.19%。可以看到，基础研究、应用研究、试验发展三类课题占比较大，合计占比超过 70%。成果应用类课题占比最少。

2013 年，全国海洋科研机构共发表科技论文 16 284 篇，比上年减少 2.63%；出版海洋类科技著作 384 种，比上年增加 13.6%；拥有涉海发明专利总数 11 564 件，比上年增加 8.13%。

4. 国家海洋调查船队

海洋调查船是运载海洋科学工作者亲临现场，应用专门仪器设备直接观测海洋、采集样品和研究海洋的平台。2012 年 4 月 18 日，中国国家海洋调查船队正式成立。国家海洋调查船队由全国有关部门、科研院（所）、高等院校以及其他企业单位具备相应海洋调查能力的科学调查船组成。截至 2015 年 5 月，国家海洋调查船队共拥有 38 艘成员船，分别来自国家海洋局、中国科学院和国家教育部以及地方和相关民营企业，几乎囊括了中国调查水平最先进的船舶入列。这些成员船主要分布沿海大中城市，其中大连 2 艘，青岛 12 艘，上海 8 艘，舟山 2 艘，宁波 2 艘，温州 1 艘，厦门 3 艘，广州 8 艘。

（二）国家海洋科技项目

中国国家层面的海洋科技项目主要包括国家自然科学基金、国家社会科学基金、"973"计划、海洋公益性行业科研专项等支持的项目。海洋科技项目的实施为中国的海洋科技发展壮大提供了强度大、渠道畅通、领域覆盖面宽的稳定支持，为推动海洋科技创新、成果转化及产业化发展创造了机遇。

1. 国家自然科学基金

国家自然科学基金长期支持海洋科学发展，推动海洋基础学科建设、海洋科学研究、海洋科技人才培养等，为中国海洋科学基础研究的发展和整体水平的提高做出了积极贡献。2015 年，国家自然科学基金共批准海洋科学项目 1 017 项，资助金额 49 878 万元。[①]

2. 国家重点基础研究发展计划

国家重点基础研究发展计划（"973"计划）是具有明确国家目标、对国家发展和科学技术进步具有全局性和带动性的基础研究发展计划。国家"973"计划自 1997 年设立以来，共批准涉海项目 40 余项，涉及海洋养殖、海洋灾害影响、海洋药物、气候变化对海洋的影响等诸多海洋领域，为海洋基础科学创新提供了重大支撑。2015 年，国家"973"计划批准涉海项目 7 项，专项经费总额 1.5 亿元。

3. 国家社会科学基金

国家社会科学基金（简称"国家社科基金"）设立于 1991 年，由全国哲学社会科学规划办公室负责管理。国家社科基金面向全国，重点资助具有良好研究条件、研究实力的高等院校和科研机构中的研究人员。近些年来，国家社科基金加大了对海洋领域的支持力度。2008—2015 年，国家社科基金涉海项目共计 148 项。

4. 海洋公益性行业科研专项

海洋公益性行业科研专项是国家财政部于 2006 年开始设立的。至 2014 年年底，海

[①] 《国家自然科学基金委员会资助项目统计 2015 年度》，国家自然科学基金委员会网站，http://www.nsfc.gov.cnnsfccenxmtjindex.html，2015 - 12 - 28。

洋公益性行业科研专项已立项和实施 8 批项目,研究范围涵盖海洋权益维护和安全保障、海洋综合管理、海洋生态与环境保护、海洋防灾与气候变化、海洋资源可持续利用、海洋观测调查监测与信息服务等领域。

5. 国家科技支撑计划

国家科技支撑计划面向国民经济和社会发展的重大科技需求,落实《国家中长期科学和技术发展规划纲要（2006—2020 年）》重点领域及优先主题的任务部署,以重大工艺技术及产业共性技术研究开发与产业化应用示范为重点,主要解决综合性、跨行业、跨地区的重大科技问题,突破技术瓶颈制约,提升产业竞争力。自"九五"时期以来,国家科技支撑计划在能源、资源、环境、农业、交通运输等领域安排了涉海项目,对海洋资源利用、海洋灾害预报减灾以及极地科学等关键技术领域突破提供了重大的支持。

6. 国家科技基础性工作专项

国家科技基础性工作专项主要支持对科技、经济、社会发展具有重要意义但目前缺乏稳定支持渠道的科技基础性工作。主要针对科学考察与调查、科技资料的深度综合加工与整理、标准物质与规范以及对部门科技工作有重要影响的科技基础性工作。自 2006 年科技部启动该专项以来,已为海洋环境调查与监测、海洋生物资源本底调查、海洋水文调查、海洋地质调查等海洋领域的基础科学研究发展提供了强有力的支持。2015 年,中央财政安排新增项目 26 个,其中海洋领域有 1 项。[①]

二、海洋调查和科学考察

海洋调查集中体现了一国海洋科技发展整体水平。近年来,随着国家对海洋事业的重视程度提高,相应地开展了多项海洋调查活动,主要包括海洋基础地质调查、海洋经济调查、海岛调查、海洋油气资源调查等。

（一）海洋基础地质调查

中国海洋基础地质调查包括管辖海域海岸带综合地质调查、海洋区域地质调查等。

[①] 科技部：《科技部关于科技基础性工作专项 2015 年度项目立项实施的通知》（国科发基〔2015〕128 号）。

1. 海岸带综合地质调查

"十二五"期间，中国相继开展了近海重点海岸带综合地质调查与相关的研究。重点调查的海岸带区域包括辽河三角洲经济区、山东半岛经济区、长江三角洲经济区，开展了南海北部湾全新世环境演变与人类活动影响研究、华南西部滨海湿地地质调查与生态环境评价以及渤海海峡跨海通道地壳稳定性调查评价。

辽河三角洲海岸带综合地质调查目前已取得阶段性成果，查明了辽河三角洲第四系潜水动态变化规律，确定了辽河三角洲地区第四系全新世地层岩性及分布特征。

山东半岛海岸带主要开展了单波束水深、浅地层剖面测量、海底地质取样、地质浅钻、岸滩剖面监测等外业工作，初步建立了山东半岛北部典型海岸带地下水监测井网。监测结果显示，山东北部海岸侵蚀普遍存在，主要出现在黄河三角洲海岸、龙口北部区域，烟台—威海局部平直岸段；海底地形地貌类型主要为水下三角洲、潮间浅滩、浅海堆积平原和冲刷槽。

长江三角洲海岸带综合地质调查与监测项目到2015年已完成。该项目开展了江苏省海岸带近岸陆域10个1∶50 000图幅综合地质调查，查明了松散层沉积特征、地层层序，建立了三维地层结构模型。掌握了基岩地层、岩石、构造特征及覆盖区基岩起伏变化。查明了主要含水层、隔水层特征和工作区0～50米工程地质特征，掌握了地面沉降、海水入侵、海岸侵淤等主要环境地质问题与地质灾害发育特征。开展了江苏近岸陆域综合地质研究并制作了相应的图件。

南海北部湾全新世环境演变与人类活动影响研究是中德合作调查项目，实施期间为2014—2017年。该项目在珠江口前缘的物质汇集区和南海北部陆坡区联合开展高分辨率地球物理综合调查、海流测量、地质取样、海水取样、温盐深测量等，开展全新世以来的水动力环境、沉积物空间分布特征、物质来源和运移趋势、现代沉积作用及机制、海平面变化和海岸变迁、古气候变迁、人类活动对环境影响程度及影响机制等综合研究。该项目的实施将有利于提高中国华南地区未来气候环境变化预测和灾害预警能力，提升中国在全球气候变化国际谈判中的主动权和话语权。

华南西部滨海湿地地质调查与生态环境评价从2009年开始启动，2015年完成了全部野外工作。该项目目前主要取得的成果有三个方面：一是初步查明了华南西部近岸海域底质类型。水动力环境较弱的港湾地段，底质以淤泥、淤泥质砂为主，为还原型沉积环境；调查区沿岸水动力作用较强，底质则以砂质为主，呈条带状分布；局部滩涂出露或底质为礁石，呈斑块状分布。二是调查区红树林湿地主要分布在儋州湾及澄迈花场湾一带。三是通过钻探调查发现第四系松散堆积层厚度大约在8～14米，在东方市、昌江县和澄迈县沿岸较厚，儋州湾附近较薄。[1]

渤海海峡跨海通道地壳稳定性调查评价（高分辨率地震测量）是国务院重大工程建设项目"渤海海峡跨海通道工程建设"的重要基础工作，该项目已于 2015 年完成。通过该项目实施，全面了解和甄别了渤海海峡地区新近纪主要断裂的规模、性质与分布特征及其对未来渤海海峡跨海通道工程建设的可能影响，为渤海海峡跨海通道工程建设提供了重要的科学依据，并为其他开发建设活动提供了新的基础地质资料。

2. 海洋区域地质调查

中国的海洋区域地质调查与美国、日本、英国、澳大利亚等国相比较晚。美、日、英、澳等国早在 20 世纪就已完成了管辖海域的 1∶100 万和 1∶25 万海洋区域地质调查。中国直到 1999 年实施国土资源大调查时，才启动了 1∶100 万的海洋区域地质调查工作。

2002 年开始，中国开始启动南通幅和永暑礁幅 1∶100 万海洋区域地质调查试点；2006 年又组织实施了 1∶100 万上海幅和海南岛幅海洋区域地质调查；2008 年"海洋地质保障工程"的实施，标志着中国管辖海域 1∶100 万海洋区域地质调查全面展开，工作时间为 2008—2015 年。至 2015 年，中国管辖海域 16 幅 1∶100 万海洋区域地质调查项目已全面完成，并实现了对中国管辖海域的首次全覆盖。

（二）全国海洋经济调查

中国首次全国海洋经济调查于 2014 年 1 月正式启动。第一次全国海洋经济调查是中国开展的第一次针对海洋经济的全国性调查，旨在摸清海洋经济"家底"，实现海洋经济基础数据在全国、全行业的全覆盖和一致性，有效满足海洋经济统计分析、监测预警和评估决策等的信息需求，进一步提高对海洋经济宏观调控的支持能力。

（三）全国海岛调查

中国最早的全国范围的海岛调查始于 1989 年，历时 8 年到 1996 年完成，取得了丰硕成果。通过海岛综合调查，获取了大量的自然环境、自然资源的实测数据和样品资料，摸清了中国绝大部分有人居住的海岛社会经济等方面情况。全国海岛调查共获得原始数据资料 1 841 万个、标本 880 万件、资料汇编 2 518 册，绘制地图 7 835 幅，编写《全国海岛资源开发和管理若干问题的建议》等报告和文集。

第二次全国海岛调查于 2012 年 11 月经国务院正式批准实施，项目实施期间为

---

[1] 何海军，刘卫红：《华南西部滨海湿地地质调查项目完成取得三大成果》，载《中国矿业报》，2015 年 10 月 15 日。

2012—2016 年。旨在全面摸清中国海岛家底，为海岛管理工作提供全面、科学、翔实、可视的档案资料，为国家"十三五"期间的海洋发展战略制定和海岛地区小康社会建设提供数据支撑。包括四项基本任务：一是开展中国全部海岛基础调查，包括基础地理要素、资源与生态环境、海岛经济社会、海岛景观文化等。二是在开展基础调查的基础上，对部分重要海岛进行周边海域专项调查，包括周边海域地形地貌和水文状况等要素。三是建设海岛数据库。四是开展调查成果汇总、分析与评价。通过本次海岛调查的实施及成果运用，将掌握中国海岛资源分布、数量、质量与开发利用潜力，掌握中国海岛主要生态环境特征与问题，掌握中国海岛地区经济社会发展现状与存在的主要困难，同时填补领海基点等重要海岛地形地貌等数据的空白。

（四）海洋油气资源调查

近年来，中国主要在黄海、南海北部陆坡深水区等开展了海洋油气资源调查。

黄海海域油气资源调查首次在致密油气藏层钻获油流，在南黄海中部隆起科学钻探井，首次在海相中–古生代地层发现 3 个油气显示层段。

南海北部陆坡油气深水区调查显示，中国南海北部陆坡具有良好的油气勘探远景。南海北部陆坡区东部的珠江口盆地、潮汕坳陷等普遍存在较厚的中生界，最大厚度超过万米，具有良好的油气勘探前景，是南海北部海域陆坡区寻找中生代油气资源的有利地区。

（五）极地科学考察

自 1984 年以来，中国已成功完成 31 次南极科学考察，6 次北极科学考察。目前已形成了以"雪龙"号科考船，南极长城站、中山站、昆仑站、泰山站，北极黄河站和极地考察国内基地为主体"一船、五站、一基地"的南北极考察战略格局和基础平台。

2015 年，中国成功开展了第 31 次南极科学考察，圆满完成了各项科考任务，主要包括：① 在南大洋开展水文、气象、海洋地质、地球物理、地球化学、海洋生物等考察，是历次南极考察中规模最大、站位最多、作业面最广、设备回收成功率最高的一次考察；② 成功获取 172 米深冰芯；③ "极地机器人"首次从试验阶段转入应用阶段。遥感无人机取得中山站站区及达尔克冰川的近 3 000 张航拍照片并完成三维影像构建，而飞机及冰雪面机器人完成了对南极 2 处内陆冰盖的测绘任务，获取了近 30G 的航空影像、皮温和冰雷达数据等；④ 借助国际合作平台开展极地科考和研究，如首次租用澳大利亚飞机进行地质考察和租用秘鲁、智利等国的科考船分别进行海岸调查及陆地勘查等。①

（六）大洋科学考察

2015年"海洋六号"实施了大洋36航次科学考察，辗转于西太平洋和中太平洋，成功进行了新技术和新装备的试验性应用，取得了资源和技术方法的新突破。首次成功采用中国自主研制的4 500米级"海马号"ROV在海山富钴结壳资源进行试验性应用，充分验证其具有高精度水下定位和高分辨率视像拍摄功能，能够高效精准采集样品。这是继"蛟龙"号载人潜器在海底资源调查应用后，中国又一海洋调查设备的重大突破。首次在勘探国际海域的矿产资源、圈定海底矿产资源的范围内应用多波速回波勘探技术和"海马"号ROV近底观测取样的调查方法，极大地提高了中国海底资源的勘探技术水平和勘探效率。成功对单一海山实现全方位、立体式、长周期的环境监测。为履行中国与国际海底管理局签订的勘探合同提供环境基线参数和技术支撑。②

三、海洋高技术及相关装备

海洋高技术是实现人类探索海洋、开发利用资源、发展海洋经济的重要途径和关键手段。中国自20世纪90年代开始，经过20多年大力支持海洋高技术发展，目前在海洋技术领域的多个方面实现了接近国际先进或达到国际领先水平，对中国从近浅海走向深远海的海洋发展战略起到了关键的技术支撑作用。

（一）海洋观测和监测技术

中国在海洋观测和监视技术方面已突破和掌握了一批海洋环境监测技术，发射了海洋水色遥感卫星，已形成了卫星遥感海洋应用技术体系；建立了几个区域性海洋环境立体监测示范试验系统。

1. 海洋动力环境观测技术

海洋动力环境观测技术包括船基海洋监测技术、岸基海洋监测技术、海基海洋监测技术。

船基海洋监测技术是利用船舶作为活动平台进行海洋调查和观测的技术。中国的船基海洋动力环境观测技术近年来发展迅速，如自行研制成功的6 000米高精度CTD

---

① 《大洋第36次航次调查任务圆满收官》，载《国土资源报》，2015年8月8日。
② 《"海洋六号"完成中国大洋36航次科学考察任务顺利返航》，载《中国海洋报》，2015年11月10日3版。

剖面仪，其性能达到国际先进水平。再如投弃式温盐深剖面测量技术、船用宽带多普勒海流剖面测量技术（BBADCP）、相控阵海流剖面测量技术（PAADCP）、声相关海流剖面测量技术（ACCP）等。

岸基海洋监测技术是利用近岸作为活动平台进行海洋调查和观测的技术。中国海洋岸基高频地波雷达技术近年来发展迅速，自主研制和开发的海表面动力环境监测地波雷达 OSMAR-S200 在国际上已达到先进水平，已用于海表面流、海浪、风场等海表面状态信息的探测，并实现了业务化运行。

海基海洋监测技术是在海面、深海中进行海洋调查和观测的技术。中国海基海洋监测技术，特别是浮标、潜标、海床基、水下移动观测平台等技术已取得重大进展。浮标是一种观测/监测平台，与传感器、控制系统、通信系统相结合，可形成能满足不同需要的观测/监测系统。中国 Argo 计划自 2002 年初组织实施以来，已经累计布放了 346 个 Argo 浮标，目前有 184 个浮标仍在海上正常工作。已正式建成中国首个 Argo 实时海洋观测网。潜标是一种可以机动布放在水下的定点连续剖面观测仪器设备，是海洋环境离岸监测的重要手段。从 20 世纪 80 年代以来，中国先后开展了浅海潜标测流系统、千米潜标测流系统和深海 4 000 米测流潜标系统的技术研究，已掌握系统设计、制造、布放、回收等技术。2015 年，中国海洋综合科考船"科学号"完成了热带西太平洋主流系和暖池综合考察航次。这个航次开创了单一科考航次布放、回收深海潜标套数和观测设备数量最多的世界纪录，并在热带西太平洋初步建成潜标观测网。这个航次成功回收了 2014 年布放在这个海域的 15 套深海潜标，所建立的潜标观测网奠定了中国在这个海域观测研究的核心地位，为中国大洋观测网建设和运行积累了宝贵经验，同时也填补了国际上对这个海域中深层环流大规模同步观测的空白。①

2. 海洋遥感观测技术

海洋遥感技术包括卫星遥感和航空遥感，具有宏观大尺度、快速、同步和高频度动态观测等优点，是现代海洋观测技术的主要发展方向。

中国的卫星遥感应用始于 20 世纪 80 年代，至今已经成功发射了海洋水色卫星"海洋一号 A"（HY-1A）、"海洋一号 B"（HY-1B）以及"海洋二号"卫星。"海洋一号"发射成功使得中国成为继美国、日本、欧盟等之后第七个拥有自主海洋卫星的国家。"海洋二号"卫星是中国自主研制的首颗海洋动力环境探测卫星。

航空遥感主要用于海岸带环境和资源监测、赤潮和溢油等突发事件的应急监测、监视。中国海洋航空遥感能力不断增强，一批航空遥感传感器，在近海突发海洋灾害

---

① 《我国科学家在西太平洋初步建成潜标观测网》，载《中国海洋报》，2015 年 11 月 16 日 2 版。

第四部分 提高海洋资源开发能力

的遥测中得到应用,获得了大量的监测观测资料。

3. 区域海洋环境立体监测系统

自 20 世纪 90 年代开始,中国开始自主研制开发海洋环境立体监测技术,并集成系统化。区域海洋环境立体监测系统首先在上海示范区应用建成。此后,先后在渤海、东海长江口海域、南海珠江口海域、台湾海峡及毗邻海域,建设了区域性海洋环境立体监测示范试验系统。海洋环境监测范围实现了国家管辖海域全覆盖,对渤海、典型海湾等重点海域开展了专项监测,并拓展至与国家权益和生态安全密切相关的其他海域。

(二)海洋资源开发技术

海洋资源开发技术主要包括海洋药用生物资源开发技术、海水淡化与综合利用技术、海洋矿产资源勘探开发技术以及海洋可再生能源开发利用技术等。

1. 海洋药用生物资源开发技术

中国现代海洋药物的研究开发较晚,开始于 20 世纪 70 年代末。在国家"863"计划支持下,海洋药物的研究开发进入快速发展期。迄今中国已发现 3 000 多个海洋小分子新活性化合物和 500 多个海洋糖类化合物。这些化合物在国际海洋天然产物化合物库中占有重要位置。与国外相比,中国海洋药物研究开发整体技术与国际先进水平相比有一定差距。中国未来需要重点发展的方向有 4 个,即:深远海及极端环境海洋药用生物新资源发现技术;海洋活性天然产物的高效、快速、定向发现技术;海洋活性分子的理性设计、结构优化及规模化制备技术;活性海洋天然产物的高通量筛选与成药性评价技术。

2. 海水淡化与综合利用技术

中国海水淡化技术日趋成熟,已全面掌握热法海水淡化技术和反渗透海水淡化技术,成为世界上少数几个掌握海水淡化先进技术的国家之一。目前,海水淡化产业基本形成,海水淡化成本不断下降,海水淡化设计能力不断提高,人才队伍不断扩大。

在热法海水淡化技术方面,蒸汽喷嘴泵、降膜蒸发器等关键部件及设备研发有了重大进展,铝合金、海水淡化专用阻垢剂等新材料和药剂已具备了工程应用的条件。单机规模持续提高,成套能力不断增强。

在反渗透海水淡化技术方面,国产的超滤膜技术、反渗透膜技术进步较快,已具备工程应用的条件,高压泵、能量回收装置等关键设备研发的基础雄厚,急需定型和工程应用。反渗透海水淡化的单机规模持续提高，已实现产业化。从2002年开始，中国SWRO单机规模从1 000吨/日迅速跨越到12 500吨/日。2011年，中国首个自主设计并总承包的5万吨/日的SWRO在河北曹妃甸建成投产。2014年2月签订的古雷10万吨/日海水淡化工程设计采购与施工管理（EPCM）总包合同，将打破单机规模和工程规模的国内记录，以90%的国产化率加快国内产业链的形成，为参与国际市场竞争创造条件。

节能降耗、降低成本是海水淡化技术发展的永恒主题。2015年，中国的海水淡化技术又获得一系列的新突破。由上海市科委率先开发的太阳能光热海水淡化技术逐步实现海水淡化的"零能耗"。目前该技术已经在海南省建设国内首个太阳能光热海水淡化示范基地。太阳能光热海水淡化技术，就是将太阳辐射热转化为高温水蒸气，利用高温蒸汽，通过多效蒸馏海水淡化装置将海水制成淡水。实现海水淡化的"零能耗"，对于改善中国水资源匮乏具有重要的现实意义。①

3. 海洋矿产资源勘探开发技术

海洋矿产资源勘探开发技术主要包括海洋油气资源勘探开发技术、海洋天然气水合物探测技术和大洋矿产资源勘探开发技术。

（1）海洋油气资源勘探技术

海洋油气资源勘探技术包括地球物理勘探技术和地球化学勘探技术。地球物理勘探是运用地震、重力和磁力等物理手段，获取海底地层相关资料，分析了解海底地下岩层的分布、地质构造的类型、油气圈闭的情况，寻找油气构造，并确定勘探井位。自21世纪以来，海洋油气地震勘探技术、重磁震联合勘探技术发展迅速，成为油气勘探的主要技术，在南海油气勘探中得到了良好应用。中国的地球化学勘探经过多年发展，已经积累了丰富的地球化学资料。目前，中国已建立了近海海域海洋油气地球化学探查技术规范和作业流程，进一步发展和完善了适合中国近海条件的海洋油气地球化学探查技术。

2015年，中国在海洋油气资源勘探技术领域取得了新突破。由中国海洋大学科研团队自主研发的两台海底电磁采集站，在中国南海海域成功完成4 000米级海底大地电磁数据采集试验。这一试验的成功，填补了中国在海洋电磁探测技术与装备研制方面的空白，使中国成为继美国、德国和日本之后第四个有能力在水深超过3 000米以上海域进行海洋电磁场测量和研究的国家，一举打破国际垄断。海洋电磁法是海底油气资源探测的关键技术之一。近年来，海洋电磁技术在国际上发展很快，在海底油气资源

---

① 《我国太阳能光热海水淡化技术获得系列突破》，载《中国海洋报》，2016年6月3日1版。

第四部分 提高海洋资源开发能力

探测中取得了明显的应用效果。目前,国际油气工业界对海洋电磁技术和相关实测数据进行技术垄断,海洋电磁测量仪器装备和采集的核心技术只控制在少数几家地球物理勘探服务公司手中。中国在海洋电磁探测技术的突破填补了这一领域的空白。未来中国完整掌握海洋电磁法后,有可能将海洋油气勘探成功率提高一倍。[①]

2015年,由"海洋石油981"承钻的中国第一口超深水井陵水18-1-1井成功实施测试作业,标志着中国已具备海上超深水井钻井和测试全套能力,开启了海洋石油工业勘探超深水时代。[②]

（2）海洋油气资源开发技术

海洋油气平台是海洋油气资源开发的关键技术设备,其设计和制造能力,是沿海国家科学技术水平和工业化水平的重要标志。近年来,中国在深水半潜式钻井平台、自升式钻井平台等海洋工程设备的研究和制造方面取得了一大批重大自主创新成果,部分产品实现了历史性突破,获得国际同行业的认可。目前,中国已形成一支拥有20多艘船规模的"深水舰队",具备从物探到环保、从南海到极地的全方位作业能力。

2015年,中国建造的深水半潜式钻井平台又有新突破。由烟台中集来福士海洋工程有限公司为挪威建造的"维京龙"号深水钻井平台完工。这是中国建造的首座适合北极海域作业的深水半潜式钻井平台,拥有80%的自主知识产权。"维京龙"号满足挪威海事局和挪威海上工业标准要求,适合北海、巴伦支海海域作业,能够抵御北海百年一遇的风暴。该平台最大工作水深500米,可升级到1 200米,最大钻井深度8 000米；配置了DP3动力定位系统和8点系泊系统；最低服务温度为零下20℃,满足冰级需求,入级挪威船级社。[③]

（3）海洋天然气水合物探测技术

中国海洋天然气水合物探测工作始于1999年。到目前,中国采用引进与自主研制相结合的方式,已先后研发了诸多水合物勘探技术,包括水合物高精度地震、原位及流体地球化学、热流原位、海底地磁、保压取芯、保真取样器等。

2007年,中国首次在南海北部神狐海域成功钻获天然气水合物实物样品。通过钻探,证实水合物矿体面积约22平方千米。中国成为继美国、日本、印度之后第4个通过国家级研发计划在海底钻探获得水合物实物样品的国家,也是在南海海域首次获得天然气水合物实物样品的国家。

2011年,中国启动了对天然气水合物成矿规律的新一轮研究。2013年,中国天然气水合物成矿预测研究获得突破。"天然气水合物成矿预测技术研究"课题通过国家

---

① 《我国自主研发海底电磁采集站完成南海4 000米级》,载《中国海洋报》,2015年6月23日001版。
② 《我国第一口超深水探井测试成功》,载《中国海洋报》,2015年12月3日2版。
③ 《我国首座北极深水半潜式钻井平台完工》,载《人民日报海外版》,2015年11月27日2版。

"863"计划海洋技术领域的验收。这一科研成果为天然气水合物成矿预测提供了较为完整的解决方案,填补了中国海域天然气水合物成矿预测系统的空白,在天然气水合物钻探经纬度选择和预测中发挥了重要作用。2013年,中国首次在珠江口盆地东部海域钻获高纯度天然气水合物样品,并通过钻探获得可观的控制储量。

2015年,中国在神狐海域再次发现了大型天然气水合物矿藏,并首次在珠江口盆地西部海域目标区发现大规模的活动冷泉区,获取了天然气水合物样品,充分证明了相关技术的有效性和可靠性。[①]

(4)大洋矿产资源勘探开发技术

中国大洋矿产资源勘查、海底环境探测和成像技术已取得了长足进步,研发成功一批大洋固体矿产资源成矿环境原位、实时、可视探测及保真采样技术以及海底异常条件下的探测技术,研制成功了多次取芯富钴结壳潜钻、深海彩色数字摄像系统、6 000米海底有缆观测与采样系统等重大装备,已形成了大洋矿产资源勘探技术的应用能力。目前中国大洋矿产资源研究紧密结合国际海底区域活动态势,以资源为核心,在多金属结核、富钴结壳、热液硫化物、生物基因等资源调查以及环境评价与科学研究等领域开展了系列工作。

4. 海洋可再生能源开发利用技术

海洋可再生能源开发利用技术主要包括海洋风能开发利用技术、潮汐能开发利用技术、波浪能开发利用技术、潮流能开发利用技术和温差能开发利用技术。

中国海洋风能开发利用起步较陆地风能开发利用晚,但发展速度快,开展了一些基础性研究,产业已形成一定规模。中国潮汐能利用技术是国内海洋可再生能源开发利用技术中较为成熟的,居世界领先地位。中国波浪能发电技术基本成熟,正处于商业化工程示范试验阶段。近年来国内相继开展波浪能发电项目,极大地推动了波浪能商业化、规模化发展进程。中国的潮流能技术与国际基本同步,初步实现了商业化运行,并通过多年科研攻关,已经形成了特色产品。

2015年,中国海上风电首次实现深远海突破。由中国广核集团牵头的如东海上风电示范项目第一台风电机组吊装成功,为中国风电项目进军深蓝海域做出示范。如东海上风电项目位于江苏省南通市如东县东部外侧近海海域,距离海岸约25千米,海底高程在-15.3~-3.7米之间。相对于国内已有的滩涂及潮间带海上风电来说,如东项目是中国第一个满足"双十"要求(即指离岸距离10千米、水深10米以上)的真正意义上的海上风电场。据悉,中广核如东海上风电项目计划安装38台4兆瓦风电机组,

---

① 《可燃冰,新能源的"佼佼者"》,载《中国国土资源报》,2015年4月24日。

装机容量约为 152 兆瓦，建设一座 220 千伏海上升压站，年上网发电量将达 3.88 亿千瓦·时。①

图 10-1　如东海上风电第一台风电机组

（三）深海探测与水下作业技术

中国深海探测与水下作业技术包括潜水器技术、深海探测技术、成像、通信和定位技术、深海作业技术、配套及基础技术等方面。

潜水器技术是沿海国家科技水平和综合国力的标志。潜水器技术主要包括无人潜水器技术、载人潜水器技术和深海空间站技术。国家高度重视潜水器技术，已成为深海探测与水下作业技术的重点发展领域，在关键设备国产化方面已取得多项突破，在配套技术上取得拥有自主知识产权的成果。

自 20 世纪 70 年代中国相继研制成功第一台有缆遥控水下机器人"海人一号"、第一台自治水下机器人 1 000 米"探索者"号。之后，无人深海潜水器技术的研究得到全面发展。2015 年，中国自主研制的首台 4 500 米级深海无人遥控潜水器作业系统"海马"号通过验收，标志着中国已掌握了大深度无人遥控潜水器的关键技术，并在关键技术国产化方面取得实质性进展。"海马"号是中国迄今为止自主研发的下潜深度最大、国产化率最高的无人遥控潜水器系统，突破了本体结构、浮力材料、液压动力和推进、作业机械手和工具等关键技术。②

2015 年，中国无人潜水器取得突破。由上海海洋大学研制的中国首台万米级无人潜水器和着陆器"彩虹鱼"号在南海成功完成 4 000 米级海试，这标志着中国"万米

---

① 《我国首台海上风机矗立如东》，载《中国海洋报》，2015 年 9 月 9 日 2 版。
② 《4 500 米级深海无人遥控潜水器作业系统通过验收》，载《中国海洋报》，2015 年 5 月 13 日。

深渊"计划迈出了实质性的第一步。"彩虹鱼"号是一台 11 000 米复合型无人潜水器和一台全海深着陆器。无人潜水器由中国自主研制，布放与回收系统、中继站系统、光纤缆、水面控制系统均实现 100% 国产化，潜水器本体系统国产化率达到 95%。海上试验表明，中国首台万米级无人潜水器的水面控制台、水面显控设备、水面配电设备均能正常工作，潜水器的本体功能正常。[1]

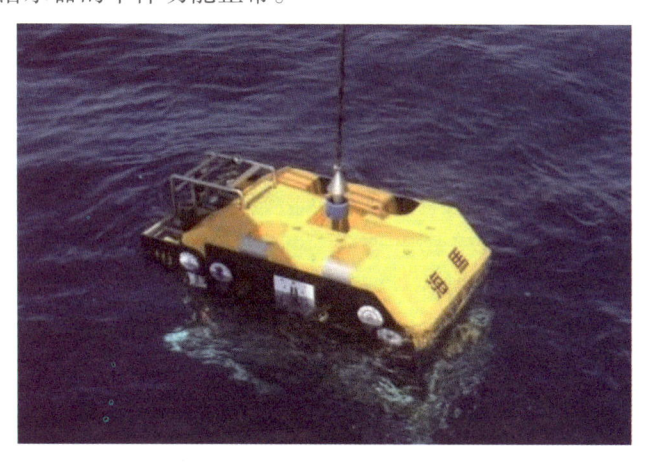

图 10-2　4 500 米级深海无人遥控潜水器"海马"号

进入 21 世纪以来，载人潜水器发展受到高度重视。"蛟龙"号载人深潜器经过十余年的研制、海试，目前已实现实际应用。2015 年，载人潜水器再获突破。中国首个 4 500 米级载人潜水器载人舱球壳由中船重工研制成功，标志着 4 500 米级载人潜水器关键设备国产化迈出重要一步[2]。

在深海配套技术方面，2015 年中国取得了一项具有完全自主知识产权的创新型成果。由中天科技牵头的国家"863"计划深海通用技术与产品研制主题项目——深海 ROV、拖体等设备用铠装缆技术课题通过专家组验收。该课题在特种水密材料、铠装层扭矩平衡设计、铠装钢丝预拉伸装置及工艺技术、多刚度测试装置等方面取得了完全自主知识产权的创新性成果，为中国深海技术领域提供重要支撑配套技术和可靠的、系列化产品，将大大提升中国参加国际海洋竞争能力，加速中国向更深更远的海洋进军。同时，也为进一步的低比重、高强度、全海深非金属铠装缆，特高强度水下拖曳承载铠装缆等类型脐带缆的研制奠定了技术基础，对于推动中国海洋技术应用和经济

---

[1] 《中国首台万米级潜水器在南海完成 4 000 米级海试》，载《人民日报》，2015 年 10 月 30 日。
[2] 《我国首个 4 500 米级载人潜水器球壳出厂》，载《中国海洋报》，2015 年 5 月 29 日。

发展具有重要意义。①

四、海洋教育

随着国内外对海洋的重视程度的加大,尤其是海洋发展成为沿海国家战略以来,海洋相关人才培养得到迅速发展。目前,中国海洋教育体系已经基本形成,包括基础海洋教育、高等海洋教育、职业海洋教育以及其他形式的海洋教育。

(一) 基础海洋教育

基础海洋教育既是海洋人才成长的根基,更是广大涉海从业人员奠定基本素质的关键环节。目前,许多省份都已在中小学开展了卓有成效、富有特色的海洋教育,如青岛海洋少年学校、嘉兴少年海事学校等。通过建立少年海洋学校,越来越多的中小学生在校园里就可以接受和参与海洋教育,从小树立起"蓝色国土"的观念,从而激发青少年投身海洋事业的兴趣,为海洋人才的培养奠定基础。

(二) 高等海洋教育

高等海洋教育是海洋人才培养的关键环节。高等院校是中国海洋人才培养的生力军,其培养的海洋人才质量直接影响海洋事业的发展。从历史发展来看,中国的高等海洋教育呈现几方面特点。

(1) 海洋高等院校布局结构日趋合理。1949年,中国只有厦门大学建有海洋学系。目前,中国已有中国海洋大学、上海海洋大学、大连海洋大学、广东海洋大学、浙江海洋大学等专业海洋高校,其他有涉海类专业的高校几十所,每个沿海省拥有1所以上的海洋类高校。此外,还有中国科学院海洋研究所、中国科学院黄海海洋研究所、国家海洋局的3个研究所和海洋环境预报中心以及海洋技术研究所等海洋高等教育机构。

(2) 多学科综合发展的学科体系日趋完整。中国早期的海洋教育仅限于理科范畴,主要设置了海洋学、气象学和海洋生物学等从事海洋调查和研究的基本学科。随着海洋事业的发展,海洋的开放性、综合性等特征在海洋高等教育发展中得到充分反映。根据国家相关规定,在中国高等教育学科专业门类中分别设置了海洋科学、海洋技术、海洋药学等16个专业。② 海洋领域现有"海洋科学""海洋船舶与海洋工程""水产"

---

① 《国家"863"计划深海脐带缆课题通过验收》,载《中国海洋报》,2015年6月3日1版。
② 中华人民共和国教育部:《普通高等学校本科专业目录》,2015年。

三个一级学科，共有博士学位授权点 34 个，硕士学位授权点 64 个。[①]

（3）多层次教育体系日趋健全。最早的中国海洋高等教育主要是单一的大学本科教育。从 1978 年部分院校开始招收研究生以来，中国海洋高等教育跃入多层次教育体系。到 2013 年，中国海洋各类专业在校生规模为本专科 159 658 人、硕士 10 170 人、博士 4 031 人，结构比例为 92∶6∶2。中国已形成了研究生教育、本科生教育和专科生教育组成的金字塔式层次结构的海洋专业人才培养体系。

（三）职业海洋教育

职业海洋教育是海洋技能型人才培养的重要力量。中国现已建立了一批海洋职业技术学校，如青岛远洋船员学院、上海海事职业技术学院、武汉船舶职业技术学院、南通航运职业技术学院等，为海洋事业的发展培养了大批海洋技能型人才。目前，海洋职业教育有 20 多种技术培养方向。2006 年，国家海洋局职业技能鉴定指导中心正式成立，《海洋行业特有工种职业技能鉴定实施办法（试行）》也随之颁布。该中心的成立和办法的施行，促进了海洋技能型人才的培养向规范化、标准化的方向迈进。

（四）其他形式的海洋教育

其他形式的海洋教育包括成人高等教育、海洋意识普及教育以及海洋科普教育等，是海洋人才培养的有益补充。除了正规高等院校的海洋教育外，其他形式的海洋教育同样得到了不同程度的发展。

中国成人高等教育海洋专业点已由 2001 年的 256 个增加到 2013 年的 1 228 个，在校人数也由 2000 年的 37 329 人，大幅增加到 2013 年的 173 859 人。

近年来，国家海洋局高度重视岗位培训工作，积极举办了多形式、多层次的海洋系统干部进修班，极大地丰富了各级、各类海洋从业者的海洋专业知识和管理知识，增强了专业技能和管理水平。

与此同时，国家海洋局于 2011 年成立了国家海洋局宣传教育中心，专门负责公众海洋意识普及教育，开展公众海洋宣传工作。此外，中国海洋学会已在北京、青岛、成都、大连、舟山、厦门等城市的海洋馆、博物馆、大学、小学建立了多个海洋科普教育基地，面向社会公众尤其是广大青少年开展了各种海洋科普活动，并出版发行了一系列科普读物和音像制品，为传播海洋知识、提高全民海洋意识发挥了积极作用。

[①] 国务院学位委员会、中华人民共和国教育部：《学位授予和人才培养学科目录（2013）》，2013 年。

五、小结

2015年中国海洋科技发展总体较好,部分关键技术领域取得重大突破,海洋资源开发能力显著提高。海洋新兴产业的高速增长充分说明了海洋科技创新已成为转变海洋资源开发方式、促进海洋经济转型升级的核心要素和持续支撑力量。

回顾2015年,尽管中国海洋科技已在深水、绿色、安全的海洋高技术领域取得一些重大突破,但部分重点领域仍进展缓慢,如海洋观测设备仪器制造技术的自主创新、防灾减灾技术、海洋生物资源开发技术等。同时应看到,中国的海洋科技与国外先进水平相比仍有很大差距,尤其是海洋高技术领域,如海洋仪器依赖进口的局面仍未得到根本改变,深海资源勘探和环境观测技术装备仍落后等。

中国海洋科技发展需要海洋教育长期支撑。尽管中国海洋人才队伍建设成效显著,但是与发达国家相比,与现阶段海洋工作的实际需要相比,仍有相当大的差距。如高层次海洋人才短缺、海洋人才在地域和专业上仍分布不均衡以及后备力量薄弱等。这些问题需要统筹规划、加大投资力度、不断优化海洋教育体系等措施来加以解决。

第五部分
保护海洋生态环境

第十一章　海洋生态文明建设

党的十八大以来，随着一系列国家规划和指导意见的发布，生态文明建设全面融入经济社会发展过程，国家治理体系和治理能力现代化成为国家改革的总目标。建立健全海洋生态环境治理体系，实现海洋经济绿色转型发展、解决海洋资源环境问题，实现政府、企业和社会的协同共治，已经成为海洋生态文明建设的核心工作。站在新的历史起点上，构建中国海洋生态环境治理体系，为实现海洋生态文明奠定制度基础。

一、海洋生态文明概述

党的十七大提出将"建设生态文明"作为中国实现全面建设小康社会奋斗目标的新要求之一。强调要建设生态文明，基本形成节约能源资源和保护环境的产业结构、增长方式和消费模式，实现循环经济形成较大规模，可再生能源比重显著上升，主要污染物排放得到有效控制，生态环境质量明显改善，生态文明观念在全社会牢固树立。生态文明建设既是对人类工业文明向生态文明转型规律的历史性把握，也是对当代中国科学发展共建和谐的实践性提升。

党的十八大提出了建设小康社会的新目标新要求，即加快建立生态文明制度，健全国土空间开发、资源节约、生态环境保护的体制机制，推动形成人与自然和谐发展现代化建设新格局。面对资源约束趋紧、环境污染严重、生态系统退化的严峻形势，必须树立尊重自然、顺应自然、保护自然的生态文明理念，把生态文明建设放在突出地位，融入经济建设、政治建设、文化建设、社会建设各方面和全过程，努力建设美丽中国，实现中华民族永续发展。推进生态文明建设是破解资源环境瓶颈制约、实现可持续发展的内在要求；是建设美丽中国的必由之路；是顺应绿色低碳发展国际潮流、承担负责任发展中大国义务的必然选择。党的十八大三中全会提出了"建立系统完整的生态文明制度体系，用制度保护生态环境"的生态文明建设指导思想，这也是国家治理体系和治理能力现代化的有机组成部分。2015年颁布的《中共中央国务院关于加快推进生态文明建设的意见》，进一步提出和强调把生态文明建设放在突出的战略位置。2015年9月颁布的《生态文明体制改革总体方案》，指出生态文明体制建设是中国实现绿色转型平稳过渡的必然要求，系统阐述了生态文明体制改革的理念、原则、2020年目标以及各项制度具体的改革内容。加快推进生态文明建设是转变经济发展方

第五部分 保护海洋生态环境

式、提高发展质量和效益的内在要求，这要求海洋开发利用方式全方位向绿色转型，通过投资海洋生态环境促进海洋经济蓝色发展。

生态文明建设已经超越单纯的节能减排、节约资源和保护环境等传统问题，上升到社会文明水平的现代化发展高度，并在具体的工作部署、发展目标、制度设计中得以体现。生态文明是发展中的理念，有待通过未来的实践不断总结和深化。中国是海洋大国，海洋是中华民族生存和发展的重要空间。推进海洋生态文明建设是一场涉及思想认识、观念行为、生产生活方式和体制机制的根本性变革，必须深刻理解其基本内涵、鲜明特征和重点任务。

中国是陆海兼备的海洋大国，海洋是支撑国家经济社会可持续发展的"蓝色国土"和"半壁江山"。海洋生态文明是社会主义生态文明的题中之意和重要组成部分，也是对中国自古以来崇尚的黄土文化的补充和修正。海洋生态文明是人类遵循人海和谐发展的客观规律而取得的物质与精神成果的总和。"十二五"时期以来，中国海洋事业快速发展，海洋对国家经济社会可持续发展的支撑保障能力不断提升；海洋循环经济和蓝色低碳产业快速发展，海洋资源环境利用规模和效率不断提高，海洋经济向又好又快的方向发展；全民海洋意识不断增强，在全社会树立海洋生态文明理念，促进海洋先进文化建设的行动正在有序开展，为海洋生态文明建设奠定了良好的基础。

海洋生态文明建设的基本内涵是，先进的海洋生态伦理观念是核心价值取向，发达的海洋生态经济是物质基础，完善的海洋生态制度是重要保障，可靠的海洋生态安全是必保底线，优美的海洋生态环境是根本目的。海洋生态文明的基本特征是强调海洋开发要以节约优先、保护优先和以生态恢复为主，主要路径是海洋经济的绿色发展、循环发展和低碳发展，重点任务是推进海洋国土空间优化布局、全面推进海洋资源节约集约利用、加大典型海洋生态系统的保护修复和海洋环境污染的治理力度，加快推进海洋生态文明制度建设。

海洋生态文明建设包括理念认知、制度安排和物质生产三个层面。在理念认知层面，就是要以尊重海洋的自然规律、保护自然生产力和生态健康为前提，以人与海洋和谐共生为宗旨，强调人类对海洋的开发要基于对海洋环境的科学认识，以实现海洋经济、社会和生态环境的协调和可持续发展。在制度安排层面，坚持生态优先原则，建立生态优先的制度体系，以实现传统的分割式的海洋管理体制机制向以生态系统为基础的海洋综合管理体制转变。在物质生产方面，坚持节约优先、保护优先、自然恢复为方针，以海洋资源环境承载力为基础，以建立节约、环保、优化的海洋开发空间格局、海洋产业结构和海洋经济发展方式为着眼点，建立可持续的海洋经济发展模式，提倡适度的消费方式，加快构建资源节约型、环境友好型社会，努力建设美丽海洋，以实现海洋资源和环境的可持续开发利用。

二、海洋生态环境治理体系在生态文明建设中的作用和地位

健全海洋生态环境治理体系是生态文明建设的突破口和核心任务。海洋生态环境保护、海洋生态文明建设是理念、制度和行动的高度综合与统一，其中制度建设是重中之重。当前，海洋生态环境总体呈恶化趋势，全社会对海洋生态环境问题关注度日益上升，全社会参与海洋生态环境治理的意愿正逐步形成。

（一）生态文明与海洋生态环境治理体系的关系

丰富的海洋资源和海洋提供的巨大的生态系统服务价值是中国经济社会发展的重要基础和保障。在经济社会迅速增长、人口快速增加以及城市化程度不断加快，而陆地资源趋紧的背景下，海洋的战略价值日益凸显，科学开发海洋资源和保护海洋环境，是实现中国经济社会可持续发展的必然之路。然而，由于近年来沿海区域经济和海洋经济的快速发展，海洋生态文明建设水平仍滞后于经济社会发展，海洋资源约束趋紧，海洋生态环境污染严重，近海生态系统退化，发展与海洋资源环境之间的矛盾突出，已成为经济社会可持续发展的瓶颈和制约。

从当前中国海洋生态环境的形势来看，海洋生态环境治理体系还不能满足建设生态文明社会的要求。如果不从制度上解决海洋生态环境治理问题，难以实现持续改善海洋环境，也难以实现海洋生态文明的建设目标。海洋生态环境治理体系是完善海洋生态环境领域的法律法规、体制机制和具体管理制度，形成一套紧密相连、相互协调、运行流畅的制度体系，支撑和推动国家与社会发展。将生态文明与海洋生态环境治理有机结合起来，对中国建设海洋生态文明，实现美丽海洋具有积极作用。

（二）海洋生态环境治理体系的基本情况

中国现行海洋生态环境治理体系，是在传统计划经济体制下开始萌发的，并伴随着改革开放，特别是经济体制改革和行政体制改革以及海洋生态环境问题日益突出而逐渐形成的。经过多年的发展和实践，中国初步形成了以政府为主体、企业和社会组织参与的海洋生态环境保护格局。从政府、企业和社会协调治理的角度看，现代意义上的海洋生态环境治理体系初步形成。

1. 行政管理体制形成以行政管理主导、多部门分管、多层次决策的格局

在历次经济体制和行政体制改革中，中国逐步形成了一套行政管理主导、多部门分管、多层次决策实施的海洋生态环境管理体制。海洋环境保护的管理体系逐步建立

第五部分　保护海洋生态环境

和形成，海洋生态和资源保护逐步成为其主要职能。

横向上看，形成了以综合经济部门、农林水土等部门、海洋行政管理机构"三大板块"。其中，综合经济管理部门主要有国家发展改革委、财政部，负责海洋生态环境领域的规划制定、政策指导和预算分配等职能。农林水土等部门包括农业、林业、水利、国土和环保，这些部门负责行业性管理。海洋行政主管部门是国家海洋局。海洋污染防治和海洋资源开发管理职能主要由国家海洋局负责，但国土、水利和交通部门各自承担各自领域的海洋污染防治。海洋行政主管部门负责海洋环境保护和督查、海洋综合管理和规划以及海洋环境监测监视。

纵向上看，中央地方形成四级管理结构。中央负责政策、规划制定和审批、监督等事项，并在海洋环境保护领域设置区域管理机构；省级政府既负责中央政策实施，又负责本级规划制定和审批、监督等事项；市县一级主要负责具体的实施和监管。地方政府在省、市、县三级普遍设立海洋渔业、农业、水利、国土、环保等管理机构。

2. 企业和社会参与海洋生态环境保护

经过30多年的发展，企业和社会组织在海洋生态环境保护方面发挥重要作用。跨国企业和国内中央企业、大型民营企业通过开展"绿色""蓝色"行动计划，支持和赞助民间海洋环境保护行动。环保企业通过多种专业服务，广泛进入海洋污染防治、海洋生物多样性养护、海洋节约集约利用等领域，既推动了海洋生态环境保护，又促进了海洋经济发展。海洋领域的环保组织也快速发展，在海洋环境教育、海洋环境信息公开、海洋环境决策、海洋环境监督、海洋生物保护等方面，开展了一系列的活动，引起了社会各界的广泛关注。

3. 法律和制度体系初步建立

中国政府高度重视海洋立法，海洋环境保护立法工作发展迅速。已颁布实施专门海洋法律6部，部门规章30多部；其他涉海法律30多部，部门规章50多部。初步形成了以《海洋环境保护法》《海域使用管理法》《海岛保护法》等为主体、以陆源污染防治、海岸和海洋工程污染防治、船舶污染防治、海洋倾废管理等方面的管理条例为配套法规的海洋环境保护法律体系，形成了环境保护管理、污染防治、生态保护与建设、监测评价等方面的制度，在推进海洋资源有效利用和保护、海洋污染防治和海洋生态环境保护方面发挥了显著作用和效力。

（三）海洋生态环境治理体系存在的问题

经过多年的努力，中国海洋生态环境治理体系建设取得显著进展，但仍存在一些问题。综合经济部门、行业管理部门和海洋行政主管部门之间以及各部门内部的分割局面并没有显著改变，海洋生态环境统一监管体系尚未形成；法律、政策和规划的有效实施仍是突出问题；企业和社会力量作用相对于政府而言，仍然较弱，未能有效实现政府、企业和社会协同治理。受各利益方制约和影响，海洋生态环境治理体系的发展方向尚不明确，治理能力仍然明显不足。

1. 海洋经济发展与生态环境保护不协调问题依然突出

经济发展优先于环境保护的认识在中国资源与环境保护法规、规划和政策中已经制度化。改革开放以来，基于经济发展优先的指导思想，海洋生态环境破坏的成本没有得到重视。经济发展边际收益递减而海洋生态环境破坏边际成本递增。中国事实上已经进入海洋环境污染损害的高发期，公众健康和海洋生态环境受到损害，产生巨额的治理、损害和修复成本。目前，中国已经出台一些强调保护海洋环境优先的制度措施，但依然局限于一些具体的环境管理手段，在海洋环境与经济发展战略以及多主体参与环境治理等长期的制度建设上缺乏系统化、前瞻性和整体协调性的安排。

随着沿海地区企业数量增加，造成污染物排海达标环境质量依然恶化的现象较为普遍。《海洋环境保护法》由于强调经济技术条件和排污企业的承受能力，使中国在相当长的时间里排海污染物收费标准小于企业污染治理成本，造成许多企业宁肯交费也不愿治理污染。

当未来的海洋环境成本让位于当前的经济收益时，产生的海洋环境红利的收益具有即时性、短期性和私有性，而损害则具有滞后性、长期性和公共性。当前相当一部分地方政府、企业和公众在海洋环境保护问题上存在急功近利的思想，反映利益的短期性、私有性和损害的公共性、滞后性，使得大多数社会成员不愿意为了减轻对将来甚至子孙后代的损害而放弃对当前环境红利的追求。

2. 海洋综合管理体制尚不完善

经过几十年的演变，中国逐步形成了以分部门、分行业管理为主要特点的海洋管理体制。这一体制曾经在海洋事业发展初期发挥过积极作用。但是，海洋具有开放性，而海洋生态系统各要素、各功能之间联系紧密，在外界条件影响下不断变化；同时，随着海洋开发不断深入，一些新的问题不断出现，传统的管理模式与综合管理之间的矛盾不断呈现，一定程度上制约了海洋事业又好又快地发展。

国家海洋局是海洋行政主管部门，另外涉及海洋工作的职能部门还有环境保护部、农业部、国土资源部、交通运输部、国家林业局等10多个部门。这种条块分割管理模式，使得有些领域出现重叠交叉，例如对海水质量监测，海洋局、环保部、水利部等

第五部分 保护海洋生态环境

都有各自的系统和数据；有些领域出现运转不畅，例如部际协调机构设置缺失，区域横向联动机制滞后等。多部门管理本身虽不必然导致行政管理低效，但是国家如果缺乏宏观战略和部门协调部署，则行政管理的低效在所难免。中国海洋环境管理现状恰恰在这方面表现出短板。目前，中国环境保护部际联席会议制度主要有两个，即国家环保部的全国环境保护部际联席会议制度和国家发展改革委渤海环境保护省部际联席会议制度。前者由环保部组织协调，属于临时办事机构，着重与水利部以及相关省区开展水体环境污染防治协调工作。后者由国家发展改革委牵头，主要目的在于推动实施加强渤海环境保护工作的组织协调，推动实施《渤海环境保护总体规划》。

针对海洋生态环境问题的特点，国家海洋行政主管部门和相关涉海部门正在探索陆海联动管理新机制。2012年3月，国家海洋局与环境保护部签署《关于建立完善海洋环境保护沟通合作工作机制的框架协议》，决定在重点海域污染控制、海洋生态保护等方面加强合作，合力保护海洋环境，促进沿海经济与环境协调发展。尽管如此，中国尚未建立有效协调海洋开发与环境保护的海洋生态调控政策体系，特别是海洋环境经济政策短缺，面临政策结构性缺位的挑战；缺乏可操作的行政法规、部门规章及相应的技术标准，无法解决海洋重要功能区的生态环境保护问题。

3. 政府与社会企业环境责任意识不足

部分涉海企业环保责任不强，具体表现为：涉海企业在海上生产活动中未能严格按环保标准执行；变动或修改开发及生产方案时不够重视海洋环境；海洋环境保护投入不足；缺少相关应急预案或缺乏应急处置能力；实施以降低环保标准去吸引国外企业的优惠政策。海洋污染物虽然主要来源于陆地，但海洋经济活动自身所产生的海源性污染物正在逐年增加，已经成为破坏海洋环境的另一个主要污染源。海洋环境突发事件的产生，绝大部分是由涉海企业的生产事故或疏于环境管理所造成的。虽然《海洋环境保护法》规定所有企业都必须履行保护环境的义务，谁污染谁治理，但企业的逐利性使其出于成本最小化、利润最大化的目的，往往会以牺牲生态环境和资源为代价来获取自身利润的增长，并不一定能自觉自愿地履行环保责任。而此时如果政府规制缺位，则势必会使企业逃避履行环保责任，并不断引发新的环境问题。

政府环保责任缺失，监管体系不到位，对大企业环保责任缺乏严格要求。海洋产业由于存在着对资金、技术、设备、物资、人员等高量级的需求，往往是大型企业涉足或垄断的领域，汇集了众多的大型国企、外企，这些企业具有强大的人脉关系和公关运作能力，有些国企甚至具有比海洋环境管理部门还要高的行政级别，一旦发生了环境问题，政府相关部门对这些大型企业的管理处罚就显得力不从心。

4. 法律制度体系有待健全

现行海洋生态环境保护制度体系还不健全,在制度体系的设计上、体系建设的指导思想上、体系的覆盖面等方面存在缺失缺陷等,具体表现为以下几方面。

一是制度体系的设计缺失。海洋生态环境保护的制度是随着海洋生态环境保护事业发展逐步建立起来的,长期以来缺乏一个总体设计。总体设计应界定海洋生态环境保护制度的范围,明确实现的目标、主要的原则、制度的架构、执行主体责任权力的平衡等重大问题。总体设计既要有稳定性,又要随着形势的发展不断加以修正完善。

二是体系建设的指导思想相对落后。目前涉及海洋生态环境保护制度是在生态文明理念提出之前设立的,因此,在制度设计的指导思想上缺乏生态文明导向,未能充分体现尊重自然、顺应自然和保护自然的核心理念。

三是制度的覆盖面不足。虽然海洋环境污染预防与治理制度覆盖较为周全,然而自然生态保护、政府环境责任、环境社会治理等方面还存在着明显的制度缺失。

四是制度的衔接不顺。尽管在源头预防、过程管理、末端控制等环节上初步形成了海洋污染防治制度链,但其中某些制度,如排污许可制度等仍需完善;许多急需的海洋生态保护制度,如海洋生态补偿制度、重点海域污染总量控制制度尚未真正建立,离形成"制度链"存在着较大差距。

五是制度的内涵虚化。有的制度还存在一些缺陷,或是内容虚空化、程序规定不到位、与实际情况不符,或是各类主体责任和权力不对等、义务和权利不平衡等,这些缺陷制约着海洋生态环境保护制度效能的发挥。

三、海洋生态环境治理体系现代化的框架

海洋生态环境治理体系现代化是一个系统工程。在中国现有制度的基础上,应用治理理念、公共管理和生态学理论指导海洋生态环境的政府、企业和社会的共管共治。海洋生态环境治理体系现代化有赖于强有力的法治保障以及全社会的共同行动。

(一)海洋生态环境治理体系现代化的内涵

治理作为公共行政的积极符号,世界上许多国家和地区开始尝试重新配置公共权力,试图通过向社会组织、私营部门等开放权力的方式来提高国家管理的弹性与韧性。联合国全球治理委员会认为,"治理是各种公共和私人的机构管理共同事务的诸多方式的总和,是使相互冲突的或不同的利益得以调和并且采取联合行动的过程"。英国、美国、瑞士等西方学者从不同角度进行解构,目前还没有形成一个通行的概念,但并不

影响它的特点得到世界各国的普遍认同。

海洋生态环境治理体系是国家治理体系在海洋生态保护领域的重要体现。与传统的以政府行政管理为主的海洋生态管理体系相比，现代海洋生态环境治理体系具有以下基本内涵特征：治理不同于管理，后者以行政命令为主，前者强调正确处理政府与市场、政府与社会的关系，使其在法治基础上良性互动。治理不同于传统意义的管理，首先表现在主体上，前者的主体是多中心的、多元化，除政府外，还包括公共机构、私人部门和个人，多样化的行为主体或角色进入决策过程，后者仅仅是指政府单一中心，管理停留在政府如何控制的单向上；在权利的运行方向上，管理的权力运行是自上而下的，运行依靠的是政府命令或政治权威，治理是平行的、互动的，不仅要依靠政府命令或运用其权威，还要依靠非政府组织的网络化合作、协调来实施对公共事务的管理。在价值取向上，前者强调公正价值的优先地位和对秩序与效率的根源塑造，并将人民福祉作为治理的出发点和落脚点，后者则强调管理秩序的稳定。

（二）海洋生态环境治理体系现代化的特征

国家海洋生态环境治理体系是国家海洋生态环境保护的法规制度、管理体制和运行机制有机结合、相互关联、共同作用的综合系统，是国家海洋生态环境治理的依据、条件和方式。海洋生态环境保护制度是国家根据海洋保护生态环境的目的、要求和工作程序制定的一系列法律、法规、政策、规范，它们共同构成对治理主体环境行为及相互关系的要求、约束和激励。国家生态环境保护制度在海洋生态环境治理体系中发挥基础、规范和引领方向的作用。

国家海洋生态环境保护体制是国家部门、企业单位、社会组织在海洋生态环境保护领域的机构设置、职能划分及其相应权利的制度安排。海洋生态环境保护体制是国家环境保护制度所规定的，并成为其重要体现形式，它为海洋生态环境保护制度的有效实施提供保障。海洋生态环境保护机制是各治理主体为了实现环境保护目标、执行环境保护制度的要求，通过海洋生态环境保护体制的安排，在实施一系列海洋生态环境保护行动中相互作用的过程和方式，它是有效实施海洋生态环境保护制度的关键。

海洋生态环境保护制度、体制和机制构成完整的海洋环境治理体系，是一个不可分割的整体。建设和推进国家海洋生态环境治理体系的目的是：通过整体、系统、协调的海洋生态环境保护制度、体制、机制建设和创新，保护海洋生态环境，保证海洋环境安全，提供海洋环境公共服务，实现良好的环境质量、造福人民群众。

建立健全国家海洋生态环境治理体系，一方面要给予治理体系中不同主体更多改革和创新动力，另一方面要加强海洋生态环境保护制度建设。当前中国海洋生态环境治理制度体系需要改革和完善，建立社会责任和规则意识，在此基础上，推进合作、约束和创新。强制约束和责任划分可能弱化治理的灵活性、参与性和适应性，但可以保障治理的可持续性和效率，更有利于中国海洋生态环境治理体系现代化的进程。

在生态文明背景下，针对各种新政策和现有政策对海洋生态环境、经济和社会目标的影响，为政府提供具有科学性的独立建议，以转变过去赋予经济发展过多权重的状况，使海洋环境与发展相平衡。国家生态环境治理体系现代化，要在完善制度基础上，理顺体制和机制，使他们共同发挥作用。

（三）海洋生态环境治理体系现代化的框架体系

建立健全海洋生态环境治理体系涉及经济、政治、社会等领域，与国家治理体系的其他方面相互交叉、紧密相连。健全海洋生态环境治理体系，要健全海洋资源资产产权制度，充分发挥市场在海洋资源配置上的作用，建立海洋资源资产管理体制，这与经济体制改革互为交叉。健全海洋生态环境法律制度体系，改变分行业、分部门的多头海洋行政管理局面，构建并实施基于生态系统的海洋综合管理，又要依托于整体的法制和行政体制改革。弘扬海洋生态文明的主流价值观，把海洋生态文明纳入社会主义核心价值观体系，发挥社会组织和公众参与的监督作用，这又与社会体制改革的目标相一致。

治理主体多中心是一种直接对立于一元或单中心权威秩序的思维，意味着政府为了有效进行公共事务管理和提供公共服务，形成多样化的公共事务管理制度或组织模式。在多中心治理的现代海洋生态环境治理体系中，要求不断完善制度，理顺体制和机制，用制度保护海洋生态环境，形成政府、企业和社会公众多中心主体共同参与决策和实施的制度安排。在政府主导制定和实施海洋生态环境重大决策过程中，企业和社会群体能通过多渠道参与决策制定的全过程。政府作为多中心治理中的引导性主体，以实行人民福祉为宗旨并承担海洋公共服务责任，需要协调当前分散在多个部门的海洋生态环境部门的职责，并就海洋生态环境相关的供给、支持、服务和调节海洋公共物品等管理职能形成相互协调、统一有效的体制框架；加快建立海洋生态环境损害责任终身追究制，以及中央对地方政府海洋生态环境管理的监督机制，加强地方政府落实和有效实施海洋生态环境保护法律法规，增强海洋生态环境治理的系统性、完整性和有效性。企业作为海洋生态环境治理的重要参与方，需要依照国家相关法律规定和标准开展海洋活动，切实履行企业社会责任，提供环境友好型公共产品和服务。公众和媒体是海洋生态环境治理体系中间层结构，作为一个独立的决策主体，是公共服务问题合作治理的补充，既要积极倡导绿色生活方式，又要他们参与海洋生态环境的公共事务。

四、推进海洋生态环境治理体系现代化

海洋生态环境治理体系现代化是一个全方位的系统改革和创新过程，不可能一蹴而就。鉴于制度的基础性和引领性以及制度形成过程的不确定性，海洋生态环境保护制度建设必须遵循自然规律的基本原则，并与现行法律和管理体制相适应。制定符合客观规律的实施路径和步骤，必须明确海洋生态环境治理现代化的优先领域和重点任务。

（一）基本原则

1. 保护与发展并重原则

以生态环境保护与发展相协调为前提，进行海洋治理主体的职能配置和理念重塑。环境与发展的关系是中国海洋生态环境保护最为关键的一环，也是难点所在。对于发展中经济体而言，二者不能偏废。构建海洋生态环境治理体系，要把环境与发展相协调的理念纳入其中。政府需要在公共管理职能配置、财政预算安排和干部考核制度中全面考虑海洋生态环境保护的要求，建立环境与发展综合决策机制；企业在追求利润和保护海洋公共环境利益方面的平衡，遵循国家法律规范和承担企业社会责任；社会需要共担海洋生态环境保护责任，培育可持续的绿色消费方式。

2. 责任共担原则

以政府、企业和社会责任共担为基础，合理匹配职能与资源。政府、企业和社会是现代化海洋生态环境治理的三个基本主体。现代海洋生态环境治理需要依法规范政府、企业和社会三种主体在海洋生态环境治理中的权利和义务，合理配置政府调控、市场配置和社会参与三种调节机制在海洋生态环境治理中的职能，以有效发挥协同作用。当前中国海洋生态环境治理中的政府职能相对明确，在有效发挥政府职能的同时，需要壮大企业、社会组织和公民的力量，改革决策过程和利用市场机制，发挥企业和社会的作用。

3. 海洋生态系统原则

基于海洋生态系统改革和完善海洋生态环境保护制度和体制机制。海洋生态环境治理体系的目标是处理好人与海洋、人与人之间的双重关系。建设海洋生态环境的制度和体制机制，尊重海洋生态系统的特征和规律。海洋的开发利用，不仅影响本区域

内的自然生态环境和经济效益，而且必然影响到邻近海域甚至更大范围内的生态环境和经济效益。一旦因不合理开发破坏了某种海洋资源的生存状况，污染了某处海洋环境，那将对其他海洋资源的生存、其他海区海洋环境的质量产生直接或间接的影响，并有可能危及海岸带资源、环境和经济的发展。海洋环境之间的这种连带作用，使海洋开发可影响全局和长远，破坏整体生态环境。

（二）优先领域

1. 改革和完善生态环境管理体制

优化各部门的职能配置。全面解决海洋生态环境保护职能分散、"碎片化"现象突出的问题，优化职能配置，完善海洋污染防治的职能配置格局。根据海洋生态系统的流动性、关联性和整体性，实施规划－开发－保护的管理模式，强化海洋生态环境主管部门的权威性。

增强海洋生态环境在经济社会发展宏观调控的职能。解决当前有分工、无合作的问题，加强环境与发展政策的综合协调，实施海洋全要素的综合管理。生态环境保护与发展失衡是中国海洋环境保护的重要根源。在涉海相关问题的法律法规、标准、规划制定、项目审批等方面，要充分保障海洋环境保护部门的参与，特别是海洋产业政策、经济结构调整等重大经济和政策的制定，要把海洋生态环境部门的意见纳入其中，实现多目标的取舍和平衡。

建立统一独立的海洋环境监测体系。针对当前海洋生态环境监测网络存在数据不一致、数据失真等问题，改革海洋生态环境监测体制。理顺各部门间的职责分工，实现对所有入海污染物、污染源和污染介质的统一监测，防止监测系统的重复建设。海洋生态环境质量类监测服务于公众知情及海洋生态环境质量考核，监督性监测服务于监督执法及污染物总量控制。

2. 提高企业保护责任

提高信息披露。目前信息披露主要是监管机构要求或指引、海洋环境事故倒逼。外部的推动固然重要，但主要应依靠企业的主动性。海洋环境信息披露对投资决策、政府监督、社会评价以及自身管理都具有重要意义，企业应形成主动、积极、及时和规范的披露海洋环境信息的内生动力。

加强与利益相关方的沟通。有些企业对海洋环境保护组织持对立态度，仅重视事后危机公关，难以适应互联网时代的信息披露及传播模式。保持与利益相关方的有效沟通，能够增强企业的综合竞争力。

第五部分　保护海洋生态环境

构建社会责任评价体系。完善及建立有效海洋环境信息收集、评估、宣传和数据库，为企业进行社会责任评级奠定基础，建立公正、独立、透明、专业的企业环境责任评价机制。

3. 强化社会治理机制构建

发挥政府引导性作用。海洋环境社会治理是对海洋环境保护工作方式的补充和发展，但社会治理模式不能否定政府治理模式，更不可代替。国家海洋生态环境治理体系现代化，只有强调政府的决定性作用，才能更好地发挥社会和市场的作用。政府治理和社会治理二者应相互配合，政府应引导和规范社会治理的辅助性作用。

加强社会治理的法律制度建设。在依法治国的关键窗口期，加强海洋生态环境治理的法律法规和制度建设，使开展海洋环境社会治理有法可依、有章可循，以法律法规和制度建设推动海洋生态环境治理。

提高社会主体的环境治理能力。海洋环境治理需要广泛动员全社会的力量共同开展和推动，提高社会组织和个人的海洋环境保护意识，发挥其作为环境治理社会主体应有的主动性和监督作用。政府为海洋环境保护的社会力量创造良好的外部环境，确保其作为治理主体有条件、有能力参与多元化的治理。

（三）重点任务

1. 坚持可持续发展，推动海洋产业低碳循环发展

加快国家能源结构调整，培育和发展海上风能、潮汐能和波浪能等海洋可再生能源产业，完善海洋可再生能源发电与并网建设等相关配套设施，大力推进前沿和核心开发技术创新与应用。完善海洋可再生能源相关价格政策和创新补贴机制，促进就近消纳和资源优化配置，建立鼓励有效开发的税收和财政转移支付制度，充分发挥海洋可再生能的环境效益和社会效益。因地制宜的积极推进海洋可再生能源建设，解决偏远海岛生活用能问题。稳妥有序开放海洋油气资源的开采权，打破削弱行业垄断，鼓励社会资本以合资、合作等方式进入海洋油气领域，完善海洋油气行业准入制度，优化海洋矿权市场化配置。主动控制船舶温室气体排放，发展绿色船舶产业，实现低能耗、低污染、低排放、高效能的绿色功能目标。

2. 优化海洋开发布局，加快海洋主体功能区建设

发挥海洋主体功能区作为蓝色国土空间开发保护基础制度的作用，全面落实《全国海洋主体功能区规划》，推动环渤海、长三角、珠三角等优化开发区域海洋产业结构

向高端高效发展，逐年减少建设用海增量；在具有重要海洋生态功能的限制开发区，实行海洋产业准入负面清单。整合国家海洋自然保护区、海洋特别保护区和海洋公园，设立统一的国家海洋保护区。做好与陆地主体功能区划的协调，以海洋主体功能区规划为基础统筹各类涉海空间性规划，推进"多规合一"。科学谋划海洋开发，规范开发秩序，提高开发能力和效率，着力推动海洋开发方式向循环利用型转变，实现可持续开发利用，构建海陆协调、人海和谐的海洋空间开发格局。

3. 全面节约和高效利用海洋资源，构建科学、高效、绿色海洋开发格局

统筹陆海资源配置、经济布局、环境保护和灾害防治统筹开发强度与开发效率，统筹近岸开发与远海空间拓展。按照整体、协调、优化和循环的思路，促进环境、资源、经济社会良性发展。从整体性、长远性和战略性布局，促进海洋资源有序开发、有效利用，实现海洋资源的合理开发与可持续利用。坚持集约节约用海，强化围填海及重大建设项目用海管理，规范海域使用秩序，提高海域使用效率。推行直接利用海水作为循环冷却等工业用水，加快推进淡化海水作为生活用水补充水源。

4. 建立由山顶到海洋的一体化污染治理体系，推进多污染物排海综合防治和海洋环境治理

建立重点海域污染物排海总量控制制度，规范入海排污口设置，实现陆源污染物全面达标排放。强化海上排污监管，建立海上污染排放许可制度，统一全国海洋环境监控系统，健全海洋环境信息公布制度，加强海洋环境保护督察巡视，严格海洋环境保护执法。有度有序利用海洋，科学划定海洋生态保护红线。在渤海海洋生态保护红线区建设经验的基础上，完善海洋生态保护红线的控制指标及配套的管控措施，在全海域实施海洋生态保护红线制度，构建海洋生态安全格局。发挥首批海洋生态文明示范区的创新示范效应，完善海洋生态文明示范区建设推进机制和保障机制，做好与国家生态文明先行示范区的衔接，促进沿海地区海洋生态文明建设与经济建设、政治建设、文化建设、社会建设协调发展。推动海洋产业绿色转型，支持海洋重化工等产业的生产工艺和流程绿色化、低碳化，鼓励新兴海洋产业绿色发展，提高海洋产业的绿色准入门槛。

5. 积极保护生态空间，筑牢海洋生态安全屏障

坚持保护优先、自然恢复为主，实施海岸带和海岛生态保护和修复工程，构建海洋生态廊道和海洋生物多样性保护网络，全面提升海洋生态系统稳定性和生态服务功能。开展蓝色海湾整治行动，严格海岸工程和海洋工程管理，防止海岸带开发活动对海岸带的破坏和非法挤占。建立海洋环境应急管理体系，采取科学、系统和规范的方

法，对海洋生态环境安全风险进行识别，加强对海洋环境灾害的有效应对和处理，使安全风险管理业务化、制度化。

五、小结

海洋生态文明是社会主义生态文明建设的重要组成部分，建设海洋生态文明正处于大有可为的机遇期和攻坚期。在海洋生态文明建设目标下推进海洋生态环境治理现代化，有助于反思中国海洋生态环境治理思路，将生态文明与海洋生态环境治理有机结合起来，对中国建设海洋生态文明，实现美丽海洋具有积极作用。"十三五"时期是推进国家治理体系和治理能力现代化的改革任务全面落实的关键时期，在建设国家治理体系的同时，把治理体系框架应用到海洋领域，构建现代化海洋治理体系，是推动全面深化改革总目标实现和海洋生态文明建设一项重要任务。面对新形势、新需求和新目标，海洋生态文明建设要与海洋生态环境治理体系现代化建设同步推进、同步实施，共同支撑国家海洋事业发展和海洋强国建设。

第十二章　中国海洋生态环境保护

沿海地区社会经济发展程度高，其发展受益于海洋，也导致近岸海洋环境污染和海洋生态系统退化。通过多年的不懈努力，中国取得了在沿海地区经济持续发展背景下海洋生态环境状况基本稳定的不易成绩。但是，中国近岸局部海域海水环境质量较差，多数河口和开发利用程度高的海湾生态系统不健康的状况并没有得到改善。最近几年，海洋生态环境保护工作在海洋生态文明建设的统领下继续推进，一系列海洋生态环境保护和建设工程的实施有望使海洋生态环境在"十三五"期间向好转变。

一、海水环境质量及其变化

海水水质是反映海洋环境状况的最重要指标之一。国家海洋局2014年监测结果显示，中国管辖海域面积的95%以上海域的水质可以达到第一类海水水质标准，但近岸海域污染严重，15%以上的近岸海域水质劣于第四类海水水质标准，约1.2万平方千米海域呈重度富营养化状态。

（一）全海域概况

2008年到2012年，各海域的劣四类水质海域面积总体呈上升趋势，2013年以来略有下降。从夏季污染海域面积看，2014年海水污染程度和2013年基本持平。从季节看，2014年夏季和春季的污染程度大体相当，秋季是一年之中污染最为严重的季节。秋季第二类水质海域面积约为夏季的2.5倍，劣于第二类水质海域面积与夏季基本相当。从空间上看，污染严重海域主要分布在辽东湾、渤海湾、莱州湾、长江口、杭州湾、浙江沿岸、珠江口等近岸海域，主要污染要素依然为无机氮、活性磷酸盐和石油类。

比较单位大陆岸线的污染海域面积负荷可大致反映各海区近岸海域海水质量的差异。东海单位大陆岸线对应的劣四类水质污染海域面积远远高于其他海域，也远远高于全国平均水平，而在南海和黄海，这一评价值显著低于其他海域和全国平均值。这反映南海和黄海近岸海域海水污染程度相对较轻，而东海近岸海域的海水污染程度相对较重。

第五部分　保护海洋生态环境

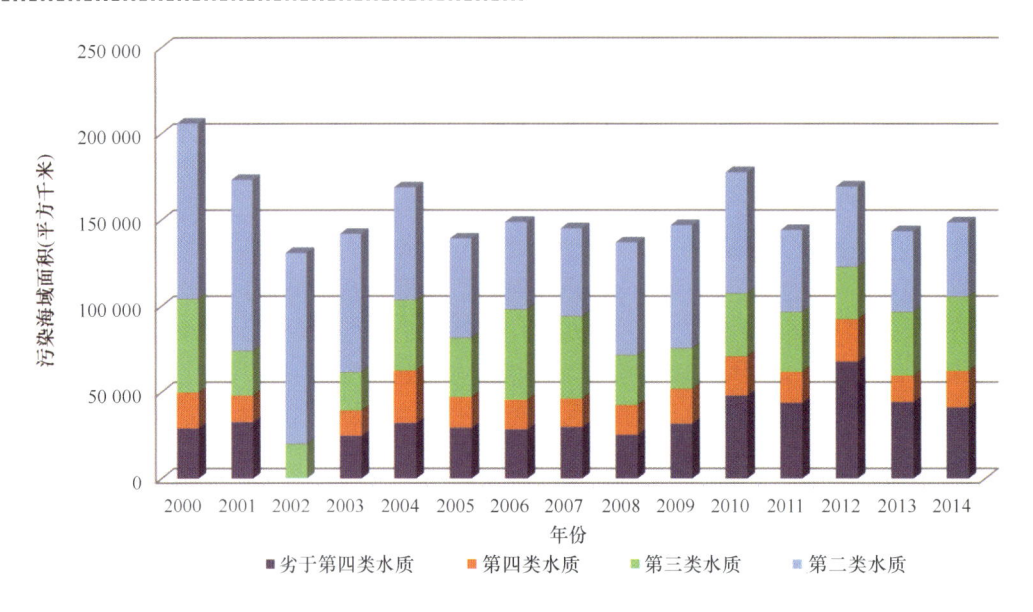

图 12-1　2000—2014 年近岸海域各级污染海域面积变化

注：2002 年数据不全。

（二）渤海海域

2014 年渤海水质继续延续 2013 年以来的好转势头，除第四类水质海域面积有所增加外，其他等级污染海域面积都有所减少。渤海污染海域面积的季节变化比较显著，2014 年秋季第二类水质海域面积高达 3.9 万平方千米，是夏季的 4.8 倍。污染较重的第四类和超四类水质海域主要集中在辽东湾、渤海湾、莱州湾等三大湾近岸，尤以莱州湾污染最为严重。渤海中部海域海水环境质量状况良好。在辽东湾，大部分海域水质要求不符合功能区划要求，莱州湾西部海域绝大部分海域水质不符合功能区划要求，而莱州湾东部海域的水质基本都符合功能区划要求。

（三）黄海海域

2014 年黄海水质状况和 2013 年基本相当，各级污染海域面积与过去 10 年的均值大体相当。东海污染海域面积的季节变化比较显著，秋季污染海域面积显著高于春季和夏季。从空间上看，污染海域主要集中在江苏近岸海域。

（四）东海海域

相比其他海区，东海历年都是污染海域面积最大的海域。过去 10 年期间，东海污

第十二章　中国海洋生态环境保护

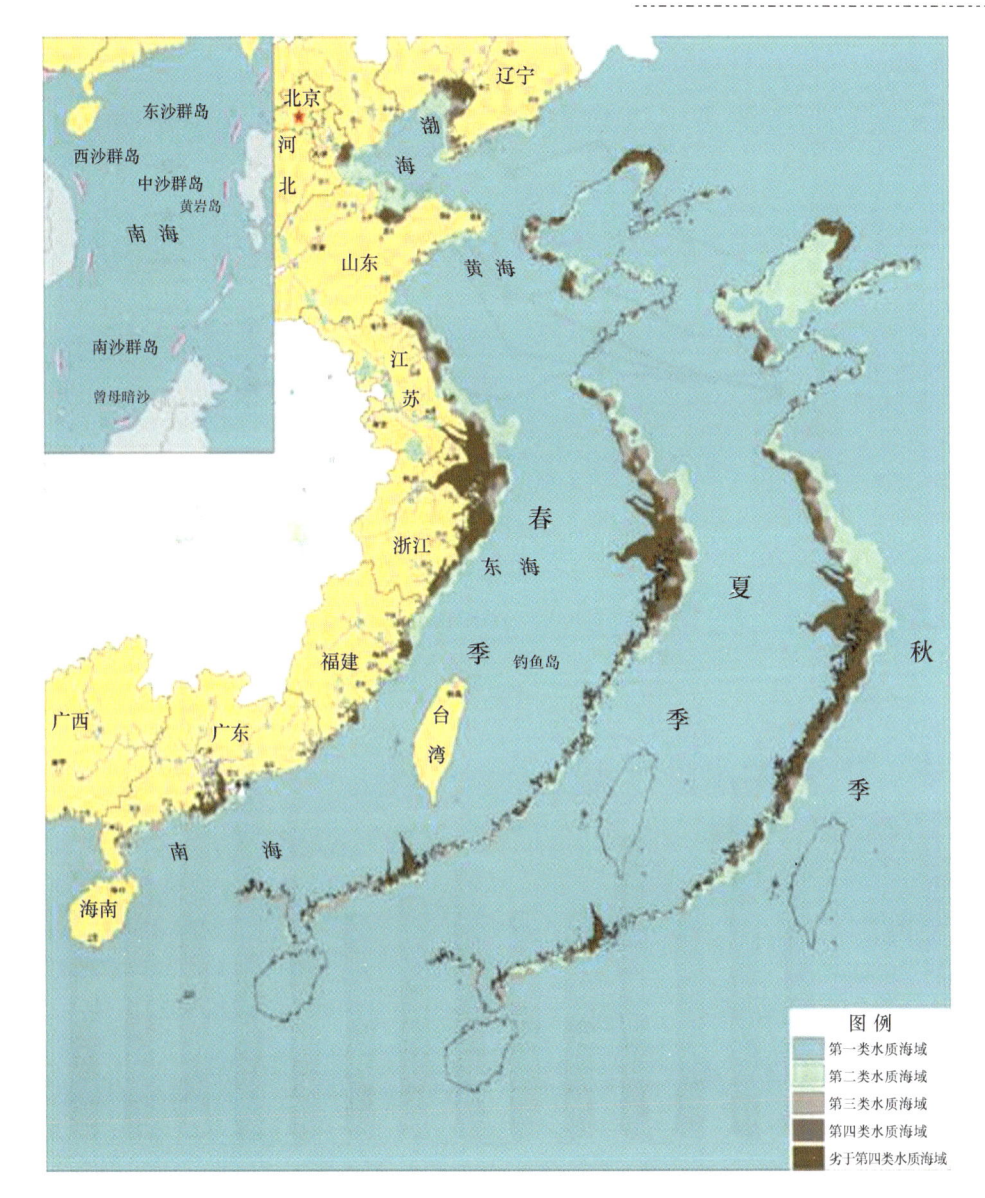

图 12-2　2014 年中国管辖海域水质等级分布示意图
(图片来源：国家海洋局：《2014 年中国海洋环境状况公报》)

染海域总面积总体波动不大，大体保持在 6 万~7 万平方千米之间。2014 年夏季污染海域总面积比 2013 年有所增加，达到 6.7 万平方千米。与其他海域相比，东海污染程

187

第五部分 保护海洋生态环境

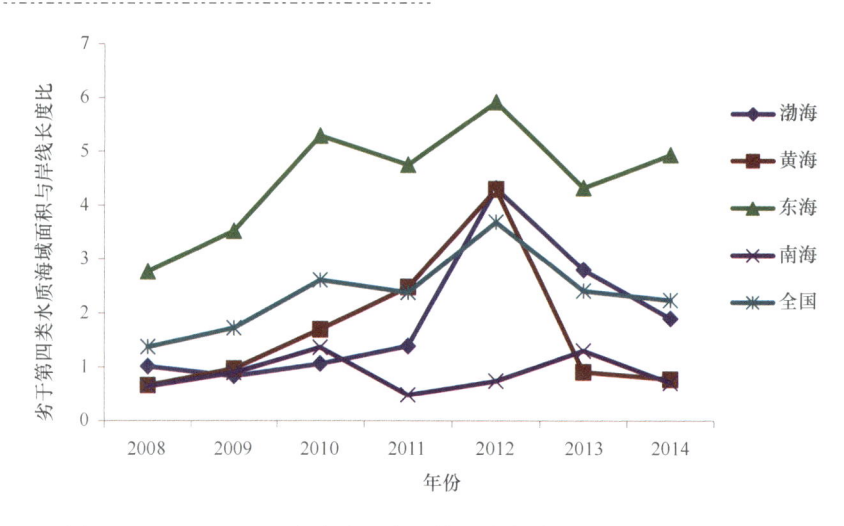

图 12-3 2008—2014 年各海区劣于第四类水质海域面积与岸线长度比

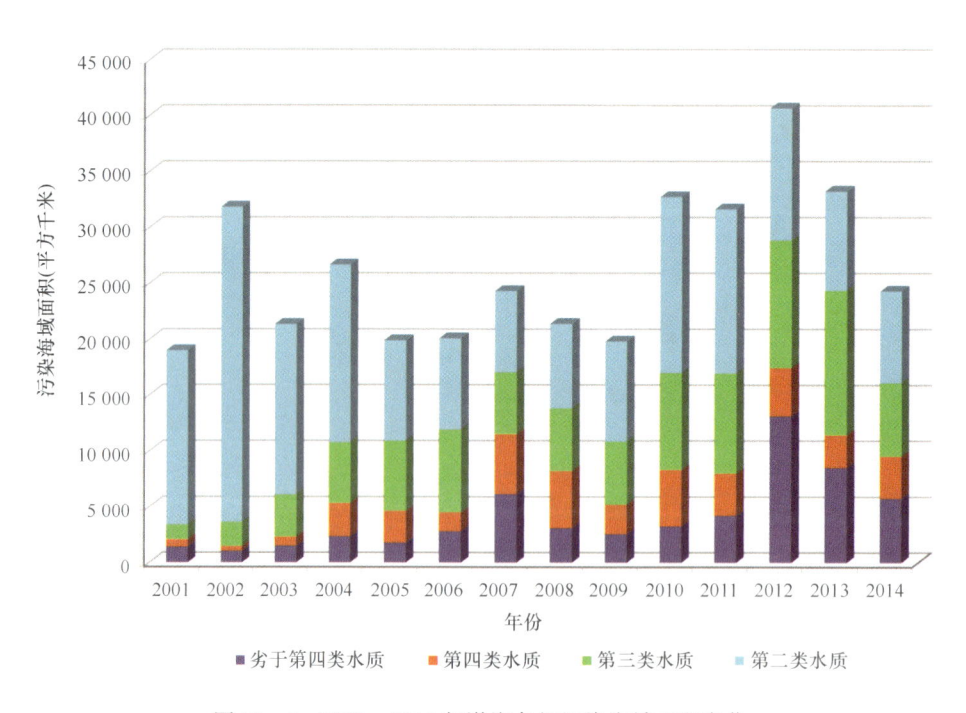

图 12-4 2001—2014 年渤海各级污染海域面积变化

度也最为严重，劣于第三类水质海域面积在各级污染海域中的比例仍然高达 60%，远

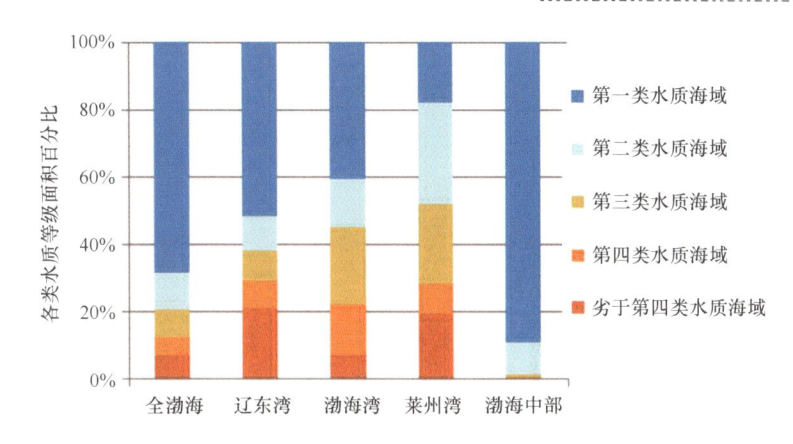

图 12-5 2014年夏季渤海三大湾及中部海域各类水质等级面积百分比
（图片来源：国家海洋局北海分局：《2014年北海区海洋环境公报》）

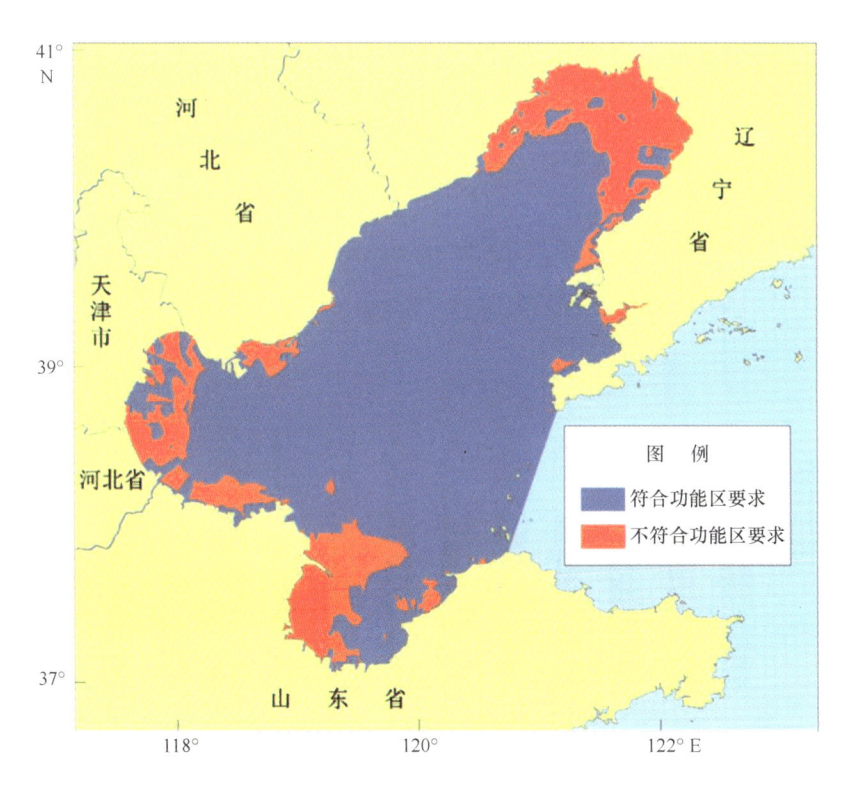

图 12-6 2014年夏季渤海海洋功能区水质达标状况
（图片来源：国家海洋局北海分局：《2014年北海区海洋环境公报》）

第五部分 保护海洋生态环境

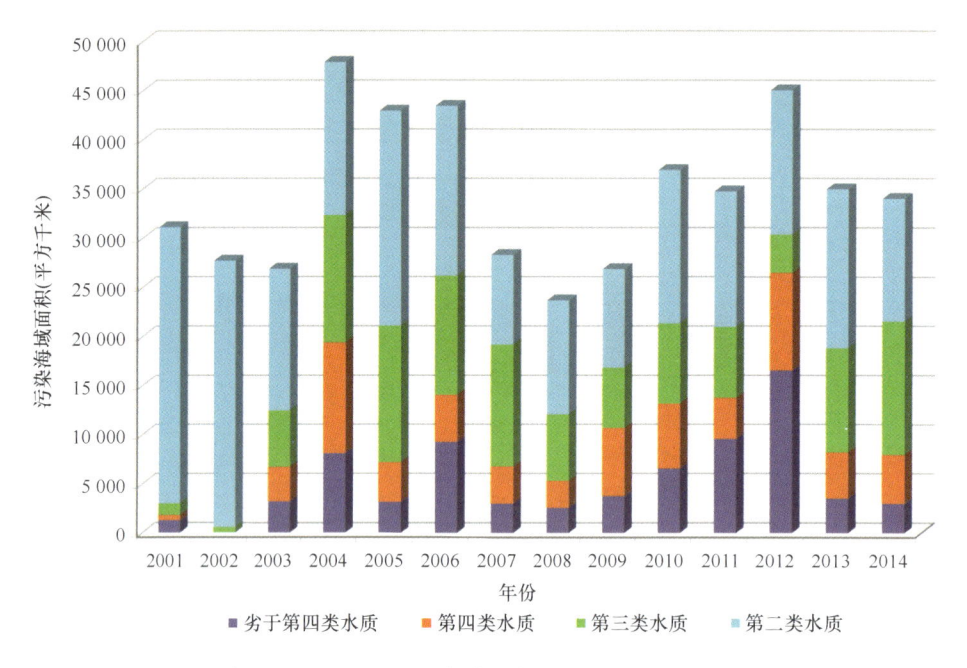

图 12-7 2001—2014 年黄海各级污染海域面积变化
注：2002 年数据不全

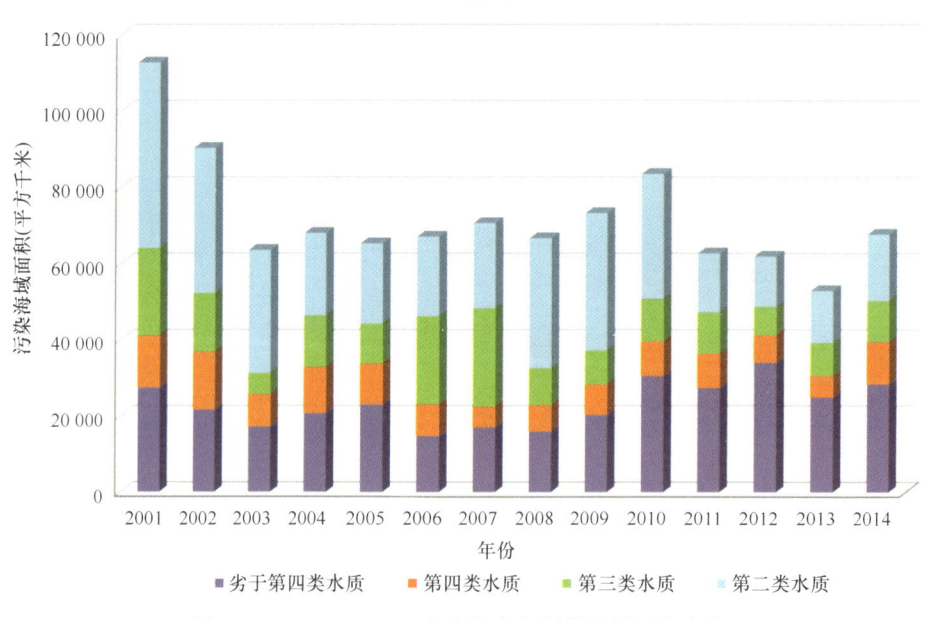

图 12-8 2001—2014 年东海各级污染海域面积变化

高于其他海域。与其他海域类似，东海污染海域面积的季节变化也比较显著，秋季污染海域面积显著高于春季和夏季。

（五）南海海域

2014年南海污染海域总面积和2013年基本相当，但各级污染海域面积变化很大。第三类水质海域面积比2013年大幅增加，达到2013年的2.5倍，其他各级污染海域面积则比上年显著减少。各季节劣于第四类海水水质标准的海域主要分布在珠江口海域以及汕头近岸、广海湾、水东港、湛江港和钦州湾等近岸局部海域。近岸以外海域水质良好，仅小部分海域出现第二类水质。

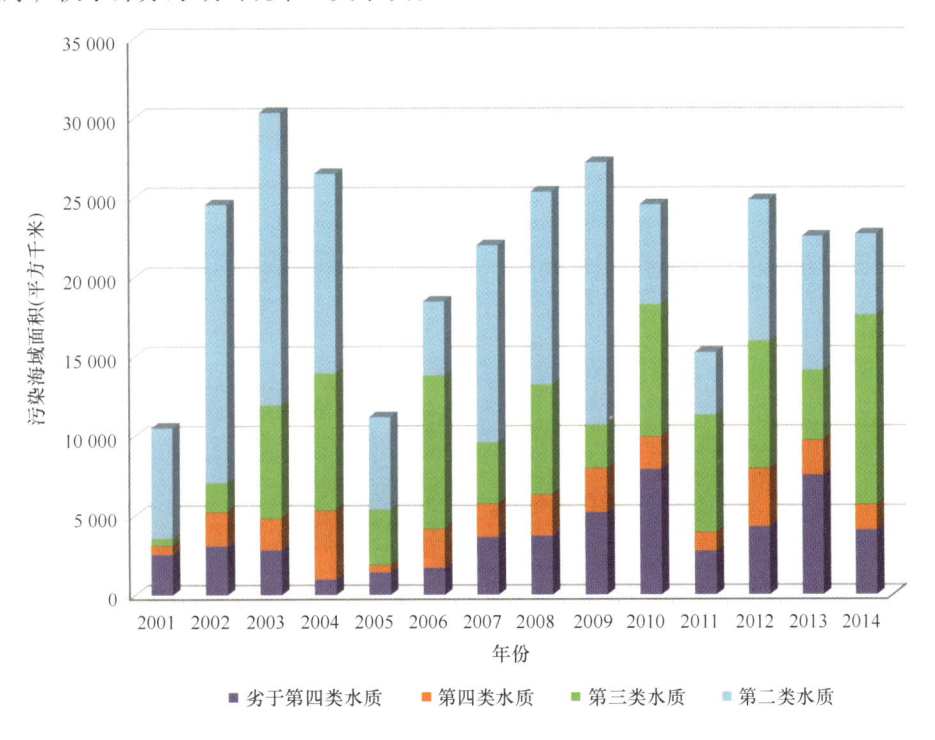

图12-9　2001—2014年南海各级污染海域面积变化

（六）海水质量的季节变化

中国近岸污染海域面积季节变化非常显著，总体格局是秋季污染海域面积最大，春季次之，夏季最小。渤海污染海域面积季节变化最为显著，而南海的变化最小。

各海域富营养化格局和严重污染海域面积分布格局基本类似。绝大部分富营养化

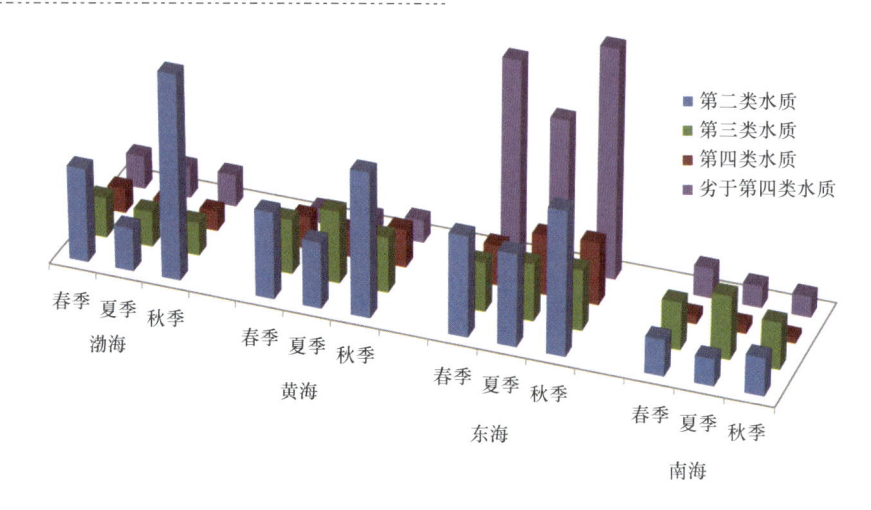

图 12-10　2014 年各海域各级污染海域面积季节变化

海域都位于东海。东海重度富营养化面积是其他 3 个海域重度富营养化海域面积总和的 5 倍左右。黄海的轻度富营养化海域面积较大，但重度富营养化海域面积很小。南海轻度富营养化面积最小，重度富营养化海域面积略大于渤海和黄海。

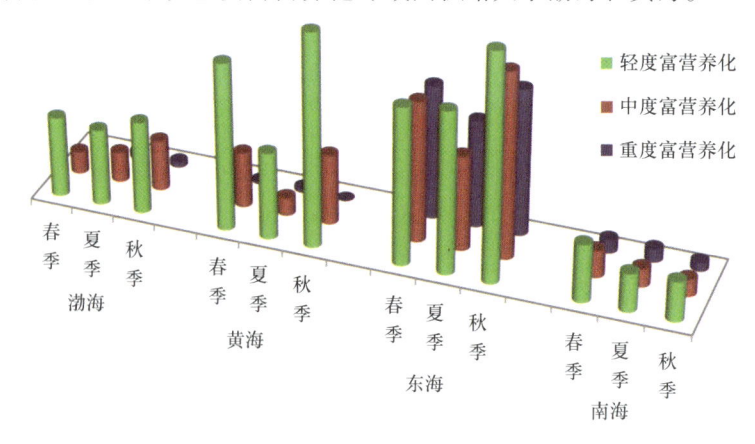

图 12-11　2014 年各海域各富营养化等级海域面积季节变化

二、陆源污染物排放

陆源污染物是造成近岸海域环境污染的主要原因，陆源污染物入海途径主要有河流、对海直接排污口和大气沉降等。大部分陆源污染物主要通过河流排放入海，通过排污口排放的污染物总量相对较小。根据环境保护部在《2014 年中国环境状况公报》中公布的数据，2014 年所监测的 415 个日排污水量大于 100 立方米的直排海污染源所排放的化学需氧量为 21.1 万吨，氨氮为 1.48 万吨，总磷为 3 126 吨，石油类 1 199 吨。根据国家海洋局《2014 年中国海洋环境状况公报》中公布的数据，仅 72 条主要河流排入海的污染物量分别为化学需氧量（Cr）1 453 万吨，氨氮（以氮计）30 万吨，总磷（以磷计）27 万吨，石油类 4.8 万吨。

2014 年对 198 个入海河流断面的水质监测结果显示，42.4% 的断面为第一类、第二类和第三类水质，39.4% 为第四类和第五类水质，18.2% 为劣于第五类水质。这表明大部分流入海洋的河水处于严重污染状态，多数入海河流实质上是入海污河。

排污口所排放的污染物总量虽然低，但由于污水中污染物的浓度高，对排污口附近环境质量的影响非常严重。入海排污口邻近海域环境质量状况总体较差，90% 以上无法满足所在海域海洋功能区的环境保护要求。2014 年 8 月的监测结果显示，91% 的排污口邻近海域的水质不能满足所在海洋功能区水质要求，67% 的排污口邻近海域水质劣于第四类海水水质标准，30% 排污口邻近海域沉积物质量不能满足所在海洋功能区沉积物质量要求，62% 的排污口邻近海域贝类生物质量不能满足所在海洋功能区生物质量要求。

对日排污水量大于 100 吨的直排海工业污染源、生活污染源和综合排污口的污染物排放监测结果显示，东海区的污水排放量远远高于其他海区，并且总体呈现增长的趋势。渤海区的废水排放量显著低于其他海区，总体保持平稳，黄海和南海废水排放量大体相当，也总体保持平稳。

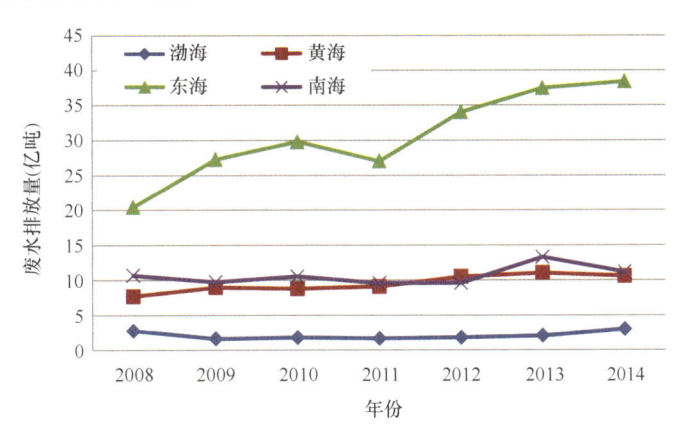

图 12-12　2008—2014 年主要直排海排污口废水排放量

2009年以来，各海区化学需氧量排放量总体保持平稳。东海氨氮排放量总体呈现下降趋势，其他海区基本保持平稳。各海区总磷排放量保持平稳。2008—2014年间，东海石油类污染物排放量呈现先下降再上升的趋势，南海的石油类污染物排放量总体呈现下降趋势。渤海和黄海的石油类污染物排放量总体保持平稳。

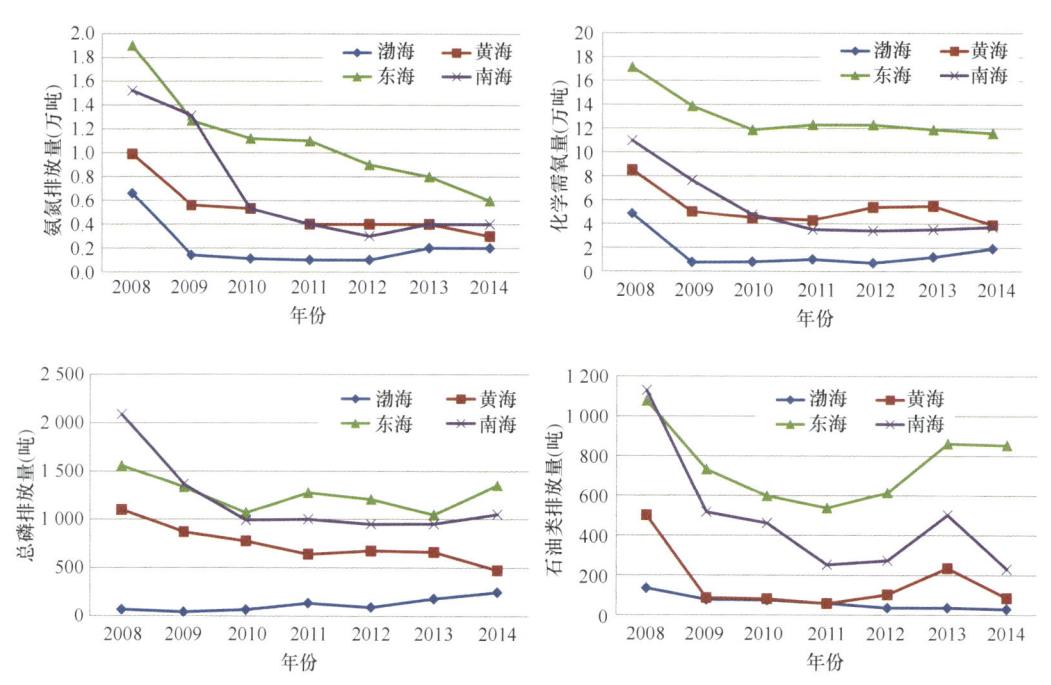

图12-13 2008—2014年主要直排海排污口四类污染物排放量

三、海洋生态健康状况及其变化

国家和地方涉海管理部门围绕典型生态系统监测、重要生态系统保护和受损关键生态系统修复等，积极开展海洋生态保护和建设工作。2014年监测的河口和海湾生态系统多数处于亚健康或不健康状态。多年的监测结果显示，监控区生物多样性状况基本保持稳定，部分海洋保护区保护对象退化趋势明显。

（一）监控区海洋生物多样性状况

海洋生物多样性状况是海洋生态系统健康状态的重要指标。国家海洋局公布了部分生态监控区的浮游植物、大型浮游动物和大型底栖生物的多样性监测结果。2011—

2014 年 13 个监控区的浮游植物种数和生物多样性指数变化有如下特点：① 浮游植物生物多样性总体上呈现南高北低格局；② 2011—2014 年，浮游植物多样性总体呈上升趋势；③ 长江口以南海域浮游植物多样性年度波动总体上比长江以北海域大。

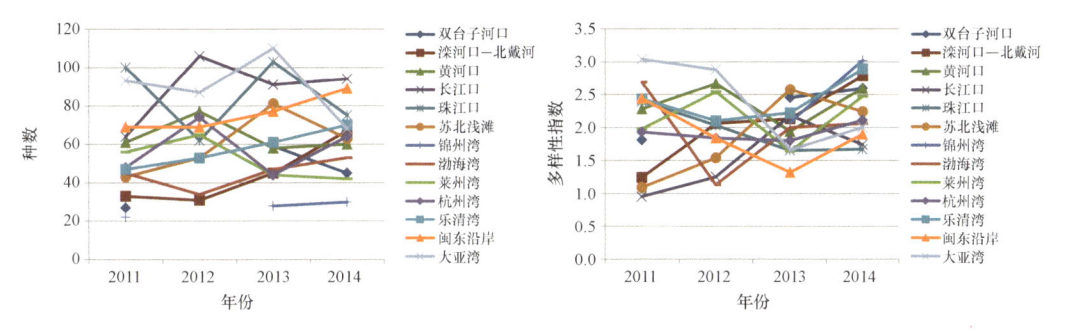

图 12 - 14　部分监控区浮游植物多样性指数变化

监控区大型浮游动物生物多样性呈以下特点：① 南海海域的大型浮游动物种数显著高于其他海域，生物多样性指数总体高于其他海域；② 2011—2014 年，南海海域浮游植物多样性总体上呈上升趋势，其他海域总体上保持平稳。

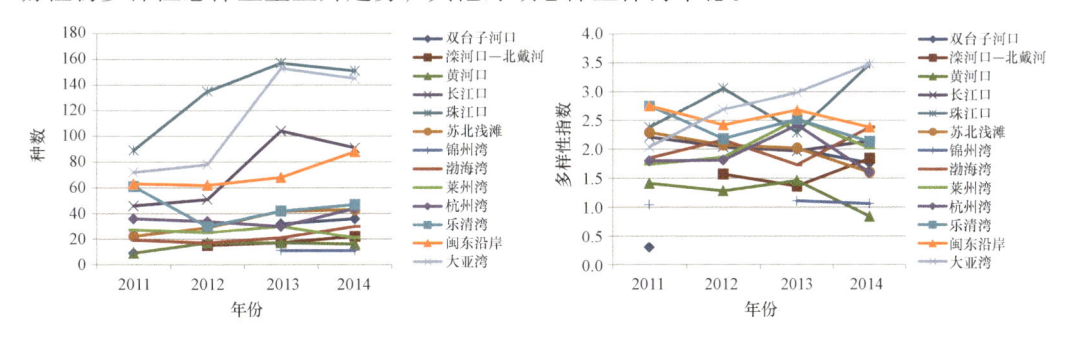

图 12 - 15　部分监控区大型浮游动物种数和多样性指数变化

监控区大型底栖生物多样性呈以下特点：① 南海海域的大型底栖生物种数显著高于其他海域，但生物多样性指数并没有高于其他海区；② 2011—2014 年，大型底栖生物种数变化趋势不明显，但是，乐清湾等监控区的大型底栖生物多样性指数下降显著，滦河口、珠江口等的生物多样性指数呈下降趋势；③ 各监控区大型底栖生物多样性指数分异显著。

上述监测结果表明，监控区生物多样性状况总体上保持平稳状态。各监控区的浮游植物、大型浮游动物和大型底栖生物多样性状况和变化不一致。浮游植物多样

195

第五部分 保护海洋生态环境

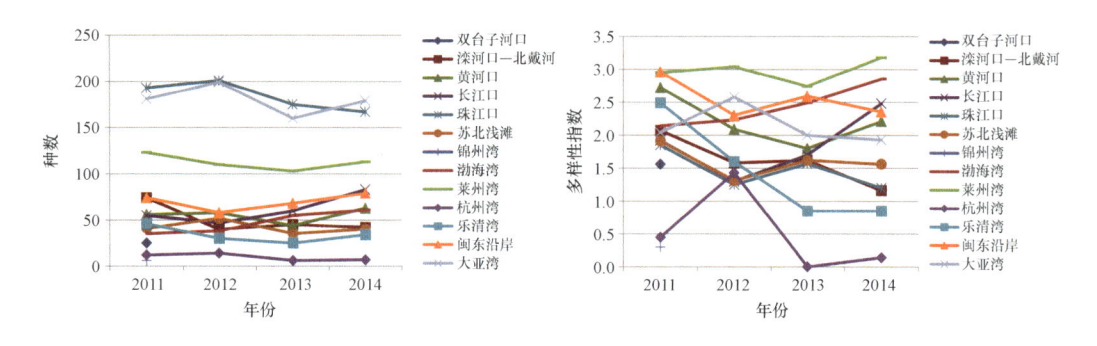

图 12-16 部分监控区大型底栖生物种数和多样性指数变化

性增加的监控区，大型底栖生物多样性不一定增加。这可能是不同监控区所受的人类活动影响的类型不同，浮游植物、大型浮游动物和大型底栖生物所受影响程度不同导致的。

（二）典型生态系统健康状况

受监测的典型生态系统健康状况保持平稳。典型河口生态系统均呈亚健康状态，主要问题是河口呈富营养化状态，生物密度和生物量偏高或者偏低。海湾生态系统多数呈亚健康状态，锦州湾和杭州湾生态系统呈不健康状态，主要问题是海水污染严重，呈富营养化状态；部分海湾生物体内镉、铅和石油烃残留水平较高。生物密度和生物量偏高或者偏低。海南东海岸珊瑚礁生态系统呈健康状态，雷州半岛西南沿岸、广西北海和西沙珊瑚礁生态系统呈亚健康状态。造礁珊瑚盖度总体仍呈下降态势。广西北海、北仑河口红树林生态系统均呈健康状态。海南东海岸海草床生态系统呈健康状态，海草盖度增加34%，密度增加1.6倍，广西北海海草床生态系统呈亚健康状态，海草密度下降81%。

对全国51个国家级海洋保护区的生态状况的监测结果显示，多数重点保护的海洋生物物种和自然遗迹保持稳定。也有个别保护区的保护对象的生物数量出现下降。1999—2014年的持续监测结果显示，河北昌黎黄金海岸国家级自然保护区内文昌鱼栖息密度及生物量显著下降。

表 12-1 部分保护区重点保护对象状况

保护区名称	重点保护对象	变化情况
广东徐闻珊瑚礁国家级自然保护区	珊瑚	活珊瑚盖度下降
海南三亚珊瑚礁国家级自然保护区	珊瑚	活珊瑚盖度下降

续表

保护区名称	重点保护对象	变化情况
广西涠洲岛珊瑚礁国家级海洋公园	珊瑚	活珊瑚盖度下降
东营广饶沙蚕类生态国家级海洋特别保护区	沙蚕	种类、密度和生物量均下降
昌黎黄金海岸国家级自然保护区	文昌鱼	栖息密度和生物量总体呈下降趋势
厦门珍稀海洋生物物种国家级自然保护区	文昌鱼	栖息密度和生物量下降

（数据来源：《2014年中国海洋环境状况公报》）

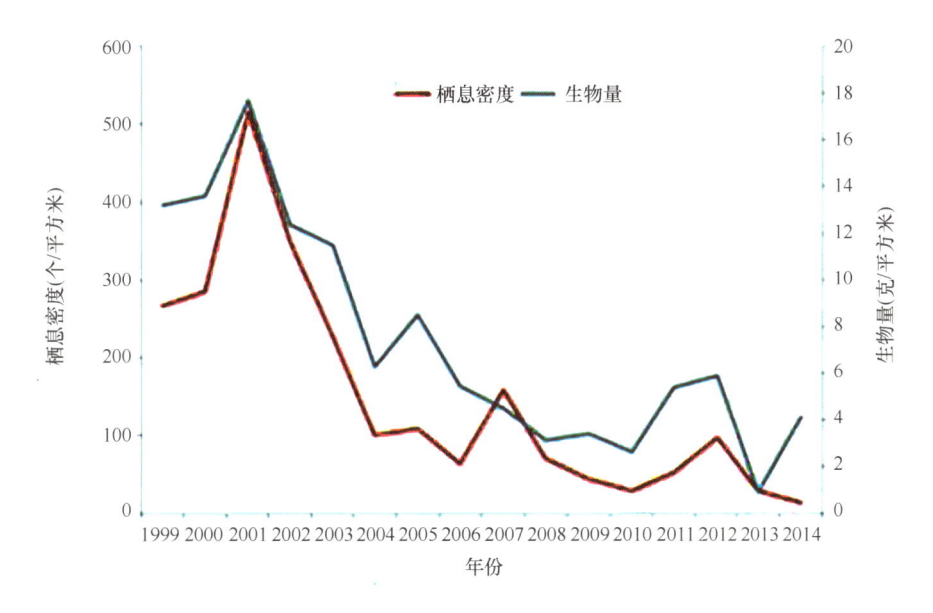

图12-17　1999—2014年河北昌黎文昌鱼栖息密度及生物量变化趋势
（图片来源：《2014年中国海洋环境状况公报》）

四、海洋生态环境保护和管理

海洋环境质量和海洋生态系统监测评价工作不断完善，各类海洋保护区建设和管理工作稳步进行。在海洋生态文明建设的统领下，中国海洋生态环境保护和管理工作出现一些新气象：污染防治工作步入陆海统筹新轨道，海岛和岸线保护工作有新规划；海洋生物多样性保护和受损海洋生态系统修复两项工作并重，实现"两头推进"推动美丽海洋建设；岸线和海域管理引入"红线"思维，通过设定自然岸线保有率和预设禁止开发的红线海域，确保了可持续开发利用海洋资源的底线。

（一）海洋生态文明建设统领海洋生态环境保护工作

2015年，中共中央、国务院颁布了多份指导生态文明建设的重要文件。这些文件是海洋资源开发利用、海洋环境保护和海洋生态建设工作的顶层设计，是中国未来开展海洋生态环境保护工作的根本依据。中国海洋生态环境保护工作步入了生态文明建设统领的新阶段。

2015年5月，中共中央、国务院发布的《关于加快推进生态文明建设的意见》对中国生态文明建设做了全面部署，对"加强海洋资源科学开发和生态环境保护"提出了具体要求，内容涉及功能区划编制、产业发展重点、污染防治、环境整治、生态修复、渔业资源养护、围填海控制、岸线保护等海洋资源开发和环境保护的几乎所有重要方面。2015年9月，中共中央、国务院印发了《生态文明体制改革总体方案》，设计了生态文明体制的蓝图。针对当前建设海洋生态文明过程中的突出问题，该方案提出建立或完善保障可持续开发利用海洋资源和保护海洋环境的九大制度，包括：① 海洋主体功能区制度，确定近海海域海岛主体功能，引导、控制和规范各类用海用岛行为；② 围填海总量控制制度，对围填海面积实行约束性指标管理；③ 自然岸线保有率控制制度。这是为实现到2020年全国自然岸线保有率不低于35%的目标设立制度保障；④ 海洋渔业资源总量管理制度。推行近海捕捞限额管理，控制近海和滩涂养殖规模，从数量上控制渔业资源开发强度；⑤ 严格执行休渔禁渔制度，从时间上优化海洋资源开发秩序；⑥ 海域海岛有偿使用制度。确保海洋环境保护和生态建设的资金来源；⑦ 海域、无居民海岛使用权招拍挂出让制度。这是优化配置海域海岛资源的重要手段；⑧ 污染物排海总量控制制度。这是具体落实陆海统筹原则，进行污染防治的主要手段；⑨ 健全海洋督察制度。督察是确保各项制度有效落实的重要环节。

为落实《关于加快推进生态文明建设的意见》，国家海洋局于2015年7月印发了《国家海洋局海洋生态文明建设实施方案（2015—2020年）》。该方案着眼于建立基于生态系统的海洋综合管理体系，明确了"十三五"期间海洋生态环境保护工作的一系列任务，是指导"十三五"期间海洋生态环境保护和管理工作的重要文件。在国家建设生态文明的总体部署和海洋局关于建设海洋生态文明的要求基础上，沿海省市也在积极行动落实。例如，辽宁省在全国率先出台了《辽宁省海洋生态文明建设行动计划（2016—2020年）》，勾画了全省海洋生态文明建设路线图和时间表。《山东省海洋生态文明建设规划（2016—2020年）》也在2015年底通过了专家评审。

为探索沿海地区经济社会与海洋生态协调发展的科学模式，国家海洋局在2012年就提出以海洋生态文明示范区建设为"试验田",引领带动海洋生态文明建设。为规范海洋生态文明示范区建设工作,国家海洋局先后颁发了《海洋生态文明示范区建设管理暂行办法》和《海洋生态文明示范区建设指标体系(试行)》,并分别于2013年和2015年确定了两批共24个海洋生态文明示范区。根据工作规划,这些示范区将形成可复制、可推广的海洋生态文明建设经验和模式,为全国海洋生态文明建设发挥示范带动作用。

(二)明确部署"十三五"海洋环境保护的重点任务

党中央国务院对"十三五"期间的海洋生态环境保护工作做了明确的指示。《中共中央关于制定国民经济和社会发展第十三个五年规划的建议》(以下简称《建议》)提出要在"十三五"期间构建科学合理的"自然岸线格局"和"开展蓝色海湾整治行动"两大任务。2012年修编的《全国海洋功能区划》提出"至2020年,大陆自然岸线保有率不低于35%"的目标。《建议》从数量和空间布局两个角度对岸线利用和自然岸线保护提出要求。《建议》提出开展蓝色海湾整治行动是要着手解决当前存在的不符合蓝色海湾特征的生态环境问题,建设美丽海湾、健康海湾和可持续发展的蓝色海湾。构建科学合理的自然岸线格局是"线"上的工作,目的是形成合理的海岸带开发利用格局和秩序。蓝色海湾整治是"面"上的工作,是要在海岸线上形成一串"水清、岸绿、滩净、湾美、物丰"的符合生态文明特征的蓝色海湾。

国务院2015年印发的《水污染防治行动计划》对全国近岸海洋污染防治、提升海水质量提出了目标和行动要求。目标是到2020年,近岸海域环境质量稳中趋好,近岸海域水质优良(一、二类)比例达到70%左右。该计划要求开展的行动可以归纳为以下四个方面:① 完善"跨部门、区域、流域、海域水环境保护议事协调机制",为落实陆海统筹、河海兼顾提供机制保障;② 从入海污染物源头入手开展近岸海域污染整治。包括整治河流污染,提升入海河流水质。实行重点海域排污总量控制,确保入海污染物总量不超过海域承载力。规范入海排污口设置,防止乱排偷排现象。建立海上污染排放许可制度,减少海上的污染物来源。控制海水养殖规模,严格管理养殖饲料、药品的使用,减少养殖污染;③ 加大力度保护典型生态系统和重要渔业水域。划定禁止围填海区域和严格限制围填海区域,将自然海岸线保护纳入地方政府政绩考核;④ 开展受损海洋生态系统的整治修复。该计划所提出的完善"跨部门、区域、流域、海域水环境保护议事协调机制"切中当前近岸海域环境保护工作存在的机制性和制度性要害,所设计的任务包含了源头控制、环境整治、生态修复等近岸海域环境保护的全过程。这些任务的落实将把近岸海域环境保护工作推入新阶段。

《国家海洋局海洋生态文明建设实施方案(2015—2020年)》提出以海洋生态环境

第五部分 保护海洋生态环境

保护和资源节约利用为核心内容的 31 项工作任务。直接关系生态环境保护的亮点任务之一是实施三大控制制度，即污染物入海总量控制制度、自然岸线保有率控制制度和海洋生态红线制度。这三项制度点、线、面结合，是治理海洋污染、构建合理的岸线和海域利用格局的制度保障。

为推动主要任务的深入实施，该方案还提出了治理修复类、能力建设、调查统计、示范区建设四个方面，共 20 项重大工程项目，其中与生态环境保护直接相关的包括"蓝色海湾"整治工程、"南红北柳"生态工程和"生态岛礁"修复工程等三大生态环境保护工程。"蓝色海湾"整治工程是要结合陆源污染治理，实施环境综合整治、退堤还海、清淤疏浚等措施，恢复和增加海湾纳潮量，因地制宜建设海岸公园、人造沙质岸线等海岸景观，推动 16 个污染严重的重点海湾综合治理，完成 50 个沿海城市毗邻重点小海湾的整治修复；"南红北柳"生态工程是要因地制宜开展滨海湿地、河口湿地生态修复工程。南方以种植红树林为代表，海草、盐沼植物等为辅；北方以种植柽柳、芦苇、碱蓬为代表，海草、湿生草甸等为辅；"生态岛礁"修复工程是要开展受损岛体、植被、岸线、沙滩及周边海域等修复，开展海岛珍稀濒危动植物栖息地生境调查和保育、修复，恢复海岛及周边海域生态系统的服务功能。实施领海基点海岛保护工程；开展南沙岛礁生态保护区建设。[①]

（三）建立和完善海洋生态环境保护制度

海洋行政主管部门把完善制度作为海洋生态环境保护工作的重要内容之一。2015 年，推广了海洋生态红线制度、海洋生态损害赔偿制度和海洋生态补偿制度，首次实践了海洋生态环境质量通报制度，开展了海洋资源环境承载能力监测预警制度试点。海洋生态环境质量通报制度是海洋行政主管部门履行法律赋予的海洋环境监督管理职责，通过对海洋环境突出问题、热点问题进行信息通报，督促沿海省市采取切实有效的措施保护海洋生态环境。2015 年 4 月，国家海洋局首次通报了山东省莱州湾海域环境存在三大问题，并要求沿岸地方政府落实责任、切实整改被通报的问题。

五、小结

2014 年，中国管辖海域海水环境质量总体良好，近岸局部海域海水环境污染依然严重。南海和黄海近岸海域海水污染程度相对较轻，而东海近岸海域的海水污染程度

[①] 王宏在全国海洋工作会议上的工作报告（摘编），国家海洋局网站，http://www.soa.gov.cn/xwzthdztbd/2016qghygzhyxwzx201601/t20160125_49859.html，2016 - 01 - 26。

相对较重。海水污染的季节变化非常显著，总体格局是秋季污染海域面积大，夏季面积小。监测的河口和海湾生态系统多处于亚健康或不健康状态。

在国家生态文明建设的总体部署下，海洋生态文明建设稳步推进，把中国海洋生态环境管理推向了新的高度。中国已经在海洋生态文明建设的框架下完成了海洋资源开发利用、海洋环境保护和海洋生态建设工作的顶层设计。构建合理的自然岸线格局、建设蓝色海湾、提升近岸海域海水质量将成为"十三五"期间海洋生态环境保护的重点任务。海洋生态环境保护的制度建设在2015年取得了新突破，海洋生态红线制度、海洋生态损害赔偿制度、海洋生态补偿制度和自然岸线保有率制度得以推广实施，海洋生态环境质量通报制度的实施初见效果，海洋资源环境承载能力监测预警制度试点工作稳步推进，污染物排放总量控制制度也将步入试点。这一系列制度将成为建设海洋生态文明的有力保障。

第十三章　中国海洋防灾减灾

海洋防灾减灾是海洋事业的重要组成部分，在保障沿海地区人民的生命财产、促进经济发展、应对气候变化和建设海洋强国等方面有着重要的意义。中国沿海地区人口密度大，经济发展迅速，重要基础设施的分布较为集中，面临海洋灾害危害的风险较大。建立科学、完善、综合、高效的海洋防灾减灾体系，是各级政府的重要任务。

一、海洋灾害类型及其影响

2014年，中国海洋灾害以风暴潮、海浪、海冰和赤潮灾害为主，各类海洋灾害造成直接经济损失136.14亿元，死亡（含失踪）24人。与近10年（2005—2014年）海洋灾害平均状况相比，2014年海洋灾害直接经济损失和死亡（含失踪）人数低于平均值，死亡（含失踪）人数为2000年以来最低值。

图13-1　2000—2014年海洋灾害直接经济损失和死亡（含失踪）人数。
资料来源：国家海洋局：2004—2014年《中国海洋灾害公报》，2005—2015年。

（一）赤潮和绿潮

近年来，由于近岸海水的富营养化、全球气候变化而导致的海水温度的变化等原因，中国近海的有害藻华发生频率不断提高，分布区域、规模和危害效应也在不断扩大，已成为中国最严重的海洋灾害之一。

1. 赤潮

2014年，中国沿海共发现赤潮56次，累计面积7 290平方千米。5月为赤潮的高发期，共发现赤潮22次，占发现总次数的39%，累计面积4 344平方千米，占总累计面积的60%。引发赤潮的优势种共有13种，其中多次引发的有东海原甲藻和抑食金球藻。

东海原甲藻爆发次数最多，共为25次，主要集中在5—7月。其中浙江沿岸发现16次，福建沿岸发现9次，两地累积面积达到2 491平方千米。河北秦皇岛发现大面积赤潮，持续85天，最大面积达到2 000平方千米。

表13-1 2014年发生的大型赤潮基本情况

省（自治区、直辖市）	起止时间	发生海域	赤潮优势种	最大面积（平方千米）
辽宁	5月30日至6月13日	辽宁湾东部海域	夜光藻	110
河北	6月11—15日	秦皇岛附近海域	夜光藻、微小原甲藻	228
河北	9月13—17日	渤海中部海域	米氏凯伦藻	400
河北	5月15日至8月7日	秦皇岛附近海域	抑食金球藻	2 000
天津	8月26至9月25日	天津滨海新区附近海域	离心列海链藻、多环旋沟藻、叉状角藻	300
山东	9月21—23日	烟台长岛县附近海域	海洋卡盾藻	890
浙江	5月21日至6月5日	舟山嵊泗海域	东海原甲藻	170
浙江	9月7—9日	舟山嵊泗海域	东海原甲藻、米氏凯伦藻	200
浙江	5月21日至6月3日	舟山普陀海域	东海原甲藻	300
浙江	5月27日至6月3日	舟山朱家尖海域	东海原甲藻	400
浙江	5月21日至6月9日	台州温岭海域	东海原甲藻	100
浙江	5月19日至6月11日	温州苍南海域	东海原甲藻	320

续表

省（自治区、直辖市）	起止时间	发生海域	赤潮优势种	最大面积（平方千米）
福建	5月8—15日	莆田南日岛附近海域	东海原甲藻	600
广东	4月11—23日	惠州大亚湾马鞭洲以北海域和澳头湾	红色赤潮藻、多纹膝沟藻	100
广东	11月25—27日	茂名市博贺岛附近海域	夜光藻	300
广东	7月21日至8月13日	湛江近岸海域	中肋骨条藻	140

资料来源：国家海洋局：《2014年中国海洋灾害公报》，2015年。

近10年来，中国沿海赤潮分布面积累计达142 000平方千米，造成直接经济损失23.7亿元。2004年、2005年赤潮分布海域面积较大，均超过26 000平方千米；从2011年起，赤潮的发生次数和累计面积均开始有所减少。2014年赤潮的发生次数和累计面积比2013有所增加。

表13-2　2004—2014年赤潮的基本情况

年份	发生次数	累计面积（平方千米）	直接经济损失（亿元）
2004	96	26 630	0.01
2005	82	27 070	0.69
2006	93	19 840	—
2007	82	11 610	0.06
2008	68	13 738	0.02
2009	68	14 102	0.65
2010	69	10 892	2.06
2011	55	6 076	0.03
2012	73	7 971	20.15
2013	46	4 070	0
2014	56	7 290	0

资料来源：国家海洋局：2004—2014年《中国海洋灾害报告》，2005—2015年。

2. 绿潮

浒苔是引发中国绿潮灾害的主要种类。2008 年以来，浒苔灾害连续发生，爆发面积大，持续时间长，给当地经济社会的发展和居民的生产生活造成严重影响。2014 年，绿潮影响的岸线比较长，达到卫星可监测规模时间与 2013 年基本一致。2014 年绿潮分布的面积较广，为 5 年以来的最高值。在发生发展过程中，北纬 35°以南海域的绿潮持续存在，对当地渔业、水产养殖、旅游等经济活动产生了一定的影响。

2014 年初，绿潮影响中国黄海沿岸海域，覆盖面积于 7 月 3 日达到最大值，约 540 平方千米，分布面积于 7 月 14 日达到最大值，为 50 000 平方千米。2014 年 4 月初在江苏如东附近海域发现零星绿潮分布，6—7 月间绿潮面积增加，并且向北漂移，持续影响日照、青岛、烟台和威海沿海，至 8 月中旬，绿潮基本消亡。

表 13 - 3 2008—2014 年中国黄海沿岸海域绿潮的基本情况

年份	主要影响区域	最大分布面积（平方千米）	最大覆盖面积（平方千米）	种类
2008	山东青岛	25 000	650	浒苔
2009	山东青岛、烟台、威海、日照	58 000	2 100	浒苔
2010	山东青岛、烟台、威海、日照	29 800	530	浒苔
2011	山东青岛、烟台、威海、日照	26 400	560	浒苔
2012	山东青岛、烟台、威海、日照	19 610	267	浒苔
2013	山东青岛、烟台、威海、日照 江苏连云港、盐城	29 733	790	浒苔
2014	山东青岛、日照和江苏盐城、连云港	50 000	540	浒苔

资料来源：国家海洋局：2012—2014 年《中国海洋灾害公报》，2013—2015 年。

（二）风暴潮与海浪

风暴潮与海浪灾害一年四季均可发生，是对中国造成人员伤亡和经济损失最大的海洋灾害类型。南起海南岛、北至辽东半岛的广阔海岸均可能遭受袭击。受全球气候变化的影响，海洋风暴潮灾害逐渐北移，江苏、山东、辽宁等地受风暴潮灾害威胁增大，对当地社会经济的发展造成一定的影响。

1. 风暴潮

2014年，中国沿海共发生风暴潮过程9次，造成直接经济损失135.78亿元。其中台风风暴潮过程5次，全部造成灾害，直接经济损失134.69亿元，死亡（含失踪）6人；温带风暴潮过程4次，2次造成灾害，直接经济损失1.09亿元，均未造成人员死亡（含失踪）。总体来说，2014年风暴潮灾情偏重，直接经济损失为前五年平均值的1.41倍。其中，广东省、海南省和广西壮族自治区直接经济损失分别为60.41亿元、36.58亿元和28.30亿元，占风暴潮全年直接经济损失的92%。

2014年，台风风暴潮过程发生次数偏少，但单次灾害过程强度大、损失重，主要影响中国广东雷州半岛东岸和海南东北部沿海地区。温带风暴潮过程明显偏少，其中"141008"温带风暴潮过程持续时间较长，影响范围较广，中国北起辽宁南至福建等8个沿海省市，除天津市外，均出现了超过当地警戒潮位的现象，山东、江苏和福建三地受灾较为严重。

表 13-4 2014 年沿海风暴潮灾害损失的基本情况

省（自治区、直辖市）	受灾人口（万人）	死亡(含失踪)人数(人)	农田（公顷）	水产养殖（公顷）	海岸工程（千米）	房屋（间）	船只（艘）	直接经济损失（亿元）
山东	0.03	0	820	1 410	11.26	69	21	1.40
江苏	—	0	0	12 750	23.78	0	0	0.47
浙江	93.07	0	0	9 550	6.74	60	202	4.33
福建	8.65	0	2 490	14 190	13.67	53	413	4.29
广东	514.99	0	660	45 370	20.37	11 717	1 213	60.41
广西	224.78	0	3 730	8 830	75.97	0	501	28.30
海南	254.02	6	22 530	14 580	28.11	22 674	4 044	36.58
合计	1 095.54	6	30 230	106 800	179.90	34 573	6 394	135.78

资料来源：国家海洋局：《2014年中国海洋灾害公报》，2015年。

1409号超强台风"威马逊"是1949年以来登陆中国的最强台风。台风"威马逊"于7月18日在海南文昌登陆，登陆时中心气压910帕，最大风速60米/秒。受风暴潮和近岸浪的共同影响，广东、广西和海南三省因灾直接经济损失合计80.8亿元。广东省受灾人口256万人，紧急转移安排人口34.94万人，直接经济损失28.82亿元。广西壮族自治区受灾人口 155.43 万人，直接经济损失 24.66 亿元。海南省受灾人口 132.3 万人，死亡（失踪）6 人，直接经济损失 27.32 亿元。

1415 号台风"海鸥"在海南省文昌市翁田镇沿海登陆。受风暴潮和近岸浪的共同影响，广东、广西和海南三地因灾直接经济损失合计 42.75 亿元。台风导致沿海多个地区风暴增水，广东省多地最高潮位超过警戒潮位。

10 月 8—12 日，黄海和东海沿海出现了一次较强的温带风暴潮过程，山东、江苏和福建三地因灾直接损失合计 1.01 亿。

表 13 – 5 2004—2014 年风暴潮灾害的基本情况

年份	发生次数（次）	致灾次数（次）	受灾人次（万人）	死亡（含失踪）人数（人）	直接经济损失（亿元）
2004	19	9	1 614.2	49	52.2
2005	20	10	2 316.9	137	329.80
2006	28	5	2 688.3	327	217.11
2007	30	9	428.32	18	87.15
2008	25	11	1 762.18	56	192.24
2009	32	8	872.12	57	84.97
2010	28	8	437.07	5	65.79
2011	22	6	234.68	0	48.81
2012	24	9	752.18	9	126.29
2013	26	14	1 380.34	0	153.96
2014	9	7	1 095.54	6	135.78

资料来源：国家海洋局：2004—2014 年《中国海洋灾害公报》，2005—2015 年。

2. 海浪

2014 年，中国近海共出现有效波高 4 米以上的灾害性海浪过程 35 次，其中台风浪 11 次，冷空气浪和气旋浪 24 次，造成直接经济损失 0.12 亿元，死亡（含失踪）18 人。海浪灾害造成的直接经济损失较少，为前五年平均值（5.49 亿元）的 2%，死亡（含失踪）人数为近 5 年平均值（83 人）的 22%。海浪灾害造成人员和直接经济损失集中在江苏、浙江、福建、广东和海南等省。

第五部分 保护海洋生态环境

表13–6 2014年沿海各省（自治区、直辖市）海浪灾害损失统计

省（自治区、直辖市）	死亡（含失踪）人数（人）	水产养殖受灾面积（公顷）	海岸工程损毁（千米）	船只损毁（艘）	直接经济损失（万元）
江苏	0	0	0	20	410.0
浙江	13	0	0	7	394.0
福建	2	0	0	3	88.0
广东	3	0	0	0	2.1
海南	0	0	0	7	309.9
合计	18	0	0	37	1 204.0

资料来源：国家海洋局：《2014年中国海洋灾害公报》，2015年。

表13–7 2004—2014年灾害性海浪的基本情况

年份	发生次数	死亡（含失踪）人数（人）	直接经济损失（亿元）
2004	35	91	2.07
2005	66	234	1.91
2006	55	165	1.34
2007	50	143	1.16
2008	33	96	0.55
2009	32	38	8.03
2010	35	132	1.73
2011	37	68	4.42
2012	41	59	6.96
2013	43	121	6.3
2014	35	18	0.12

资料来源：国家海洋局：2004—2014年《中国海洋灾害公报》，2005—2015年。

（三）海冰

中国沿海地区受全球气候变化的影响，海冰盛冰期天数、冰级呈下降趋势。2013/

2014 年冬季，渤海和黄海北部受海冰灾害影响，直接经济损失 0.24 亿元，是前五年平均值（15.39 亿元）的 2%，为 2012/2013 年的 7%。

2016 年 1 月，受寒潮影响，海冰发展的速度非常快。根据卫星监测结果，1 月 24 日，辽东湾海域海冰分布面积为 18 910 平方千米；渤海湾海冰分布面积 8 173 平方千米；莱州湾海冰分布范围 2 962 平方千米；黄海北部海域海冰分布面积为 5 065 平方千米。大面积的海冰对渔业捕捞、养殖业、航运以及岛居民的生活带来了不利的影响。

表 13-8 2013/2014 年渤海及黄海北部冰情

影响海域	初冰日	终冰日	浮冰最大覆盖面积（平方千米）	浮冰离岸最大距离（海里）	一般冰厚（厘米）	最大冰厚（厘米）
辽东湾	2013 年 12 月 13 日	2014 年 3 月 6 日	13 012	62	5~15	30
莱州湾	2013 年 12 月 23 日	2014 年 2 月 17 日	99	<5	5	10
黄海北部	2013 年 12 月 21 日	2014 年 3 月 2 日	3 920	14	5~10	20

资料来源：国家海洋局：《2014 年中国海洋灾害公报》，2015 年。

（四）海平面上升

气候变暖导致陆源冰融化和海水热膨胀是海平面上升的主要原因。自 19 世纪中叶以来，全球海平面上升速率高于过去 2000 年以来的平均速率。1901—2010 年，全球海平面平均上升了 0.19 米。1901—2010 年全球海平面上升的平均速率约为 1.7 毫米/年，1971—2010 年为 2.0 毫米/年，1993—2010 年为 3.2 毫米/年，海平面上升速率明显加快。[1]

中国沿海海平面变化总体呈波动上升趋势。1980—2014 年，中国沿海海平面上升速率为 3 毫米/年，高于全球平均水平。2014 年，中国沿海海平面较常年高 111 毫米，较 2013 年高 16 毫米，为 1980 年以来第二高位。

2014 年，中国沿海海平面变化区域特征明显。与常年相比，渤海、黄海、东海和南海沿海海平面分别升高 120 毫米、110 毫米、115 毫米和 104 毫米。与 2013 年相比，东海沿海海平面升幅最大，为 38 毫米；黄海和渤海沿海海平面次之，分别升高 22 毫米和 13 毫米，南海沿海海平面降低 10 毫米。

2014 年，2 月渤海至东海北部、3 月渤海至黄海、4 月和 10 月渤海至东海北部的海平面分别较常年同期高 225 毫米、159 毫米、128 毫米和 186 毫米，均达 1980 年以来同期最高值。

---

[1] 联合国政府间气候变化委员会：IPCC 第五次评估报告《气候变化 2013：自然科学基础》，2013 年。

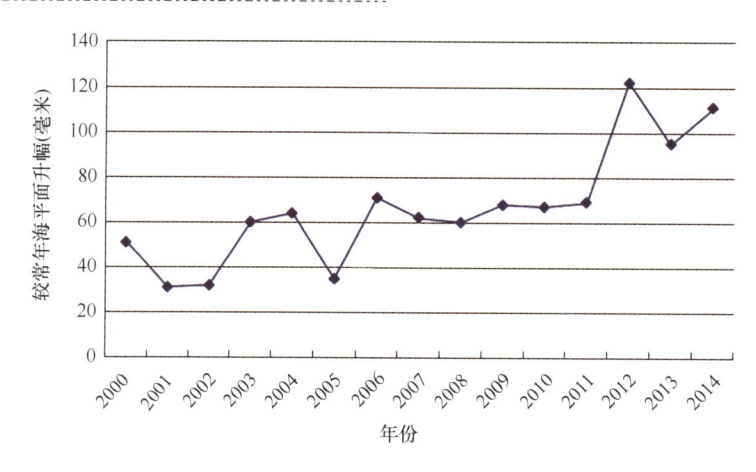

图 13－2　2000—2014 年中国沿海海平面变化

1975—1993 年的平均海平面定为常年平均海平面（简称常年）。
资料来源：国家海洋局：2000—2014 年《中国海平面公报》，2001—2015 年。

（五）海岸侵蚀

2014 年重点岸段海岸侵蚀监测显示，中国砂质海岸和粉砂淤泥质海岸侵蚀严重。辽宁省绥中地区海岸侵蚀长度和速度明显加大。江苏省振东河闸至射阳河口粉砂淤泥质海岸岸段平均侵蚀速度为 14.1 米/年，对比 2013 年速度减缓。南海地区海岸侵蚀加重，广东雷州市赤坎村段和海南海口市镇海村段平均侵蚀速度为 5 米/年。海岸侵蚀造成土地流失，房屋、道路、沿岸工程、旅游设施和养殖区域损毁，给沿海地区的社会经济带来较大损失。

表 13－9　2014 年重点监测海岸侵蚀情况

省（自治区、直辖市）	重点岸段	侵蚀海岸类型	监测海岸长度（千米）	侵蚀海岸长度（千米）	平均侵蚀速度（米/年）
辽宁	绥中	砂质	112.5	34.9	2.5
	盖州	砂质	12.8	5.5	1.4
山东	龙口至烟台	砂质	246.7	6.8	2.8
江苏	振东河闸至射阳河口	粉砂淤泥质	61.6	35.3	14.1
上海	崇明东滩	粉砂淤泥质	48.0	2.9	4.4
广东	雷州市赤坎村	砂质	0.8	0.8	5.0

续表

省（自治区、直辖市）	重点岸段	侵蚀海岸类型	监测海岸长度（千米）	侵蚀海岸长度（千米）	平均侵蚀速度（米/年）
海南	海口市镇海村	砂质	1.4	0.9	5.0
	海口市南渡江	砂质	10.7	10.5	3.9

资料来源：国家海洋局：《2014 年中国海洋灾害公报》，2015 年。

（六）海水入侵与土壤盐渍化

2014 年，渤海滨海平原地区海水入侵较为严重，主要分布于辽宁盘锦地区、河北秦皇岛、唐山和沧州地区，山东滨州和潍坊地区，海水入侵距离一般距岸 13～30 千米。与 2013 年相比，山东潍坊寒亭监测区个别站位氯离子含量明显升高，辽宁营口、河北沧州、山东烟台监测区入侵范围有所扩大。

黄海、东海和南海沿岸海水入侵影响范围较小，除江苏盐城和浙江台州、温州监测区海水入侵距离稍大外，其他监测区海水入侵距离一般距岸 5 千米以内。与 2013 年相比，辽宁丹东、山东青岛、江苏连云港监测区海水入侵范围有所扩大，浙江台州和温州、福建长乐、广东湛江监测区海水入侵范围略有所增加，辽宁丹东、山东青岛、广东湛江个别站位氯离子含量明显升高。

2014 年，土壤盐渍化较严重的区域主要分布于辽宁、河北和山东滨海平原地区。与 2013 年相比，河北秦皇岛和唐山土壤盐渍化范围稍有扩大，山东潍坊监测区在枯水期时近岸站位含盐量略有上升，威海监测区近岸站位含盐量明显上升。

表 13-10　2014 年重点监测区海水入侵范围

省（自治区、直辖市）	监测断面	断面长度（千米）	重度入侵距岸距离（千米）	轻度入侵距岸距离（千米）
辽宁	盘锦清水乡永红村	17.81	—	17.18
	营口盖州团山乡西河口	3.86	3.77	3.78
	锦州小凌河西侧娘娘宫镇	5.36	4.32	>5.36
河北	秦皇岛抚宁	15.93	11.74	15.36
	唐山梨树园村	29.01	9.75	19.79
	唐山市尖坨子村	37.94	—	28.12
	沧州黄骅南排河镇赵家堡	21.31	—	>21.31
	沧州渤海新区冯家堡	18.08	—	>18.08
	沧州黄骅南排河镇西高头	42.52	—	>42.52

续表

省（自治区、直辖市）	监测断面	断面长度（千米）	重度入侵距岸距离（千米）	轻度入侵距岸距离（千米）
山东	滨州沾化县	22.48	>22.48	>22.48
	潍坊寿光市	21.66	21.37	>21.66
	潍坊滨海经济技术开发区	20.22	20.22	>20.22
	潍坊寒亭区央子镇	15.97	>15.97	>15.97
江苏	盐城大丰裕华镇Ⅱ	10.56	8.11	10.01
浙江	台州临海杜桥	15.68	10.37	14.38
	温州温瑞平原瑞安区	9.49	—	8.87
福建	福州长乐漳港镇Ⅱ	4.03	1.27	3.10
广东	湛江世乔	3.77	1.64	>3.77
广西	北海大王埠	2.71	1.35	1.43
海南	三亚Ⅰ	0.66	0.49	0.55

资料来源：国家海洋局：《2014年中国海洋灾害公报》，2015年。注：表中符号"—"表示未发生。

二、"十二五"期间海洋防灾减灾体系建设

随着全球气候变化，近年来，海洋灾害频率和强度总体呈上升趋势，灾害损失呈增大趋势，使海洋防灾减灾工作面临新的挑战。"十二五"期间，国家和各级政府在海洋防灾减灾的投入持续增加，在各个关键领域都取得了一系列的进展，防灾减灾体系建设的重点从国家向着省、市、地方多个层次推进。

（一）国家海洋防灾减灾工作进展

在国家层面上，根据《国家综合防灾减灾规划（2011—2015）》，中国的海洋防灾工作在完善相关体制机制，加强海洋灾害防御、风险管理、监测预警、信息服务和应急反应能力等方面取得了显著的进展。

1. 防灾减灾政策体系进一步完善

"十二五"期间，海洋防灾减灾体系建设逐渐成为国家经济社会发展的重要任务，相关的政策和规划进一步完善，各项工作的重点更加明确，海洋防灾减灾工作

向着制度化、规范化的方向发展，为进一步推进海洋防灾减灾工作奠定了良好的基础。

2012年颁布实施的《海洋观测预报管理条例》，主要就海洋观测网的统一规划与建设、海洋观测站（点）和观测环境的保护、海洋观测资料汇交和共享、海洋预报警报信息发布等作了规定。该条例的颁布实施，标志着中国的海洋观测预报工作进入了法制化轨道，填补了海洋观测预报领域的法律空白。

2013年，国家海洋局颁布了《警戒潮位核定管理办法》，要求海洋部门全面开展沿海警戒潮位的核定，使风暴潮灾害防御等海洋防灾减灾的决策依据更加精细化、科学化，避免无谓的人力、物力和财力损耗。

2014年，国家海洋局颁布了《全国海洋观测网规划（2014—2020年）》，提出到2020年，建成以国家基本观测网为骨干、地方基本观测网和其他行业专业观测网为补充的海洋综合观测网络，覆盖范围由近岸向近海和中远海拓展，由水面向水下和海底延伸，实现岸基观测、离岸观测、大洋和极地观测的有机结合，初步形成海洋环境立体观测能力。建立与完善海洋观测网综合保障体系和数据资源共享机制，进一步提升海洋观测网运行管理与服务水平。

2014年，国家发展改革委发布了《国家应对气候变化规划（2014—2020年）》，提出了中国积极应对气候变化的指导思想和主要目标，明确了控制温室气体排放、适应气候变化影响等重点任务。在海洋领域，规划提出要加强海岸带综合管理、海洋生态系统监测和修复、保障岛礁安全。

2. 海洋灾害防御体系初步建立

"十二五"期间，在推进海洋观测体系建设、建立海洋灾害风险评估与区划技术体系、提高公民的海洋防灾减灾意识等方面，取得了一系列进展，初步建立起了全面、多维度的海洋灾害防御体系。

国家海洋局着力提升海洋观测能力建设，从"十二五"初期到2013年，海洋观测站点从106个增加到现在的129个，浮标站位从12个增加到42个，初步形成由10套地波雷达、28套X波段雷达和2套测冰雷达组成的雷达观测系统。2012年发射的首颗海洋动力环境卫星"海洋二号"A卫星，集主、被动微波遥感器于一体，具有高精度测轨、定轨能力与全天候、全天时、全球探测能力，填补了中国实时获取海洋动力环境要素的空白。海洋环境与灾害应急天空地遥感综合监测技术的应用极大地提高了赤潮监控、溢油灾害遥感监测、近岸水质监测、灾害性海况预报的技术水平。

"十二五"期间，国家海洋局开展了海洋灾害风险评估和区划试点工作，目前已基本完成国家尺度、河北省、江苏省南通市、浙江省平阳县、苍南县、舟山市普陀区和

第五部分 保护海洋生态环境

福建省连江县四级尺度海洋灾害风险评估和区划工作。制作了风暴潮、海啸、海浪、海冰、海平面上升等5个灾种的危险性、脆弱性及风险等系列成果图件，客观反映了中国沿海海洋灾害风险情况，对沿海地方社会经济建设布局、海洋资源开发与利用、灾害防御以及沿海大型工程等具重要指导意义。在试点基础上，完成了《风暴潮灾害重点防御区划定技术导则》和《海洋灾害承灾体调查与评价技术规程》等5个灾种区划技术导则制定工作，初步形成了海洋灾害风险评估和区划技术标准体系，为全面推动该项工作奠定了基础。

为普及海洋防灾减灾知识和增强海洋防灾意识，各级海洋部门积极组织各种宣传活动。在每年全国防灾减灾日活动中，通过减灾宣传片播映、减灾装备实物展示、减灾专家现场咨询，并向广大市民发放《海洋灾害防御知识手册》等各种方式，向公众生动展示了海洋灾害的成因和危害，宣传了避灾避险的基本常识。

3. 预报预警服务体系基本形成

"十二五"期间，各级预报机构进一步提升海洋预报预警报技术水平，提高海洋预报产品的覆盖面和精细度，建立了及时、准确地发布海洋灾害信息的多种渠道，基本形成"观测－预警－服务"链条式海洋灾害预警服务与保障体系，在降低海洋灾害造成的损失方面发挥了重要的作用。

"十二五"期间，国家海洋环境预报中心研发的全球风场、海浪、三维温盐流和两极海冰数值预报系统正式对外发布预报产品。目前的预报产品还包括风暴潮、海啸、海冰、赤潮、海上搜救以及海洋气候预测等。全球海洋数值预报产品制作、分发及可视化一体的全球海洋数值预报业务化应用系统于2013年10月正式上网业务化试运行，填补了中国缺乏全球海洋环境数值预报产品的空白。2013年成立的国家海洋局海啸预警中心同时承担着联合国教科文组织南海海啸预警中心的任务，在加强海啸预报预警方面有着重要的作用。针对滨海旅游、渔业等海洋产业，开发了滨海旅游区海洋环境预报保障与应急服务和渔业环境保障服务等针对性较强的预报产品。

国家海洋环境预报中心的预报产品以国家海洋预报台的名义，通过中央电视台、中央人民广播电台向社会公开发布，还利用传真、电传、卫星通讯网络、公众邮电网络、微信、微博、手机短信等多种途径向社会发布、传输。

4. 海洋应急救灾体系发挥效力

"十二五"期间，在完善海洋灾害应急预案的管理制度、开展应急演练等方面，通过科学指导和实践，积累了丰富的经验，完善了已有的制度，提高了应急救灾反映的能力和效率。

根据《中华人民共和国突发事件应对法》，中国目前已形成了"一案三制"的应急管理体系，颁布了《风暴潮、海浪、海啸和海冰灾害应急预案》《赤潮灾害应急预案》《海上搜救应急预案》《海上石油勘探开发溢油应急响应执行程序》和《海洋石油勘探开发溢油事故应急预案》，对海洋灾害的应急标准、程序和职责分工做出了详细的规定。2015 年，国家海洋局根据近年来取得的应急工作实际经验，对《风暴潮、海浪、海啸和海冰灾害应急预案》进行了修订，进一步提高了海洋灾害应对工作的科学性和可操作性。

2014 年 7 月，国家海洋局在国家海洋环境预报中心开展海洋灾害应急演练，国家海洋局、北海分局、东海分局、南海分局，福建省海洋与渔业厅，国家海洋环境预报台等多家单位和部门协同配合，共同参与演练。演练全程通过海洋预报远程视频会商系统进行，开展了台风风暴潮、海浪灾害预警联合会商和分析研判。国家海洋局还开展了海上搜救应急环境保障演练。演练中，国家海洋局为现场搜救行动提供气象海况预报，并开展落水人员和救生筏的漂移预测，提出搜救范围建议，同时成立了专门的海上作业团队来检验演练效果。通过应急演练，增加了应对海洋灾害的经验，加强了各部门之间的协调和合作。

（二）地方海洋防灾减灾体系建设进展

海洋减灾综合体系的建立不仅需要在国家层面的推动，各级地方政府在其中具有重要的作用。"十二五"期间，地方海洋防灾减灾工作也取得了很大进展。建立因地制宜、科学务实的地方海洋防灾减灾体系，对于加强国家和地方协调、增强综合防灾减灾能力具有重要的意义。

现以国家海洋减灾综合示范区以及福建省和山东省为例，介绍沿海地方海洋防灾减灾体系建设进展。

1. 海洋减灾示范区建设总体进展顺利

2014 年 5 月，国家海洋局发文《关于开展"海洋减灾综合示范区"建设工作的通知》，将浙江省温州市、山东省寿光市、福建省连江县、广东省大亚湾区列为全国首批"海洋减灾综合示范区"城市。按照该通知要求，示范区城市要建立当地政府引导、海洋部门牵头的海洋灾害防御体制，对现有的观测预警、风险防范、应急响应、决策服务等工作成果进行整合、集成和检验，加强精细化预警报能力建设，推动建立海洋灾害风险管理、应急预案管理、海洋灾情统计、地方决策服务等海洋减灾综合管理体系，探索建立海洋灾害损失评价制度、灾损风险转移机制，健全海洋防灾减灾救灾业务体制机制。海洋减灾综合示范区的建立对于深化海洋减灾综合体系各项制度，在关键领域取得突破有着积极的示范作用。

目前，国家海洋示范区建设工作总体进展顺利。各示范区基本建立了"横向到边、纵向到底"的，由当地政府主导、海洋各部门牵头的市、县、镇、社区（村）海洋灾害防御机制。

2. 福建省重点推进"百千万"工程

福建省各级政府高度重视海洋防灾减灾工作。在海洋防灾减灾中，重点推进了"百千万"工程，该工程的内容包括：百个渔港建设、千里岸线减灾、万艘渔船应急。

百个渔港建设。通过"百个渔港建设"工程，近几年来，福建省不断地推进渔港建设，使渔港的数量与质量同步提升。截至2013年年底，福建省共建设了244个渔港（中心渔港10个，一级渔港11个，二级渔港45个，三级渔港178个），解决了4万余艘渔船就近避风锚泊问题，约占全省渔船总数的71%。

千里岸线减灾工程。通过"千里岸线减灾"工程，福建省自2004年起，历时近10年建成了海洋立体实时观测网，是目前国内多种监测设备构成的运行时间最长的实时监测系统。在台湾海峡及福建近岸构建了浮标潜标、岸基台站、地波雷达及卫星遥感，建立了风场、浪场、温盐流场、台风、浪场和风暴潮等数值预报系统，研制开发了相关的海洋防灾减灾应用系统以及政府防灾决策支持系统。系统直接应用于福建省海洋防灾决策支持，提高了海洋灾害预警报准确度，为全省防御海洋灾害，保障海上安全生产等方面提供了有力的支撑。2012年，福建省海洋与渔业厅历经3年核定的全省沿海33个岸段四色警戒潮位值，经省政府批准公布，福建成为全国首个完成警戒潮位核定工作的省份。针对新核定的警戒潮位值，先后组织修订了《福建省渔业防台风应急预案》《福建省风暴潮灾害应急预案》《福建省渔业船舶安全突发事件应急预案》。

万艘渔船应急工程。通过"万艘渔船应急"工程，在2011年开发的全国海洋渔业生产安全环境保障服务系统的基础上，福建省根据实际工作的需要，先后完成了系统建设技术方案制定、数据传输网络建设、渔船基础数据整理、渔船动态监控数据库补充完善等工作，使福建省实现了渔船静态资料、动态船位信息、短信、预警报产品信息与国家、海区系统平台的数据交换。目前正在运行的海上渔业应急指挥系统主要由省、市、县三级指挥中心、海上渔业安全综合信息管理平台、船用终端（手持终端、船载终端）和配套的通信网络四部分构成，系统平台已覆盖福建沿海市、县。它能辅助各级渔业行政主管部门在应急情况下，按"统一指挥，分级管理"的原则，有效处置各种突发事件，最大限度地减少灾害损失，保障渔民群的生命财产安全。

福建省的经验证明海洋防灾减灾体系的建设需要长期、持续的投入以及在国家、省、市等各级政府的协同努力。在国家防灾减灾体系建设的基础上，根据地方的实际需要，在重点领域、技术和项目上进行深入的工作，能够更好地发挥防灾减灾体系的作用。

3. 山东省启动海洋预报减灾体系建设

山东省于2015年颁布了《山东省海洋预报减灾体系建设方案（2015—2017年）》（以下简称《方案》），提出将启动海洋预报减灾体系建设，三年内建立省、市、县三级分工明确、协作有序、运行规范的海洋预报减灾体制机制，海洋预报减灾能力明显提升，满足海洋经济产业快速发展、海洋防灾减灾工作不断突出的需求。《方案》明确了海洋预报减灾体系建设的基本原则、建设内容、进度安排和保障措施，完善了海洋防灾减灾体系建设的顶层设计。

在体制建设上，《方案》提出要在2015年年底前组建山东省海洋减灾中心，沿海地市海洋主管部门设立海洋预报台、海洋减灾中心，沿海县（市、区）海洋主管部门设立海洋预报服务站、海洋减灾中心，完善省、市、县三级海洋预报减灾体制。2015年12月山东省编委会办公室正式批复设立"山东省海洋预报减灾中心"。东营市、潍坊市、烟台市、滨州市局都成立了相应的海洋预报减灾业务机构，其中3个市实现了业务化运行。长岛、文登、寿光、沾化等试点县局也都根据编委的批复，采取加挂牌子、增加职责的方法成立了业务机构。山东全省海洋预报减灾体系建设基本框架已经建立，初具雏形。

在机制建设上，《方案》提出要建立健全观测预报和防灾减灾管理标准规范，制定海洋观测管理、观测资料审核、数据传输、海洋预警报视频会商、预报产品发布、灾情调查评估报告等制度，逐步形成科学高效的海洋预报减灾运行管理机制。2015年年底前完成部分业务流程和应急处置制度机制编制工作，确保预报减灾体系的试运行；2016年年底前全部完成管理标准规范和其他制度机制的编制工作，为海洋预报减灾体系的科学化、规范化运行提供制度机制保障。

为加强不同部门在海洋防灾减灾工作上的协调机制，山东省海洋与渔业厅和省气象局本着"加强合作、优势互补、资源共享、服务发展"的原则，签署了《山东省海洋气象战略合作协议》，为全面深化部门间的交流与合作奠定了良好的基础。根据合作协议，双方将在重点领域开展合作，实现观测设施共建、观测数据共享、气象信息共用，进一步完善联合会商和预警评估机制，增强海洋灾害性天气的观测能力、预警报发布能力、信息传播能力和"海上粮仓"建设的气象技术服务保障能力。

在能力建设上，《方案》提出要推进海洋观测能力和预警预报能力升级建设，提升海洋灾害应对决策支撑能力，开展海洋预报减灾综合数据传输网与数据库建设。初步建成以海洋站和浮标为主，雷达、志愿船、应急观测系统为辅的立体、实时、全覆盖的业务化观测网和观测动态监控平台，海洋预报减灾能力明显提升。三年内，建设改造20个海洋观测站，布放18个浮标，基本覆盖山东省每个警戒潮位岸段和近海海域。在东营市东营港和埕岛油田、潍坊市潍坊港、滨州市滨州港、威海市石岛湾建设5部中程地波雷达。同时，建设省、市两级海洋观测动态监控平台，对海洋站、浮标、志愿船、雷达等观测系统实时监控。

三、"十三五"期间海洋防灾减灾工作重点

经过多年的探索和实践，中国已经初步建立了综合、全面的海洋防灾减灾体系，主要体现在以下几方面。一是在中央和地方各个层面上，海洋防灾减灾的顶层设计进一步完善，相关的政策和机制逐步落实。海洋防灾减灾工作向着法制化和制度化的方向发展，灾前防御、应急反应、灾中统计、灾后恢复等各项制度已经初步形成。二是科学技术对海洋防灾减灾的支撑作用加强，海洋观测、灾害评估、预警预报等方面的技术水平得到了显著的提升，有效地降低了海洋灾害所带来的损失。三是海洋防灾减灾工作根据实际需求，为渔业生产、滨海旅游等重点行业提供了更加准确、精细的服务和更加坚实的保障，点面结合推进防灾减灾工作。四是中央和地方政府的分工更加明确，地方政府在因地制宜地推进海洋防灾减灾体系建设中发挥着越来越重要的作用。

未来在气候变化、人类活动和其他因素的累积作用下，海洋灾害对社会经济发展的影响有增加的趋势。"十三五"期间，要围绕国民经济和社会发展"十三五"规划纲要的任务要求，加强海洋气候变化研究，提高海洋灾害监测、风险评估和防灾减灾，加强海上救灾战略预置，提升海上突发环境事故应急能力。科学、高效地应对各类海洋灾害，需要在已有的基础上，重点做好以下几方面工作。

一是加强气候变化引发的缓发性灾害监测预评估研究。海洋灾害的种类上，随着全球气候变化和近岸生态环境的破坏，生态灾害以及与气候变化相关的海平面上升、海岸侵蚀、咸潮入侵、土壤盐渍化等缓发性海洋灾害愈加频繁。与缓发性海洋灾害和生态灾害相关的预测、预防、应对和适应将成为海洋防灾减灾工作的重点领域。这类灾害的不可预见性和复杂性较大，需要开展长期的监测、调查、评估和对策研究工作。与国际上发达国家相比，中国对这类海洋灾害的监测和研究工作还处于起步阶段，加强相关的调查研究工作，为沿海地区政府部门科学有效组织应对气候变化和生态灾害提供决策参考服务，将是未来海洋防灾减灾工作的重点领域。海岸带的自然生态系统如滨海湿地、红树林和珊瑚礁等，是抵御海洋自然灾害的重要防线。目前中国自然海岸线和海岸带生态系统受到的开发压力较大，生态系统退化的趋势明显。保护海洋自然生态系统，对于减少生态灾害、应对气候变化和抵御自然灾害具有重要的意义。

二是强化海洋综合防灾减灾关键技术研发与推广。目前中国海洋防灾减灾科技基础性工作仍然薄弱，综合防灾减灾关键技术研发与推广不够。应加强海洋灾害的基础科学研究，开展灾害形成机理和演化规律研究，推动跨领域、多专业的交叉科学研究，加强遥感、地理信息系统、导航定位等关键技术在海洋灾害领域的广泛应用，实现海洋灾害精细化预警以及风险管理的有效支撑。通过建立科学的指标体系和灾害风险评价制度，制定风险评估技术标准和规范，建立灾害损失与灾害风险评估模型，完善综合灾害风险管理系统，为海洋灾害防御工程提供服务和决策支撑。

三是建立和完善海洋防灾减灾的综合法律法规体系。目前中国颁布的《突发事件应对法》和《海洋观测预报管理条例》等一系列内容涉及防灾减灾的法律法规，多为部门性的规章制度，缺乏根本性、综合性的法律对包括海洋灾害在内各种自然灾害的事前准备、事中应对和事后处理，做出行之有效且具有普遍约束力的规定。在海洋灾害的应对上，往往出现多个部门职责交叉、各自为战的局面。这些都需要有关部门加大工作力度，尽快建立和完善防灾减灾综合法律体系，使我们在灾害面前反应更加迅速、分工更加明确、应对更加合理、处置更加得当。

四是提升公众参与海洋防灾减灾意识和能力。目前中国大部分的海洋防灾减灾工作仍然停留在政府层面，社区、企业、乡村等基层组织缺乏必要的灾害响应、救援和恢复机制和能力，灾害脆弱性较大。应开展和加强有针对性的海洋防灾减灾宣传；科学设计紧急避难场所、路线以及海洋减灾和应急标尺布设；鼓励保险部门及企业参与设计保险产品，推动海洋灾害损失风险转移机制的建立。构建政府部门之间灾害损失风险共担以及政府、社会和受灾群众为核心的风险分摊机制，增加灾后恢复的能力。

四、小结

经过多年的实践，中国的海洋防灾减灾工作在国家和地方多个层面上取得了一系列的进展，建立了较为完整的海洋防灾减灾体系。海洋防灾减灾工作受到各级政府的重视，其政策体系和各项制度进一步完善，与海洋观测、风险评估和区划、预报预警相关的科学技术水平不断提升，整体上向着"科学减灾、依法应对"的方向发展。海洋防灾减灾工作在重点行业和地区的推进为在关键领域的突破、各项制度的落实、更好地保障海洋经济的快速发展奠定了基础。随着气候变化和局部地区海岸带自然生态环境的退化，海洋灾害的不可预见性和复杂性增加，海洋防灾减灾工作任重道远。进一步完善海洋防灾减灾体系，使其向着更加科学、规范和多元化的方向发展，对于保障沿海地区人民生命财产安全、促进蓝色经济的持续增长、建设海洋强国具有极其重要的意义。

第六部分
维护国家海洋权益

第十四章　中国海洋法律

中国有着探索和利用海洋的悠久历史，形成了独具特色的古代海洋管理制度。随着国际海洋法传入中国，中国海洋法律制度开始了现代化进程。中华人民共和国成立后，海洋法律制度建设快速发展并不断完善，形成了对不同海洋区域和特定活动进行专门管理的现代海洋法律制度。

一、海洋法律制度概述

中国海洋法律制度是管理海洋事务相关法律规则和原则的总称，既规定了本国的海洋范围和权利，也规定了有关海域的管理规则，具有国际性和分区域管理的特点。由于受国际条约的深刻影响，国内海洋法律制度与《联合国海洋法公约》的基本制度体系保持一致；另一方面，在具体活动的规范和管理方面，中国海洋法律制度又呈现出一定特色。

（一）现行主要涉海立法

新中国成立后，特别是20世纪80年代以来，一大批关于领海、专属经济区和大陆架、渔业管理、海洋石油开发、海洋环境保护、海上交通和港口管理方面的法律法规相继出台，中国海洋法律制度迎来快速发展阶段。目前中国海洋法律制度的框架基本确立，涉及领域较为全面，可以分为规定本国的海洋范围和法律地位的基本海洋法制度和规定有关海域具体管理规则的海洋事务专门制度。

基本海洋法制度主要包括中国的领海、毗连区、专属经济区和大陆架制度。《联合国海洋法公约》将海洋划分为不同的海域，分别赋予不同法律地位和权利义务。为全面履行《联合国海洋法公约》规定，中国政府于1958年发表了关于领海的声明、1996年发表了关于领海基线的声明，又分别于1992年和1998年颁布了《领海及毗连区法》和《专属经济区和大陆架法》，明确了中国海洋权利主张范围，与邻国的海洋划界原则等重要问题，为维护领土主权和海洋权益提供了有力保障。

根据调整的领域不同，海洋事务专门制度主要包括海域使用管理、海洋环境保护、海洋资源开发、海洋科学研究、海上交通安全、海洋公益服务等制度。

在海域使用管理方面，2001年全国人大常委会颁布了《海域使用管理法》，中国海域管理进入法治化管理阶段。2007年《中华人民共和国物权法》确认了海域使用权与土地使用权同等重要的物权地位。国家海洋局陆续发布了《海域使用权管理规定》《海域使用权登记办法》和《海域使用金减免管理办法》等配套制度,进一步完善和发展了海域管理制度,对规范用海秩序、优化开发和保护布局起到了极为重要的作用。

在海洋生态与环境保护方面,中国于1982年通过了《海洋环境保护法》,并于1999年进行修订,设立了重点海域污染物总量控制、海洋功能区划、重大海上污染事故应急、海洋倾废管理、陆源污染防治、海岸和海洋工程污染防治、船舶污染防治等制度,颁布了相关的配套法律法规[①],公布了《海洋功能区划》《近岸海域环境功能区划》等相关标准。目前正在全国全面建立实施海洋生态红线制度,建立健全海洋生态损害赔偿制度和生态补偿制度。

在海洋资源开发与保护方面,中国于1986年和1987年出台了《渔业法》及《中华人民共和国渔业法实施细则》,并在2000年和2004年对《渔业法》进行两次修订,对加强渔业资源的保护、增殖和合理利用,促进渔业生产,保护渔业生产者合法权益起到了重要作用。除了渔业法律法规,中国与日本(1997年)、韩国(2000年)、越南(2000年)签订的渔业协定也是管理渔业活动的重要依据。目前中国已开采的海洋非生物资源主要是海洋石油、天然气和海砂。2004年《矿产资源法》、2001年修订的《对外合作开采海洋石油资源条例》(1982年颁布)为健全和规范矿产资源开发和管理秩序、促进国民经济发展提供了制度保障。

在海洋科学研究方面,1996年颁布的《涉外海洋科学研究管理规定》,与《公约》规定保持一致,在领海、专属经济区、大陆架不同区域进行的海洋科学研究活动适用不同的制度,并规定了相应的审批程序和法律责任。

在海上交通安全和港口监管方面,1983年颁布的《海上交通安全法》,规定了船舶检验和登记、船舶航行停泊和作业、安全保障、交通事故调查等问题,随后颁布的一系列法律法规[②]进一步明确了海上航行管理、航标航道管理、船员管理等内容,规范了海上交通秩序,保障了船舶航行安全。

在海岛保护方面,2009年《海岛保护法》确立了保护与合理开发并重的海岛管理制度,将海岛划分为有居民海岛、无居民海岛和特殊用途海岛三种类型分别进行管理,

---

① 为实施《海洋环境保护法》,国务院先后颁布、修订了《海洋石油勘探开发环境保护管理条例》(1983年)、《海洋倾废管理条例》(1985年)、《防治陆源污染物污染损害海洋环境管理条例》(1990年)、《自然保护区条例》(1994年)、《防治海洋工程建设项目污染损害海洋环境管理条例》(2006年)、《防治海岸工程建设项目污染损害海洋环境管理条例》(2007年)等多个配套条例。

② 《海上国际集装箱运输管理规定》(1990年)、《海上航行警告和航行通告管理规定》(1993年)、《船舶登记条例》(1995年)、《航标条例》(1995年)、《航道管理条例》(2009年)、《海上交通事故调查处理条例》(1990年)等。

设立了海岛规划、生态保护等基本制度。2010 年以来，国家海洋管理部门陆续制定一系列规章细化了海岛使用和保护措施。[①]

海洋公益服务方面，海洋自然灾害频发促使政府加强对海洋观测和预报活动的重视。2012 年国务院颁布了《海洋观测预报管理条例》，为海洋观测和预报管理工作提供了重要依据，对海洋观测网的统一规划与建设、海洋观测站（点）和观测环境的保护、海洋观测资料汇交和共享、海洋预报警报信息发布等作了规定。

此外，中国还加入了一系列有关海洋的国际公约，如：1966 年《国际船舶载重线公约》、1969 年《国际油污损害民事责任公约》、1972 年《国际海上避碰规则》、1974 年《国际海上人命安全公约》《1973 年国际防止船舶造成污染公约的 1978 年议定书》、2006 年《海事劳工公约》等。

（二）海洋法律制度的未来发展

为推动海洋事业进一步发展，促进海洋强国建设，必须发挥海洋立法的引领、推动和保障作用。2014 年 10 月，党的十八届四中全会做出了全面推进依法治国的重要部署，开启了依法治国新征程，对海洋立法建设提出了革新性要求。2015 年 9 月，中共中央、国务院印发了《生态文明体制改革总体方案》，对深化海洋生态文明制度建设做出了总体安排，特别是对健全海洋资源开发保护制度、完善海域海岛有偿使用制度、严格实行生态环境损害赔偿制度提出了具体要求。2015 年 11 月，党的十八届五中全会提出"创新、协调、绿色、开放、共享"五大发展理念，将生态文明制度体系建设提到了新的高度，也指明了未来健全完善海洋法律制度的主要思路。从中央有关文件精神可以看出，未来中国海洋法律制度发展将在以下几方面有所侧重：

一是维护国家安全、明确海洋权益主张。为落实海洋强国战略提供基本立场，为采取海洋维权措施提供明确的法律依据，使中国具备维护海洋安全、捍卫国家利益的制度保障，能够应对海洋权益面临的挑战。

二是保障海洋环境健康、推动生态文明建设。以提高海洋环境质量为核心，实行最严格的海洋环境保护制度，形成政府、企业、公众多元共治的海洋环境治理体系。统筹考量海洋利用与保护的一体化，推进多污染物排海综合防治，强化海上排污监管，严格海洋环境保护执法。

三是注重各类制度协调统一、提高立法质量。加快配套法规和实施细则的制定，增强法律的可执行性，提高海洋立法工作的针对性和前瞻性，为管海、用海、护海提

[①] 海岛使用和保护有关部门规章主要包括：《无居民海岛使用权登记办法》（2010 年）、《无居民海岛使用权证书管理办法》（2010 年）、《海岛名称管理办法》（2010 年）、《无居民海岛使用申请审批试行办法》（2011 年）、《领海基点保护范围选划与保护办法》（2012 年）等。

供坚实的制度保障，并且注重不同法律规范之间的衔接配合，减少不同行业海洋立法之间的冲突和重叠。

二、国家海洋立法发展

2015年，国家立法部门按照工作计划逐步推进了立法工作。《中华人民共和国国家安全法》（以下简称《国家安全法》）《中华人民共和国深海海底区域资源勘探开发法》（以下简称《深海海底区域资源勘探开发法》）等两部新法律获得通过，《海洋环境保护法》《海洋石油勘探开发环境保护管理条例》《海洋石油天然气管道保护条例》《海洋基本法》等法律法规的修订和研究论证工作也在推进。

（一）海洋立法计划

2015年4月10日，第十二届全国人民代表大会常务委员会修改通过了《全国人大常委会2015年立法工作计划》[1]，对年度法律案审议工作做出安排。重点领域立法包括继续审议的法律案、初次审议的法律案和预备项目。其中涉及海洋领域的主要有《国家安全法》和《深海海底区域资源勘探开发法》。

2015年4月13日，国务院办公厅印发了《国务院2015年立法工作计划》（国办发〔2015〕28号）[2]，具体立法项目分为全面深化改革和全面依法治国急需的项目、力争年内完成的项目、预备项目和研究项目四类。力争年内完成的项目涉及为了提高违法成本，保护和改善海洋环境，提请审议的《海洋环境保护法》修订草案；预备项目中涉及海洋领域的立法包括：交通运输部起草的《海上交通安全法》修订案、海洋局、能源局起草的《海洋石油天然气管道保护条例》、海洋局起草的《海洋石油勘探开发环境保护管理条例》修订案。第四类研究项目中涉及海洋领域的包括：海洋局起草的《海洋基本法》和农业部起草的《渔业法》修订案。

（二）海洋立法进展

1. 通过《国家安全法》

2015年7月1日全国人大常委会公布了《国家安全法》。《国家安全法》首次创造性地对外层空间、国际海底区域、极地等非传统领域的国家利益和安全问题做出了规

---

[1] http://www.npc.gov.cn/npc/xinwen/lfgz/lfdt/2015-05/25/content_1936926.htm.
[2] http://www.china.com.cn/news/txt/2015-09/03/content_36487134_2.htm.

定。明确了保卫领陆、内水、领海和领空安全是维护国家领土主权和海洋权益的重要任务,对维护国家海洋安全具有重要的指导意义,为下一步建立健全中国海上安全法律法规、加强海上执法力量、保障国家海上安全提供坚实的法律基础。

2. 通过《深海海底区域资源勘探开发法》

积极推进在公海及国际海底区域内的资源开发、科学调查等活动是中国海洋事业发展的一项重要任务。为了规范深海海底区域资源勘探、开发活动,保护海洋环境,推进深海科学技术研究、资源调查,中国一直积极开展深海立法研究和论证工作,加紧推进深海大洋资源勘探开发活动法律的制定。2016 年 2 月通过了《深海海底区域资源勘探开发法》。本法共 7 章 29 条,明确了立法目的、基本原则、管理体制,勘探、开发活动中享有的权利义务,环境保护义务,深海科学研究和资源调查规范,政府的监督检查,法律责任等内容。为了避免因深海海底区域资源勘探、开发活动管控不当而造成区域海洋环境破坏,本法设立专章强化对海洋环境的保护。承包者应当依照合同和国务院海洋主管部门的相关要求,研究勘探、开发区域的海洋状况,确定环境基线,制定和执行环境监测方案,监测勘探、开发活动对勘探、开发区域海洋环境的影响,并定期向有关部门报告。承包者对于发生的可能严重危害环境的事故,负有责任采取一切实际可行与合理的措施,防止、减少、控制对人身、财产、海洋环境的损害。这是中国第一部规范本国公民、法人或其他组织在国家管辖范围外海域从事资源研究、勘探、开发活动的法律,体现了中国积极履行缔约国义务,高度重视深海环境保护,同时填补了国内深海立法空白,对完善中国海洋法律体系、促进中国海洋事业的整体健康发展具有重要意义[①]。

3. 推进法治海洋建设

为深入贯彻落实党中央做出的全面推进依法治国的重要部署,规范海洋权力运行,2015 年 7 月,国家海洋局党组做出了《关于全面推进依法行政加快建设法治海洋的决定》[②],提出建成法治海洋的总体目标和路线图,明确了主要任务分工,将依规立章、依法履则、从严执法作为依法治海工作的重中之重。该决定对完善海洋立法,特别是规范立法程序提出明确要求,要求健全海洋立法中的专家咨询论证制度和公众参与立法机制,健全规范性文件制定程序,加强维护海洋安全和权益、完善海洋空间开发保

[①] 为人类和平利用深海资源作贡献, www. soa. gov. cn/xw/hyyw_90/201603/t20160302_50197. html, 2016 - 03 - 05。

[②] 国家海洋局党组关于全面推进依法行政加快建设法治海洋的决定, http://www. soa. gov. cn/zwgk/gsgg/201508/t20150807_39403. html, 2016 - 03 - 05。

护、海洋生态环境保护等重点领域的立法工作。在权力运行中，强调健全行政规则，加强行政决策程序建设，把公众参与、专家论证、风险评估、合法性审查和集体讨论决定作为重大决策的法定程序。该决定要求进一步加大取消下放行政审批事项力度，全面取消非行政许可审批事项。强调对权力运行的监督机制，多处体现了对于海洋管理机构的监督、海上执法活动的监督，积极推进建立海洋督察制度，强化内部层级监督和专项监督，建立全方位、常态化监督制度。2015年修改后的《中华人民共和国行政诉讼法》对海洋综合管理提出了更严格的要求，有助于海洋行政管理部门进一步明确管理职责，规范行政行为，建立权责一致的行政应诉工作机制。[1] 随着国务院简政放权、取消和调整行政审批项目工作的不断推进，国家海洋局加大取消下放行政审批事项力度，完善海洋行政许可审批制度，累计取消行政审批事项10项、下放2项，保留行政审批事项24项。2015年10月国家海洋局修订印发了《国家海洋局规范性文件制定程序管理规定》[2]，对国家局规范性文件的起草、审查、发布和清理进行严格管理，完成了有关规范性文件的清理工作。

此外，海洋生态环境保护立法工作也是涉海领域立法的重点任务。根据中共中央、国务院《水污染防治行动计划》和《关于加快推进生态文明建设的意见》等重要文件的规定，2015年6月，国家海洋局印发了《国家海洋局海洋生态文明建设实施方案（2015—2020）》，从源头严防、过程严管、后果严究、支撑保障四个方面对海洋生态文明建设提出综合要求。[3]

三、地方海洋立法发展

2014—2015年，地方人大和政府制定的涉海地方性法规和政府规章主要集中在海洋生态文明立法、海域使用管理、渔业资源利用和养护等方面。从地方立法机制的变化、立法数量的增加、立法重点的调整等方面可以看出，地方政府紧跟国家政策，法治海洋建设初显成效，地方海洋立法迎来新契机。

（一）地方法规制定权扩展

2015年3月15日，十二届全国人民代表大会第三次会议修改通过了新的《中华人

---

[1] 国家海洋局关于贯彻实施《中华人民共和国行政诉讼法》的通知，http：//www.soa.gov.cn/zwgk/zcgh/hyzf/201506/t20150625_38872.html，2016-03-05。

[2] 国家海洋局关于印发《国家海洋局规范性文件制定程序管理规定》的通知，http：//www.soa.gov.cn/zwgk/zcgh/fdzy/201511/t20151110_48842.html，2016-03-05。

[3] 王飞副局长就《国家海洋局海洋生态文明建设实施方案》答记者问，http：//www.soa.gov.cn/zwgk/zcjd/201508/t20150824_39666.html，2016-03-05。

民共和国立法法》(以下简称《立法法》)。根据修改后的《立法法》,制定地方性法规的权力下放到"设区的市",原来只有49个"较大的市"才拥有制定地方性法规的权力,现在扩展到284个"设区的市"。①

依据新修订的《立法法》,拥有立法权的沿海城市由原来的直辖市、省会城市、经济特区所在地的市和国务院批准的较大的市扩展覆盖到所有设区的沿海城市。丹东、秦皇岛、威海、烟台、连云港、舟山、泉州、湛江、北海等城市今后也可颁布涉海法规规章。未来几年,沿海地方立法的数量将会大幅增长,有利于充分发挥地方立法自主性和先行性,有效解决地方性事务中的突出矛盾,引领推动地方改革创新。地方立法权限内的城市规划管理、环境保护事项将成为未来地方涉海立法的重点内容,沿海地方立法应立足于自我管理、自我发展和自我服务功能,充分发挥地方立法的主观能动性,统筹管理海洋空间资源的开发保护,切实保护海洋生态环境,促进沿海城市的健康发展。

(二) 海洋生态环境立法成为热点

党的十八届四中、五中全会都将生态文明制度建设作为协调环境与经济社会发展关系的一项重要任务来抓。受国家政策引导,沿海地方政府围绕海洋环境污染防治、海洋生态损害补偿赔偿、严格海洋环境保护执法监督等内容开展海洋生态文明建设,作为依法治国精神在海洋环保领域的贯彻。为了与《环境保护法》《海洋环境保护法》新修改的规定保持一致,浙江、广东、天津、上海等省市纷纷修改地方立法。

2015年1月1日起实施的《厦门经济特区生态文明建设条例》紧密契合时代精神,对保护自然生态、划定生态控制线、发展生态经济等前沿问题都做出了规定,成为生态文明制度建设的有益尝试和实践。对于生态控制线问题,该条例规定了生态控制线的划设责任主体、基本区域、变更程序等主要方面,禁止在生态保护区域范围内从事破坏生态环境的项目和活动。同时突出制度建设,加大生态问责力度,实行最严格的源头保护制度、损害赔偿制度、责任追究制度。

为了与2013年《海洋环境保护法》的修订内容保持一致,浙江省和天津市分别对其海洋环境保护条例作出修改。修订后的《浙江省海洋环境保护条例》自2015年12月4日起实施,取消了向海域倾倒废弃物的备案制度,改为"书面报告"制度,扩大了海洋生态环境损害的索赔主体,由海洋、渔业行政部门代表国家向责任人提出赔偿要求调整为"依法行使海洋环境监督管理权的部门均可代表国家对责任者提出赔偿要求"。修订后的《天津市海洋环境保护条例》将海岸工程建设项目环境影响评价由原来

---

① 地方立法的改革与发展,http://view.inews.qq.com/a/20150422A001H200,2015-12-06。

的海洋行政主管部门前置审核，变为由环保部门在审批过程中内部征求意见。这既提高了行政审批效率，便利了行政相对人，也强化了海洋生态环境保护。

（三）海域使用管理立法进一步完善

随着沿海港口码头、滨海旅游、油气开采、临海工业等开发活动日趋频繁，海洋开发强度在持续加大，海域资源的供给无法满足海洋经济的发展要求。如何拓展发展新空间，优化海域资源配置，统筹海洋空间的开发保护成为海域使用管理面临的主要问题。许多沿海省市都将推动海域使用管理改革、完善海域使用管理制度作为立法重点工作。

2015年1月，新修订的《海南省实施〈中华人民共和国海域使用管理法〉办法》正式实施。这是该办法出台以后的第二次修改，针对海南省填海造地审批权限规定与上位法不一致、海域使用缺乏规划管理、资源利用效能低、海域使用权出让市场竞争不足等问题进行完善，对海域使用权人不依时申请换发国有土地使用权证书问题做出处罚规定。加强了海洋行政主管部门对围填海造地项目的监督检查责任，增加了海洋行政主管部门履行职责中通过网络公示信息的规定，扩大社会对海域使用权监督的规定。逐步推行全流程互联网审批，加强事中事后监管，强化内部监督和外部监督，为海域管理制度改革提供法律保障[①]。为了进一步优化海域资源配置，规范行政审批行为，强化服务意识，海南省政府于2015年1月29日印发了《海南省海域使用权审批出让管理办法》，对海域使用权的受理、审核批准、出让、登记发证和监督管理各环节做出明确规定，有效加快了审批进程，加快了海域资源市场化改革。

2015年12月，广西壮族自治区人大常委会发布了《广西壮族自治区海域使用管理条例》，该条例共5章45条，包括海洋功能区划、海域使用权取得、海域使用保护及法律责任等内容。该条例改革了海域资源配置模式，经营性用海的海域使用权全部实行"招拍挂"，改变了过去以审批为主的情况。此外，该条例还明确了各级海洋行政主管部门的管理职责，解决了广西海域使用权的统一登记问题，简化了海域使用权证换发土地证的审批手续，有利于保障海洋资源可持续利用，促进海洋经济的有序、协调发展。

此外，福建、河北、广东等省也相继制定了海域使用管理的配套法规，重点推进海域资源市场化配置，建立海洋规划、资源配置和环境保护一体化的管理制度。福建省政府于2015年9月同时出台了《福建省招标拍卖挂牌出让海域使用权管理办法》

---

① 海南立法机关修正实施办法优化海域资源配置，http://finance.ifeng.com/a/20140924/13143704_0.shtml，2015-10-08。

《福建省海域收储管理办法》《福建省闲置海域处置办法》和《福建省海洋产业用海控制指标》4个试行配套文件,以求达到杜绝海域资源浪费,增加海域资源供应,优化用海产业布局,提升海域资源价值等目的。设置了海域使用管理四项配套制度:一是以"招拍挂"方式出让海域使用权,增强海域使用权出让的透明度;二是增强海域资源的供应管理,设立海域收储机构对拟开发的海域进行前期整理、储备;三是加强对"批而不填""围而不建"等浪费海域行为管理,依据不同方式及时进行处置;四是设置科学合理的项目用海指标,有效控制海域岸线使用,合理控制用海规模。[①]

(四) 海洋交通安全立法不断创新

1983年颁布的《海上交通安全法》对海上观光和休闲娱乐活动缺乏规定,对通航保障、搜寻救助等内容规定过于笼统,无法满足各沿海省市实施安全监督管理、实施海上搜救工作的需要。山东、浙江、海南、广东等省纷纷制定海上交通安全条例和海上搜救条例,加强海上交通安全管理,维护海上交通秩序,保障船舶、设施和人命安全。

2015年5月,浙江省人大常委会通过了《浙江省水上交通安全管理条例》,加强对于沿海、内河水域的船舶航行和作业、通航保障、水上搜救以及与水上交通安全有关的活动的管理。该条例共8章57条,主要包括安全管理职责、船舶和船员管理、内农河(林)自用船舶、通航保障、水上搜救和法律责任等内容。该条例明确了管理部门的责任分工,确立了政府、主管部门、监督管理机构和相关部门4层级管理主体的职责体系;创新了船舶和船员管理规范,对船舶应当配备通信设备和自动识别系统,船长疲劳驾驶时的处罚都做了创造性规定;对于水上搜救活动的主管机构、搜救机制和程序都做了明确规定,明确了内河非通航水域的划定及其漂流、游乐等水上活动的监管;完善通航安全保障措施,赋予海事管理机构对监管水域实施水上交通安全技术监控的职权。此外还对船舶、船员和水上交通安全信息共享,渡口、渡船、渡工的经费保障以及有关行为的法律责任做出了规定。[②]

2015年10月,汕头市通过了《汕头经济特区水上交通安全条例》,对在特区沿海水域和内河通航水域规范水上交通安全管理职责,推进水上交通安全信息化建设,严格规范船舶、设施的航行、停泊和作业行为等方面都作了具体规定。明确了水上交通

---

① 有效处置闲置海域杜绝浪费海域资源现象, http://www.fujian.gov.cn/zc/zwgk/flfgjd/szfbmzcjd/201508/t20150826_1055595.htm;福建试行海域收储抵押登记制度, http://www.mlr.gov.cn/xwdt/jrxw/201508/t20150824_1364103.htm;福建对用海项目实行指标控制, http://www.mlr.gov.cn/xwdt/hyxw/201511/t20151112_1387742.htm, 2015 – 12 – 06。

② 省交通运输厅负责人解读《浙江省水上交通安全管理条例》, http://www.wenzhou.gov.cn/art/2015/9/23/art_5851_371066.html, 2015 – 10 – 20。

安全监督管理工作的负责机构是汕头海事管理机构，完善了通航安全保障制度和水上交通安全隐患协调机制，进一步规范和完善渡口渡船、乡镇自用船舶的安全管理，明确汕头市海上搜救中心法定职责和运行机制。[①]

海南省出台了《海南省海上搜寻救助条例》，对海上搜救工作的原则、搜救工作主管机构、搜救行动的安排、搜救保障等内容做出了具体规定，细化了上位法的规定，有效规范了海上搜寻救助工作。

浙江、山东、江苏分别针对渔港、渔业船舶、船员的管理制定新法或修改旧法，对于渔港的规划、建设与管理，海洋捕捞渔船建造、更新指标的发放和管理，休闲渔业船舶安全的监督管理，渔业船舶安全作业和救助，渔业船员管理制度和船员权利义务，渔业船员配员最低标准，渔业船员培训管理、考试发证和监督检查等内容做出具体规定，有助于保障渔港设施、渔业船舶和从业人员人身、财产安全，促进渔业经济持续发展。

除了上述几方面立法，山东省在无居民海岛使用审批管理、无居民海岛使用权招标拍卖挂牌出让管理立法方面有所进展。[②] 以建设生态文明海洋为指导理念，对不同类型的用岛活动采取不同方式确权，规定经营性用岛必须采用招拍挂方式出让，提升无居民海岛价值。对于市场化出让无居民海岛的程序、出让条件、出让方案编制、招标、拍卖、挂牌出让活动的实施机构、实施要求等内容做出了详细规定，形成了较为系统、可操作性强的无居民海岛开发利用管理制度体系。

表14-1 2014—2015年新增或修订的地方海洋立法

序号	内容	名称	颁布机构	颁布时间	生效时间
1	海域使用管理	深圳市海域使用金使用管理暂行办法	深圳市政府	2014年11月26日	2014年11月26日
2		海南省实施《中华人民共和国海域使用管理法》办法修正案	海南省人大常委会	2015年1月1日	2015年1月1日
3		河北省国土保护和治理条例	河北省人民代表大会	2015年1月12日	2015年3月1日
4		海南省海域使用权审批出让管理办法	海南省政府	2015年1月29日	2015年1月29日

---

① 汕头首部水上交通安全法规1月1日起施行，http://epaper.zgsyb.com/html/2016-01/06/content_1542.htm，2016-03-08。

② 《山东省无居民海岛使用审批管理暂行办法》和《山东省无居民海岛使用权招标拍卖挂牌出让管理暂行办法》在山东省政府法制办备案登记，于2015年3月15日实施，有限期1年。

第十四章　中国海洋法律

续表

序号	内容	名称	颁布机构	颁布时间	生效时间
5		福建省海洋产业用海控制指标办法（试行）	福建省海洋与渔业厅	2015 年 9 月 1 日	2015 年 9 月 1 日
6		福建省闲置海域处置办法（试行）	福建省海洋与渔业厅	2015 年 9 月 1 日	2015 年 9 月 1 日
7		福建省海域收储管理办法（试行）	福建省海洋与渔业厅	2015 年 9 月 1 日	2015 年 9 月 1 日
8		福建省招标拍卖挂牌出让海域使用权管理办法（试行）	福建省海洋与渔业厅	2015 年 9 月 1 日	2015 年 9 月 1 日
9		广西壮族自治区海域使用管理条例	广西人大常委会	2015 年 12 月 10 日	2016 年 3 月 1 日
10	海洋生态环境保护	青岛市胶州湾保护条例	青岛市人大常委会	2014 年 3 月 28 日	2014 年 9 月 1 日
11		厦门经济特区生态文明建设条例	厦门市人大常委会	2014 年 11 月 6 日	2015 年 1 月 1 日
12		广东省环境保护条例①*	广东省人大常委会	2015 年 1 月 13 日	2015 年 7 月 1 日
13		天津市海洋环境保护条例②*	天津市人大常委会	2015 年 12 月 1 日	2015 年 12 月 1 日
14		浙江省海洋环境保护条例③*	浙江省人大常委会	2015 年 12 月 4 日	2015 年 12 月 4 日
15		上海市海洋工程建设项目环境保护设施验收管理办法	上海市海洋局	2015 年 12 月 21 日	2015 年 12 月 21 日
16	海上交通安全	上海港口岸线管理办法④	上海市政府	2014 年 5 月 7 日	2014 年 5 月 7 日

① 该条例于 2004 年 9 月 24 日通过。
② 该条例于 2012 年 2 月 22 日通过。
③ 该条例于 2004 年 1 月 16 日通过，2009 年 11 月 27 日、2011 年 11 月 25 日经过两次修正。
④ 该办法于 1992 年 12 月 9 日首次公布，1997 年 12 月 14 日、2004 年 6 月 24 日、2010 年 12 月 20 日经过三次修正。

续表

序号	内容	名称	颁布机构	颁布时间	生效时间
17		青岛市海上交通安全条例①*	青岛市人大常委会	2014年8月27日	2014年8月27日
18		浙江省渔港渔业船舶管理条例②*	浙江省人大常委会	2014年12月24日	2014年12月24日
19		山东省渔业船舶管理办法	山东省政府	2015年1月9日	2015年4月1日
20		浙江省水上交通安全管理条例	浙江省人大常委会	2015年5月27日	2015年9月1日
21		《中华人民共和国渔业船员管理办法》江苏省实施办法	江苏省海洋与渔业局	2015年6月20日	2015年6月20日
22		海南省海上搜寻救助条例	海南省人大常委会	2015年10月1日	2015年10月1日
23		汕头经济特区水上交通安全条例	汕头市人大常委会	2015年10月29日	2016年1月1日
24	海洋渔业管理	福建省长乐海蚌资源增殖保护区管理规定	福建省人大常委会	2014年3月29日	2014年5月1日
25		浙江省渔业管理条例③*	浙江省人大常委会	2014年12月24日	2014年12月24日
26.		海南省实施《中华人民共和国渔业法》办法④*	海南省人大常委会	2015年10月1日	2015年10月1日
27		辽宁省渔业管理条例	辽宁省人大常委会	2015年11月27日	2016年2月1日
28	海岛保护开发	山东省无居民海岛使用审批管理暂行办法	山东省海洋与渔业厅	2015年2月11日	2015年3月15日
29		山东省无居民海岛使用权招标拍卖挂牌出让管理暂行办法⑤	山东省海洋与渔业厅	2015年2月11日	2015年3月15日

注：表中标*的表明该法经过一次以上修订。

---

① 该条例于2007年7月27日首次公布。
② 该条例于2002年9月3日首次公布，2009年11月27日经过一次修正。
③ 该条例于2005年11月18日首次公布，2011年11月25日、2013年12月19日经过两次修正。
④ 该条例于1993年5月31日通过，2008年7月31日、2013年11月29日经过两次修改。
⑤ 以上两条例有效期为1年。

四、海洋法律的实施

法的实施是把法律规范转换为现实生活准则,把法定的权利义务转变为现实的权利义务。这一过程包括法的遵守、法的执行、法的适用和法制监督等环节。[1] 法的实施涉及问题广泛,以下从海洋行政执行角度介绍中国海洋法律制度的实施情况。

(一) 海洋行政执法和影响因素

海洋行政执法是国家海洋行政机关运用法律手段实施海洋管理行为的主要表现之一,是指国家行政机关依照法定职权和程序,对海洋环境、资源、海域使用和权益等海洋事务执行法律的专门活动。[2] 海洋执法效果的优劣,主要看执法机关贯彻实施海洋法律产生的结果与预期目标的符合程度。影响海洋执法效果的主要因素包括:海洋执法主体能力、海洋执法活动、海洋法律法规和海洋执法环境。

海洋执法主体的能力主要通过执法机构的设置是否合理,执法人员的素质和执法水平高低进行评价。海洋执法机构是否明确,执法范围是否清晰都会直接影响海洋执法活动的开展。执法人员的素质、对海洋法律法规的理解运用能力都直接决定执法活动是否按照法律本意展开,进而影响执法效果。

海洋执法活动的开展情况主要看执法措施的采取是否合理,执法程序的履行是否规范。海洋执法措施不同于陆上执法措施,包括登临、紧追、检查、调查、取证、扣留、逮捕等。海洋执法措施和执法程序都应当依照严格条件进行,有助于实现执法活动公正性,维护相对人的合法权益。

海洋法律制度的完备水平和法律规定的合理程度对执法效果的影响很大,随着国家法治水平的不断提高,海洋法律规定将更加全面合理,有助于执法效果的提升。

海洋执法环境关注执法者所在社会环境对执法活动的影响,包括民众的法治意识程度、执法有无干扰和执法监督的力度强弱。执法者所处社会环境对执法者的干扰越小,越有利于执法者公正执法。

(二) 各领域具体实施情况

中国海洋法律采取的是分行业、分领域立法的模式,很长一段时间,执法力量也是分领域设置。以下从海洋环境、海洋渔业、海域使用、海岛保护等几个方面介绍现

---

[1] 张文显:《法理学》,北京:法律出版社,1997年版,第337页。
[2] 高艳:《海洋行政执法的理论探讨与改革取向》,载《东方法学》,2012年第5期。

有海洋法律的实施情况。

1. 海洋环境保护

《海洋环境保护法》对加强海洋环境保护，促进海洋经济发展起到了积极作用。但从目前海洋环境保护的结果来看，近岸海域遭受污染严重，湿地、红树林等典型生态系统遭受破坏，严重破坏海洋环境的各类违法行为没有得到有效遏制，海洋生态环境质量状况总体堪忧。《海洋环境保护法》的实施与中国保护海洋环境的需要存在很大差距，难以解决执法工作中遇到的新问题，需要进行立法体系制度重建。一是有关立法需要完善。应当与《水污染防治法》衔接配合，设立污染物排放总量控制制度，减少陆源污染物的排放；应当对生态损害的赔偿和补偿制度做出规定；应该加大污染处罚力度，抬升污染行为的违法成本。二是执法效果需要提升。目前执法机关的权限过低，缺乏必要的行政强制权。在预防违法事件发生、收集违法证据以及处理违法行为时，应当赋予其权力采取查封、扣押、人身强制等措施；[1] 执法监督体系有待完善，应当强化内部和外部监督，注重执法信息透明公开，不给地方保护主义留有空间。

2. 海洋渔业管理

现行《渔业法》于1986年实施，2000年和2004年进行两次修订。其配套立法《渔业法实施细则》自1987年颁布以来尚未进行修改。《渔业法》实施目标是"加强渔业资源的保护、增殖、开发和合理利用，发展人工养殖，保障渔业生产者的合法权益，促进渔业生产的发展"。从目前渔业生产状况来看，近海渔业资源萎缩严重，渔船数量不断增多，捕捞量远超最大可持续捕捞量，严重破坏渔业资源的行为难以遏制。渔业立法的时间较早，存在制度空白，影响了法律执行效果。例如，缺乏立法规划性和系统性，不利于监管数量庞大的渔船；对于"捕捞限额制度"没有配套可操作的措施、标准和程序，难以执行到位，不利于渔业资源增殖；对于新型海洋捕捞作业类型未能及时做出补充管理规定，使海洋渔业执法无法可依。[2] 从执法环节来看，渔业执法与海域使用执法、渔船渔民管理、水产品贸易监管等方面存在权责交叉，责任不明确，执法效能不高；缺乏完善的监督制约机制，缺乏执法标准程序规定，有的执法人员凭经验和习惯办事，滥用自由裁量权，影响了执法效果。

---

[1] 王超锋：《我国海洋环境执法存在的问题及解决途径》，载《河海大学学报（哲学社会科学版）》，2012年9月。

[2] 林旗善：《浅析海洋渔业执法存在问题及对策》，载《福建水产》，2007年9月。

3. 海域使用管理

《海域使用管理法》于2002年起施行，建立了海洋功能区划、海域权属管理、海域有偿使用三项基本制度，基本实现了海域使用"有序、有度、有偿"进行。其立法目的是"加强海域使用管理，维护国家海域所有权和海域使用权人的合法权益，促进海域的合理开发和可持续利用"。

随着沿海新兴产业和现代服务业的日益发展，有限的海域和岸线资源已无法满足沿海地区用海需要。同时，海域使用活动中盲目圈地、围而不填、用海项目未批先建等浪费海域资源、违法使用海域的情况依然存在，还有的地区和行业用海经济效益差，占用岸线长，资源利用水平低下。从海域使用有关法律实施效果看，一是现行法律对海域使用权流转制度的规定存在疏漏，《海域使用法》中没有海域使用权出租、抵押、招标拍卖挂牌等问题的规定[①]，其配套制度《海域使用权管理规定》《海域使用权登记办法》的效力等级太低。二是违法围填海、占用海域现象突出，应当补充填海造地指标管理以及对闲置海域的处理。三是对行政和执法程序进行规范，将海域使用申请审批程序制度化，补充用海审批公示公告内容，增进执法信息的公开透明。四是针对海域管理人员不足、基层队伍流动性大的问题，加强海域管理人才队伍建设。五是加强监管推进海域动态监视监测系统的业务化运行。

4. 海岛保护利用

《海岛保护法》于2010年3月正式实施，立法目标是为了"保护海岛及其周边海域生态系统，合理开发利用海岛自然资源，维护国家海洋权益，促进经济社会可持续发展"。海岛执法监察工作是海洋执法的新内容，经过执法机构的积极探索和创新，海岛保护的力度加强，执法工作取得了一定成绩。目前存在的主要问题是消化历史遗留问题，处理该法出台前随意占用、使用、租赁海岛的情况[②]，应当严格按照海洋功能区划和海洋开发规划进行审批清理，结束无序用岛状态。另外，海岛执法手段和队伍力量相对薄弱，对于破坏海岛环境的违法行为处罚手段单一，对于阻挠管理人员登岛、阻碍科学调查和执法管理工作的行为缺乏强制执行手段，应在未来立法中明确加强队伍建设。

---

① 谭柏平，周珂：《论海域使用权流转制度的完善——以〈海域使用管理法〉修订为视角》，载《河南财经政法大学学报》，2012年第4期。

② 《海岛执法工作存在的问题及对策初探》，载《中国海洋报》，2014年11月28日。

（三）海洋综合执法

长期以来，中国的海洋执法是分散性的，海洋渔业、海域使用、海洋环境、海上治安管理、海上交通安全执法队伍分头执法。自2013年起，中国海警局逐渐整合了海洋渔业、海域使用、海洋环境、海上治安管理等大部分海上执法职能，但地方执法队伍的整合尚在进行中，单项执法活动依然普遍存在，沿海省市联合执法和综合执法实践活动依然较少。同时，分散性执法带来了执法程序规则的缺失和不统一。目前国家尚没有统一的立法规范执法措施的行使，对于执法活动中紧追权、扣押措施的行使条件和程序缺乏具体可操作的规范。

沿海地方政府探索了海洋综合执法实践。2013年8月，经浙江省委、省政府批准，舟山组建成立了海洋行政执法局，和舟山市海洋与渔业局合署办公，承担海洋综合行政执法职能，在全国率先开展了海洋综合行政执法体制改革创新实践。舟山市海洋行政执法局将海洋与渔业部门的全部执法职能以及港航管理部门的航政、运政方面的全部和港政方面的部分执法职能，国土资源部门的海域矿产资源开采的执法职能，水利水务部门的有关滩涂围垦的执法职能进行集中整合，"一个口子对外"执法，探索"大海洋"综合行政执法格局，尝试统一执法方式，对于多机构执法带来的工作效率低下等问题起到了较大的改善作用。

沿海地方的尝试和实践将为国家海上执法活动的规范和统一积累经验。现有的综合执法实践还不够丰富，覆盖的范围不够广泛，海洋综合执法亟需加强。程序立法的缺乏、监督机制不健全是各类执法活动的共性问题，需要国家有关部门给予足够重视。各地方也需加大海洋执法改革力度，健全有关工作机制规范执法程序，提高执法人员素质，建立全面监督体系，使各级海洋立法得到有效的贯彻执行。

五、小结

随着海洋活动范围的不断扩大，中国海洋立法的数量将不断增多，涉及的内容不断扩展。国家和地方立法机关在推进生态文明建设、加强依法行政、合理利用海洋空间资源、建设法治海洋等重点领域加强立法，推进健全科学、民主的立法程序，对完善海洋法律制度起到了积极促进作用。未来海洋法律制度将继续向着维护国家海洋权益、平衡海洋开发与保护利益、促进海洋经济的方向发展。中国仍需加快配套立法的制定，增强海洋立法的可操作性，提高海洋立法的质量和实施效果，切实提高海洋综合执法水平。

第十五章　中国海洋权益

中国的海洋权益问题与海洋强国建设及和平发展紧密联系在一起,越来越受到国内外关注。美国"亚太再平衡"战略的推进,激化了中国与周边国家之间业已存在的海洋权益争端。中国需要多角度、多层次阐述关于海洋权益的政策和主张,并采取多种措施维护国家海洋权益。[①]

一、海洋权益的概念及特点

21世纪是海洋世纪,海洋在国家发展中的地位日益提高,超过了人类历史上的任何时期。海洋权益是一个不断发展的问题,其概念及内涵随着国际实践的发展而不断变化。海洋权益问题已超越法律范畴,进入到国际关系领域。需要在新的形势下全面理解和把握海洋权益的内涵及其特点。

(一) 海洋权益的基本含义

海洋权益是一个极为重要但尚未被定义的概念,是极具中国特色的表达方式,作为一个法律概念在中国首次出现在1992年的《中华人民共和国领海及毗连区法》之中。海洋权益概念较早出现在若干教材和学者著述中。如,宁波海洋学校在1988年组编的《海洋管理概论》认为海洋权益是一个法律概念,指国家在海洋方向上的权利和利益。其他学者关于海洋权益有不同的认识,如有观点认为海洋权益一般是指国家管辖海域内的权利与利益的总称,权利是指在国家管辖海域范围内的主权、主权权利、管辖权和管制权,利益则是由这些权利派生出来的各种好处、恩惠。[②] 有人认为海洋权益是"国际法框架下的海洋利益诉求"。[③] 有学者区分了海洋权利、海洋权益和海洋利益的概念,认为海洋权利是国际法公认的、国际海洋法及《联合国海洋法公约》规定的主权国家享有的各项权利,该权利由法律赋予,其内容相对固定;海洋权益是海洋权

[①] 山东财经大学李国选博士对本章的编写提供了支持,特此说明并致谢。
[②] 杨金森:《全面关注国家海洋利益》,见王曙光:《海洋开发战略研究》,北京:海洋出版社,2004年,第35-46页。
[③] 娄成武、王刚:《海权、海洋权利与海洋权益概念辨析》,载《中国海洋大学学报(社会科学版)》,2012年第5期,第46页。

利产生的各种政治利益、经济利益、安全利益等,这种利益因时代背景、科技水平和国家发展阶段变化而变化,其内容变化相对较快;海洋利益是比海洋权益外延更大的中性概念,其既可以来自海洋权利派生的合法的利益,又包括通过霸权而产生的非法的海洋利益。[1]

理解海洋权益的内涵必须界定海洋与权益的内涵。《联合国海洋法公约》(以下简称《公约》)没有界定"海洋",因此存在里海是否适用《公约》的疑问。海洋权益中的"海洋"兼具自然属性与社会属性。自然的海洋是包括海面上空、海洋水体、海床及其底土在内的地理空间,也包括岛屿和海岸带。广义的海洋是指海水水体、生活其中的海洋生物,邻接海面的上层空间以及围绕周缘的海岸、海床与底土所构成的有机统一体;狭义的海洋专指连续不断的、广阔的海水水体。[2] 完整的海洋权益概念应采用广义的海洋概念,如专属经济区内风能的开发利用必须占用一定的海面空间;国家管辖海域内的航行与飞越也发生在海面上空。海洋的社会属性是指与海洋事务、海洋活动的性质和影响等,如海洋科技合作、海洋外交等。

权益包含着权利与利益这两个核心因素。在英文中与权益最为接近的是 right and interest。但中文里的海洋权益概念与英语中的 right and interest 具有明显差异。[3] 从权利、利益与法律的关系来看,西方认为具有法律性质的利益无异于权利,二者是可以换用的。[4] 从法律的角度看,权利和利益之间的关系是明显的。利益的范围很广泛,其中受到法律确认、认可及保护的利益即成为权利,如沿海人民在长期的历史实践中形成的以捕鱼为生的传统生活方式。海洋权益是得到法律确认的、正当的、合法的利益;不被法律认可的利益一般不被称为海洋权益,如海上霸权等。由于法律的解释和适用本身也是一个复杂的问题,对某一具体利益或利益主张是否符合法律,或者说是否为相关国家的海洋权益,也往往存在不同的看法,并因此产生一定的冲突,如在他国专属经济区内开展军事调查和军事活动。关于海洋权益,还有以下相关问题需要理清。

第一,《公约》并非各国海洋权益的唯一依据。各国海洋权益源自人类历史上持久而广泛的海洋活动和实践。《公约》对诸多习惯国际法规则进行了法典化、统一化,进

---

[1] 张文木:《论中国海权》,北京:海洋出版社,2009年,第7-8页。
[2] 高维新等:《海洋法教程》,北京:对外经济贸易出版社,2009年,第2页。
[3] 中国人大网法律法规库中"海洋权益"的英文译文为"maritime rights and interests",参见《中华人民共和国领海及毗连区法》" Law of the People's Republic of China on the Territorial Sea and the Contiguous Zone", http://law.npc.gov.cn:87pagebrowseotherlaw.cbs? rid = en&bs = 97612&anchor = 0#go0, 2014 – 10 – 07。
[4] 英文文献中关于"rights and interests"概念的辨析,可参见国际法院法官 AL – KHASAWNEH 在尼加拉瓜 – 哥伦比亚案中的不同意见"DISSENTING OPINION OF JUDGE AL – KHASAWNEH",见 Territorial and Maritime Dispute (Nicaragua v. Colombia), Application for Permission to Intervene, Judgment, I. C. J. Reports 2011, p. 348,尤其是该不同意见的第24段、第25段。

一步明确和规范了各国海洋权益（权利和义务）；但《公约》本身不能穷尽沿海国的海洋权益，或者对若干重要海洋权益问题的规定不够详尽，如海洋的军事利用、专属经济区和大陆架法的划界方法、海底文物的归属和保护、历史性权利等。不能仅凭《公约》来推断相关国家是否享有这些海洋权益，或者评判相关活动的合法性、合理性。①

第二，广义的海洋权益包括岛屿主权和海洋安全等重要利益。法律性质上看，海洋岛屿主权及领海主权高于一般的海洋权益。依据"陆地统领海洋"原则，海洋权益是以陆地领土主权为基础而派生的权利，包括主张相关管辖海域，在各海域开展相应海洋活动的权利。但是，海洋岛屿主权是主张岛屿领海等管辖海域及其相关权利的基础；失去特定岛屿的主权，也必然失去相应的海洋权益，岛屿主权一般也被视为国家海洋权益的重要内容。同理，海洋安全对各国的生存和发展、对充分有效地开发利用海洋具有至关重要的作用，也应被视为广义的海洋权益的组成部分。

第三，海洋权益和海洋权益主张（claim）不应混同。例如，包括航行自由在内的海洋自由是各国均应享有的海洋权益，但是在《公约》中对此并没有明确的定义，各国的实践也没有形成统一的全球共识。美国一直以维护航行自由为借口介入南海争端，但是直到 2015 年，美国官方（国防部）才比较明确地提出其关于海洋自由（freedom of the seas）的主张：海洋自由是指国际法所认可的对海洋及其上空的所有权利、自由和合法使用，包括军用舰机，不仅仅包括商船通过国际水道的自由。② 但是该观点仅是美国关于海洋自由的理解、认识和主张，而不是国际条约或习惯国际法确认的海洋自由，这在理论上和实践上均存在诸多争议。

第四，享有海洋权益的主体主要是国家，但不排除个人。由国际法所认可的海洋权益的享有者主要是国家，包括沿海国和内陆国。如内陆国也享有开发海洋资源、利用海洋通道的权利和利益。同时，《公约》和其他条约为规范个人在海洋活动中应享有的权利和承担的义务预留了一定的空间。③ 因此，不能认为海洋权益仅与国家相关而与个人无涉。

第五，海洋权益所涉及的地理空间包括各国管辖海域和国家管辖范围外的海域（如公海和国际海底区域）。在全球化时代，国家管辖范围外的海洋权益对各国的发展

---

① 关于《公约》未能很好解决的相关问题，可参见 "The 1982 Law of the Sea Convention at 30: Successes, Challenges and New Agendas", Edited by David Freestone, Martinus Nijhoff Publishers, 2013.

② See, Asia – Pacific Maritime Security Strategy, p. 2, http://www.defense.gov/Portals/1/DocumentspubsNDAA%20A – P_Maritime_SecuritY_Strategy – 08142015 – 1300 – FINALFORMAT. PDF, visited on: 2016 – 02 – 15.

③ See, IriniPapanicolopulu, The Law of the Sea Convention: No Place for Persons? In, "The 1982 Law of the Sea Convention at 30: Successes, Challenges and New Agendas", Edited by David Freestone, Martinus Nijhoff Publishers, 2013.

越来越重要。

海洋权益概念是一个多形态、多层次的复合存在物,从不同的维度解读海洋权益,就会得到不同的结论。片面地、静态地看待海洋权益,既不能充分把握海洋权益内涵,也不利于判断和分析中国面临的海洋权益争端和海洋维权形势。

(二) 海洋权益的三个层面

海洋权益是一个理论性与实践性特别丰富的概念,可以从意识(思想观念)、制度(法律规范)与现实(实际效果)三个层面分析海洋权益的内涵及其历史发展。

1. 意识层面的海洋权益

意识层面的海洋权益是指人们对海洋权益是如何认识的,是关于海洋权益的意识、观念和思想。包括最为广泛的内容,反映了人类对海洋价值的认识,以及对海洋及其资源进行控制的意识。意识层面的海洋权益主要表现为控制海洋与海洋自由之间的冲突。

人类的生存空间包括陆地、海洋与太空三个部分。海洋因其面积广大、资源丰富与交通便利而渐渐吸引国家的注意力,国家的活动领域和争夺范围正在由陆地向海洋和太空扩展。[1] 海洋日益受到众多国家的重视,海洋已经超越纯粹的自然领域,成为了人类生存与发展的第二生存空间。海洋资源存在于海洋空间中,占有更多的海洋空间则意味着占有丰富的资源,就会对国家的发展提供持久的动力。[2]

对海洋空间的开发、占有和控制,产生海洋权益意识或海洋权益观念。国家对近岸海域进行控制的观念发展以及领海等制度的确立经过很长的历史发展。古罗马的注释法学家认定罗马帝国皇帝有权惩罚海上作奸犯科者;12世纪的法学家宣称罗马皇帝有权限制海洋公有性质;14世纪的法学家认为,君主拥有海岸100英里(160千米)之内的任何岛屿并在其海域内行使权力。在16世纪,真提利斯主张近岸水域是陆地的延伸。[3]

在海洋竞争观念的作用下,人类已对海洋进行了多次分割。15、16世纪,葡萄牙与西班牙通过1494年的《托尔德西拉斯条约》和1592年订立的《萨拉戈萨条约》分割了大西洋与太平洋。17、18世纪法国与英国区分了当时国际社会认同的领海与公海。20世纪中期,出现了大陆架权利主张,沿海国的海洋权利大大增加。经过第三次海洋法会议,

---

[1] 张学刚:《中国的边海形势与政策选择》,载《现代国际关系》,2012年第8期,第16页。
[2] 石家铸:《海权与中国》,上海:三联书店,2008年,第177页。
[3] [澳] 维克托·普雷斯科特,克莱夫·斯科菲尔德:《世界海洋政治边界》,吴继陆、张海文译,北京:海洋出版社,2014年。

专属经济区制度、国际海底区域制度进一步完善并载入国际条约，实现了从主张到制度的转变。从历史上看，发达国家利用其海洋争霸观念、经验和实力，不断强化其海洋优势，增强其在海洋竞争中的地位。海洋权益观念为各国走向海洋提供精神动力。

2. 制度层面的海洋权益

制度层面的海洋权益主要是指国际条约中关于海洋权益的法律规范，反映了国际规则是如何规定海洋权益的。海洋制度的存在使国家间海洋的竞争遵循某种规则，预示着海洋社会的逐渐成熟以及更高级的国际海洋秩序的到来。国际法学者通常强调海洋权益的制度层面，分析沿海国海洋权利和利益的法律性质，关注海洋权益争端中的法律问题。

国际条约中的海洋权益表现为各类权利，如关于领海的主权、专属经济区和大陆架的主权权利及管辖权、在毗连区的管制权、公海自由等。《公约》将全球海洋从法律上划分为领海、专属经济区、大陆架、公海、国际海底区域等，并规定了不同的活动主体可享有的权利和自由。如，领海制度的基本内容包括：领海的宽度、领海基线与领海的外部界限、外国船舶无害通过的权利及义务。当前国际社会关于军舰享有无害通过权的条件存在不同主张。《公约》第76条规定了沿海国的大陆架包括其领海以外依其陆地领土的自然延伸，扩展到大陆边外缘的海底区域的海床和底土；如果从测算领海宽度的基线量起到大陆边的外缘的距离不到200海里，则扩展到200海里的距离。确定200海里以外大陆架界限是目前相关国家主张和享有大陆架权益的重要工作。现代海洋法制度下公海的范围已大大缩小，但公海依然是人类的共同财产。《公约》第87条第1款规定："公海对所有国家开放，不论其为沿海国或内陆国。"任何国家都不能对公海提出主权。公海生物多样性问题成为当前及今后一个时期国际社会关注的重要问题。各国管辖外的海底区域是《公约》规定的国际海底区域（以下简称"区域"）。"区域"发现了丰富的矿藏。此外，"区域"的石油与天然气储量也很丰富，现探明储量2500亿吨，占全世界油气储量的1/3以上。[①] 国际海底区域制度的基础是人类共同继承原则，无论是沿海国，还是内陆国，都可以和平地利用国际海底区域，国际海底管理局代表全人类利益对国际海底资源的勘探开发进行管理。最近几年，国际海底区域制度有了一定的发展，主要表现为在国际海底管理局通过了三个探矿和勘探规章。[②]

3. 现实层面的海洋权益

现实层面的海洋权益主要指海洋权益在现实中的实现程度，强调海洋权益的实然

---

① 梁西：《国际法》（第三版），武汉：武汉大学出版社，2011年，第174页。
② 张辉：《国际海底区域制度发展中的若干争议问题》，载《法学论坛》，2011年第5期，第91-96页。

第六部分 维护国家海洋权益

状态。意识中的权利要求、制度中的权利规定是否转化为实际上能够享有的利益，这是各国关心海洋权益的主要目的。海洋权益的现实状态往往直接表现为海洋开发利用水平、海洋权益争端和海洋安全威胁等。

海洋安全权益因关系到国家的生存与发展，是其他海洋权益的基础。国家主权、领土完整和文化完整是国家利益的三个核心构成因素，其中国家的生存是最根本的国家利益，其他的是次要的国家利益。[①] 如果临海国家没有海上安全保障，那么该国的生存与发展就难以为继。海洋安全权益包括海洋传统安全权益与海洋非传统安全权益，分别包括维护国家的海洋主权、建立海上战略纵深和对海上冲突的有效应对，以及沿海国有权利应对海盗、海上恐怖主义、国际犯罪及全球变暖等非传统安全威胁。[②]

海洋政治权益的核心内容包括作为独立国家参与国际海洋事务、管理国内海洋事务的能力。其中包括，确定本国领海、专属经济区和大陆架区域、开展海洋划界和自主选择海洋争端解决方式等。此外，沿海国在国际海洋治理中的地位、形象和影响力等，也属于海洋政治权益的范畴。

海洋经济主要包括开发海洋资源，发展海洋产业，繁荣海洋经济所获得的收益。海洋资源种类异常丰富，几乎包括了国家发展所需的一切资源。海洋资源丰富且利用潜力巨大，随着科技的发展以及人类开发海洋能力的提升，人类已经进入全面开发利用海洋的时代。[③] 海洋是食品资源基地、重要能源基地、深海资源基地、水资源和原材料基地。[④] 国家发展对海洋资源的需求越来越强，这必然推动具有战略思维的国家重视海洋资源的开发，从而把走向海洋作为自己国家的战略选择。一个国家对海洋的开发、认识和利用的程度决定着一个国家的富强程度及其在世界上的地位。[⑤] 海洋经济权益成为大国发展的基础性条件，是大国可持续发展的基本动力。任何大国的发展都离不开海洋经济权益的支撑，在当今经济全球化时代更是如此。

海洋通道是当今经济全球化的纽带与动脉。海洋独一无二的价值在于其商业通道和交通场所，国家获得外部资源的支持要通过海洋来实现，海洋的独特意义体现在通过运送商品及其交换的利润带来的国家繁荣。[⑥] 海洋交通既是经济问题，又是涉及政治

[①] Hans J. Morgenthau, The National Interest of the United States, American Political Science Review, 1988, Vol. 46, p. 961.
[②] 石家铸：《海权与中国》，上海：上海三联书店，2008年，第47－49页。
[③] 杨金森：《中国海洋战略研究文集》，北京：海洋出版社，2006年，第153页。
[④] 国家海洋局海洋发展战略研究所课题组：《中国海洋发展报告》（2009），北京：海洋出版社，2009年，第4－5页。
[⑤] 张耀光：《中国海洋政治地理学》，北京：科学出版社，2003年，第55页。
[⑥] ［美］艾尔弗雷德·赛耶·马汉：《海权对历史的影响（1660—1783）》，北京：海洋出版社，2013年，第476－477页。

与军事的综合性问题。海洋交通是世界经济、政治与文化交流的通道,也是运输军事力量的通道。在战争年代,保卫海洋通道是海战的重要任务;在和平时期,海上交通是任何融入国际经济体系的国家的生命线。[①] 不同海域的海洋通道权益大小不同。

海洋科研关系到国家的生存与发展、经济收益、政治承认与世界贡献等。海洋科研的内容主要有:全球海洋观测、海洋科学钻探、海洋生物多样性及热液海洋过程及其生态系统研究。通过这些科研,可以获得地球起源、人类起源、生命起源、气候变化、生物多样性、海洋健康和废物清除、防灾减灾等方面的科学技术,[②] 一旦这些科学技术转化为生产力,就成为国家发展的第一推动力。

海洋权益的基本结构涵盖"意识—制度—现实"三个层面,只有从这三个层面才能对海洋权益的产生、发展及海洋权益争端的解决有全面而可靠的认识。忽视这三种形态或层次的区别或把它们混为一谈都是不科学的。当然,绝对强调三种形态的独立性也是片面的。中国的海洋活动,在很大程度上可看作在海洋权益观念指导下,依据海洋法律制度,获取和维护现实权益的过程。

二、中国海洋权益的历史发展

中国具有悠久的海洋开发利用历史,并以中国为中心形成了东亚海上秩序。近现代以来,国际社会关于海洋权益的认识、制度和实践促进中国现代海洋权益意识的形成,中国逐步参与国际海洋秩序的构建,并在该秩序中表达和实践自身的海洋权益。

(一) 近现代之前

中国既是一个陆地大国,又是一个海洋大国。古代中国曾拥有世界上最为先进的航海技术与航海能力,海洋活动能力及规模一度处于世界领先水平。唐宋元时期的海上贸易和郑和七下西洋就是最有力的证据。[③] "舟楫之便,渔盐之利"是古代中国开发利用海洋的重要形式,反映了传统中国对海洋价值的认识。"中华先民在向大陆深处开疆拓土的同时,也曾于波涛万里的海上建功立业。"[④]

但中国的地理位置、自给自足的农耕文明以及中国统治者的"海禁"政策使中国

[①] 国家海洋局海洋发展战略研究所课题组:《中国海洋发展报告(2009)》,北京:海洋出版社,2009年,第98页。

[②] 杨金森:《中国海洋战略研究文集》,北京:海洋出版社,2006年,第261-262页。

[③] 关于中国古代海洋活动的一般性介绍,可参见杨金森:《海洋强国兴衰史略》(第二版),北京:海洋出版社,2014年。

[④] 冯天瑜:《中国古代经略海洋的成就与局限》,载《苏州大学学报》,2012年第2期,第160页。

背离了海洋。古代中国经营的重心在陆而不在海,缺乏经营海洋的战略意识,没有形成海外扩张和殖民的传统。在很长的历史时期,中国以"华夷秩序"为立足点处理与海外国家的关系,并建立政治意义上的"朝贡贸易"体制,而不计较经济利益上得失。[1] 古代中国缺乏开拓海洋、经营海外的国家政策,失去了中国经济与社会转型的良好时机。中国把广阔的海洋留给了西方国家,葡萄牙、西班牙、荷兰、英国与美国尽管崛起的背景、方式和动力不尽一致,但依靠海洋成为强国是它们崛起的共同点。

(二)西方观念输入及早期实践

自19世纪中叶开始,西方关于海洋权益的观念和制度随着欧洲的殖民扩张输入到中国。中国成为近现代海洋法和海洋权益的被动实践者,开始学习并努力采用国际法的概念、原则和规则,主张和维护中国的海洋权益。在中国译介的国际法中,包括沿海国主权、海上封锁和海上查禁走私物品等传统海洋法内容,了解到沿海国可以将主权延伸至3海里并建立领海制度等原则。但是,从海洋权益的实践层面看,虽然清政府主张3海里领海主权和9海里海关缉私区,并宣布自然基线规则,但是没有实力从法律上切实地维护中国的海洋权益。西方列强在中国取得了极不平等的驻军权、军舰停泊权、内河航运权、沿海贸易权。西方列强不但不尊重中国对领海的主权,还实际上享有了在中国内河的航行自由。[2]

在维护国家海洋权益实践中,海上力量不同的国家对相同的法律制度有着不同的评价。例如,在19世纪初,当时的海洋强国英国主张在公海中登临和搜查外国船舶的权利。虽然这种登临权、搜查权和其他相关的法律制度受到很多反对,但拥有强大政治和军事实力的海洋大国却根据自己的偏好维持这项制度。因此,传统的海洋自由制度反映了权力规则。[3] 对于非洲和亚洲的国家和人民来说,海洋自由原则带来的是殖民主义。[4]

在中国的实践中,也存在为数不多的利用现代海洋法原则和规则成功地维护海洋权益的事例,反映了贫弱国家依赖国际法律制度维护自身利益的努力。1864年,清政

---

[1] 干焱平:《海洋权益与中国》,北京:海洋出版社,2011年,第145页。
[2] 段洁龙:《中国国际法实践与案例》,北京:法律出版社,2011年,第71页。
[3] Charles E. Pirtle, "Military Uses of Ocean Space and the Law of the Sea in the New Millennium," Ocean Development & International Law, vol. 31, nos. 1 – 2 (2000), 27.
[4] 贾拉尔(Hasjim Djalal)说"殖民强权在我们岛屿间的海域自由游荡,掠取渔业资源和其他海洋资源。这些渔业资源并没有给当地人民带来好处,却被送给远方的渔业国家。我们大多数印度尼西亚人觉得,这不是我们想要的海洋自由"。Hasjim Djalal, "Remarks on the Concept of 'Freedom of Navigation,'" in Myron H. Nordquist, Tommy T. B. Koh and John Norton Moore, eds., Freedom of the Seas, Passage Right and the 1982 Law of the Sea Convention (Leiden: MartinusNijhoff, 2009), 66.

府对普鲁士在中国渤海湾内拿捕丹麦商船提出交涉，清廷以国际公海为据，认定渤海湾是中国的"内洋"，普鲁士无权在中国内水拿捕他国商船。民国时期，中国在依据国际法主张和维护国家海洋权益方面也开始了新的实践。1911年，国民政府成立海界委员会，开始讨论领海划界问题。1931年，国民政府颁布《领海范围三海里令》。1934年国民政府颁布法令，将海关执法范围扩大到沿海12海里。抗日战争胜利后，中国政府依据相关国际文件，收复了台湾、澎湖列岛和南海诸岛。1948年国民政府内政部公开出版《中华民国行政区域图》，对外宣示对上述岛屿的主权和相关海域管辖范围。[①]

（三）全面对接及深度参与

1949年至20世纪70年代中后期，中国关于海洋权益的海洋法实践主要体现于领海制度的确立及对海洋安全的高度关注。[②] 1978年中国的改革开放正赶上全球化时代，海洋成为了人类第二生存与发展空间。海洋对国家的领土规模、物质财富的增加、资源的供给、安全保障以及外部环境的改善的作用越来越大。中国的国家利益也开始越过中国本土向国际社会拓展，中国和平发展的机遇与挑战出现在海洋上。

改革开放促使中国的海洋认知有了积极的变化，中国已经从传统的海洋认知逐渐转变为现代的海洋认知。1991年1月，中国第一次召开了全国海洋工作会议，在该会议上，《九十年代中国海洋政策和工作纲要》顺利通过，这一纲领性文件指导了中国20世纪90年代的海洋工作，促进了中国海洋事业的快速发展。1991年4月，李鹏总理在给中国大洋矿产资源开发协会的信中，明确提出中国具有大陆大国与海洋大国的双重身份。维护国家的海洋权益对中国的发展具有重要的现实意义和深远的历史意义。1992年10月，党的"十四大"首次提出"维护国家海洋权益"的重要命题。[③] 在很长的一个时期内，中国的国内生产总值每年都以超过7%的速度递增，与发达国家的经济实力差距逐渐缩小。中国的文化软实力已经大大提高，中国的军事现代化也取得了不俗的成绩。[④] 国家实力的不断增长也为维护和拓展中国海洋权益提供了坚实的基础。

中国的海洋认知的深刻变化使得海洋权益在中国和平发展进程中的地位得以提升。1992年10月，党的"十四大"报告论述军队的职责时提到"保卫国家领土、领空、

---

① 段洁龙：《中国国际法实践与案例》，北京：法律出版社，2011年，第71页。
② 国家海洋局海洋发展战略研究所课题组：《中国海洋发展报告（2009）》，北京：海洋出版社，2009年，第80-81页；Wu Jilu, "China's Marine Legal System——An Overall Review", Ocean and Coastal Law Journal, Vol. 17, No. 2, 2012.
③ 国家海洋局海洋发展战略研究所课题组：《中国海洋发展报告》（2009），北京：海洋出版社，2009年，第376页。
④ 中国军事现代化所取得的成绩，参见1998年《中国的国防》，http://www.gov.cn/zwgk/2005-05/26/content_1107.htm.

领海主权和海洋权益"①。1995 年 3 月，《政府工作报告》第一次提出要维护海洋权益这一基本任务。1995 年 5 月中国制定了《全国海洋开发规划》。1996 年，中国颁布了《国民经济和社会发展"九五"计划和 2010 年远景目标纲要》。在该文件中，中国第一次把海洋提到关系国家发展的重要地位。1996 年，中国制定了《中国海洋 21 世纪议程》。1998 年，中国颁布了《中国海洋政策》，并由中华人民共和国国务院新闻办公室以《中国海洋事业的发展》为名发布白皮书，成为指导当时中国海洋事业发展的纲领性文件。2000 年 10 月，中国共产党通过《中共中央关于制定国民经济和社会发展第十个五年计划的建议》，其中在第十条指出依法开发海洋等国土资源。2001 年，全国人民代表大会批准《中华人民共和国国民经济与社会发展第十个五年计划纲要》，着重强调开发利用海洋资源，加强海域管理，维护国家海洋权益。2002 年 8 月，国务院批准了《全国海洋功能区划》，其主线是合理开发海洋资源、提高海洋资源的利用率和保护海洋生态环境。

中国的海洋认知和维护国家海洋权益开始进入国家海洋战略层面，把海洋的地位提升到了中国历史上前所未有的高度。2003 年，中华人民共和国国务院发布的《全国海洋经济发展纲要》提出"海洋强国"概念，确定了建设海洋强国的战略目标。2006 年，《国民经济和社会发展第十一个五年规划纲要》明确提出维护中国的海洋权益。2007 年，党的"十七大"明确提出"发展海洋产业"的要求。2011 年，《国民经济和社会发展第十二个五年规划纲要》明确提出，坚持陆海统筹，制定与实施海洋发展战略，提高海洋开发、控制、综合管理能力。2012 年，党的十八大报告明确提出："提高海洋资源开发能力，发展海洋经济，保护海洋生态环境，坚决维护国家海洋权益，建设海洋强国。"② 这标志着海洋强国战略成为中国大战略的有机组成部分。③ 海洋强国战略的提出符合时代主题，顺应国家发展的潮流，同时吸取了历史上海洋大国兴衰的经验教训。海洋强国的基本内涵包括中国的和平发展与维护海洋权益两个基本方面，缺一不可。海洋强国战略要求中国必须把海洋权益与和平发展全面融合在一起，中国的和平发展成功依赖于中国海洋意识的觉醒，海洋是中国生存与发展的第二空间，要以海洋为基点，设计中国和平发展的模式。④

在这一时期，中国非常重视按照公认的国际法和现代海洋法来处理中国的海洋问

---

① 江泽民：《加快改革开放和现代化建设步伐，夺取有中国特色社会主义事业的更大胜利》，http：//cpc.people.com.cn/GB/64162/64168/64567/65446/4526308.html.

② 胡锦涛：《坚定不移沿着中国特色社会主义道路前进，为全面建成小康社会而奋斗》，载《人民日报》，2012 年 11 月 9 日 2 版.

③ 张海文、王芳：《海洋强国战略是国家大战略的有机组成部分》，载《国际安全研究》，2013 年第 6 期，第 57－69 页.

④ 邢霞：《中国海洋意识正在觉醒》，载《社会科学报》，2011 年 12 月 8 日 1 版.

题，中国的海洋立法活动空前活跃，以不断完备的法律制度主张和维护国家海洋权益。中国积极参加了第三次联合国海洋法会议，发挥了良好的作用，是世界上最早签署《公约》的国家之一。中国在领海、毗连区、大陆架、专属经济区的主张，既是中国海洋实践活动的总结，又体现了国际海洋法发展趋势。[①] 这一时期，中国颁布了许多部涉海的法律法规。中国通过立法维护、拓展中国的海洋权益，使中国海洋权益能够对中国的和平发展起到积极的作用。为了更好地执行《公约》，中国在1992年颁布了《中华人民共和国领海及毗连区法》。1996年，全国人民代表大会批准了《联合国海洋法公约》，这标志着中国接受国际海洋法来规范中国与周边国家的海洋划界、资源开发与科学研究行为。1998年6月，中国颁布了《中华人民共和国专属经济区和大陆架法》，按照《联合国海洋法公约》的宗旨建构了专属经济区制度与大陆架制度。在这两项基本法律颁布实施前后，中国还陆续推出了《中华人民共和国海洋环境保护法》《铺设海底电缆管道管理规定实施办法》《中华人民共和国涉外海洋科学管理规定》等法律法规。各沿海省市也配套出台了相关的地方性法规与规章。1993年《国家海域使用管理暂行规定》开始执行，经过数年的实践和探索，2001年中国颁布《中华人民共和国海域使用管理法》，对近岸海域（大陆和岛屿的内水及领海）的开发利用产生重大影响。中国海洋立法的根本目的是维护与拓展中国的海洋权益、规范海洋的开发行为以及保护海洋生态环境。这些法律法规的出台对提高中国海域利用的整体效益、加强海洋环境保护以及海洋资源的可持续利用具有重要的意义，不仅丰富了中国的海洋管理法律体系，而且响应了联合国倡导的海洋综合管理的模式。[②] 其他涉海立法还有2003年的《中华人民共和国海港法》，2009年的《中华人民共和国海岛保护法》以及2016年的《中华人民共和国深海海底区域资源勘探开发法》等。

自20世纪70年代，中国与周边国家的海洋权益争端开始趋于明显，特别是在1996年《公约》生效后，这些海洋权益争端有激化的趋势，对中国的和平发展进程有了一定程度的干扰。以南沙群岛争端与钓鱼岛争端为核心的海洋主权争端，南海、东海与黄海海域划界争端，以南海、东海与黄海油气资源与渔业资源为主要内容的海洋权益争端成为对中国和平发展的考验。[③]中国和谐海洋理念的提出既是对当代海洋权益争端的一种积极回应，也是中国推动海洋新秩序的尝试。中国提出和谐海洋的基本主张就意味着中国必然要进入国际海洋的战略平衡体系，来维护中国的海洋权益。海洋权益与中国的和平发展必须深入融合，利用中国能够控制与利用的海洋权益，推动中

[①] 郭渊：《国际海洋法会议与中国对海洋权益的维护》，载《当代中国史研究》，2012年第1期，第104页。
[②] 国家海洋局海洋发展战略研究所课题组：《中国海洋发展报告（2009）》，北京：海洋出版社，2009年，第376页。
[③] 时永明：《海洋权益争端是对中国和平发展的考验》，载《和平与发展》，2012年第5期，第11－13页。

国的和平发展,再利用和平发展所积累的综合实力,努力解决中国与周边国家的海洋权益争端。

近40年来,中国海洋认知比以往任何时期都更加积极,中国的海洋立法支持力度空前加大,中国海洋政策实践也十分丰富,这些都促使海洋权益与中国和平发展深入融合的效果非常显著。中国的海洋产业发展迅速,在国民经济中的比重逐年上升。这也是海洋权益与中国和平发展深入融合的最显著的效果。但是,海洋权益与中国和平发展的融合的程度还不够深入,海洋权益争端不但没有得到缓解,反而呈现不断加剧的趋势。

三、中国当前的海洋权益问题

基于上述关于海洋权益概念和历史发展的研究,我们能够更深入、更全面地分析中国的海洋权益和海洋权益主张,并相对准确地判断中国的海洋维权形势及未来发展。

(一) 中国的海洋权益主张

从中国的涉海立法及相关政策文件可以总结概括出中国的海洋权益主张。从整体上看,这些主张是具有国际法依据的。中国关于内水、领海及毗连区、专属经济区和大陆架等管辖海域范围及其相关权利的主张,没有超出包括《公约》在内的现有国际法规定的范围,具体的权益要求与国际法的原则和规则是一致的。中国没有在国际法允许的范围之外谋求"过分"的海洋权益。

部分国家对中国海洋权益主张的指责可能基于两种原因。一是现有的国际法规则没有提供关于沿海国如何实现其海洋权益的具体规则和标准,相关国家对部分国际法规则的理解和执行不完全一致。这类问题主要包括:中国已经宣布的直线基线是否符合"国际通行的"标准、外国军舰进入中国领海是否应经中国政府批准、外国军用船舶在中国专属经济区的军事活动问题、中国南海断续线及相关的历史性权利问题、中国南海诸岛有无专属经济区和大陆架权利问题。[①] 从法律角度看,这些问题目前尚没有非常明确的可直接适用的国际法规则和标准,部分国家对中国相关权益的主张的批评仅仅基于其关于相关规则的理解和立场,并不反应国际法规则本身的含义或国际法规则的发展方向。第二种情况是有意或无意忽视历史事实、国际法规则和中国的立场观点,抹黑中国,制造"中国威胁论",服务于其自身的利益。最为典型的事例是声称中

---

① Wu Jilu, "China's Marine Legal System——An Overall Review", Ocean and Coastal Law Journal, Vol. 17, No. 2, 2012. p. 301 – 304.

国主张整个南海为中国的内水和领海，要建设中国的"海上长城"，[1] 严重威胁这一重要水域的航行自由。这类言论多出自部分国家的军方和国际关系学者，对中国的海洋权益主张并不真正了解或故意歪曲。

中国的岛屿主权争端与世界上其他国家间存在的岛屿领土问题在法律上也并无特别之处。当今世界上的海洋大国大都存在岛屿主权争端，如美国和加拿大、美国和海地、日本和俄罗斯、日本和韩国、英国和阿根廷、法国和马达加斯加等。上述各大国均存在不止一处的领土争端。[2] 这些争端的历史发展不尽相同，但其法律性质并无实质区别，依据这些争议岛屿主张管辖海域和相关权益所要解决的法律问题也并没有显著的差异。中国的岛屿主权争端和海洋权益争端近期成为世界关注的热点，并不是中国提出了特别的权益要求，也并非因为中国被迫采取的反应性的维权措施。中国海洋权益争端的升温和激化具有深刻的国际背景。

（二）中国海洋权益争端加剧的原因

美国对华政策演变及其东亚海洋安全战略的调整是近年来中国周边海洋争端加剧的主要原因。随着世界经济和战略重心向亚太地区转移，美国提出了"亚太再平衡"战略，持续强化在东亚海域的军事存在，在中国周边的东海和南海的活动加剧。对中国与其他国家的岛礁主权和海洋权益问题从原来的中立或相对中立，逐步演变为直接介入、乃至不顾历史和法律事实支持其他争端方的立场和观点。美国不断加大直接介入南海问题的力度，南海问题法律战已经成为中美在南海战略博弈的重要手段，并不断升级。[3] 美国加入《东南亚友好合作条约》，防范和遏制中国的发展和在本地区的影响力。2014年12月，美国政府发布名为《中国：在南海的权利主张》，公然指责中国关于南海断续线和历史性权利的主张不符合国际法，直接介入南海争端。2015年，美国派遣军舰军机进入中国南沙"人工岛屿"12海里之内，声称要维护其根据国际法享有的"航行与飞越自由"。[4]

个别海上邻国受到美国相关政策的鼓舞和支持，在岛礁主权和海洋权益争端问题

---

[1] Raul (Pete) Pedrozo, "The Building of China's Great Wall at Sea", Ocean and Coastal Law Journal, Vol. 17, No. 2, 2012. pp. 253 – 289.

[2] ［澳］维克托·普雷斯科特，克莱夫·斯科菲尔德：《世界海洋政治边界》，吴继陆，张海文译，北京：海洋出版社，2014年，第179 – 189页。

[3] 吴士存：《南沙争端的起源与发展》（修订版），北京：中国经济出版社，2013年，第185 – 206页。

[4] 关于南海问题的近期发展，可参见刘复国，吴士存：《2014年南海地区形势评估报告》，2015年8月；刘菲：《俄罗斯的南海政策及其对中国海洋争端的影响》，载《东北亚论坛》，2016年第1期；李岩：《中美关系中的"航行自由"问题》，载《现代国际关系》，2015年第11期；赵明昊：《美国在南海问题上对华制衡的政策动向》，载《现代国际关系》，2016年第1期。

上不断采取挑衅性举动。在此背景下，自 2009 年年开始，南海争端逐步升温，域内外国家联手极力推动南海问题的多边化、地区化（东盟化）、司法化、国际化以及泛政治化。2009 年年初，菲律宾修改领海基线法，将我黄岩岛划归其领土，并再次规定对我南沙部分岛礁拥有主权。2012 年越南通过《海洋法》，以法律形式确认其对我西沙群岛和南沙群岛的主权要求。在国际层面，2009 年 5 月，越南和马来西亚联合向大陆架界限委员会提交了南海南部外大陆架划界案，开启了南海问题国际化的重要一步。2013 年菲律宾单方面挑起南海仲裁案，使得南海问题国际化、司法化的趋势不可逆转。越南、菲律宾等南海周边国家和美国等域外势力积极推动制定"具有法律拘束力"的"南海行为准则"（COC），力图使南海问题"地区化""东盟化"，将其对我南沙岛礁的侵占固定化、合法化。在中日钓鱼岛争端中，美国也在不同时期扮演了非常重要的角色，是钓鱼岛争端产生和发展的最大的外在因素。[1] 不管是钓鱼岛问题还是南沙争端，美国的政策立场、介入程度及方式直接影响到相关争端的发展。中国周边的海洋权益争端已经不可避免地国际化、政治化。仅仅从法律层面已经难以分析和理解这些争端，也很难仅仅通过法律途径处理或解决这些海洋争端。

（三）中国主张相关当事方直接谈判解决海洋争端

中国一直主张海洋争端应由相关当事方通过直接谈判妥善解决，在争端最终解决前应依据相关国际法原则和规则达成临时安排，以妥善处理和应对可能出现的问题，即"搁置争议，共同开发"。这一政策曾在很长的时期内得到相关国家的认可，并在海洋资源的共同开发方面取得了部分实质性的进展。但是，近年来域内外形势的发展，使得中国与相关国家间达成的协议和共识没有得到很好的落实，尤其是南海局势不断恶化。

中韩两国经过不懈的努力，于 2015 年年底正式启动海洋划界谈判，为本地区通过双边谈判解决海洋争端树立了典范。中韩 1997 年建立海洋法磋商机制，就海洋划界和其他海洋法问题交换意见，每半年举行一次。在中韩海洋划界问题上，中方主张按照公平原则，同时考虑所有相关情况，以实现公平合理的划界。韩方认为双方应先按照中间线划界，再进行调整。关于苏岩礁问题，经过 2006 年 12 月的磋商，双方确认，苏岩礁不具有领土地位，苏岩礁所在海域位于两国专属经济区主张重叠区，其最终归属取决于中韩海洋划界谈判的结果。2008 年 9 月，胡锦涛主席访韩，中韩双方发表联合

---

[1] 关于钓鱼岛问题，可参见郑海麟：《钓鱼岛列屿之历史与法理研究》（最新增订本），北京：海洋出版社，2014 年；吴天颖：《甲午战前钓鱼列屿归属考》，北京：中国民主法制出版社，2013 年；［日］村田忠禧：《日中领土争端的起源：从历史档案看钓鱼岛问题》，韦平和等译，北京：社会科学文献出版社，2013 年；［日］矢吹晋：《钓鱼岛问题的核心：日中关系的走向》，马俊威等译，北京：社会科学文献出版社，2015 年。

公报确认，尽早解决中韩海洋划界问题具有重要意义，双方将加快协商。① 2014 年 7 月，中国国家主席习近平与韩国总统朴槿惠举行会谈。双方在会谈后发表的联合声明中宣布将在 2015 年正式启动海域划界谈判。

2015 年 12 月 22 日，中韩海域划界首轮会谈在韩国首尔举行。双方表示，为公平解决中韩海域划界问题，将根据包括 1982 年《公约》在内的国际法，本着合作共赢和坦诚互信的精神，就两国专属经济区和大陆架主张重叠海域划界事宜进行协商。双方同意建立三级谈判机制保障划界谈判的顺利进行。② 这标志着中韩之间的海洋划界问题从过去的海洋法磋商机制正式转入谈判机制，该机制在谈判解决海上边界的同时，也将深入讨论并解决双方共同关心的渔业、科研等问题。

中韩海洋划界及相关问题的解决将为本地区处理相似争端提供借鉴，显示了中国政府通过双边谈判解决海洋争端的诚意，也说明中国政府坚持的这一政策是合理的、可行的。③ 实践也证明，不顾其他当事方的正当要求，将具有复杂历史和国际背景的岛屿主权及划界问题包装成一般的海洋法的解释和适用问题，极力推进所谓的强制解决程序，不仅无助于问题的解决，也不利于双边关系稳定和地区形势发展。

四、小结

海洋权益的内涵随着国际海洋事务的发展和中国海洋强国建设实践不断丰富。中国的海洋权益问题涉及岛屿主权、海洋划界、海洋资源开发和海洋安全等，事关中国的核心利益和诸多重大利益。中国面临的海洋争端原本是国际关系中极为平常的问题，但受到美国等域外国家介入等因素的影响，近年来持续升温和激化。中国当前的海洋权益争端已经不能仅从法律制度层面去理解，也不能仅仅依靠法律途径去处理和解决。中国一直主张通过直接相关方的谈判解决相关海上问题，这在法律上是有依据的，政治上是可信的，在实践中是合理的、可行的。

---

① 段洁龙：《中国国际法实践与案例》，北京：法律出版社，2011 年，第 144 – 145 页。
② "中韩海域划界首轮会谈举行"，http：//paper.people.com.cn/rmrbhwbhtml2015 – 12/23/content _ 1642613. htm，2015 – 12 – 28。
③ "China, South Korea hold talks on sea boundary"，http：//news.xinhuanet.com/english/video/2015 – 12/23/ c_134943694. htm，2015 – 12 – 25。

第十六章　中国海洋安全

近年来，国际和地区安全形势发生深刻演变，中国面临的安全环境更趋复杂。海洋安全在国家安全中的地位越来越重要，成为中国国家安全的主要战略方向。中国坚定维护国家海洋安全，坚持"人类命运共同体"理念，积极倡导新型安全观，加快推进"21世纪海上丝绸之路"建设，努力推动与其他海洋大国关系健康发展，妥善处理与周边国家的海上争议，为实施建设海洋强国战略营造相对和平稳定的海洋安全环境。

一、海洋安全概述

海洋安全在理论和国家实践中都是不断丰富发展的概念。随着海洋安全在国家安全中的地位不断提升，海洋安全的范围和内涵不断发展和完善，维护海洋安全面临的任务渐趋多样化。海洋安全已成为中国实现和平发展的重要条件，是当前国家安全的重心所在，必须予以高度重视。

（一）海洋安全的范围和内涵

同"安全""国家安全"相比，海洋安全是一个相对较新且仍在不断发展的概念，至今尚未形成一个普遍认可的定义。现有的关于海洋安全的文献都倾向于聚焦海洋的特征及其各种利用，以及对这些利用形成的威胁。[1] 海洋安全具有较强的动态性和差异性，不同国家的海洋安全利益以及所面临的安全问题不尽相同，同一国家在不同的历史时期、处于不同的发展阶段，其国家海洋安全利益以及海洋安全面临的威胁也是不同的。

中国2015年通过的《中华人民共和国国家安全法》（以下简称"国家安全法"）首次以法律形式对国家安全做出了界定。2015年7月1日第十二届全国人大常委会第十五次会议表决通过了《国家安全法》，并于颁布之日起生效实施。该法第二条规定，"国家安全是指国家政权、主权、统一和领土完整、人民福祉、经济社会可持续发展和国家其他重大利益相对处于没有危险和不受内外威胁的状态，以及保障持续安全状态

---

[1] Chris Rahman, Concepts of Maritime Security a strategic perspective on alternativevisions for good order and security at sea, with policy implications for New Zealand, Centre for Strategic Studies: New Zealand, Victoria University of Wellington, No. 07/09, p. 29.

的能力"。《国家安全法》所列的国家安全的保护对象,既包括军事安全、政治安全等传统安全内容,也涵盖人的安全、经济安全等非传统安全内容;使用"国家其他重大利益"这一表述,体现了国家安全概念的适应性和灵活性,符合国家安全不断发展变化的规律。海洋安全是国家安全的重要组成部分,《国家安全法》对于我们理解和阐释海洋安全的范围和内涵具有重要的指导和借鉴意义。

海洋安全可以概括为在海洋空间和海洋方向国家政权、主权、统一和领土完整、人民福祉、经济社会可持续发展和国家其他重大海洋利益相对处于没有危险和不受内外威胁的状态,以及保障持续安全状态的能力。在近现代,西方列强多次从海上入侵中国,从海上打开中国国门,保卫海防安全、防止军事入侵的军事安全曾一度成为中国海洋安全的基本内容;新中国成立后,以美国为首的西方资本主义国家对中国实行海上封锁政策,周边国家自20世纪70年代开始侵占中国南沙群岛,保障国家政权、主权、统一和领土完整的政治安全成为中国海洋安全的主要内容。随着冷战的结束以及国际海洋新秩序的建立,中国海洋安全的范围和内涵逐渐扩大,面临的安全威胁和挑战也日益增多,除传统的军事安全和政治安全外,由非军事因素引发的安全威胁,包括海上经济活动面临的安全威胁、海洋环境安全威胁,以及海上恐怖主义和海上跨国犯罪等,也成为国家海洋安全面临的重要问题。随着建设海洋强国战略和"21世纪海上丝绸之路"倡议的提出与实施,维护国家其他重大海洋利益安全,包括维护国家在"区域"和极地的活动、资产和其他利益的安全,国际救援,海上护航以及维护国家海外利益等,也成为国家海洋安全的重要内容。

(二) 维护海洋安全的主要任务

当前,维护国家海洋安全面临着复杂多元的任务。岛礁主权和海洋权益争端引发的安全威胁长期存在,领海和管辖海域的保卫和管控能力仍有待提高,应对海上通道和航线安全、海上生态环境安全等非传统安全问题的能力仍严重不足,维护中国在"区域"和极地的活动、资产和其他利益的安全以及开展国际救援、海上护航和维护国家海外利益的能力亟须提高。

1. 维护岛礁主权和领土完整

维护国家主权和领土完整是中国的重大核心利益,也是中国海洋安全的重中之重。台湾问题事关中国的主权和领土完整,反对和遏制"台独"分裂势力分裂国家,促进祖国和平统一,维护台湾海峡地区和平稳定,是中国海洋安全面临的重大问题。中国是世界上岛礁主权争端较多的国家之一,在东海与日本存在钓鱼岛主权争端,在南海与菲律宾、越南、马来西亚和文莱存在南沙群岛主权争端。此外,在南海,菲律宾对中国的黄岩岛、越南对中国的西沙群岛也提出主权要求。岛礁主权问题事关国家核心利益，对中国海洋安全产生重大影响。

2. 保卫领海安全和维护管辖海域海洋权益

海洋是沿海国经济可持续发展的重要空间，沿海国对于其领海享有主权，对其专属经济区和大陆架的自然资源享有主权权利以及对相关事项的管辖权。中国与周边海上邻国存在复杂的海洋划界问题。在黄海，中国需要与朝鲜划分领海边界、专属经济区边界和大陆架边界；与韩国划分专属经济区边界和大陆架边界。在东海，中国与韩国、日本存在专属经济区和大陆架的划界问题。在南海，中国需要与越南、菲律宾、马来西亚、印度尼西亚、文莱划定海洋边界。由于海洋边界尚未划定，中国与周边国家在油气开发、渔业捕捞等问题上的纠纷不断，严重影响国家海洋安全。此外，外国军舰未经许可进入中国领海，外国军事测量船、飞机在中国管辖海域或海域上空作业以及向中国管辖海域投放浮标、非法搜集我国海洋资料和数据等，对中国海洋安全也产生严重威胁。

3. 维护海上通道和航线安全

海运是国际贸易中最主要的运输方式。世界主要海上通道安全与否直接关乎整个世界的经济安全。中国是一个贸易大国，对外贸易依存度较高，而中国国际贸易运输方式主要以海洋运输为主。目前，中国国际海上通道运输已形成了若干比较成熟的固定航线，海上通道涉及水域广阔、航线漫长，且经过许多重要的海峡。维护这些海上通道和海峡的安全，保证我国重要战略资源和货物运输的畅通，对于保障国家经济安全至关重要。海峡是联结陆地之间或大洋之间的捷径，在海运航线中起着枢纽的作用，是海洋运输必经的咽喉要道。因此，保障我国海上通道所经重要海峡的安全对于维护我国海上通道安全意义重大。此外，有一些海域是中国国际海上通道运输必经之地，维持这些重点海域的安全与稳定对于维护我国海上通道安全同样意义重大。

4. 保护海洋生态环境安全

海洋是人类赖以生存发展的重要空间，保障海洋生态环境，保障海洋自然环境和条件不受威胁和破坏，促进人与自然和谐发展，是维护国家海洋安全的重要任务。不断加重的海洋污染、破坏力强大的海啸、频繁发生的赤潮和不可逆转的海平面上升，不仅日益严重地威胁到海洋生态和海洋环境，还危及人类的生存和发展，已成为需要全球共同应对的海洋安全问题。中国是世界上少数几个海洋灾害严重的国家之一。海洋环境灾害对中国海洋安全的影响是全方位的和长期的，甚至会对整个国家的经济和社会产生巨大影响，需要国家给予高度重视。

5. 维护在"区域"和极地的活动、资产和其他利益的安全

"区域"是各国管辖范围以外的海床、洋底和底土。《公约》确定"区域"及其资源是全人类的共同继承遗产，"区域"内资源的一切权利属于全人类，由国际海底管理局代表全人类行使，各国均有权在"区域"进行海洋科学研究，并在国际海底管理局的监督和管理下从事探矿、勘探和开发活动。"区域"不仅蕴藏着极其丰富的矿产资源，还具有巨大的科研和军事价值，已成为大国关注和竞争的重点海域。中国早在20世纪70年代就开始了对"区域"的探索，经过几十年的努力，在科学考察、资源勘探、技术装备研发等方面取得了举世瞩目的成就。中国的企业在太平洋和印度洋的"区域"海域，先后申请并获得了4块具有专属勘探权和优先开发权的矿区。"区域"内资源勘探开发活动具有难度大、周期长、风险高等特点，随着中国在"区域"活动的不断深入，维护在"区域"活动、人员、资产安全，将成为国家海洋安全面临的重要任务。

极地地区形势正处在快速变化发展过程中，并将对世界海洋安全和政治格局产生重大影响。北极和南极地区利益争夺的焦点突出反映在海洋领域。近年来，北极和南极地区都面临着有关国家提出的200海里以外大陆架划界主张的挑战，引起了国际社会的广泛关注。北极国家加强在北极地区的军事存在对北极地区安全形势产生重要影响。中国在南北极有重要科考利益，如何维护增强安全进出和科学考察的能力将是今后国家海洋安全面临的重要课题。

6. 国际救援、海上护航和维护国家海外利益

随着改革开放的不断深入，中国海外利益开始越过领土疆域和管辖海域，由点到面、由近至远、由周边向全球推进，但面临的风险、挑战甚至威胁也不断增大，安全形势趋向严峻。[1] 海外利益经常会受到地区和相关国家安全局势的影响，如果出现动荡不安，我国海外人员的人身安全将受到威胁，国家和国民的海外资产也面临流失的风险。随着海外利益的不断拓展，中国需要具备相应的维护海外利益的安全能力。开展海上护航、撤离海外公民、应急救援等海外行动，成为人民解放军及其海军维护国家利益和履行国际义务的重要方式。[2]

---

[1] 冯梁：《打造国家海洋安全战略》，载《世界知识》，2014年第8期，第52页。
[2] 张炜：《亚太地区海洋安全与中国海上力量发展》，见张海文等：《21世纪海洋大国海上合作与冲突管理》，北京：社会科学文献出版社，2014年，第253页。

二、中国海洋安全形势

过去一年来，中国的海洋安全形势保持了总体稳定的态势。中国与海洋大国在安全领域的竞争有所增强，但合作与对话也不断深入，总体关系继续保持稳定向好的势头。中国与周边海洋国家的海洋安全合作稳步推进，与周边国家的海上争议继续得到有效管控。在海洋安全形势保持总体稳定的同时，中国海洋安全面临的挑战和不稳定因素依然突出：美国继续以军事、经济手段力推亚太"再平衡"战略，强化在亚太地区军事存在和军事同盟体系；日本国家安全政策发生重大转变，强行修改安保法案，国家发展走向引起地区国家高度关注；个别海上邻国在涉及中国领土主权和海洋权益问题上继续采取挑衅性举动，强化对侵占岛礁和相关海域的军事控制；一些域外国家加大介入南海问题的力度，试图将南海问题渲染成地区安全热点问题。中国面临的海洋安全环境稳中有变。

（一）地区海洋安全环境趋于复杂

美国继续推进"亚太再平衡"战略，日本安全政策发生重大转变，地区海洋安全环境面临的不稳定因素增多。美国在2012年6月正式提出"亚太再平衡"战略后，一直在稳步推进该战略的实施。美国2014年发布的《2014年防务评估报告》着重突出了美国的"亚太再平衡战略"，强调将继续贯彻向亚太地区实施再平衡的总目标，发展能够慑止侵略、在所有领域有效作战并对危机和突发事件采取果断应对措施的持久能力。2015年3月，美国公布了《前沿、介入以及准备：21世纪海权合作战略》（以下简称《战略》）文件。这是美国在新世纪以来继2007年发布海上战略后，发布的第二份国家海洋战略报告。美国新版海洋战略特别强调印度—亚洲—太平洋地区对美国经济及安全的重要性。新版《战略》宣称，"中国海上力量向印度洋和太平洋的扩张带来了机遇与挑战"，认为"中国对相关国家使用武力或恐吓的方式提出领土要求"，"中国军事意图缺乏透明度，易造成冲突和不稳定，有可能导致误判甚至冲突升级"，并把中国与俄罗斯、伊朗、朝鲜等国家一同列为其安全挑战或威胁，表示要加强对中国的关注和防范。同时新版《战略》也指出，作为《海上意外相遇规则》的签署国，中国有能力接受国际规则、制度以及与不断上升的国家地位相称的行为标准。[1] 新版《战略》把强化前沿存在、加强与盟国和伙伴国的关系作为海上力量合作战略的两项基础性内容。

---

[1] 刘佳，等：《2015年美国〈21世纪海上力量合作战略〉评析》，载《太平洋学报》，2015年第10期，第53页。

在印度—亚洲—太平洋地区，新版《战略》提出，增加该地区的海上军力部署，到2020年，大约60%的海军军舰和飞机将部署到该地区，优化日本、关岛、新加坡和澳大利亚的军力部署，加强与东南亚国家的联合军演。①

近年来，日本加紧谋求解禁集体自卫权，大幅调整军事安全政策，对亚太地区的海洋安全环境带来不确定性影响。日本政府在2015年7月审议通过并发表了2015年版《防卫白皮书》。白皮书专门增列了各国"围绕海洋的动向"一节，其内容主要以中国为"说事对象"，无端指责中国在海洋的对立问题上"显示毫不妥协地实现单方面主张的姿态"，以及所谓"在南海岛礁强化填埋活动"等。②白皮书鼓吹安保法案和日美同盟的必要性，借海洋问题渲染所谓的"中国威胁"，妄称中国在东海、南海活动日趋活跃可能导致"不可预测的危险事态"，为日本谋求成为军事大国造势。2015年9月，日本国会参议院全体会议强行表决通过了"新安保法案"，为日本军事正常化全面松绑。新安保法案包括两项法案，分别是《国际和平支援法案》与《和平安全法制整备法案》。其中，《国际和平支援法案》是为日本自卫队支援多国军队提供依据，《和平安全法制整备法案》包括《自卫队法》《联合国维持和平活动（PKO）合作法》《重要影响事态法》《武力攻击事态法》《网络安全法》等10部修正法，规定了自卫队行使集体自卫权和发起武力攻击的条件。根据新安保法案，日本自卫队已与军队无异，而以首相为首的内阁具有发动战争的实际裁决权。从制度上而言，日本已没有发起新战争的任何障碍。③

（二）周边国家继续加紧采购现代化武器装备

日本海上保安厅加紧筹备钓鱼岛"警备专队"，计划于2015年增加6艘"国头"级大型巡逻舰。11月25日，日本3艘1000吨级"国头"级大型巡逻舰交付海上保安厅，将部署在第十一管区石垣海上保安部。目前仍有3艘该型舰处于建造中。④菲律宾在2015年宣布拨款9.32亿美元用于国防采购，购买护卫舰、两栖突击车、反潜直升机、远程巡逻机、航空雷达、战斗机及近距空中支援机用弹药等，以提高在南海的军

---

① 刘佳，等：《2015年美国<21世纪海上力量合作战略>评析》，载《太平洋学报》，2015年第10期，第50页。
② 《日本新版防卫白皮书恶意炒作 国防部严辞斥责》，http://mil.sohu.com/20150722/n417259465.shtml，2015-12-09。
③ 胡波：《日本新安保法案加剧地区紧张局势》，载《政工学刊》，2015年第11期，第84页。
④ 《日本3艘千吨级巡逻舰交付拟应对钓鱼岛局势》，http://www.chinanews.com/mil—12-04/7656303.shtml，2015-12-10。

事力量。① 越南与美国和欧洲国家防务巨头洽谈武器购买合同，计划引进先进军用飞机，包括战斗机、预警机和海上巡逻机。越南还寻求从西方或亚洲国家购买无人驾驶飞机用于海上监视。②

（三）美国强化对中国高频度海空抵近侦察

美国卡特政府在 1979 年制定了一项行动计划——"航行自由计划"，旨在维护其主张的海洋自由原则，防止沿海国家的"过度海洋主张"对美国海洋大国地位的挑战，保证美国军事力量的全球机动畅通。卡特之后的美国历届政府都延续了这一计划。20 世纪 90 年代以来中美之间在中国沿海发生的一系列海上摩擦或事件，都与美国实施"航行自由计划"有关。③ 近年来，美国继续派舰机在中国周边海域频繁开展对华抵近侦察。2015 年 5 月，美国一架侦察机突然飞越中国正在开展建设活动的南海岛礁上空进行侦察活动，遭到中国海军 8 次警告。6 月 5 日，美国海军两艘两栖攻击舰分别进入中国东海海域与香港附近水域，军舰搭载直升机、战斗机等装备。④ 7 月 20 日美军太平洋舰队司令斯威夫特乘坐侦察机在南海空域"巡航"，制造地区紧张气氛，增加了突发海空意外事件的风险。10 月，美国"拉森"号军舰未经中国政府允许，擅自进入中国南沙群岛渚碧礁 12 海里邻近海域。2016 年新年伊始，美国"威尔伯"号导弹驱逐舰在未事先通报情况下，驶入中国西沙群岛 12 海里。美国上述行为威胁中国主权和安全利益，危及岛礁人员及设施安全，损害地区和平稳定。

（四）南海问题渐被渲染为地区和国际热点问题

中国南沙岛礁建设遭到国际舆论"围攻"。美国、菲律宾、澳大利亚等国以及东盟峰会、七国集团外长会与峰会均发声指责中国南海施工。美国以支持"国际法"和"国际规则"为名，力压中国接受菲律宾单方面提起的国际仲裁，并以此为名策应其在南海军事行动。美国除派军舰非法进入中国南沙群岛有关岛礁邻近海域、加强在南海地区的军事存在外，还积极拉拢其他国家介入南海问题，试图在南海问题上对华形成"合围"之势。美军方高级官员鼓励日本将空中巡逻范围扩大至南海。美国总统奥巴马在 APEC 会议期间与日本首相安倍晋三进行会晤，大谈南海问题。日方做出支持美动用

---

① 《菲拨款 9.32 亿美元用于国防采购提升南海军力》，http：//www.chinanews.com/mil—12－01/7650127.shtml，2015－12－10。
② 《越南与欧美秘洽武器大单》，http：//news.xinhuanet.com/world/2015－06/07/c_127886370.htm，2015－12－10。
③ 曲升：《美国"航行自由计划"初探》，载《美国研究》，2013 年第 1 期，第 102 页。
④ 《美军两栖战舰现身东海南海威慑中国 或介入岛屿争端》，http：//military.people.com.cn/n—0610/c1011－27132703.html，2015－07－10。

军舰进入中国南海有关岛礁附近水域自由航行、并将研究是否派海上自卫队参与南海巡航的表态。美国加大对澳大利亚施压力度，要求其加入联合巡航。①

（五）海洋生态环境安全形势不容乐观

在海洋生态环境方面，中国面临严峻的安全形势。国家海洋局发布的《2014年中国海洋灾害公报》显示，2014年，各类海洋灾害造成直接经济损失136.14亿元人民币，死亡（含失踪）24人。国家海洋局发布的《2014年中国海平面公报》显示，2014年中国沿海海平面较常年（1975—1993年）高111毫米，较2013年高16毫米，为1980年以来第二高位。1980—2014年，中国沿海海平面上升速率为3.0毫米/年，高于全球平均水平。② 海平面上升导致滨海低地被淹没，风暴潮、洪涝、海岸侵蚀、海水入侵与土壤盐渍化等灾害加剧，破坏海岸带生态系统，威胁沿海基础设施安全，影响沿海居民正常生产、生活。

三、维护海洋安全的政策和举措

维护国家政权、主权、统一和领土完整、人民福祉、经济社会持续健康发展以及其他重大利益是新时期中国国家安全面临的主要任务。面对日益复杂的海洋安全形势，中国政府始终坚持走和平发展的道路，奉行防御性国防政策，坚决维护领土主权和海洋权益，以"新安全观"为指导，坚持通过双边谈判协商来解决争议、管控矛盾，积极开展海洋安全领域的合作，致力于维护地区的和平与秩序。

（一）中国的海洋安全政策

中共中央政治局2015年1月23日召开会议，审议通过《国家安全战略纲要》；7月1日第十二届全国人大常委会第十五次会议表决通过了新的《中华人民共和国国家安全法》，中国的安全法治建设取得重大进展。根据中国政府的一贯立场和实践，中国的海洋安全政策可以概括为以下几个方面。

1. 坚持总体国家安全观

国家主席习近平在2014年4月15日主持召开中央国家安全委员会第一次会议时提

---

① 陈须隆，苏晓晖：《2015年世界政治形势：秩序之争日趋激烈 中国外交积极进取》，http://www.ci-is.org.cn/chinese/2016-01/14/content_8520424.htm，2016-01-21。

② 《2014年中国海洋灾害公报和海平面公报发布》，http://news.xinhuanet.com/science/2015-03/01/c_134025937.htm，2015-12-10。

第六部分　维护国家海洋权益

出，要准确把握国家安全形势变化新特点新趋势，坚持总体国家安全观，走出一条中国特色国家安全道路。新《国家安全法》首次以法律的形式确立了总体国家安全观的指导地位，提出国家安全工作应当坚持总体国家安全观。海洋安全是国家安全的重要组成部分，维护国家海洋安全同样必须要坚持总体国家安全观，以人民安全为宗旨，以政治安全为根本，以经济安全为基础，以军事、文化、社会安全为保障，以促进国际安全为依托，维护各领域国家安全，构建国家安全体系，走中国特色国家安全道路。

2. 坚决维护领土主权和海洋权益

中国明确将国家主权、国家安全、领土完整、国家统一、中国宪法确立的国家政治制度和社会大局稳定以及经济社会可持续发展的基本保障列为必须坚决维护的六项核心利益。岛礁领土事关国家主权和领土完整问题，海洋权益关乎着国家的发展利益，都需要国家坚决予以维护。国家领导人多次强调维护领土主权和海洋权益的重要意义。习近平主席在接见第五次全国边海防工作会议代表时强调，"要坚持把国家主权和安全放在第一位，贯彻总体国家安全观，周密组织边境管控和海上维权行动，坚决维护领土主权和海洋权益，筑牢边海防铜墙铁壁"。在出席中央外事工作会议并发表重要讲话时，习近平主席也强调，"要坚决维护领土主权和海洋权益，维护国家统一，妥善处理好领土岛屿争端问题"。

3. 坚持奉行防御战略

中国坚持走和平发展道路，反对霸权主义，这已明确写入中国宪法。中国国防政策完全是防御性的，是和平的。中国建设海洋强国的战略目标的提出与贯彻实施，对中国海军的建设与发展提出了新的要求。2015年5月，国务院新闻办公室发布的《中国的军事战略》白皮书，提出"海军按照近海防御、远海护卫的战略要求，逐步实现近海防御型向近海防御与远海护卫型结合转变，构建合成、多能、高效的海上作战力量体系，提高战略威慑与反击、海上机动作战、海上联合作战、综合防御作战和综合保障能力"。中国海军虽然面临越来越多的远海护卫任务，但中国海军依然奉行防御战略，目的是保卫国家的领土主权、海洋权益和其他海上利益。中国海军的近海防御战略没有改变。

4. 坚持维护世界和地区海洋和平稳定

维护世界和平，反对侵略扩张，是中国海洋安全政策的重要目标和任务。中国反对霸权主义和强权政治，反对战争政策、侵略政策和扩张政策，反对军备竞赛，支持一切有利于维护世界和地区和平、安全、稳定的活动。在处理领土主权和海洋权益争议问题上，中国一贯从和平发展的国家战略和睦邻友好的周边外交政策出发，着眼维护地区和平稳定，致力于通过直接谈判和协商，和平解决争议。中国军队坚决贯彻国家的大政方针，坚持核心利益至上，加强海区控制与管理，建立完善体系化巡逻机制，为国家海上执法、渔业生产和油气开发等活动提供安全保障，妥善处置各种海空情况和突发事件，依法履行防务职能，捍卫了主权权益，遏制了危机升级。[①] 与相关国家开展海洋安全合作，共同维护世界和地区海洋安全是完全符合中国国家海洋安全利益的。李克强总理在访问希腊时强调，中国"愿同相关国家加强沟通与合作，完善双边和多边机制，共同维护海上航行自由与通道安全，共同打击海盗、海上恐怖主义，应对海洋灾害，构建和平安宁的海洋秩序"。

（二）维护海洋安全的举措

1. 制定国家海洋安全战略和立法

党的十八届四中全会做出全面推进依法治国重大战略部署，提出要加快国家安全法治建设，这为中国加强海洋安全立法提供了新的契机。事实上，中国现行的一些海洋法律法规对于海洋安全问题也有所体现。1958 年中国发布《关于领海的声明》，宣布中国领海宽度为 12 海里，并且宣布一切外国飞机和军用船舶，未经中国政府许可，不得进入中国的领海和领海上空。《领海及毗连区法》对领海内的无害通过制度和毗连区的管制权进行了规定。《专属经济区和大陆架法》规定了中国对专属经济区和大陆架的权利、保障行使权利的措施。《海域使用管理法》将"保障国防安全，保证军事用海需要"作为编制海洋功能区划必须遵守的原则之一。《海岛保护法》规定，国家对"国防用途海岛"等具有特殊用途或者特殊保护价值的海岛实行特别保护。

2015 年新《国家安全法》虽未明确提及海洋安全，但对于海防建设，保卫领海安全，维护国家领土主权和海洋权益、国际救援、海上护航和维护国家海外利益以及维护中国在国际海底区域和极地的活动、资产和其他利益的安全等方面提出了总体要求。新《国家安全法》的出台，对于依法维护国家海洋安全，将起到重要引领和推动作用。当前，中国在国家海洋安全体制机制建设方面还存在一些问题。在维护国家海洋安全战略方面，中国长期缺乏顶层设计，没有总体的海洋安全战略和规划来从全局角度统筹谋划海洋安全问题，不利于海上维权斗争和海洋安全体系的建设和发展。从海洋安全立法上看，中国仍缺乏基本的海洋立法，现有涉海法律法规虽然有一些规定，但涵

---

① 任海泉：《世界变革中的中国防御性国防政策》，http://theory.people.com.cn/n-1008/c40531-23120138.html，2014-12-23。

盖面窄，相互间缺乏协调，存在与国际法不相衔接的问题，无法满足维护国家海洋安全的实际需要。应积极研究制定国家海洋安全战略，统筹和协调国家海洋安全工作，研究解决维护国家海洋安全涉及的重大问题。在海洋安全立法方面，应积极研究制定和出台综合性海洋安全立法，对海洋安全问题予以统筹考虑。

2. 深化海上信任措施

建立海上信任措施，有助于改善海上安全环境、缓和海上紧张局势以及提高国家间在海洋方向上的互信。从20世纪90年代开始，中国逐渐将发展建立海上信任措施作为发展地区海上安全合作、改善海上周边安全环境、维持地区和平与稳定的重要方式。2015年，中国继续积极参与和组织实施了一系列有关海上建立信任措施的活动，取得了丰硕成果。

（1）双边对话

中美海洋安全对话取得丰硕成果。第七轮中美战略与经济对话达成了九大方面共127项成果，在两军关系方面，双方重申共同致力于落实两国两军领导人共识，促进持续性及实质性对话与沟通，深化在人道主义救援减灾、联合国维和、反海盗等共同利益领域务实合作，加强减少风险措施，以增进互信、防止冲突，进一步推动中美军事关系发展。在海洋安全合作方面，双方决定共同打击非法、未报告和无管制捕捞；支持推进两国海事安全机构间的双边交流。中国海警局、中国海事局和美国海岸警卫队计划开展高层和船艇互访。中国海事局和美国海岸警卫队计划继续开展海上无线电导航和卫星导航方面的交流合作。中国海事局和美国海岸警卫队继续开展在国际危险货物管理方面的联合执法，推进在船员管理、航行安全、助航管理、有毒有害物质事故应急和搜救等领域的人员及专业交流项目，并计划制订中长期的海事安全双边行动计划；中国海警局和美国海岸警卫队为执行《中华人民共和国政府和美利坚合众国政府关于有效合作和执行联合国大会46/215号决议的谅解备忘录》、打击北太平洋公海非法、未报告和无管制捕捞活动，决定将中美北太平洋公海联合执法行动延长5年。中国海警局和美国海岸警卫队支持海上执法专业化和海上行动符合国际法和相关标准，并将继续在"六国论坛"框架下就如何开展相关合作进行讨论。[①]

中日海洋安全合作取得新进展。2015年4月，国家主席习近平在雅加达出席亚非领导人会议期间，应约会见日本首相安倍晋三。习近平主席强调，中日双方要彼此奉行积极的政策。我们愿意同日方加强对话沟通，增信释疑，努力将中日第四个政治文

[①]《中美战略对话127项具体成果清单一览》，http://news.china.com/international/1000/20150626/19904855.html，2015-08-20。

件中关于"中日互为合作伙伴、互不构成威胁"的共识转化为广泛的社会共识。[①] 2015年5月,在新加坡举行的香格里拉会议上,中国人民解放军副总参谋长孙建国与日本防卫相中谷元交换意见,双方就争取早日启用"海空联络机制"达成一致。

中韩签署未来五年海洋领域合作规划。2015年11月,中韩两国海洋主管部门签署了《中华人民共和国国家海洋局与大韩民国海洋水产部海洋领域合作规划(2016年—2020年)》。该规划是落实2014年两国政府发表的《中华人民共和国和大韩民国联合声明》的具体行动,是双方未来5年开展合作的重要指导性文件,对推动中韩海洋领域合作发展具有十分重要的意义。[②]

中国与东盟在海洋安全合作方面凝聚诸多共识。2015年以来,第21次中国-东盟高官磋商、中国-东盟(10+1)外长会、第11届中国-东盟博览会、中国-东盟国防部长非正式会晤、中国-东盟执法安全合作部长级对话、第18次中国-东盟(10+1)领导人会议相继召开,中国与东盟在南海问题、海洋安全合作等方面进行了深入的交流,凝聚了很多共识。在中国-东盟国防部长非正式会晤会议上,中国就推进中国-东盟防务安全合作提出了5点倡议:一是共同把握好合作大方向。坚定落实中国-东盟领导人共识,不断深化中国-东盟战略伙伴关系,构建更为紧密的中国-东盟命运共同体。二是共同维护地区安全稳定。坚持共同、综合、合作、可持续的亚洲安全观,持续推进对话合作,共同维护地区和平稳定,携手创造良好安全环境。三是共同推进安全机制建设。继续开展中国-东盟防长非正式会晤,加强双方在东盟防长扩大会、东盟地区论坛等多边机制下的协调合作,推动建设开放、包容、透明、平等的地区安全合作架构。四是共同深化防务领域务实合作。加强在人道主义救援、军事医学、维和、反恐、反海盗及边防等领域的务实合作,不断夯实中国-东盟命运共同体的安全基础。五是共同妥善处理争议管控风险。为应对共同风险挑战,中方愿与东盟国家于2016年在南海海域举行"《海上意外相遇规则》联合训练"和"海上搜救、救灾联合演练"。[③]

中国与南海周边国家、印度洋和南太平洋国家在南海及周边海洋国际合作方面取得丰硕成果。自2012年1月颁布实施《南海及其周边海洋国际合作框架计划》以来,

---

① 中日两国实现邦交正常化以来,双方已签署四个政治文件。分别是1972年恢复邦交时发表的《中日联合声明》、1978年两国签署的《中日和平友好条约》、1998年双方发表《中日联合宣言》及2008年两国发表的《中日关于全面推进战略互惠关系的联合声明》。这四个政治文件从法律上巩固了两国关系的政治基础,是中日两国发展合作关系的基石。

② 《中韩签署未来五年海洋领域合作规划》,http://www.china.com.cn/haiyang/2015-11/18/content_37095395.htm,2015-11-30。

③ 《中国-东盟防长非正式会晤在京举行》,http://www.chinanews.com/mil—10-16/7573324.shtml,2015-11-15。

中国先后与15个国家签署19份政府间海洋领域合作文件，牵头发起并实施了近70个合作项目。合作得到了南海及周边国家的积极响应，提高了中国在该地区的影响力，促进了海洋合作伙伴关系，拓展了海洋事业的发展空间。[①]

(2) 多边论坛

香山论坛在促进亚太海洋安全方面作用日益重要。第六届香山论坛于2015年10月16日至18日在北京举行。香山论坛创办于2006年，原为每两年举办一次。自2014年第五届香山论坛开始，论坛由"二轨"升级为"一轨半"（半官方性质），并改为一年举办一次。第六届论坛主题为"亚太安全合作：现实与愿景"，设4个大会议题："亚太安全趋势：机遇与挑战""亚洲安全理念：创新与实践""亚太海上安全：风险与管控""地区恐怖主义：根源与应对"。论坛还设有7个分会议题。第六届香山论坛"参会国家更多""规格更高"，来自49个国家和5个国际组织共约500名官员、学者参加了论坛，其中，16个国家的国防部长参加会议。香山论坛开放性、包容性越来越强，随着论坛升格为一轨半，国防部长、武装部门高官等决策者直接参与其中，现场面对面直接讨论，有利于能够解决问题的好的建议和共识更多地被采纳。

3. 加强海上安全合作

深化同各国海上力量的交流与合作，举行中外联演联训、参与国际护航和救灾等行动，对于维护国家海洋权益、履行国际责任和义务、提升国家形象和影响力等方面都具有促进作用。2015年，中国继续加强与相关国家在海上安全领域的合作，为塑造和平稳定的国际和周边海洋安全环境做出了应有的贡献。

(1) 海上联合演习演练

中俄海军"海上联合—2015"第一阶段和第二阶段联合演习先后在2015年5月和8月举行。中俄"海上联合—2015（Ⅰ）"联合军事演习在地中海海域进行，演习的课题是维护远海航运安全，演习主要内容包括海上防御、海上补给、护航行动、保证航运安全联合行动和实际使用武器演练等。通过演习，两国海军进一步提高了联合组织指挥能力和联合行动能力，进一步规范了组织海上联合军事演习的方法。[②] 中俄"海上联合—2015（Ⅱ）"海上联合演习在彼得大帝湾海域、克列尔卡角沿岸地区和日本海海空域举行。演习以"联合保交和联合登陆行动"为主题，主要科目包括联合防空、联合反潜、联合反舰、联合防御、联合登陆等。与以往中俄海上联演相比，此次联演科

---

① 《南海及周边海洋国际合作成果丰硕》，http://www.soa.gov.cn/xw/hyyw_90/201512/t20151207_49296.html，2015-12-20。

② 《中俄"海上联合—2015（Ⅰ）"军事演习落下帷幕》，http://military.people.com.cn/n/0523/c1011-27045036.html，2015-12-10。

目设置更复杂，参演兵力更多元，双方在战役、战术层面的联合更深入。有效提高了中俄海军联合保交和联合登陆行动组织指挥水平，进一步增强了共同应对海上安全威胁的能力。①

中国与韩国在 2015 年 9 月举行了中韩（烟台）海上联合搜救演习。演习在山东烟台北部海域举行。本次演习共出动 5 艘舰船和 4 艘救助快艇，重点演练了中韩海上联合搜救行动的协调与组织、现场协调指挥与海上交通管制、双方舰船海上协同灭火、救助快艇搜寻救助落水人员等 4 个科目。演习旨在加强中韩搜救机构间的合作，提高海上搜救效率，保障海上人命和财产安全。②

中美海军于 2015 年 11 月首次在大西洋海域举行了联合演练。中方参演兵力为刚刚结束对美国友好访问的 152 舰艇编队导弹驱逐舰"济南"舰、导弹护卫舰"益阳"舰和综合补给舰"千岛湖"舰；美方参演兵力为伯克级导弹驱逐舰"梅森"号和"斯托克"号，提康得罗加级导弹巡洋舰"蒙特里"号。此次中美海上联合演练是中国海军舰艇编队访美日程中的一项重要活动。联合演练进一步提高了双方舰艇的协同配合能力，深化了两国海军的互信合作。③

（2）参与国际护航

中国参与国际护航行动取得了丰硕成果。2008 年年底以来，中国连续派出舰艇编队赴亚丁湾、索马里海域执行护航任务。到 2015 年 12 月底，海军遂行亚丁湾护航任务已满 7 年。7 年来，海军连续不间断地派出了 21 批编队远赴亚丁湾、索马里海域执行护航任务，圆满完成了 896 批 6089 艘中外船舶护航任务，成功解救、接护和救助了 60 余艘遇险的中外船舶；圆满完成了利比亚撤侨护航、地中海叙利亚化学武器海运护航、马尔代夫紧急供水、也门撤离中外人员等紧急任务，全面提升了海军有效应对多种安全威胁、完成多样化军事任务的能力；稳妥组织与世界各国海军开展务实交流、合作，先后与外军举行 11 次联合演习，访问五大洲 58 个国家，积极宣扬了中国护航行动成果，充分展示了中国负责任大国的良好形象和人民海军过硬的军政素质。12 月 6 日，海军第二十二批护航编队从青岛某军港解缆起航，奔赴亚丁湾、索马里海域接替第二十一批护航编队执行护航任务。④

（3）开展国际人道主义救援行动

2015 年 3 月，沙特阿拉伯等国对也门展开空袭后，当地局势骤然紧张，多个国家

---

① 《中国海军参加中俄"海上联合—2015（Ⅱ）"演习舰艇编队起航》，http://news.xinhuanet.com/mil/2015-08/15/c_128131838.htm，2015-12-10。
② 《中韩举行海上联合搜救演习》，http://gb.cri.cn/42071—09/20/7551s5108626.htm，2015-12-15。
③ 《中美海军大西洋首次军演》，http://news.takungpao.com/paper/q-1109/3233415.html，2015-12-10。
④ 《亚丁湾护航将满 7 年》，http://military.people.com.cn/n—1207/c1011-27894479.html，2015-12-15。

开始从也门撤离本国公民。中国海军舰艇编队赴也门执行撤离中国公民和实施撤离外国公民的任务。从3月29日到4月6日，中国政府分四批从也门安全撤离了613名中国公民，还协助来自15个国家的共279名外国公民安全撤离。[①] 此次撤离是中国首次动用军舰撤侨，也是中国军舰首次实施撤离外国公民的国际人道主义救援行动。

四、小结

2015年，中国海洋安全面临的问题和挑战有所增加，但总体形势依然保持稳定。美国"亚太再平衡"战略对中国海洋安全的负面影响依然突出，两国构建战略互信仍任重道远。岛礁主权和海洋权益问题仍然是影响中国海洋安全的最不稳定因素，中国海洋安全问题长期性、复杂性、多变性的特征更加明显。面对复杂多变的海洋安全形势，中国应紧紧围绕建设海洋强国的总体战略目标，继续加强海军和中国海警等海上力量的建设，积极开展海上维权执法行动；继续倡导新型安全观，努力推动与海洋大国和周边海上邻国关系健康发展，积极参与国际和地区安全事务，打造海洋安全合作平台，为中国的和平发展和建设海洋强国创造相对和平稳定的国际和周边安全环境。

---

① 《中国协助279名外国人撤离也门 日本致谢协助撤侨》，http://news.xinhuanet.com/mil/2015-04/08/c_127665886.htm，2015-06-10。

第七部分
建设海上丝绸之路

第十七章　海上丝绸之路的发展演变

中国的海洋文明自古有之，我们的祖先在三千多年前就实施了"通商工之业、兴渔盐之利"的重要政策。始于秦汉末于明清、历经千年的古代海上丝绸之路实际上是历史上一条连接东西方文明和海上贸易的大通道。2013 年，习近平主席提出了共同建设丝绸之路经济带和 21 世纪海上丝绸之路（以下简称"一带一路"）的合作倡议，2015 年 3 月中国发布了《推动共建丝绸之路经济带和 21 世纪海上丝绸之路的愿景与行动》（以下简称《愿景与行动》）。共建"一带一路"倡议，赋予了古代丝绸之路新的时代精神，极大地丰富了古代丝绸之路的内涵，《愿景与行动》为中国与沿线各国开启新的合作指明了方向。

一、古代海上丝绸之路

古代海上丝绸之路形成于秦汉，繁荣于唐宋，明初达到鼎盛，明朝中期以后逐渐衰落。它承载着中西文化和经贸文明交流的重任，见证中国从强盛走向衰落的历程，其发展的兴衰经验值得今天建设 21 世纪海上丝绸之路借鉴和学习。

（一）古代海上丝绸之路的兴衰演替

古代海上丝绸之路的发展过程，大致可分为以下几个历史阶段：唐代中期以前为形成及发展时期，海上丝绸之路只是陆上丝绸之路的一种补充形式；唐中晚期是转型时期，海上丝绸之路在国家对外交往中的地位大幅上升，中央政府开始派遣宦官充任市舶使以期管理海外贸易；宋元两代为极盛时期，设置市舶司作为管理海外贸易的常设机构，同时航海科技高度发达，海路超越陆路成为国家对外交往的主要通道；明代早期朝贡贸易体系达到巅峰，明中期后逐步衰落，到清代海禁政策进一步阻碍了海上丝绸之路的发展，最后发展为闭关锁国。

1. 古代海上丝绸之路的起源发展

陆上丝绸之路开辟后，中国丝绸远销至大秦（即罗马帝国），但要经过亚洲西部古国安息（占领有今伊朗高原和两河流域）商人转销。罗马人希望能找到海上通道直接与中国联系，于是海上丝绸之路就诞生了。根据考古发现，中国自秦末汉初时期已开始与西方国家开展海上贸易。汉代的海上丝绸之路是中国海船经南海,通过马六甲海峡在印度洋航行的真实写照。即自广东徐闻、广西合浦往南海通向印度和斯里兰卡,以斯里兰卡为中转点。中国从此处可购得珍珠、璧琉璃、奇石异物等。中国的丝绸(杂缯)等由此可转运到罗马,从而开辟了海上丝绸之路。中国商人运送丝绸、瓷器经海路由马六甲经苏门答腊来到印度,并且采购香料、染料运回中国,印度商人再把丝绸、瓷器经过红海运往埃及的开罗港,或经波斯湾进入两河流域到达安条克,再由希腊、罗马商人从埃及的亚历山大、加沙等港口经地中海海运运往希腊、罗马两大帝国的大小城邦。魏晋南北朝时期,是海上丝绸之路的拓展时期。在这一时期,广州已成为计算海程的起点。通过广州来中国经商的国家和地区大为增加,有15个之多。中外文化交流也进一步得到发展。中唐之后,西北陆上丝绸之路阻塞,华北地区经济衰弱,华南地区经济日益发展,海上交通开始兴盛。

2. 古代海上丝绸之路的勃兴繁荣

宋元时期海上丝绸之路开始成为国家对外交往的主要通道,海外贸易蓬勃兴盛,中西文化交流日趋广泛。

首先,宋代官府重视对外贸易,设立市舶司并确立官本船贸易体制。宋代设立了专门管辖海外贸易的管理机构——市舶司。市舶司的主要职能是征收税款,处置舶货,舶船出港和回航手续以及招徕和保护外商等。当时市舶司的相关规定和举措都有力地保护了外商切身利益,为他们的商业活动提供了政治及司法保障,极大地推动了海外贸易的发展。

其次,航海科技的发达是促成海上丝绸之路兴旺发达的重要因素。宋代的航海科技是中国历史上取得突破性进展的一个历史时期。东南沿海主要海港都有发达的造船业,所造海船载重量大、速度快、船身稳,能调节航向,船板厚,船舱密隔。载重量之大,抗风浪性能之佳,处于当时世界领先地位。海员能熟练运用信风规律出海或返航,通过天象来判断潮汛、风向和阴晴。舟师还掌握了"牵星术"、深水探测技术,使用罗盘导航,指南针引路,并编制了海道图。这些都大大促成了宋代海外贸易的兴盛。

第三,经济重心南移为海上丝绸之路发展起到了重要的促进作用。南宋与元代,中国经济重心南移,加之元朝的大一统局面、强大的综合国力无疑为海上丝绸之路的进一步繁荣提供了有利条件。元代的税收和海外贸易额、通商口岸数量以及通商国家数量都有较大增长。元代海上丝绸之路的拓展,给予中外文化交流以极大推动,如意大利人马可·波罗远涉重洋来到元朝各地游历,直接或间接地开辟了中西方直接联系和接触的新时代,其所留下的《马可·波罗游记》脍炙人口,打开了欧洲的地理和心灵视野,也给中世纪的欧洲带来了东方文明的曙光。指南针、印刷术与火药技术的西传，也极大地改变了世界的面貌。

3. 古代海上丝绸之路的辉煌巅峰

海上丝绸之路的发展在明代初期达到巅峰。一是明代建立的"朝贡宗藩"关系为丝绸之路的发展奠定了一个良好的基础。明朝政府为开拓一个"万国咸宾"的盛世局面，强化专制皇权并巩固封建统治，期间的贸易活动是借以招徕海外诸国称藩朝贡的手段，并以此作为纽带，运用怀柔羁縻、恩威并举的外交手腕，建立大明皇朝的宗主国地位。明初以郑和下西洋为代表，国家为主推动的朝贡贸易到达顶峰时期。为维持这种断断续续的朝贡，就必须不断派遣有强大武装的船队督促威服、赏赐招徕各国。郑和每次下西洋往返，既是一次朝贡贸易的高潮，又是一次规模巨大的藩国朝贡盛会。

二是民间海上贸易的逐渐兴起。明初郑和下西洋象征着明朝政府主导的朝贡贸易达到顶峰，但与此相伴随的是海禁政策的施行，民间商人私自出海贸易被严厉禁止。郑和下西洋的结束意味着明政府放弃了海上丝绸之路的主导权，却间接地促成民间海上贸易的逐渐兴起。私人海上贸易蓬勃发展的形势迫使明王朝不得不因势利导，调整海上贸易政策，明隆庆元年（1567年），明朝中央政府接受福建巡抚涂泽民"请开市舶，易私贩为公贩"的建议，以月港为治所设立海澄县，设立督饷馆，负责管理私人海外贸易并征税，成为明朝财政所倚重的重要来源。

4. 古代海上丝绸之路的没落衰退

明初实行海禁，中外贸易基本上限定在"朝贡贸易"的框架之内进行，私人海上贸易则被严厉禁止。"朝贡贸易"是一种由政府统治的对外商业交往形式，即政府特许外国"贡舶"附带一定数量的商货，在指定地点与中国官民交易。朝贡贸易的政治色彩远重于经济色彩。明初政府从朝贡贸易中所得经济利益有限，而财政负担却日益沉重。为减轻财政负担，自永乐时起渐对朝贡的国家和地区实行颁给"勘合"的制度，没有"勘合"的外国船只不许入港。明中期以后，更对贡期、贡船数目、随船人数、进境路线及停泊口岸等也都做出限制性规定。明中期日趋严重的东南沿海倭患也促使明王朝的对外政策趋于内向保守，最终导致了嘉靖年间的全面海禁。自明代起海禁政策就成为海上丝绸之路进一步发展的制约因素，清代继续沿袭明代的海禁政策，并上升到全面闭关锁国，从而丧失了与世界同步发展的最佳时机。

（二）古代海上丝绸之路的历史借鉴

回顾古代海上丝绸之路的发展演变，可以看出海洋贸易对大国竞争和文明兴衰的深刻影响，商业力量如何推动国家政策的变化，国家和民间如何合力应对国际间的竞争以及如何创造一个合理的制度来维持长久的繁荣等，这些历史经验在经济全球化、区域一体化深入发展的今天，对当前21世纪海上丝绸之路建设，顺利推进"一带一路"倡议，仍然有着深刻的现实意义。

1. 国家对外贸易政策是决定海上丝绸之路兴衰的重要因素

宋朝和元朝政府鼓励民间的海上贸易活动，这使得中国商人成功地参与到以往几代穆斯林商人垄断的海洋贸易，并取代了穆斯林在东亚和东南亚的海上优势。在12—15世纪间，中国商人遍布东南亚及印度港口，基本上垄断了中国到印度间的航运，并主导着海上丝绸之路沿线的国际贸易。元代更进一步加大对海外贸易的支持，甚至建立管理海外贸易的专门机构如行泉府司、斡脱总管府等，官府权贵直接参与海外贸易，极大地推动了海上丝绸之路的蓬勃发展。明初政府鉴于倭寇活动的猖獗，错误地施行严厉的海禁政策，屡屡下旨禁止民众出海贸易。郑和下西洋是官方的海洋活动，其目的是通过耀威异域，从而最终达到万邦来朝，重塑朝贡体制的政治目的。朝贡贸易与海禁体制两个因素的共同作用，导致国家成为海洋活动的唯一主体，而完全压抑民间海上力量的发展，使得中国渐渐丧失了对于海上丝绸之路的主导权。这种海禁体制被清朝所继承，并进一步发展成为闭关锁国的刚性政策，直到19世纪中期国门被西方的炮舰外交所洞开。

2. 海上丝绸之路是东西方先民互为推动、双向努力的结果

海上丝绸之路的兴衰与否，并不能简单归结到自身因素，也牵涉极其复杂的外部因素。海上丝绸之路并非中国人民在唱独角戏，其沿线各国与各民族均起过重要作用，只是主次有别。很多证据表明，海上丝绸之路的开辟并不是古代中国单向的历史壮举。在海上丝绸之路的发展史上，希腊人、罗马人、埃及人、印度人、波斯人、阿拉伯人等在经营海上交通和东西方贸易上都做出过重大贡献，有力地推动了海上丝绸之路的兴起。大体而言，由于中国综合国力在唐宋至明初的世界上具有举足轻重的地位，因此能够主导海上丝绸之路的发展进程，并从中获取相应国家利益；而明中期以降到清代，中国在科技、军事、文化等领域日益落后于西方诸国，在海洋经略方面日趋封闭保守，也就渐次丧失了对于海上丝绸之路的主导能力。海上丝绸之路不仅仅是中国的，更是世界的，是人类智慧的共同结晶。

3. 稳定、适度的推动进程是海上丝绸之路兴旺的重要条件

总体而言，南宋到元代海上丝绸之路的进程与节奏较为合理，国家民间参与的力度与进度相对匹配，形成国家与民间利益协调共进持续发展的局面。明初到清代则提

供了反面教训，尤其是明初郑和下西洋表面看轰轰烈烈，但由于推动朝贡贸易的政治动机过于强烈，缺乏弹性的海禁政策扼杀了宋元以来民间海上力量的参与活力，结果是欲速不达，难以为继。

4. 区域的安全稳定是海上丝绸之路兴衰的外部因素

陆上丝绸之路与海上丝绸之路在中国的不同历史时期，在国家对外交往方面的重要程度也有所不同。早在20世纪90年代初，陈高华先生在其《海上丝绸之路》一书中提到，唐朝中期以前，"陆上丝绸之路是丝绸外销的主要渠道，骆驼和马是运输丝绸的主要交通工具。海上丝绸之路虽不断发展，但总的说来还处于比较次要的地位。唐代中期以后，西域交通受阻，中国的经济重心逐渐南移，陆上丝绸之路自此急剧衰落下去；后来时断时续，始终不能恢复原来的盛况。于是海上丝绸之路取而代之，并日趋兴盛，成为丝绸外销的主要途径。"

二、21世纪海上丝绸之路

当前，世界经济重心加速向亚太地区转移，各国以海洋为纽带，更加密切地开展市场、技术、信息等方面的交流，一个更加注重海洋合作与发展的新时代已经到来。随着综合国力上升以及新的发展和合作理念的形成，中国有能力和意愿提供更多国际公共产品，为促进区域合作做出更大的贡献。21世纪海上丝绸之路是中国提出的适应经济全球化新形势、扩大同沿线国家和地区利益汇合点的新型合作倡议，是构建开放型经济新体制的重要举措，具有时代内涵和特征。

（一）时代背景

从全球看，当今世界正发生复杂深刻的变化，国际金融危机深层次影响继续显现，世界经济缓慢复苏、发展分化，国际投资贸易格局和多边投资贸易规则酝酿深刻调整，各国面临的发展问题依然严峻。世界多极化、经济全球化深入发展，以中国为代表的新兴经济体成为世界经济增长的引擎，全球合作向多层次全方位拓展。国际投资贸易领域出现竞争加剧的新趋势迫切要求中国加快推进多、双边投资贸易自由化，增强中国在国际经贸规则制定中的主动权。全球能源版图出现重心转移新调整使得中国在增加能源供给渠道的同时，也相应增加了风险，要求我们合理布局能源进口来源，加快构建海陆能源安全通道，提升国家能源安全水平。

从周边看，共建"一带一路"将致力于亚欧非大陆及海上的互联互通，建立和加强沿线各国互联互通伙伴关系，构建全方位、多层次、复合型的互联互通网络，实现沿线各国多元、自主、平衡、可持续的发展。"一带一路"的互联互通项目将推动沿线各国发展战略的对接与耦合，发掘区域内市场的潜力，促进投资和消费，创造需求和就业，增进沿线各国人民的人文交流与文明互鉴，让各国人民相逢相知、互信互敬，共享和谐、安宁、富裕的生活。

从国内看，中国经济和世界经济高度关联。推进"一带一路"建设，构建全方位开放新格局，深度融入世界经济体系，既是中国扩大和深化对外开放的需要，也是加强和亚欧非及世界各国互利合作的需要。一是有利于开启面向海洋的全方位对外开放新格局，通过开放的区域海洋合作，维护全球自由贸易体系和开放型世界经济。二是有利于构建和平与稳定的周边海洋环境，共同打造开放、包容、均衡、普惠的区域合作架构。三是顺应世界多极化、经济全球化、文化多样化、社会信息化的潮流，有利于形成中国－沿线国家经济发展和文化交流的大通道，保障海上贸易和运输通道的安全畅通，促进经济要素有序自由流动、资源高效配置和市场深度融合。

（二）基本内涵

"丝绸之路"是古代中国与西方所有政治经济文化往来通道的统称，是具有历史意义的文明传播之路，它开拓于陆上，又发展于海上。中国提出建设21世纪海上丝绸之路，是希望发掘古代海上丝绸之路特有的价值和理念，并为其注入新的时代内涵，积极主动地发展与沿线国家的经济伙伴关系。用"丝绸之路"的理念和精神把现在正在进行的各种各样的合作整合起来，使它们相互连接，相互促进，产生"一加一大于二"的整合效应，共同打造政治互信、经济融合、文化包容、互联互通的利益共同体和命运共同体，以实现地区各国的共同发展、共同繁荣。

建设21世纪海上丝绸之路的构想，虽然是中国提出来的，但它不是一个实体和机制，而是合作发展的理念和倡议，秉持开放包容精神；不是从零开始，而是现有合作的延续和升级；更不是由中国一家主导的地缘经济计划，更非如一些西方学者所称，中国试图通过重建海上丝绸之路来恢复历史上中国主导的、建立在朝贡制度基础上的"华夷秩序"。21世纪海上丝绸之路建设将多个国家和地区连接起来，将广泛的合作领域统合起来，是以经济合作为中心，照顾各方关键利益，扩大利益汇合点，利用现有合作机制和平台，由沿线各国共同推进的务实合作进程。

2013年，习近平主席在印度尼西亚国会发表演讲时表示，中国愿同东盟国家加强海上合作，发展好海洋合作伙伴关系，共同建设21世纪海上丝绸之路。发展好海洋伙伴关系既是21世纪海上丝绸之路建设的题中要义，更是实现其长远目标的"先手棋"和"突破口"。

（三）愿景蓝图

2015年3月28日，国家发展改革委、外交部、商务部联合发布了"一带一路"《愿景与行动》，全面阐释了中国与沿线各国推动"一带一路"构想的背景、基本原则和行动计划，是丝路沿线国家乃至世界各国深入、全面了解"一带一路"倡议、积极参与"一带一路"建设的纲领性文件。

1.《愿景与行动》框架内容

《愿景与行动》包括时代背景、共建原则、框架思路、合作重点、合作机制、中国各地方开放态势、中国积极行动和共创美好未来八个部分，其主要内容见表17-1。

表17-1 《愿景与行动》主要内容

章节	主要内容
时代背景	共建"一带一路"符合国际社会的根本利益，彰显人类社会共同理想和美好追求，是国际合作以及全球治理新模式的积极探索，将为世界和平发展增添新的正能量
框架思路	"一带一路"是促进共同发展、实现共同繁荣的合作共赢之路，是增进理解信任、加强全方位交流的和平友谊之路 21世纪海上丝绸之路重点方向是从中国沿海港口过南海到印度洋，延伸至欧洲；从中国沿海港口过南海到南太平洋
共建原则	坚持开放合作、坚持和谐包容、坚持市场运作、坚持互利共赢
合作重点	政策沟通、设施联通、贸易畅通、货币流通、民心相通
中国积极行动	高层引领推动、签署合作框架、推动项目建设、完善政策措施、发挥平台作用
共创美好未来	"一带一路"是一条互尊互信之路，一条合作共赢之路，一条文明互鉴之路。只要沿线各国和衷共济、相向而行，就一定能够谱写建设丝绸之路经济带和21世纪海上丝绸之路的新篇章，让沿线各国人民共享"一带一路"共建成果

2. 总体思路

21世纪"海上丝绸之路"建设要坚持以"平等合作、互利共赢、开放包容、和谐和睦"为基本原则的新型价值观、合作观、发展观，要坚持"政策沟通、设施连通、贸易畅通、货币流通、民心相通"的"五通"原则，按照"以点带面，从线到片，逐步形成区域大合作"的工作思路，充分发挥比较优势，找准与沿线国家海洋合作利益契合点，发展好海洋合作伙伴关系，统筹规划、长远布局、分步实施。

3. 基本原则

一是坚持开放包容、合作共赢的原则。将中国的需求与沿线国家的发展战略、产业布局相结合，照顾各方关键利益，扩大利益汇合点，广泛吸纳各方共同参与，共同建设，共同发展，打造普惠海洋产业经济带与海洋合作之路。

二是坚持政府引导、市场运作的原则。21世纪海上丝绸之路建设，要遵循国际通行规则，充分发挥市场配置资源的决定性作用以及企业的主体作用，找准与沿线国家的契合点，通过国内引导、国际合作，按照商业原则和运作方式，将中国优势海洋产业与沿线国家更好对接。

三是坚持分类施策、重点突破的原则。根据沿线国家情况和中国需求，对不同国家采取不同的合作策略，增强针对性和可行性。选择优先国家、优先领域、优先突破，坚持海洋产业合作和其他海洋领域合作并举，形成示范带动效应。

四是坚持立足当前、着眼长远的原则。依靠中国与有关国家既有的双、多边海洋合作机制和框架，借助区域既有的、行之有效的海洋合作平台，发展和完善海洋合作伙伴关系网络，使沿线各国的联系更加紧密和便捷，实现区域内海洋能源基地布局合理、海洋产业结构互补、海洋文化交融互通的区域海洋合作大格局。

4. 重点方向

21世纪海上丝绸之路建设重点方向有两个，一是从中国沿海港口过南海到印度洋，延伸至欧洲/北非；二是从中国沿海港口过南海到南太平洋。

"中国—南海—印度洋—欧洲/北非方向"大致可分为两个次区域：① 中国-东盟及次区域。东南亚地区自古以来就是海上丝绸之路的重要枢纽。中国-东盟及次区域是中国-东盟自贸区、区域全面经济伙伴关系协定（RCEP）以及孟中印缅经济走廊等合作机制的覆盖区域，涉及南海周边的越南、菲律宾、马来西亚、文莱、印度尼西亚、老挝、柬埔寨、泰国、缅甸、印度等国家。区域发展潜力大，海港、海运、海洋经济发展基础好，是21世纪海上丝绸之路建设的核心区域。② 中国-西亚-欧洲/北非地区。该区域涉及西亚地区、北非国家至欧洲的希腊、土耳其等国家。西亚地区是中巴经济走廊的重要出海口，同时也是中国能源的重要进口地，对于中国的经济发展至关重要。北非的埃及扼苏伊士运河，是中国通往欧洲的重要海上通道。土耳其是新亚欧大陆桥经济走廊、中伊土经济走廊的重要出海口，是陆上丝绸之路经济带的关键节点。希腊是陆上丝绸之路经济带和海上丝绸之路进入欧洲的重要桥头堡，这一方向的海上丝绸之路涉及贸易、能源、安全等多个领域，是21世纪海上丝绸之路建设的重点区域。

太平洋岛国是亚太大家庭成员，海洋资源丰富，区位优势明显，是建设21世纪海上丝绸之路的自然延伸和亚太区域一体化的重要组成部分。目前，斐济、密克罗尼西亚联邦、萨摩亚、巴布亚新几内亚、瓦努阿图、库克群岛、汤加、纽埃已明确表示支持21世纪海上丝绸之路建设，澳大利亚和新西兰两国表示愿意参与中国提出的亚洲基础设施开发银行。

三、小结

纵观海上丝绸之路的发展历史，在2000多年的历史长河中，经由海上丝绸之路，中国与沿线国家不仅交换商品，更传播文化和友谊，是中国与世界各国友好往来的见证。今天，中国提出建设21世纪海上丝绸之路倡议，是希望发掘古代丝绸之路特有的价值和理念，并为其注入新的时代内涵，让古丝绸之路焕发新的生机活力，以新的形式使亚洲、欧洲、非洲各国联系更加紧密，互利合作迈向新的历史高度，发展与沿线国家的经济伙伴关系，扩大与沿线国家的利益汇合点，与相关国家共同打造政治互信、经济融合、文化包容、互联互通的利益共同体和命运共同体，实现地区各国的共同发展、共同繁荣。

建设21世纪海上丝绸之路既是中国提出的倡议，也是中国与沿线国家的共同愿望。站在新的起点上，在创新传承古代海上丝绸之路的精神基础上，中国愿与沿线国家依靠既有的双、多边海洋合作机制和框架，借助区域既有的、行之有效的海洋合作平台，发展和完善海洋合作伙伴关系网络，积极开展务实的海洋合作，优先推进海上互联互通、海洋经济、海洋环保与防灾减灾、海洋文化等领域合作，实现区域内海上贸易和能源运输通道畅通，海洋产业和区域经济结构互补，海洋文化交融互通及共同构筑沿线的海洋安全和平环境。提升沿线国家民众的海洋福祉，分享共建"海上丝绸之路"惠益。

第十八章　推进 21 世纪海上丝绸之路建设

2013 年，习近平主席提出共建丝绸之路经济带和 21 世纪海上丝绸之路的重大倡议，得到国际社会的高度关注和热烈响应。作为"一带一路"倡议的重要组成部分，21 世纪海上丝绸之路建设各项工作起步顺利、开局良好。中国与"海丝"沿线国家以海洋为纽带，以港口和基础设施建设、海洋产业和经济发展、海洋人文和文化交流以及海洋低敏感领域等方面为重点，海上丝绸之路建设取得了一系列进展。

一、总体进展情况

2015 年是"一带一路"建设开局之年，随着《愿景与行动》的发布，"一带一路"建设已从倡议构想进入到实施阶段，实现了早期收获。

（一）基本构建海上丝绸之路建设的规划体系框架

2013 年习近平主席提出"一带一路"倡议以后，党中央和国务院加强顶层设计，构建了从国家到地方和企业、推进海上丝绸之路建设规划体系框架，积极推动"一带一路"建设。2014 年年底国家发展改革委牵头完成了《"一带一路"建设战略规划纲要》；2015 年 2 月成立了以国务院副总理张高丽为组长的"一带一路"建设工作领导小组，2015 年 3 月博鳌论坛期间发展改革委、外交部和商务部联合发布了关于共建"一带一路"的《愿景与行动》。同时，国务院相关部委研究编制并实施了与部分沿线国家或地区的海洋合作规划纲要。沿海省（市、区）地方政府积极将对接国家战略规划列为工作重点，相继成立了"一带一路"建设领导小组，辽宁、天津、河北、江苏、浙江、福建、广东、广西和海南也根据本省（市、区）的特点，分别制定了地方 21 世纪海上丝绸之路建设的战略规划。中国水产、中远集团、中国交建、中水公司等中央企业也出台了各自推进"海丝"建设的战略和规划。

（二）与沿线国家达成共建海上丝绸之路广泛共识

两年多来，习近平主席、李克强总理等党和国家领导人先后出访 20 多个国家，通过出席如 APEC 领导人会议、中国与太平洋岛国对话、中非合作论坛、中阿合作论坛、博鳌亚洲论坛，就双边关系和地区发展问题，多次与有关国家元首和政府首脑进行会晤，深入阐释"海丝"建设的深刻内涵和积极意义，就共建海上丝绸之路达成广泛共识，并签署了一系列合作协议。除美国、日本、印度、菲律宾等少数国家心存疑虑外，沿线国家总体上持积极态度，对中方的"共商、共建、共享"及"责任共同体、利益共同体和命运共同体"表示欢迎。中国提出的共建21世纪海上丝绸之路倡议得到了南海周边国家、印度洋区域、红海区域、非洲东部南部沿海、太平洋岛国等海上丝绸之路沿线国家的普遍支持，特别是传统的海洋大国英国和德国的支持，将为"海丝"建设的顺利实施奠定广泛的国际政治基础。

（三）积极推动与沿线国家海洋事务的务实合作

在互联互通和产业园区建设方面，2015年中巴经济走廊建设取得重大进展，获得了瓜达尔港及港口自贸区经营权，"一带"与"一路"首次形成了有效对接。中巴经济走廊的建设，对于未来孟中印缅经济走廊、泛亚经济走廊建设以及东欧与南欧的陆海对接树立了样板，对于未来与沿线国家共同推进"一带一路"建设具有良好的示范效应。与此同时，中国在越南、泰国、印度尼西亚、斯里兰卡、吉布提、希腊等"海丝"沿线国家的基础设施和产业园区建设方面也取得了进展。

在海洋事务合作方面，国家海洋局积极落实《南海及其周边海洋国际合作框架计划》，不断推进与东南亚、南亚、西非、南太平洋等沿线国家在海洋领域的合作，已与南海、印度洋和南太地区的15国签署了19份政府间协议和17份所际间协议；特别是2015年举办了"中希海洋合作年"和"中国－东盟海洋合作年"活动。中国希腊两国近一年来在海洋基础设施建设、海洋科技、海洋运输、船舶修造、海洋旅游、海洋文化等诸多领域开展了务实交流与对话，取得近30项合作成果，为中国与南欧及其他欧洲国家扩大海洋合作起到了示范和引领作用。中国与东盟国家在海洋经济、海洋科研、互联互通、环境保护、海上安全、海洋人文等领域开展了务实合作，包括成立中国－东盟海洋合作中心、建设中国－东盟海上紧急救助热线、设立中国－东盟海洋合作学院、举行海洋安全与搜救演习等，中国与东盟正全方位建立海洋合作伙伴关系。

沿海地方政府积极筹划融入"海丝"建设。福建作为"海丝"的核心区，规划了"海丝"建设的"北上、西进、南下"三个重点方向，努力在互联互通、经贸合作、体制创新、人文交流等领域发挥引领、示范、聚集、辐射作用。目前已成功举办了"合作、发展、共赢——共建21世纪海上丝绸之路"专题论坛，推进与沿线的境外合作园区建设、加强远洋渔业产业布局、推动海洋文化交流等。天津市以京津冀协同发展、自由贸易试验区、自主创新示范区、滨海新区开发开放为基础，明确了以"北南西东中"五个方向融入"一带一路"战略，通过港口建设、海洋经济合作和海洋交流平台加强与"海丝"沿线国家合作。

中央企业率先走出去，以海洋产业为切入点积极推进与"海丝"沿线国家合作。中国在海上丝绸之路沿线 29 个国家有涉海投资项目，截至 2014 年累计注册公司 193 个，主要分布在东南亚（130 个）、南亚（12 个）、中东及北非（21 个）和大洋洲（21 个）等地区，投资涉及的主要海洋产业为渔业及水产品加工（75 个）、航运及船舶制造（56 个）、海洋工程（29 个）及油气勘探开发及服务业（22 个）等多个领域。

一是中国远洋渔业经过 30 多年发展，船队总体规模和远洋渔业产量均居世界前列，由单一捕捞向捕捞、加工、贸易综合经营转变。作业海域由几个西非国家扩展到 40 个国家和地区的专属经济区以及太平洋、印度洋、大西洋公海和南极海域，并先后与亚洲、非洲、南美和太平洋岛国等许多国家建立了海洋渔业合作关系，与 20 多个国家签署了渔业合作协定、协议，加入了 8 个政府间国际渔业组织，成立了 100 多家驻外代表处和合资企业，建设了 30 多个海外基地。

二是以中远集团为代表的远洋航运业已实现全球化运营。中远集团始终在参与国际竞争中不断发展壮大，是中央企业实施"走出去"战略最早的企业之一，也是国际化经营程度较高的中国企业之一。2009 年 10 月，中远集团顺利接管希腊比雷埃夫斯港集装箱码头并独立运营。比雷埃夫斯港将成为 21 世纪海上丝绸之路在欧洲的中心节点，辐射全南欧乃至整个欧洲市场。

三是以三大油公司为代表的海外油气业已实现了全球业务布局，海外业务涉足亚洲、非洲、美洲、欧洲、澳洲等地区。涉及"海丝"沿线的有伊拉克、伊朗、阿曼、阿联酋、沙特阿拉伯、卡塔尔、缅甸、泰国、印度尼西亚、澳大利亚、莫桑比克、尼日利亚等国，中国与上述国家具备良好的油气资源基础和供需合作基础，建立了良好的油气合作关系，政府间能源合作的政策机制逐步建立。目前中国在国家油气合作上已走过了起步期和成长期，进入了一个"有规模有质量有效益可持续"的发展稳定期，油气合作也为相关国家带来了社会和经济双重效益。目前世界油气行业进入严重低迷期，"一带一路"战略的实施为中国油气业扩展海外布局迎来难得的战略机遇，未来油气服务业和油气装备业是中国油气在"一带一路"沿线的重点发展方向。

二、重点领域进展

2015 年是中国－希腊海洋合作年和中国－东盟海洋合作年。海上丝绸之路建设以发展海洋合作伙伴关系为抓手，重点推动了中国与海上丝绸之路沿线国家在互联互通基础设施、蓝色经济、海洋公益服务和海洋文化合作，特别是在推动中国与亚欧及东盟地区的互联互通，推动沿线的产业园区建设及中国与非洲国家的蓝色经济合作等方面取得了较大进展。

(一）推动海上互联互通建设

基础设施互联互通是 21 世纪海上丝绸之路建设的优先领域。中国政府积极推动与沿线国家的互联互通工作。2015 年 5 月 27—28 日，为期两天的亚欧互联互通产业对话会在重庆落下帷幕，来自 40 个亚欧会议成员约 300 名代表围绕"创新引领行动，推进亚欧互联互通"的主题，就亚欧基础设施、产业合作、贸易投资与金融创新等话题交流思想、汇聚共识，共谋亚欧互联互通未来发展。会议发布《重庆倡议》，从推动亚欧基础设施互联互通、完善亚欧政策沟通与协调机制等六方面提出九大倡议。在会上，中共中央政治局常委、国务院副总理张高丽就曾表示，中国正与"一带一路"沿线国家一道，积极规划中蒙俄、新亚欧大陆桥、中国－中亚－西亚、中国－中南半岛、中－巴、孟－中－印－缅六大经济走廊建设，其中的后三项经济走廊为 21 世纪海上丝绸之路建设的重点。

2015 年 11 月 22 日，李克强总理在出席中国－东盟峰会时表示，中方愿结合"一带一路"建设，充分发挥中国－东盟互联互通合作委员会的作用，积极参与《东盟互联互通总体规划》。以此为契机，2015 年 11 月 23 日，中国与马来西亚交通主管部门签订了《中马港口联盟合作谅解备忘录》。此次签署的谅解备忘录是李克强总理访马期间交通领域的重要成果，是中马两国在港口合作领域签订的首个合作文件，也是马来西亚深度参与共建"21 世纪海上丝绸之路"的重要举措。备忘录旨在通过项目合作、人员培训、信息交流、技术支持、提升服务等途径，推动中马重要港口间开展广泛合作，共同致力于两国海上互联互通建设，打造双方乃至整个东盟地区更广阔的互联互通航运网络，进一步提升"21 世纪海上丝绸之路"沿线国家间贸易、投资和物流运输便利化水平。

（二）促进海洋经济和产业合作

深化海洋经济与产业合作，既契合沿线国家实现现代化的诉求，又可带动中国产业结构优化升级，是促进中国与沿线国家经济深度融合的重要途径，是 21 世纪海上丝绸之路建设大有可为的重点领域。

以境外合作园区带动 21 世纪海上丝绸之路建设。截至 2015 年，中国已批准在"一带一路"沿线设立了 19 个国家级境外经贸合作区，多数分布在亚洲、非洲及东欧等地，主要分为加工制造型、资源利用型、农业加工型以及商贸物流型四类园区，投资金额接近 100 亿美元。目前已经入区的中国企业达到 2 790 多个，入园企业投资额达 120 多亿美元，累计产生 480 多亿美元的产值。在这四类模式的开发区中，加工制造类园区有效实现了促进中国企业走出去、促进国内产业梯度转移、促进国内出口、带动驻在国就业、提升驻在国经济发展、带动驻在国区域综合发展等多方面功能。同时，企业抱团出海，降低了风险，形成了集群效应，是一种多方互利共赢的模式。未来中国政府将积极推进与沿线国家产业合作园区建设，加强海洋产业投资合作，合作建立一批海洋经济示范区、海洋科技合作园、境外经贸合作区和海洋人才培训基地等，辐射带动区域海洋合作的进一步深化。

表18-1 中国在"海丝"沿线国家建立的境外产业合作园区情况

序号	海外合作园区	实施企业	建设地点	计划投资	规划面积	主导产业
1	埃及苏伊士经贸合作区	中非泰达投资股份有限公司（由天津泰达投资控股有限公司、中非发展基金有限公司合资成立）	埃及苏伊士湾西北经济区	4.6亿美元	总体规划面积7平方千米，其中起步区1.067平方千米	石油装备、纺织服装、运输工具、机械电子和新型材料
2	巴基斯坦海尔-鲁巴经济区	青岛海尔集团电器产业有限公司	巴基斯坦拉合尔市	1.29亿美元	2.33平方千米	家电、汽车、纺织、建材、化工等
3	泰国罗勇工业园	浙江省华方医药科技有限公司	泰国东部海岸安美德工业城	1.2亿美元	总规划面积3.5平方千米，包括一般工业园、保税区、物流仓储区和商业生活区	汽配、机械、家电等
4	柬埔寨西哈努克港经济特区	江苏太湖柬埔寨国际经济合作区投资有限公司（由江苏红豆集团、无锡光明集团、无锡益多投资发展有限公司、华泰投资置业咨询有限公司合资成立）	西哈努克港东郊布雷诺区	3.2亿美元	3.2亿美元	轻纺服装、机械电子、高新技术、物流等配套服务业
5	越南龙江工业园	浙江省前江投资管理有限责任公司（由四川乾盛矿业有限责任公司、浙江海亮集团有限公司、浙江协力皮革股份有限公司等合资成立）	越南前江省新福县	1.05亿美元	总占地6平方千米，其中工业区5.4平方千米和住宅服务区0.6平方千米	纺织轻工、机械电子、建材化工等

续表

序号	海外合作园区	实施企业	建设地点	计划投资	规划面积	主导产业
6	毛里求斯晋非经贸合作区	山西晋非投资有限公司（由太原钢铁集团有限公司、山西焦煤集团有限责任公司、山西省天利实业有限公司合资成立）	毛里求斯鸠比地区、富裕之地	2.2亿美元	纺织区0.08平方千米，扩建合作区2.11平方千米	信息商务服务、物流贸易、生产加工、社区服务及配套生活服务
7	中国·印度尼西亚经贸合作区	广西农垦集团有限责任公司	印度尼西亚贝卡西县绿壤国际工业中心	9 300万美元	规划面积2平方千米	家用电器、精细化工、生物制药、农产品精深加工、机械制造及新材料相关产业
8	越南中国（深圳－海防）经贸合作区	深越联合投资有限公司（由深圳中航技集团、中深国际、海王集团等7家企业合资成立）	越南海防市安阳县	2亿美元	8平方千米	纺织轻工、机械电子、医药生物等
9	马中关丹产业园	中方参股企业为广西北部湾国际港务集团和钦州市开发投资有限公司；马方则由马来西亚实达集团、常青集团和彭亨州发展机构（以土地作价入股）共同参股	彭亨州关丹市格宾工业区		6.07平方千米	汽车、石化、棕榈油、电子、清真食品等为主的产业群
10	尼日利亚中非莱基经贸合作区	南京江宁经济技术开发区和南京北亚集团联合投资兴建	尼日利亚经济首都拉各斯东南部的莱基半岛	已完成投资1.16亿美元	30平方千米	以生产制造业与仓储物流业为主导，以城市服务业与房地产业为支撑，自贸区先导产业——商贸会展物流业

续表

序号	海外合作园区	实施企业	建设地点	计划投资	规划面积	主导产业
11	赞比亚中国经济贸易合作区	中国有色集团负责园区的开发、建设、运营和管理	赞比亚铜带省的谦比希园区和首都卢萨卡国际机场的卢萨卡园区	已完成投资12亿美元	谦比希园区首期规划面积为11.58平方千米，已开发面积5.26平方千米；卢萨卡园区总规划面积5.7平方千米，启动项目正在建设当中	谦比希园区主导产业以铜钴开采、冶炼为核心的有色金属矿冶产业群；卢萨卡园区重点发展商贸、物流、加工、房地产等产业

海洋经济成为中非"一带一路"合作的重要内容。2015年12月4日，中非合作论坛约翰内斯堡峰会开幕，这是非洲大陆首次举办的中非峰会，在中非合作史上具有里程碑意义。论坛发表了《中国对非洲政策文件》《中非合作论坛约翰内斯堡峰会宣言》《中非合作论坛——约翰内斯堡行动计划（2016—2018年）》三个文件。峰会上，中国与非洲各国积极探讨中方建设"丝绸之路经济带"和"21世纪海上丝绸之路"，倡议与非洲经济一体化和实现可持续发展的对接，为促进共同发展、实现共同梦想寻找更多机遇。在中非"深化经贸合作"中提出了七项合作内容，拓展海洋经济合作成为其中重要的一项合作内容。未来中国要"支持非洲国家加强海洋捕捞、近海水产养殖、海产品加工、海洋运输、造船、港口和临港工业区建设、近海油气资源勘探开发、海洋环境管理等方面的能力建设和规划、设计、建设、运营经验交流"，"积极支持中非企业开展形式多样的互利合作，帮助非洲国家因地制宜开展海洋经济开发，培育非洲经济发展和中非合作新的增长点，使非洲丰富的海洋资源更好地服务国家发展、造福人民"。2016—2018年，在"海洋经济"领域提出了推进蓝色经济互利合作、加强海洋领域的交流与技术合作、中非合作论坛框架内建立海洋经济领域的部长级论坛等行动计划。

中英两国达成邮轮建造及运营合作协议成为"海丝"建设的新亮点。邮轮游艇产业作为一种新兴产业，具有活力足、潜力大、附加值高、带动效应强的特点，对中国海洋经济增长方式的转变、产业结构的优化具有十分重要的作用和深远的影响。目前，世界邮轮设计建造及配套产业链主要集中在欧洲，意大利芬坎蒂尼集团、德国迈尔造船厂和法国大西洋造船厂是全球最大的三家邮轮建造企业，合计承接了全球约90%的订单；包括日本在内的亚洲船厂至今尚无独立设计建造邮轮的能力。2015年10月21

日，中英两国签署了价值 26 亿英镑（约合 255 亿元人民币）的《豪华邮轮建造及运营项目合作协议》。协议由中方的中投公司、中船集团与英国的嘉年华英国公司、芬坎蒂尼公司在英国共同签署。协议约定将在中国开发建设豪华邮轮本土品牌，打造世界一流水平的运营船队，加快推进中国邮轮产业发展。中英在邮轮领域的产业合作，有助于中国提高邮轮设计水平和建造技术，对于未来中国邮轮产业的发展具有里程碑式的意义。

（三）强化海洋公益服务合作

中国政府以实施《南海及其周边海洋国际合作框架计划》为依托，不断推进与东南亚、南亚、西非、南太平洋等沿线国家在海洋与气候变化、海洋环境保护、海洋生态系统与生物多样性、海洋防灾减灾、区域海洋学研究等领域的交流与合作，增强共同应对气候变化、减少海洋灾害风险、保护海洋环境以及维护海洋生态系统健康的能力，推动与更多国家开展海洋合作。[①]

深化与东盟国家海洋合作。东盟是建设 21 世纪海上丝绸之路的核心区域。2015 年 3 月 28 日，博鳌亚洲论坛"共建 21 世纪海上丝绸之路"分论坛暨中国－东盟海洋合作年启动仪式举行，聚焦"蓝色经济与合作共赢"。分论坛以博鳌亚洲论坛为平台，探讨在地区间和国际间进行蓝色经济等方面的合作，让更多国家更好地了解共建 21 世纪海上丝绸之路的重要战略意义，并商讨具体的合作措施。同时启动的中国－东盟海洋合作年成为中国－东盟合作的新起点，未来中国与东盟国家将在海洋经济、海上联通、科研环保、海上安全、海洋人文等领域开展务实合作，包括成立中国－东盟海洋合作中心、建设中国－东盟海上紧急救助热线、设立中国－东盟海洋合作学院等。中国－东盟全方位海洋合作成为共建 21 世纪海上丝绸之路的样板。

加强与希腊海洋合作。希腊是陆上丝绸之路经济带和海上丝绸之路进入欧洲的重要桥头堡，中希在海洋事业发展方面具有共同的发展目标和相同利益，两国互有优势，具有广泛合作空间。2015 中希海洋合作年是中希两国高层领导互访的重要成果。2014 年 6 月，李克强总理访问希腊时达成"2015 年为中希海洋合作年"的共识。2015 年 3 月 27 日，中希海洋合作年正式启动。一年以来，中希两国在海洋基础设施建设、海洋科技、海洋运输、修造船、海洋旅游、海洋文化等诸多领域开展了务实交流与对话，取得近 30 项合作成果，为中国与南欧及其他欧洲国家扩大海洋合作起到了示范和引领作用。作为东西方两个具有悠久海洋文明的国家，两国将继续在海洋各领域开展务实合作，促进基础设施互联互通，提升经贸合作水平，大力拓展产业投资，发展海洋科

---

① 张海文：《加强海洋合作推动海上丝绸之路建设》，载《中国海洋报》，2015 年 3 月 26 日 3 版。

学技术，为 21 世纪海上丝绸之路建设做出贡献。

（四）推进海洋安全与海上搜救合作

海洋安全合作是"一带一路"区域合作的重要内容之一，其主要任务是构建 21 世纪海上丝绸之路沿线国家的海洋安全合作机制，促进中国与沿线国家在海洋领域的合作。具体的合作领域包括：海洋军事合作、打击海盗和海上恐怖主义、海洋生态环境保护、海洋预报和防灾减灾、应对气候变化对沿线国家的影响等。中国与沿线国家的海洋安全合作，对于维护贸易航道安全、促进中国与沿线国家蓝色经济发展、提高沿线国家海洋管理和防灾减灾水平具有重要的意义。

2015 年 5 月 25 日，由中国和马来西亚共同主办的东盟地区论坛第四次救灾演习在马来西亚海域举行。中国派出了海军大型登陆舰"井冈山"舰、海事救助船、海警船和救援直升机等参加演习。这是中国首次赴国外主办大规模军民联合救灾演习。此外，12 月 14 日，东盟地区论坛海上风险管控与安全合作研讨会在北京开幕，来自东盟地区 27 方的外交、防务、海警和海事等有关部门的代表出席研讨会。与会人员就如何进一步加强合作，提高应对海上风险管控能力、发挥地区安全机制作用等方面的问题进行了研讨。[①]

表 18 - 2　2015 年中国与沿线国家开展的海洋合作

时间	涉及国家	合作内容
2015 年 3 月 27 日	希腊	中希海洋合作年启动仪式，中希海洋合作年是中国首次以海洋合作为主题举办的双边友好年，是落实 21 世纪海上丝绸之路战略的重要工作之一，有利于推动中希及中欧海洋合作迈向新高度和 21 世纪海上丝绸之路向欧洲自然延伸
2015 年 3 月 28 日	东盟	中国东盟海洋合作年启动仪式在海南博鳌举行，中国与东盟国家将在海洋经济、海上联通、科研环保、海上安全、海洋人文等领域开展务实合作，包括成立中国－东盟海洋合作中心、建设中国－东盟海上紧急救助热线、设立中国－东盟海洋学院等。中国－东盟全方位海洋合作成为共建 21 世纪海上丝绸之路的样板
2015 年 4 月 20 日	巴基斯坦	双方签订《中华人民共和国国家海洋局与巴基斯坦伊斯兰共和国关于共建中巴联合海洋研究中心的议定书》，双方将在巴基斯坦卡拉奇设立中巴联合海洋研究中心，共同申请"丝路"基金，将中巴中心建设成为联结陆上丝绸之路经济带和 21 世纪海上丝绸之路纽带

---

① 载《中国海洋报》，2015 年 12 月 16 日 1 版。

续表

时间	涉及国家	合作内容
2015年4月24日	韩国	作为履行《中韩海上搜救协定协议书》的内容，山东省海上搜救中心与韩国西部海洋警备安全本部成功举行了第1次"2015中韩联合海上搜救通信演习"
2015年5月25日	东盟	由中国和马来西亚共同主办的东盟地区论坛第四次救灾演习25日在马来西亚吉打州首府亚罗士打正式开幕，来自21个东盟地区论坛成员和8个地区与国际组织的超过3000人参加此次为期5天的演习
2015年10月28日	韩国	作为履行《中韩海上搜救协定协议书》的内容，辽宁省海上搜救中心与韩国中部海洋警备安全本部成功举行了第1次"2015中韩联合海上搜救通信演习"

（五）拓展海洋人文领域交流与合作

海洋人文领域合作是海上丝绸之路建设的基本内容。习近平主席在谈到建设丝绸之路经济带时，特别强调了"民心相通""国之交在于民相亲"。在推进海上丝绸之路建设中，坚持弘扬和传承海上丝绸之路友好合作基础，把中国的倡议变成国际共识，为深化海洋合作、发展海洋合作伙伴关系奠定坚实的民意基础。

举办海上丝绸之路国际研讨会。2015年2月11日，由中国国务院新闻办公室主办的"21世纪海上丝绸之路国际研讨会"在福建泉州召开，会议以"海上丝绸之路：价值理念与时代内涵""共同建设、共同发展、共同繁荣""抓住发展新机遇，拓展合作新空间"为主题，来自中国、俄罗斯、日本、韩国、印度、泰国、巴基斯坦、新加坡、印度尼西亚、澳大利亚、埃及、土耳其、英国、美国等30个国家的280余名专家学者，围绕上述议题展开广泛对话、深入交流。本次研讨会对于国际社会对21世纪海上丝绸之路了解认知、凝聚共识、增信释疑奠定了重要基础。

重走海上丝绸之路活动。为配合国家"一带一路"倡议，由中华文化促进会、中国国际文化交流中心、中国福建东南卫视、沣沅弘（北京）控股集团、中国宋庆龄基金会、中国航海学会等单位联合举办的大型航海活动——"2015重走海上丝绸之路"。该活动由中国著名的航海家翟墨领航，于2015年4月20日从中国福建平潭起航，穿越南海、马六甲海峡、印度洋、阿拉伯海、亚丁湾、红海、苏伊士运河、地中海等海域，总航程逾万海里。翟墨船队已在新加坡、马来西亚、斯里兰卡、埃及、马耳他等途经国家和地区成功举办了丰富多彩的海上丝绸之路文化交流活动，并于8月18日在意大利米兰世博会与中国馆联合举办了"2015重走海上丝绸之路"主题日活动。

"中国·青岛"号海上丝绸之路航行。为宣传青岛的城市形象，促进青岛与21世纪海上丝绸之路沿线国家、地区和城市的体育人文、旅游商贸等方面的交流，"中国·

青岛"号帆船于10月21日自青岛起航，先后访问了新加坡、斯里兰卡、印度、埃及、意大利、摩纳哥等国家，在60天内完成了1万海里的21世纪海上丝绸之路航行。

（六）设立丝路基金和建立亚洲基础设施投资银行

中国政府为促进互联互通建设，加大了资金和政策支持力度。2014年11月，李克强总理在出席第17次中国－东盟（10+1）领导人会议时表示，中方已宣布成立丝路基金，优先支持基础设施建设。中方将向东盟国家提供100亿美元优惠性质贷款，并启动中国－东盟投资合作基金二期30亿美元的募集。中国国家开发银行还将设立100亿美元的中国－东盟基础设施专项贷款。这些举措都有助于加快地区互联互通建设。"政策沟通、设施连通、贸易畅通、货币流通、民心相通"在内的互联互通已成为广泛共识，其中初始阶段交通基础设施的互联互通是重点。

2013年10月，习近平主席和李克强总理在先后出访东南亚时提出了筹建亚洲基础设施投资银行（以下简称"亚投行"）的倡议。中国提出的筹建亚投行的倡议得到广泛支持，许多国家反响积极。2014年10月24日，在北京APEC会议期间，21个国家正式签署《筹建亚洲基础设施投资银行备忘录》。根据备忘录，亚投行的法定资本为1000亿美元，中国出资50%，为最大股东。截止至2015年3月31日（亚投行创始截止日），已有30个国家成为亚投行意向创始成员国，另有18个国家和地区已提交加入亚投行申请。2015年6月29日，《亚洲基础设施投资银行协定》签署仪式在北京举行。2015年11月4日，第十二届全国人民代表大会常务委员会第十七次会议批准《亚洲基础设施投资银行协定》（以下简称《协定》）。2015年12月25日，亚洲基础设施投资银行正式成立，全球迎来首个由中国倡议设立的多边金融机构。亚投行的建立，将为亚洲乃至"一带一路"沿线国家搭建一个专门的基础设施投融资平台，对于未来"一带一路"国家的互联互通建设具有重大的意义。能源、交通、农村发展、城市发展、物流将是亚投行成立后投资基建项目的优先领域。

表18-3 亚洲基础设施投资银行和丝路基金大事记

时间	事件
2013年10月	习近平主席和李克强总理在先后出访东南亚时提出了筹建亚投行的倡议
2014年10月24日	包括孟加拉国、文莱、柬埔寨、中国、印度、哈萨克斯坦、科威特、老挝、马来西亚、蒙古国、缅甸、尼泊尔、阿曼、巴基斯坦、菲律宾、卡塔尔、新加坡、斯里兰卡、泰国、乌兹别克斯坦和越南的21个国家在北京正式签署《筹建亚洲基础设施投资银行备忘录》
2014年11月4日	习近平主席主持召开中央财经领导小组第八次会议，研究丝绸之路经济带和21世纪海上丝绸之路规划、发起建立亚洲基础设施投资银行和设立丝路基金

续表

时间	事件
2014 年 11 月 8 日	习近平主席在出席"加强互联互通伙伴关系对话会"时宣布，中国将出资 400 亿美元成立丝路基金。丝路基金是开放的，欢迎亚洲域内外的投资者积极参与
2014 年 11 月 9 日	习近平主席在 2014 年 APEC 工商领导人峰会上表示，丝路基金将为"一带一路"沿线国基础设施建设、资源开发、产业合作等有关项目提供投融资支持
2014 年 12 月 25 日	印度尼西亚正式成为亚投行意向创始成员国
2014 年 12 月 29 日	丝路基金有限责任公司完成工商注册，金琦出任公司董事长
2014 年 12 月 31 日	马尔代夫正式成为亚投行意向创始成员国
2015 年 1 月 1 日	新西兰正式成为亚投行意向创始成员国
2015 年 1 月 13 日	沙特阿拉伯和塔吉克斯坦正式成为亚投行意向创始成员国
2015 年 2 月 9 日	约旦正式成为亚投行意向创始成员国
2015 年 2 月 10 日	习近平主席在主持召开中央财经领导小组第九次会议时指出，亚洲基础设施投资银行的主要任务是为亚洲基础设施和"一带一路"建设提供资金支持，是在基础设施融资方面对现有国际金融体系的一个补充，要抓紧筹建。丝路基金要服务于"一带一路"战略，按照市场化、国际化、专业化的原则，搭建好公司治理构架，尽快开展实质性项目投资
2015 年 3 月 13 日	英国向中方提交了作为意向创始成员国加入亚投行的确认函，正式申请加入亚投行
2015 年 3 月 18 日	法国、德国和意大利同意加入亚投行，卢森堡正式提交加入亚投行申请
2015 年 3 月 20 日	瑞士正式宣布申请作为意向创始成员国加入亚投行
2015 年 3 月 26 日	土耳其宣布申请作为意向创始成员国加入亚投行
2015 年 3 月 27 日	韩国、奥地利宣布申请作为意向创始成员国加入亚投行
2015 年 3 月 28 日	荷兰、巴西、格鲁吉亚宣布申请作为意向创始成员国加入亚投行
2015 年 3 月 29 日	丹麦、澳大利亚宣布申请作为意向创始成员国加入亚投行
2015 年 3 月 30 日	埃及、芬兰、俄罗斯宣布申请作为意向创始成员国加入亚投行
2015 年 3 月 31 日	吉尔吉斯斯坦、瑞典、冰岛宣布申请作为意向创始成员国加入亚投行
2015 年 3 月 31 日	亚投行创始截止日，已有 30 个国家成为亚投行意向创始成员国，另有 18 个国家和地区已提交加入亚投行申请

续表

时间	事件
2015年6月29日	《亚洲基础设施投资银行协定》签署仪式在北京举行，亚投行57个意向创始成员国财长或授权代表出席了签署仪式，其中已通过国内审批程序的50个国家正式签署《协定》，分别是：澳大利亚、奥地利、阿塞拜疆、孟加拉国、巴西、柬埔寨、文莱、中国、埃及、芬兰、法国、格鲁吉亚、德国、冰岛、印度、印度尼西亚、伊朗、意大利、以色列、约旦、哈萨克斯坦、韩国、吉尔吉斯斯坦、老挝、卢森堡、马尔代夫、马耳他、蒙古、缅甸、尼泊尔、荷兰、新西兰、挪威、阿曼、巴基斯坦、葡萄牙、卡塔尔、俄罗斯、沙特阿拉伯、新加坡、西班牙、斯里兰卡、瑞典、瑞士、塔吉克斯坦、土耳其、阿联酋、英国、乌兹别克斯坦、越南。其他尚未通过国内审批程序的意向创始成员国见证签署仪式。根据《协定》规定，此次未签署协定的意向创始成员国可在年底前签署
2015年11月4日	第十二届全国人民代表大会常务委员会第十七次会议批准《亚洲基础设施投资银行协定》
2015年12月25日	亚洲基础设施投资银行正式成立，全球迎来首个由中国倡议设立的多边金融机构

三、沿线国家的响应

自中国提出与沿线国家共建21世纪海上丝绸之路倡议以来，通过高层互访、签署经贸和海洋合作协议、构建多边和双边海洋合作机制等方式，得到了主要沿线国家的积极响应，并在海上互联互通建设、打造陆海连通的三大经济走廊、建设临港产业园区、共同推进蓝色经济发展等方面取得了一系列进展。

（一）沿线主要地区的总体响应

21世纪海上丝绸之路重点方向包括东盟地区、环印度洋国家、海湾地区、非洲沿岸国家、欧洲部分沿海国家和南太平洋国家。东盟国家是21世纪海上丝绸之路倡议的发源地，也是21世纪海上丝绸之路建设的核心区，海上丝绸之路建设将使中国和东盟实现互利与双赢；南亚和西亚地区是21世纪海上丝绸之路的重点区，与沿线国家合作涉及经济与产业合作、基础设施与互联互通建设、海上通道安全保障合作以及海洋公益服务合作等方面；非洲国家是21世纪海上丝绸之路的重要区域，双方未来在基础设施建设和海洋经济合作方面前景广阔；大洋洲和南太平洋岛国是21世纪海上丝绸之路的自然延伸区，也是开展海洋领域合作的重点区域。

1. 南海周边及东盟地区

东盟地区包括马来西亚、菲律宾、越南、印度尼西亚、文莱、新加坡、泰国、老挝、缅甸、柬埔寨十个国家，总面积443.56万平方千米，总人口6.16亿人。其中，老挝是东南亚唯一的内陆国，越南、老挝、缅甸与中国陆上接壤，菲律宾、马来西亚、文莱、印度尼西亚和越南为南海周边国家。

21世纪海上丝绸之路倡议已得到东盟各国积极响应。2013年10月，习近平主席访问印度尼西亚时指出"东南亚地区自古以来就是海上丝绸之路的重要枢纽，中国愿同东盟国家加强海上合作，使用好中国政府设立的中国－东盟海上合作基金，发展好海洋合作伙伴关系，共同建设21世纪海上丝绸之路"。自中国提出"21世纪海上丝绸之路"的倡议以来，已得到了东盟国家的热烈响应，东盟各国目前已普遍支持中国提出的21世纪海上丝绸之路倡议，其中的泰国、印度尼西亚、缅甸等国已在互联互通、产业合作、海洋安全与公益服务以及人文领域取得了先期的突破和进展。

21世纪海上丝绸之路将使中国和东盟实现互利与双赢。东盟正在区域层面建设东盟经济共同体，在国别层面推进工业化与经济升级，在产业发展、基础设施建设等领域需要大量物资、资金和技术投入。中国与东盟共建21世纪海上丝绸之路，与东盟各国的发展息息相关，不仅为中国与东盟的贸易投资、产业合作和互联互通等提供助力，更将为开辟中国东盟双方共同发展繁荣的新前景、打造和建设命运共同体提供新的机遇。

21世纪海上丝绸之路建设已在东盟各国取得一系列进展。在互联互通方面，21世纪海上丝绸之路建设着力构建中南半岛经济走廊和加强中国与东盟的海上交通及运输的便利化不谋而合，双方在互联互通领域已取得的一系列突破性进展，孟中印缅经济走廊已进入规划阶段，中泰铁路、中老铁路、皎漂港和临港产业园已经或即将进入开工建设，中越铁路线路正加紧规划，中马已签署《港口联盟合作谅解备忘录》。在产业、投资和能源合作方面，自21世纪海上丝绸之路倡议提出以来，中国与东盟双边贸易额已由2012年的4 000亿美元增加到2014年的4 800亿美元，增加达20%；一大批产业园区正在规划和实施中；中缅油气管道已经开始运行。在海洋领域合作方面，2015年被确定为"中国－东盟海洋合作年"，中国与东盟国家的海洋经济、海上联通、科研环保、海上安全、海洋人文等领域的合作已成为中国－东盟合作的新亮点。

2. 南亚和西亚地区

南亚指位于亚洲南部的喜马拉雅山脉中、西段以南及印度洋之间的广大地区。它东濒孟加拉湾，西临阿拉伯海。南北和东西距离各约3 100千米。南亚共有7个国家，其中尼泊尔、不丹为内陆国，印度、巴基斯坦、孟加拉为临海国，斯里兰卡、马尔代夫为岛国。

西亚地区共包括土耳其、叙利亚、格鲁吉亚、塞浦路斯、约旦、伊拉克、伊朗、

第七部分 建设海上丝绸之路

沙特阿拉伯、阿联酋、科威特、巴林、阿富汗、阿曼、也门、以色列、巴勒斯坦、黎巴嫩、卡塔尔、阿塞拜疆、亚美尼亚 19 个国家，其中的阿联酋、阿曼、巴林、卡塔尔、科威特和沙特阿拉伯 6 国为海湾阿拉伯国家合作委员会正式成员国。

沿线国家多数愿加入或表态支持 21 世纪海上丝绸之路倡议。南亚国家中，巴基斯坦、斯里兰卡、孟加拉国、马尔代夫等国领导人已正式表态支持 21 世纪海上丝绸之路建设。印度目前虽然未就 21 世纪海上丝绸之路倡议正式表态，但印方已正式加入亚投行，并表示"将研究参与中方关于建设孟中印缅经济走廊"倡议。西亚国家中，海合会成员已正式表态愿加强与中国在"一带一路"框架下合作。中方愿成为海合会国家长期、稳定、可靠的能源供应市场，构建上下游全方位能源合作格局。双方决定要深化基础设施建设、通信、电力、投资、金融、航天、核能、可再生能源等领域合作。[①]中国与沙特阿拉伯还签署了加强"网上丝绸之路"建设合作的谅解备忘录，拓展了"一带一路"的内涵。

沿线国家在 21 世纪海上丝绸之路倡议下的合作形式多样。"一带一路"倡议规划的六大经济走廊建设有两条在这一地区，目前中巴经济走廊及相关的港口、产业园区已经签署正式协议并开工建设，斯里兰卡港口城项目虽然经历一系列的波折，但目前已正式复工建设，为经济与产业合作打下了良好的基础；海湾地区是中国石油主要来源地，能源合作和海上通道安全合作成为合作的重要方面；印度洋区域还是中国远洋渔业发展的重要区域，打造印度洋区域的远洋渔业综合补给基地也是与相关国家合作的一个重要方面。

3. 非洲地区

21 世纪海上丝绸之路非洲沿线主要包括北非、东非和西南非洲，涉及的国家包括埃及、吉布提、苏丹、厄立特里亚、索马里、肯尼亚、坦桑尼亚、南非、安哥拉、尼日利亚等国。赞比亚、埃塞俄比亚虽然是内陆国，但其出海口依赖相邻国家，也是 21 世纪海上丝绸之路倡议的受益国。

中非峰会确认非洲融入 21 世纪海上丝绸之路倡议。自 2009 年起，中国已连续 6 年成为非洲第一大贸易伙伴国，同时也是非洲重要的发展合作伙伴和新兴投资来源地。非洲则成为中国重要的进口来源地、第二大海外承包工程市场和新兴的投资目的地。2015 年 12 月 4 日，中非合作论坛在南非开幕。论坛发表了《中国对非洲政策文件》《中非合作论坛约翰内斯堡峰会宣言》和《中非合作论坛——约翰内斯堡行动计划（2016—2018 年）》三个文件。峰会上，中国与非洲各国积极探讨中方建设"丝绸之路

---

① 2016 年 1 月 19 日国家主席习近平在利雅得会见海湾阿拉伯国家合作委员会秘书长扎耶尼的讲话。

经济带"和"21 世纪海上丝绸之路"倡议与非洲经济一体化和实现可持续发展的对接，为促进共同发展、实现共同梦想寻找更多机遇。

基础设施建设成为中非 21 世纪海上丝绸之路建设的重要方面。支持非洲基础设施建设，不仅是 21 世纪海上丝绸之路倡议的重要内容，还可助力和提升非洲可持续发展能力，对于非洲资源的输出、货物贸易的流通、相关产业的发展具有重要意义。近年来，中国企业在非洲投资建设的一批公路、港口、机场、电站、电信以及工业生产等项目，如中国援建的吉埃铁路将于 2016 年正式通车，对于非洲东北部经济发展具有重要的带动效应；蒙内铁路正在紧张的施工中，其建成后将构成东非铁路网的重要组成部分；中国承建的蒙巴萨港已是东非地区最大的进出口港口；中国还与尼日利亚政府签署了价值约 120 亿美元的沿海铁路项目合同。这些基础设施项目对于本地区经济发展乃至整个非洲实现互联互通起到重要支撑作用。

海洋经济成为中非在 21 世纪海上丝绸之路框架内合作的新亮点。近年来，中国积极推动与非洲国家的海洋合作。2013 年中国与南非签订了《海洋领域合作谅解备忘录》，这是中国与首个非洲国家签署的海洋合作文件，开启了中非海洋合作的序幕。其后，还与桑给巴尔、毛里求斯分别签署了《海洋合作谅解备忘录》。随着"一带一路"倡议的提出，中非海洋领域合作的深度和广度不断加大，特别是 2015 中非峰会"深化经贸合作"中提出了七项合作内容，拓展海洋经济合作成为其中重要的一项合作内容，提出了推进蓝色经济互利合作、加强海洋领域的交流与技术合作、中非合作论坛框架内建立海洋经济领域的部长级论坛等行动计划，使得中非海洋领域合作成为 21 世纪海上丝绸之路倡议的重要合作领域之一。

4. 大洋洲 – 太平洋岛国

南太平洋地区幅员辽阔，包括澳大利亚、新西兰、巴布亚新几内亚、斐济、萨摩亚、汤加、瓦努阿图等。除澳大利亚、新西兰外，均为小岛屿国家。

南太平洋岛国海洋资源丰富，合作潜力巨大。太平洋岛国是亚太大家庭成员，海洋资源丰富，区位优势明显，是建设 21 世纪海上丝绸之路的自然延伸和亚太区域一体化的重要组成部分。南太地区拥有得天独厚的海洋旅游资源，其独具特色的热带风情吸引着世界各地的游客，使旅游业呈现蓬勃发展势头，但机场、港口、码头和其他基础设施亟待提升；南太平洋岛国还拥有丰富的渔业资源和海底矿产资源，其中金枪鱼产量占世界总产量的一半以上，世界大约有 55% 的金枪鱼罐头产自南太平洋地区，是中国远洋渔业的主要作业海域。南太平洋岛国还面临着海平面上升、风暴潮、海水入侵等海洋灾害的威胁，海洋公益服务亟待提升。2014 年 11 月，中国与瓦努阿图签署了《关于海洋领域合作的谅解备忘录》，为中国与南太平洋地区海洋合作起了示范作用。

南太平洋小岛屿国家人口少，资源开发能力不足，海洋科技水平不高，在应对气候变化、防灾减灾以及海洋资源开发等方面能力有限，与中国恰好形成优势互补，双方在共同推进21世纪海上丝绸之路建设方面合作潜力巨大。

南太平洋岛国支持21世纪海上丝绸之路倡议。2014年11月14日至23日，国家主席习近平应邀赴澳大利亚布里斯班出席二十国集团领导人第九次峰会，对澳大利亚、新西兰、斐济进行国事访问并同太平洋建交岛国领导人举行集体会晤。与会岛国领导人高度评价中方提出的加强双方合作、帮助岛国发展的政策，认为中方同岛国的合作举措实实在在、雪中送炭，契合岛国需要。岛国希望搭乘中国发展的快车，积极参与21世纪海上丝绸之路和亚洲基础设施投资银行建设。[①] 目前，斐济、密克罗尼西亚联邦、萨摩亚、巴布亚新几内亚、瓦努阿图、库克群岛、汤加、纽埃已明确表示支持21世纪海上丝绸之路建设，澳大利亚和新西兰两国表示愿意参与中国提出的亚洲基础设施开发银行。

（二）沿线主要国家的响应

沿线主要国家构成了21世纪海上丝绸之路的重要节点。自2013年以来，中国与沿线主要国家，如巴基斯坦、缅甸、斯里兰卡、吉布提等国家，通过以港口、铁路等基础设施建设，打造产业经济带和临港产业园区为核心的海洋经济与产业合作，以海洋低敏感领域和海上安全为内容的海洋合作等为抓手，21世纪海上丝绸之路建设成效显著。

1. 巴基斯坦

巴基斯坦位于南亚次大陆西北部，东北西三面分别与印度、中国、阿富汗和伊朗相邻，南濒阿拉伯海，海岸线长840千米。中巴是山水相依的友好邻邦，两国人民有着悠久的传统友谊。巴基斯坦地理位置十分特殊，通过中巴经济走廊建设，陆上丝绸之路经济带与21世纪海上丝绸之路构成完整的回路，因此，自2013年中国提出"一带一路"建设的构想以来，巴基斯坦成为推进"一带一路"建设的重点国家。目前，中巴两国领导人就21世纪海上丝绸之路建设达成了系列共识（表18-4），先期重点开展的主要工作包括：

海尔-鲁巴经济区建设。海尔-鲁巴经济区为中资企业在巴基斯坦投资兴业提供了新的平台。该区重点发展的产业为小家电及发电设备、汽车摩托车及配件、化工及

[①] 外交部长王毅谈习近平主席出席G20峰会并访问澳大利亚等三国，http://www.fmprc.gov.cn/mfa_chn/gjhdq_603914/gj_603916/dyz_608952/1206_608954/xgxw_608960/t1213832.shtml.

包装印刷业等。海尔在巴基斯坦推行健康、高效、节能、环保的理念，为巴基斯坦广大消费者提供符合需求的产品。共建"丝绸之路经济带"战略构想，将给海尔-鲁巴经济区乃至整个巴基斯坦科技和人才带来巨大的支持和帮助。

中巴经济走廊建设。规划中的中巴经济走廊起点在喀什，终点在巴基斯坦瓜达尔港，全长 3 000 千米，北接"丝绸之路经济带"、南连"21 世纪海上丝绸之路"，是贯通南北丝路的关键枢纽，是一条包括公路、铁路、油气和光缆通道在内的贸易走廊，也是"一带一路"的重要组成部分。2013 年 5 月，李克强总理访问巴基斯坦期间，提出要打造一条北起喀什、南至巴基斯坦瓜达尔港的经济大动脉，推进互联互通。双方表示要加强战略和长远规划，开拓互联互通、海洋等新领域合作。要着手制定中巴经济走廊远景规划，稳步推进中巴经济走廊建设。这条经济走廊的建设旨在进一步加强中巴互联互通，促进两国共同发展。《愿景与行动》明确提出，"中巴、中印孟缅两个经济走廊与推进'一带一路'建设关联紧密，要进一步推动合作，取得更大进展"。

瓜达尔港及临港产业园建设。瓜达尔深水港位于巴基斯坦西南俾路兹斯坦省瓜达尔市，东距卡拉奇约 460 千米，西距巴基斯坦—伊朗边境约 120 千米，南临印度洋的阿拉伯海，位于霍尔木兹海峡湾口处，是巴基斯坦第三大港口，可以作为东亚国家转口贸易及中亚内陆国家出海口。瓜达尔港口一期项目工程包括三个泊位兼顾滚装的多用途码头，由中国港湾总承包管理，工程于 2002 年 3 月 22 日开工，2005 年完工，工程和综合质量评定为优良，被誉为中巴友谊新的里程碑。2015 年 11 月 11 日，巴基斯坦正式向中国海外港口控股有限公司（中海港控）移交瓜达尔港自贸区 300 公顷土地——这是瓜达尔自贸区目前规划面积 923 公顷中的三成，给予中国海外港口控股有限公司 43 年的开发使用权限，目前中巴经济走廊南端点正式确立。

海洋公益服务合作。中巴海洋科技合作取得了令人瞩目的成果，双方已在应对海水入侵、陆地沉降、气候变化以及海洋资源开发等方面进行了全面合作。2015 年 4 月 11 日，中巴联合签署了《中华人民共和国国家海洋局与巴基斯坦伊斯兰共和国关于共建中巴联合海洋研究中心的议定书》（以下简称《议定书》）。根据该《议定书》，双方将在巴基斯坦卡拉奇设立中巴联合海洋研究中心（以下简称"中巴中心"），共同申请"丝路基金"支持，由中国国家海洋局第二海洋研究所和巴基斯坦国家海洋研究所共同建设，推动双方在海洋科学研究、海洋卫星遥感技术应用、海洋灾害预防与管理、海洋环境与生态保护等领域的务实合作，努力把"中巴中心"建设成联结陆上"丝绸之路经济带"和"21 世纪海上丝绸之路"的战略支点，为推进中巴经济走廊建设，深化两国利益融合，加强沿线国家互联互通，实现共同发展提供服务和保障。

第七部分 建设海上丝绸之路

表18-4 中国—巴基斯坦有关21世纪海上丝绸之路的共识

时间	事件	内容
2014年2月19日	北京：习近平主席会见巴基斯坦总统侯赛因	双方发表了《中华人民共和国和巴基斯坦伊斯兰共和国关于深化中巴战略与经济合作的联合声明》，双方一致决定，将扎实推进中巴经济走廊建设，搞好瓜达尔港、喀喇昆仑公路、卡拉奇-拉合尔高速公路等旗舰项目，牵引两国能源、交通基础设施、工业园区等领域合作，促进丝绸之路经济带和21世纪海上丝绸之路建设
2014年2月20日	北京：李克强总理会见巴基斯坦总统侯赛因	李克强指出，建设中巴经济走廊是双方作出的重要战略决策，为两国务实合作搭建了新框架，开辟了新空间。希望双方以能源、交通基础设施、工业园区等合作为重点，落实好电力、新能源等重大合作项目，经营好瓜达尔港，推进公路、铁路等互联互通工程建设，以点带线、以线带面，促进中巴经济走廊全面发展 侯赛因表示，巴中经济走廊是巴中友好的象征，正在取得积极进展。巴方愿与中方携手推进该项目建设，并推动基础设施、能源等重点领域合作迈上更高水平
2014年4月11日	海南博鳌：李克强总理会见巴基斯坦总理谢里夫	李克强指出，中方愿与巴方全面提升两国各领域合作，争取今年年底前完成经济走廊远景规划，推动落实双方商定的优先推进和早期收获项目，使经济走廊建设起好步，开好局，确保融资支持 谢里夫表示，巴方愿与中方进一步加强战略合作，全面落实双方达成的协议，重点推进巴中经济走廊建设，切实造福两国人民
2014年5月22日	上海：习近平主席会见巴基斯坦总统侯赛因	习近平强调，中巴经济走廊建设是丝绸之路经济带和21世纪海上丝绸之路倡议重要组成部分，要深入研究，扎实推进，统领各领域合作。当前，应该重点落实好瓜达尔港和拉合尔轨道交通项目 侯赛因表示，巴中经济走廊建设进展顺利，巴方愿为加快实施有关项目提供便利，希望双方加强电力合作
2014年11月8日	北京：李克强总理会见巴基斯坦总理谢里夫	李克强指出，中巴经济走廊为两国务实合作搭建了战略框架，是中国同周边互联互通的旗舰项目。此访期间，两国签署20多项合作协议，相信会助力中巴各领域合作，实现互利双赢。双方要共同建设好瓜达尔港等重大基础设施项目，加强能源电力项目合作，规划好经济走廊沿线工业园区建设 谢里夫表示，巴方愿同中方落实好巴中经济走廊等重大合作项目，促进两国和地区的共同发展

续表

时间	事件	内容
2014年11月8日	北京：习近平会见巴基斯坦总理谢里夫	习近平指出，中方愿同巴方一道，搞好中巴经济走廊，在亚洲基础设施投资银行筹建过程中加强合作，共同推进丝绸之路经济带和21世纪海上丝绸之路建设，为中国扩大同南亚合作发挥示范作用 谢里夫表示，巴方希望积极参与"一带一路"建设，加强两国电力、公路、港口等基础设施建设领域合作
2015年4月20日	伊斯兰堡：习近平主席会见巴基斯坦总理谢里夫	习近平指出，以中巴经济走廊建设为中心，以瓜达尔港、交通基础设施、能源、产业合作为重点，形成"1+4"合作布局，实现合作共赢和共同发展。要推动瓜达尔港建设稳步进行，推动中巴经济走廊建设全面、平衡、稳步发展，惠及广大民众，成为对本地区互联互通建设具有示范意义的重大项目。丝路基金选择中巴合作的能源项目作为第一个支持项目，具有重要意义。要统筹规划好中巴经济走廊沿线工业园建设。中方欢迎巴方积极参与亚洲基础设施投资银行筹建 谢里夫表示，巴方支持中方的"一带一路"倡议，将积极参与亚洲基础设施投资银行建设。巴中经济走廊是两国合作的标志性项目，对促进本地区和平与繁荣意义重大
2015年7月10日	俄罗斯乌法：习近平主席会见巴基斯坦总理谢里夫	习近平强调，中巴经济走廊是"一带一路"倡议的重要组成部分，事关两国长远发展。今年4月访问巴基斯坦以来，一大批项目正式启动或开工，标志着中巴经济走廊建设进入实施阶段。我们要密切配合，切实做好后续落实工作 谢里夫表示，巴方支持中方"一带一路"倡议，支持亚洲基础设施投资银行和丝路基金，愿积极参与有关合作
2015年9月2日	北京：习近平主席会见巴基斯坦总统侯赛因	习近平指出，以中巴经济走廊为中心，以港口建设、交通基础设施、能源、产业合作为重点，打造两国新的合作布局。当前，中巴经济走廊建设取得重要进展，双方要加紧研究制定走廊远景规划。中方愿就加快推进两国产能和工业园区合作、有关民生项目开发建设等同巴方密切沟通 侯赛因表示，巴方积极致力于以中巴经济走廊建设为中心推进两国各领域务实合作

2. 缅甸

缅甸联邦位于亚洲中南半岛西北部，北部和东北部与中国毗邻，东部和东南部与老挝和泰国相连，西部和西北部与孟加拉国和印度接壤，西南濒临印度洋的孟加拉湾和安达曼海，海岸线长 2 832 千米，专属经济区面积 48.6 万平方千米，渔业资源丰富，平均年捕捞量 105 万吨。渔业是仅次于农业、工业的第三大主要经济产业和重要创汇产业。2014 年，缅甸水产出口 30.82 万吨，出口额为 4.29 亿美元，主要出口目的国为中国、新加坡、泰国、韩国以及中国台湾和香港地区。

缅甸近海大陆架油气资源丰富，截至 2013 年 12 月，外国企业在缅甸油气领域投资 115 个项目，投资额 143.72 亿美元，占全部外国投资的 32.46%。目前有 16 个国家在 17 个内陆天然气区域，15 家公司在 20 个近海天然气区块进行勘探和生产，中国三大油公司均在缅甸有油气业务。近年来，两国领导人就建设 21 世纪海上丝绸之路达成了系列共识（表 18-5），重点开展了几下几方面工作：

孟中印缅经济走廊建设。孟中印缅经济走廊是指经由中国云南省—缅甸—孟加拉国—印度的区域经济发展计划。这一设想在 2013 年 5 月国务院李克强总理访问印度期间，得到了印度、孟加拉国、缅甸三国的积极响应。孟中印缅经济走廊对于深化四国间友好合作关系，建立东亚与南亚两大区域互联互通具有重要意义。2013 年 12 月 18—19 日，孟中印缅经济走廊联合工作组第一次会议在昆明召开。会议梳理了地区合作论坛达成的共识，借鉴了国际机制经验，在经济走廊发展前景、优先合作领域和机制建设等方面进行了友好深入的交流，在交通基础设施建设、投资和商贸流通、人文交流等方面形成了多方面的共识。会议签署了会议纪要和孟中印缅经济走廊联合研究计划。

中缅油气管道。管道全长约 1 100 千米，总投资约为 20 亿美元。中缅油气管道设计为气、油双线并行，从缅甸皎漂起，经若开邦、马圭省、曼德勒省和掸邦，从缅中边境地区进入中国的瑞丽，再延伸至昆明。2013 年 9 月 30 日，中缅天然气管道全线贯通，开始输气。2015 年 1 月 30 日，中缅石油管道全线贯通，开始输油。中缅油气管道是继中亚油气管道、中俄原油管道、海上通道之后的第四大能源进口通道。它的建成可以使原油运输不经过马六甲海峡，从西南地区输送到中国。

皎漂港及临港产业园区建设。皎漂经济特区位于缅甸西部的若开邦，濒临孟加拉湾，居连接非洲、欧洲和印度的干线上，是缅甸政府规划兴建的三个经济特区之一。该特区内拥有一个世界级的天然良港皎漂港。2015 年 12 月 30 日，缅甸皎漂特别经济区项目评标及授标委员会（BEAC）宣布来自中国的中信企业联合体中标皎漂经济特区的工业园和深水港项目。

据中信联合体介绍，工业园项目占地 1000 公顷，计划分三期建设，2016 年 2 月开始动工。深水港项目包含马德岛和延白岛两个港区，共 10 个泊位，计划分四期建设，总工期约 20 年。

表 18-5　中国—缅甸有关 21 世纪海上丝绸之路的共识

时间	事件	内容
2014 年 6 月 27 日	北京：习近平主席会见缅甸总统吴登盛	习近平强调，中方鼓励更多中国企业赴缅甸投资，希望双方共同营造良好环境，确保能矿、油气管道、水电开发等大合作项目安全顺利运营，实施好缅方农业示范中心和中方向缅方提供小额农业贷款等惠民项目。中方欢迎缅方参与 21 世纪海上丝绸之路建设，开展经济开发区、基础设施互联互通等合作，同时推进孟中印缅经济走廊建设。双方要加强全方位人文交流，尽早互设文化中心，扩大科教文卫等领域合作，夯实中缅友好的民意基础 吴登盛表示，缅方希望进一步提升双边贸易水平，欢迎中国企业投资，将积极落实好双方达成的各项合作协议，并在防灾救灾等领域拓展新的合作
2014 年 6 月 29 日	北京：李克强总理会见缅甸总统吴登盛	李克强表示，结合两国发展战略和产业规划，发挥资源、资金、市场等互补优势，拓展合作领域，提升合作水平。双方要确保油气管道、矿业开发、港口建设等重大合作项目顺利实施和安全运营。中方愿同各方推进孟中印缅经济走廊建设，在丝绸之路经济带和 21 世纪海上丝绸之路框架下加强区域互联互通，实现互利共赢 吴登盛表示，缅方将落实好两国合作协议，扩大经贸、能源、基础设施等领域合作。积极参与并推进孟中印缅经济走廊建设，惠及四国和本地区
2014 年 11 月 8 日	北京：习近平主席会见缅甸总统吴登盛	习近平欢迎吴登盛来华出席加强互联互通伙伴关系对话会，结合丝绸之路经济带和 21 世纪海上丝绸之路建设，在平等互利基础上，推进中缅互联互通、经济特区、民生改善等合作项目，促进两国人文交流。中方欢迎缅方作为创始成员国加入亚洲基础设施投资银行 吴登盛表示，缅方感谢并支持中方举办加强互联互通伙伴关系对话会，相信会议一定能够推动地区国家共同发展
2014 年 11 月 14 日	内比都：缅甸总统吴登盛会见李克强总理	李克强表示，中方愿与缅方共同推进孟中印缅经济走廊相关建设，促进缅和地区互联互通和经济社会发展 吴登盛表示，愿同中方进一步加强交流合作，支持并将积极参与孟中印缅经济走廊、"一带一路"和亚投行建设，开展大项目合作，密切人文交流，推动两国关系取得新的发展

续表

时间	事件	内容
2014年11月14日	内比都：《中华人民共和国与缅甸联邦共和国关于深化两国全面战略合作的联合声明》	缅方欢迎中方提出的"共建丝绸之路经济带和21世纪海上丝绸之路"的倡议。双方同意将继承和弘扬和平合作、开放包容、互学互鉴、互利共赢的丝路精神，加强海洋经济、互联互通、科技环保、社会人文等各领域务实合作，推动中缅及与其他沿线国家间的合作共赢、共同发展
2014年12月16日	内比都：缅甸总统吴登盛会见李源潮副主席	李源潮表示，中国始终把东盟作为周边外交的优先方向，致力于打造更为紧密的中国-东盟命运共同体，共同建设21世纪海上丝绸之路 吴登盛表示，感谢中方大力支持缅甸和东盟国家加强互联互通建设。缅方重视中方参与缅经济特区建设，愿推动双方合作项目尽快取得进展
2015年4月22日	雅加达：习近平主席会见缅甸总统吴登盛	习近平强调，赞赏缅方对"一带一路"、孟中印缅经济走廊等合作倡议的支持，愿在上述合作框架内推动中缅公路、伊洛瓦底江陆水联运等互联互通项目，积极推进农业、电力、金融等重点领域合作 吴登盛表示，缅方支持并愿积极参与中方的"一带一路"和亚洲基础设施投资银行倡议，希望中方通过丝路基金等参与缅甸基础设施建设
2015年9月4日	北京：习近平主席会见缅甸总统吴登盛	习近平强调，中方赞赏缅方支持"一带一路"倡议，愿同缅方密切配合，统筹推进有关项目合作，为带动缅甸经济社会发展发挥积极作用 吴登盛表示，缅方愿继续深化同中方在基础设施互联互通等领域务实合作
2015年9月4日	北京：习近平主席会见缅甸总统吴登盛	李克强指出，中方愿同缅方加快推进基础设施建设等领域合作；抓紧落实孟中印缅经济走廊等合作倡议，进一步便利区域互联互通；积极开展产能合作，提升农业、水利和灾后安置、重建等方面合作水平 吴登盛表示，缅方积极落实双方所达成的重要共识，加强基础设施建设合作，加快推进两国公路、水运等互联互通合作项目，扩大青年、教育等人文交流，推动两国世代友好
2015年9月4日	北京：中华人民共和国和缅甸联邦共和国联合新闻稿	在"一带一路"和孟中印缅经济走廊合作框架下，统筹推进港口、公路、铁路等基础设施互联互通合作。发挥好中缅农业合作委员会、中缅政府间电力合作机制等作用，加强农业、电力、产能、金融等领域合作，促进共同发展，惠及两国民生

3. 吉布提

吉布提位于非洲东北部亚丁湾西岸，扼红海进入印度洋的要冲曼德海峡，东南同索马里接壤，北与厄立特里亚为邻，西部、西南及南海与埃塞俄比亚毗连，国土面积2.32万平方千米，海岸线长372千米。吉布提的盐矿储量丰富，石灰岩和石膏矿储量大、易开发。沿海地区已发现含油构造，但储量尚未探明。渔业资源较丰富，年捕捞潜力可达4.8万吨，吉方捕捞业原始、落后，年捕量仅为2000吨。吉布提是世界上不发达的国家之一，自然条件恶劣，水资源严重缺乏，工农业基础薄弱，95%以上的农产品和工业品依靠进口，80%以上的发展资金依靠外援。交通运输、商业和港口服务业在经济中占主导地位。近年来，吉布提政府积极调整经济政策，争取外援外资，重点发展第三产业，并加紧实施基础设施建设，积极参与地区一体化进程，2013年，吉政府制定2035年远景规划，着力发展交通、物流、金融、电讯、旅游、渔业等行业。吉布提政府积极响应中国"一带一路"倡议，目前中吉两国在以下几方面开展了卓有成效的合作：

吉埃铁路完成铺轨。吉布提至埃塞俄比亚铁路项目是第一个集设计标准、设备采购、施工、监理和融资为一体的全流程"中国化"项目，由中国进出口银行提供融资。线路全长766千米，连接吉布提港口和埃塞俄比亚首都亚的斯亚贝巴，2015年6月11日全线完成铺轨。吉布提至埃塞俄比亚铁路改变东非地区基础设施落后的面貌，不仅将吉埃两国连接起来，促进两国的货物贸易，也将进一步促进整个东非地区经济和社会发展一体化。

中国在吉建设海外保障基地。2015年11月26日，国防部例行记者会上新闻发言人表示，根据联合国有关决议，2008年以来，中方已派出21批护航编队、60余艘次舰艇赴亚丁湾、索马里海域护航。护航编队在执行任务过程中，官兵休整和食品、油料补给面临很多实际困难，确有必要实施就近高效的后勤保障。中国和吉布提就在吉建设保障设施事项进行协商。该设施将更好地保障中国军队执行国际维和、亚丁湾和索马里海域护航、人道主义救援等任务。对于中国军队有效履行国际义务，维护国际和地区和平稳定具有积极作用。

中吉港口航运业的合作。2015年，大连港集团与招商局国际、吉布提港务公司三方共同签署了关于在吉布提共和国境内联合开发港口及相关物流领域项目的合作备忘录，其中包括对于吉布提港口码头操作、运营等业务的培训，港口业务、市场等领域的合作与研究。有利于增强两国间的经贸联系强度，形成稳定的贸易运输线路，有助于推动两国间航运贸易发展，从而加深两国间的友好合作关系。

表 18-6　目前在吉布提的军事基地

序号	国家	建立日期	主要情况
1	法国	1977年6月27日	1977年6月27日吉布提政府与法国政府签订临时军事议定书，许可法国在吉布提建设军事基地。目前法国驻吉陆军有两个战斗团和伞兵团的一个别动连；海军有一支增援印度洋舰队的海军部队，一支突击队和一个通讯监听站；空军有一个歼击机队和一个直升机运输大队。吉布堤基地是法国在印度洋-红海地区的重要军事基地，驻有法军3 800~4 500人
2	美国	2001年	莱蒙尼尔基地占地36公顷，主要是无人机基地和监测监听站，用以打击非洲大陆的恐怖组织
3	日本	2009年4月	2009年4月，吉外长优素福访日，双方签署换文确定吉港为日海上自卫队后勤补给基地。8月，日在吉设立常驻联络处 2010年12月，盖莱总统访日，拜会了日天皇明仁，并会见了日首相菅直人，双方就日本援吉3亿日元帮助落实国家社会发展设想和反海盗行动中移交被捕海盗的技术问题签署协议 2011年7月，日本在吉军事基地正式启用，基地位于吉布提国际机场附近，自卫队的巡逻机将直接利用这个机场起飞，基地占地12公顷，建设的新基地则是按照10年以上长期使用标准建造，整个建设费用约47亿日元（约合3.4亿元人民币） 日本《产经新闻》2015年11月30日报道，日本防卫省计划扩充位于非洲东部的吉布提海上自卫队军事基地，扩建后的吉布提军事基地将不仅仅担负打击海盗的职责，更将为应对中东、非洲地区频发的恐怖活动，为联合国部署维和部队提供支持

4. 斯里兰卡

斯里兰卡是印度洋上的一个岛国，北隔保克海峡与印度相望，南部靠近赤道，风景秀丽，素有"印度洋上的珍珠"之称。由于地处印度洋的中心位置，扼西亚与马六甲海峡国际航道的中心，斯里兰卡在货物转运、船舶中转和补给等方面具有独特的优势，斯政府制定了大力发展航运业的规划。近年来，斯政府通过扩建科伦坡港、新建汉班托塔港，进一步增强了斯国际航运能力，为发展海洋经济奠定坚实基础。近年来，两国领导人就建设21世纪海上丝绸之路达成了系列共识（表18-7），中国企业积极投资斯里兰卡基础设施建设，取得了一系列令人瞩目的成绩。

表 18 – 7　中国—斯里兰卡有关 21 世纪海上丝绸之路的共识

时间	事件	内容
2014 年 5 月 22 日	上海：习近平主席会见斯里兰卡总统拉贾帕克萨	习近平表示，斯里兰卡是建设 21 世纪海上丝绸之路、建立亚洲基础设施投资银行的重要合作伙伴，双方要重点推进海洋经济、港口建设、海上安全合作尽早取得成果。尽早启动自由贸易区谈判。中国政府鼓励中资企业赴斯里兰卡投资兴业，参与工业园、经济特区、电力、公路、铁路等项目 拉贾帕克萨表示，斯方希望积极参与 21 世纪海上丝绸之路倡议和亚洲基础设施投资银行，加强海上合作，加快推进双边自由贸易区谈判，促进基础设施建设和两国人员往来
2014 年 9 月 16 日	中华人民共和国和斯里兰卡民主社会主义共和国关于深化战略合作伙伴关系的行动计划	斯方欢迎并支持中方提出的构建 21 世纪海上丝绸之路的倡议，愿积极参与相关合作。双方同意进一步加强对马加普拉/汉班托塔港项目的投资。双方同意进一步加强海洋领域合作，推进科伦坡港口城的建设，签署马加普拉/汉班托塔港二期经营权有关协议，宣布建立海岸带和海洋合作联委会，探讨在海洋观测、生态保护、海洋资源管理、郑和沉船遗迹水下联合考古、海上安保、打击海盗、海上搜救、航行安全等领域开展合作
2014 年 9 月 16 日	科伦坡：斯里兰卡总统拉贾帕克萨会见习近平主席	习近平强调，中方愿以建设 21 世纪海上丝绸之路为契机，同斯方加强在港口建设运营、临港工业园开发建设、海洋经济、海上安全等领域合作，探讨并确定先行先试项目，实现早期收获。希望双方加快推进自由贸易谈判，争取早日建成中斯自由贸易区。中方鼓励更多中国企业积极参与斯里兰卡工业园、经济特区、基础设施项目建设，欢迎斯方作为创始成员国参与亚洲基础设施投资银行 拉贾帕克萨表示，建设 21 世纪海上丝绸之路的倡议与斯方打造印度洋海上航运中心的设想不谋而合，斯方愿意同中方共同建设和经营好汉班托塔港和科伦坡港口城等重点合作项目，加速双边自由贸易谈判，加强经贸、能源、农业、基础设施建设、卫生医疗等领域合作。斯方愿意积极参与亚洲基础设施投资银行

续表

时间	事件	内容
2014年9月17日	科伦坡：斯里兰卡总理贾亚拉特纳会见习近平主席	习近平指出，双方要加快推进中斯自由贸易谈判，稳步推进汉班托塔港等大项目合作，拓展旅游、海洋科研、海洋经济、港口建设、海上安全等领域合作，共同推进21世纪海上丝绸之路建设，加强旅游合作，促进两国人员交往。双方要加强多边领域合作，中方欢迎斯方作为创始成员国参与筹建亚洲基础设施投资银行 贾亚拉特纳表示，我们愿意积极参与21世纪海上丝绸之路建设，携手共同发展
2015年3月26日	北京：习近平主席会见斯里兰卡总统西里塞纳	习近平指出，双方要积极共建21世纪海上丝绸之路，充分利用丝路基金、亚洲基础设施投资银行等融资渠道，稳步推进大项目建设和产业合作。中方愿同斯方深化经贸、基础设施建设等传统领域合作，重点拓展卫生、农业、科技、旅游、人力资源培训五大领域合作 西里塞纳表示，丝绸之路是斯中两国共同的历史遗产，斯方希望在21世纪海上丝绸之路框架内加强同中方合作。斯方对中国政府支持汉班托塔港等四项目建设表示感谢，愿与中方一道落实好两国业已达成的各项协议。目前科伦坡港口城出现的情况是暂时的、短期的，问题不在中方

科伦坡港及港口城建设。2014年4月，由中国招商局集团投资的科伦坡港南集装箱码头项目顺利竣工。该项目从2013年7月开港，集装箱吞吐量达27.3万标准箱，科伦坡港正在成为全球航运业的明星。科伦坡港口城项目由中国交建与斯里兰卡国家港务局共同开发，由中国港湾集团承建，预计2017年9月完成约276万平方米填海造地和道路、管线等基础设施建设。剩余设施建设将于2022年完工，建成后，将与科伦坡中央商务区相连，拓展科伦坡市发展空间，拉动投资和就业，是斯里兰卡建设21世纪海上丝绸之路重要中继点的重大举措。该项工程在2014年9月17日开工，后因各种干扰一度停工，在各方的努力下，该项目有望复工。

汉班托塔港建设。汉班托塔港（Hambantota）地处南亚最南端，为中东、欧洲、非洲至东亚大陆的海运航线必经之地。汉班托塔港工程规划工期共分4期进行，全部工程完工需要15年，即在2022年完成。汉班托特港一期工程总造价3.6亿美元，其中85%的资金为中国进出口银行提供的买方信贷，中国港湾工程有限责任公司负责建设，并于2011年投入商业运营，二期工程正在建设中。该港建设带来的基础设施改善和商机将极大地带动斯南部地区的经济发展，也是斯里兰卡政府打造国际海运中心，促进经济社会发展，恢复其海上丝绸之路交通枢纽地位的一个重要基础。

海洋公益服务合作。斯里兰卡是海上丝路的重要沿线国家，中国高度重视与斯方在海洋领域的合作关系，2012年，两国签署了海洋领域合作谅解备忘录，双方成功召开了首届中斯海洋领域合作联委会会议，在海岸带综合管理、海岸侵蚀与修复、海洋科学研究、海洋观测、海洋防灾减灾以及能力建设等方面取得了显著成果。2014年9月16日两国共同签署了《关于建立中斯联合海岸带与海洋研究与开发中心的谅解备忘录》，谅解备忘录的签署，将为2015年12月24日国家海洋局第一海洋研究所与斯里兰卡渔业与水生资源研究开发局签署《关于开展海平面观测与灾害预报系统项目的实施协议》，形成了国家－主管部门－研究单位三级海洋合作网络，对于加强中国与斯里兰卡海洋领域务实合作、共同推动21世纪海上丝绸之路建设起到积极作用。

5. 越南

近年来，中越经贸关系发展迅速，中国已连续10年成为越南第一大贸易伙伴。2013年，越南是中国在东盟的第五大贸易伙伴。2011年10月，两国签署《中越经贸合作五年发展规划》。2013年10月，双方签署《关于建设发展跨境经济合作区的谅解备忘录》。近年来，两国领导人就建设21世纪海上丝绸之路达成了系列共识。

表18－8 中国—越南有关21世纪海上丝绸之路的共识

时间	事件	内容
2015年6月8日	北京：李克强会见越南副总理范平明	李克强指出，以基础设施建设和互联互通项目合作为突破口，将中国优质产能、装备同越南推进工业化和现代化的需求相对接，实现优势互补，互利双赢，提升两国合作水平 范平明表示，越方愿与中方开展陆上基础设施建设、海上和金融领域合作，加强地方和人文交流
2015年9月3日	北京：习近平会见越南国家主席张晋创	习近平指出，双方就加强"一带一路"和"两廊一圈"发展战略对接和产能合作达成重要共识，扩大"一带一路"和"两廊一圈"框架内合作 张晋创表示，越方愿同中方增进政治互信，密切人员交往，稳妥处理分歧，扩大平等互利合作
2015年9月15日	北京：张高丽会见越南副总理阮春福	张高丽表示，中越间要按照海上、陆上、金融合作"三线并举"的战略思路，用好双边合作指导委员会等机制，推动"一带一路"和"两廊一圈"实现有效对接，加强产能、跨境经济合作区建设、贸易、基础设施、投资、金融和地方务实合作，实现互利共赢 阮春福表示，愿与中方一道，不断深化贸易、基础设施建设、投资、产能、金融、交通互联互通、地方等各领域务实合作

307

续表

时间	事件	内容
2015年9月16日	北京：李克强会见越南副总理阮春福	李克强指出，在当前国际经济形势发生新的复杂变化背景下，中越双方推动"一带一路"同"两廊一圈"有效对接，以国际产能合作带动工业化和经济结构转型升级，有利于两国全面经济合作和区域互联互通，造福两国人民，惠及周边发展 阮春福表示，越方愿同中方一道，加强各领域互利合作，推动海上、陆上、金融工作组继续取得新进展，促进两国民间友好往来，共同维护海上稳定并逐步开展海上合作，推动越中全面战略合作伙伴关系不断向前发展
2015年11月5日	河内：习近平与越共中央总书记阮富仲会谈	习近平指出，中越发展互为机遇，两国已就扩大"一带一路"和"两廊一圈"框架内合作和加强产能合作达成重要共识。双方要用好基础设施合作工作组和金融与货币合作工作组，推进中国在越南龙江、海防两个工业区建设。中方愿扩大对越南的投融资合作，愿同越方一道，推动双边贸易均衡可持续发展 阮富仲表示，越方赞同保持两党两国高层和各级别密切交往，推动双边贸易可持续增长，推进"两廊一圈"和"一带一路"发展合作，欢迎中方加大对越南基础设施、高新技术领域投资，拓展双方在人文、防务、安全、打击犯罪、地方等领域交流合作
2015年11月5日	河内：习近平与越总理阮晋勇会谈	习近平强调，双方要加紧协商"一带一路"和"两廊一圈"框架内合作，协调推进两国多领域产能合作，集中精力做好几个有代表性的大项目，大力推动两国边境合作 阮晋勇表示，越方赞同中方的"一带一路"倡议，愿为中国企业来越投资经营提供便利条件，双方可以认真研究实施口岸便利措施
2015年11月6日	中越联合声明	加强两国间发展战略对接，推动"一带一路"倡议和"两廊一圈"构想对接，加强在建材、辅助工业、装备制造、电力、可再生能源等领域产能合作。加紧成立工作组，积极商签跨境经济合作区建设共同总体方案，推进中国在越南前江省龙江、海防市安阳两个工业园区的建设并积极吸引投资，督促和指导两国企业实施好中资企业在越承包建设的钢铁、化肥等合作项目

近年来，越南作为东盟成员重要市场之一，以其成本较低、地缘相近等优势，成为中资企业海外直接投资的重要目的地之一。截至 2014 年上半年，中资大陆企业在越南直接投资 1 037 个项目，协议金额 78.5 亿美元，是越南第九大外资来源地。中资企业在越南投资多集中在加工制造、基础设施和建筑服务等领域，主要分布在越南南部胡志明市周边省份和北部河内、海防、广宁、北宁、北江等省市。在越中资企业为当地经济社会发展发挥了积极促进作用。中资企业在越南市场参与建设多个大型合作项目，涉及水泥、化肥、钢铁、电力、公路、桥梁、有色金属和铁路通讯信号升级改造等领域。中方已向越方宣布提供总额为 16 亿美元的优惠出口买方信贷，用于支持双方确定的项目。截至目前，中资企业保质保量完成了一批重点项目，投入生产运营，得到越南政府及主管部门负责人的高度评价。

目前，中资企业在越南共投资建设 4 个工业园区，即铃中出口加工区（约 600 公顷）、龙江工业园（600 公顷）、深圳－海防经贸合作区（800 公顷）、仁会工业区 B 区（450 公顷），都取得不同进展。其中，铃中出口加工区已实施三期项目，效果较好，成为越南工业区建设典范。龙江工业园和深圳－海防经贸合作区成为中国国家级境外经贸合作区，有利于推动中国企业"集群式"走出去，扩大对越投资合作规模。

四、小结

自 2013 年以来，中国通过高层互访、签署合作协议、金融和资金支持等方式，与沿线国家达成了广泛的共识，中国提出的 21 世纪海上丝绸之路倡议得到了南海周边国家、西亚和南亚国家、欧洲部分国家、非洲沿海国家、大洋洲及太平洋岛国等海上丝绸之路沿线国家的普遍支持，为"海丝"建设的顺利实施奠定了广泛的国际政治基础。《愿景与行动》的发布，标志着中国与沿线国家在 21 世纪海上丝绸之路框架下的合作已由规划进入实施阶段。目前，中国与沿线国家重点推进的中南半岛、孟中印缅和中巴经济走廊建设已先期启动，配套的港口和临港产业园区建设正在稳步推进，与沿线国家在海洋经济、海洋安全、海洋人文和海洋防灾减灾等领域合作正在稳步开展和推进，21 世纪海上丝绸之路沿线的区域海洋合作的大格局正在形成。

附 件

附件

附件 1

中国领海基线示意图

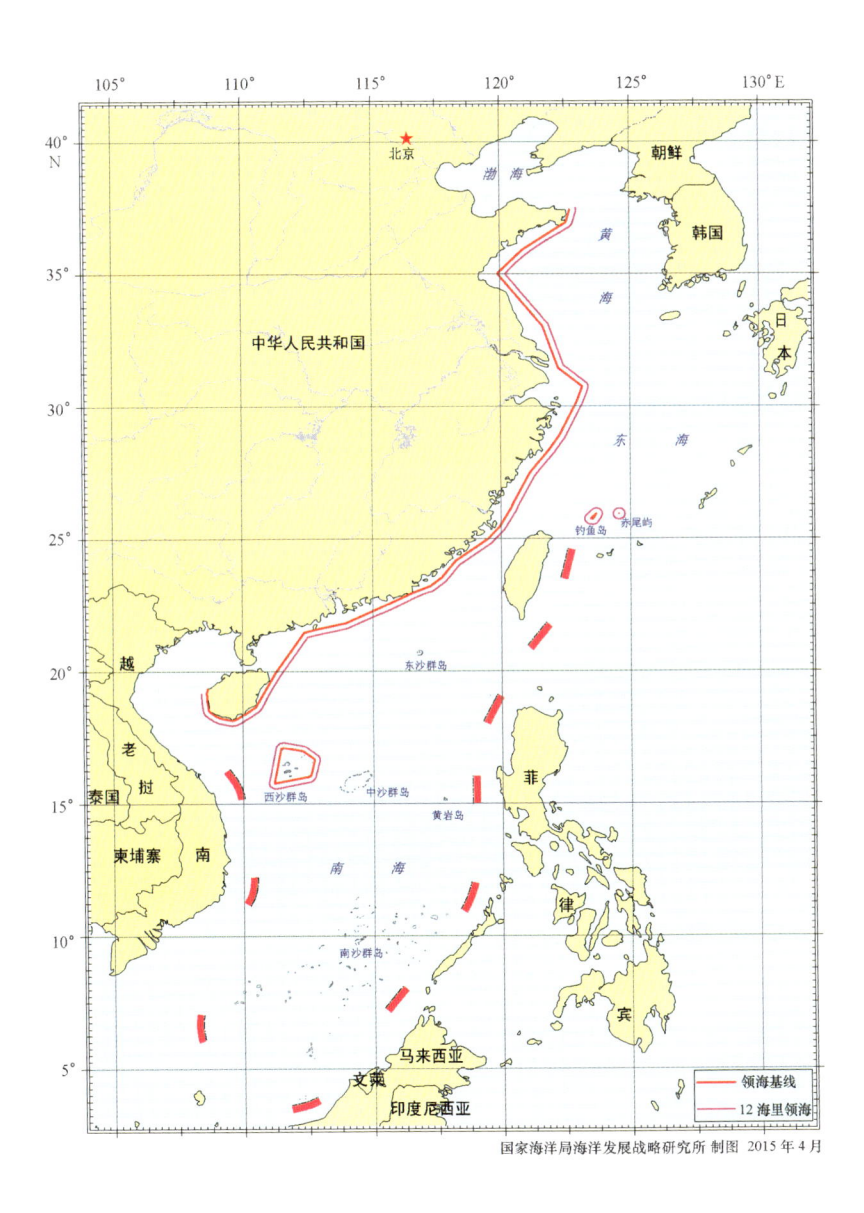

附件 2

中华人民共和国国民经济和社会发展第十三个五年规划纲要（摘录）

中华人民共和国国民经济和社会发展第十三个五年（2016—2020年）规划纲要，根据《中共中央关于制定国民经济和社会发展第十三个五年规划的建议》编制，主要阐明国家战略意图，明确经济社会发展宏伟目标、主要任务和重大举措。拓展蓝色经济空间、推进海洋生态文明建设等，成为"十三五"时期海洋事业发展的亮点。

……

第九篇　推动区域协调发展

以区域发展总体战略为基础，以"一带一路"建设、京津冀协同发展、长江经济带发展为引领，形成沿海沿江沿线经济带为主的纵向横向经济轴带，塑造要素有序自由流动、主体功能约束有效、基本公共服务均等、资源环境可承载的区域协调发展新格局。

……

第四十一章　拓展蓝色经济空间

坚持陆海统筹，发展海洋经济，科学开发海洋资源，保护海洋生态环境，维护海洋权益，建设海洋强国。

第一节　壮大海洋经济

优化海洋产业结构，发展远洋渔业，推动海水淡化规模化应用，扶持海洋生物医药、海洋装备制造等产业发展，加快发展海洋服务业。发展海洋科学技术，重点在深水、绿色、安全的海洋高技术领域取得突破。推进智慧海洋工程建设。创新海域海岛资源市场化配置方式。深入推进山东、浙江、广东、福建、天津等全国海洋经济发展试点区建设，支持海南利用南海资源优势发展特色海洋经济，建设青岛蓝谷等海洋经济发展示范区。

第二节　加强海洋资源环境保护

深入实施以海洋生态系统为基础的综合管理，推进海洋主体功能区建设，优化近岸海域空间布局，科学控制开发强度。严格控制围填海规模，加强海岸带保护与修复，自然岸线保有率不低于35%。严格控制捕捞强度，实施休渔制度。加强海洋资源勘探与开发，深入开展极地大洋科学考察。实施陆源污染物达标排海和排污总量控制制度，建立海洋资源环境承载力预警机制。建立海洋生态红线制度，实施"南红北柳"湿地修复工程和"生态岛礁"工程，加强海洋珍稀物种保护。加强海洋气候变化研究，提高海洋灾害监测、风险评估和防灾减灾能力，加强海上救灾战略预置，提升海上突发环境事故应急能力。实施海洋督察制度，开展常态化海洋督察。

第三节 维护海洋权益

有效维护领土主权和海洋权益。加强海上执法机构能力建设，深化涉海问题历史和法理研究，统筹运用各种手段维护和拓展国家海洋权益，妥善应对海上侵权行为，维护好我管辖海域的海上航行自由和海洋通道安全。积极参与国际和地区海洋秩序的建立和维护，完善与周边国家涉海对话合作机制，推进海上务实合作。进一步完善涉海事务协调机制，加强海洋战略顶层设计，制定海洋基本法。

……

第十篇 加快改善生态环境

以提高环境质量为核心，以解决生态环境领域突出问题为重点，加大生态环境保护力度，提高资源利用效率，为人民提供更多优质生态产品，协同推进人民富裕、国家富强、中国美丽。

第四十二章 加快建设主体功能区

强化主体功能区作为国土空间开发保护基础制度的作用，加快完善主体功能区政策体系，推动各地区依据主体功能定位发展。

第一节 推动主体功能区布局基本形成

有度有序利用自然，调整优化空间结构，推动形成以"两横三纵"为主体的城市化战略格局、以"七区二十三带"为主体的农业战略格局、以"两屏三带"为主体的生态安全战略格局，以及可持续的海洋空间开发格局。合理控制国土空间开发强度，增加生态空间……

第十一篇 构建全方位开放新格局

以"一带一路"建设为统领，丰富对外开放内涵，提高对外开放水平，协同推进战略互信、投资经贸合作、人文交流，努力形成深度融合的互利合作格局，开创对外开放新局面。

……

第五十一章 推进"一带一路"建设

秉持亲诚惠容，坚持共商共建共享原则，开展与有关国家和地区多领域互利共赢的务实合作，打造陆海内外联动、东西双向开放的全面开放新格局。

第一节 健全"一带一路"合作机制

围绕政策沟通、设施联通、贸易畅通、资金融通、民心相通，健全"一带一路"双边和多边合作机制。推动与沿线国家发展规划、技术标准体系对接，推进沿线国家间的运输便利化安排，开展沿线大通关合作。建立以企业为主体、以项目为基础、各类基金引导、企业和机构参与的多元化融资模式。加强同国际组织和金融组织机构合作，积极推进亚洲基础设施投资银行、金砖国家新开发银行建设，发挥丝路基金作用，吸引国际资金共建开放多元共赢的金融合作平台。充分发挥广大海外侨胞和归侨侨眷的桥梁纽带作用。

第二节 畅通"一带一路"经济走廊

推动中蒙俄、中国－中亚－西亚、中国－中南半岛、新亚欧大陆桥、中巴、孟中印缅等国际经济合作走廊建设，推进与周边国家基础设施互联互通，共同构建连接亚洲各次区域以及亚欧非之间的基础设施网络。加强能源资源和产业链合作，提高就地加工转化率。支持中欧等国际集装箱运输和邮政班列发展。建设上合组织国际物流园和中哈物流合作基地。积极推进"21世纪海上丝绸之路"战略支点建设，参与沿线重要港口建设与经营，推动共建临港产业集聚区，畅通海上贸易通道。推进公铁水及航空多式联运，构建国际物流大通道，加强重要通道、口岸基础设施建设。建设新疆丝绸之路经济带核心区、福建"21世纪海上丝绸之路"核心区。打造具有国际航运影响力的海上丝绸之路指数。

第三节 共创开放包容的人文交流新局面

办好"一带一路"国际高峰论坛，发挥丝绸之路（敦煌）国际文化博览会等作用。广泛开展教育、科技、文化、体育、旅游、环保、卫生及中医药等领域合作。构建官民并举、多方参与的人文交流机制，互办文化年、艺术节、电影节、博览会等活动，鼓励丰富多样的民间文化交流，发挥妈祖文化等民间文化的积极作用。联合开发特色旅游产品，提高旅游便利化。加强卫生防疫领域交流合作，提高合作处理突发公共卫生事件能力。推动建立智库联盟。

第五十二章 积极参与全球经济治理

……

第三节 推动完善国际经济治理体系

积极参与全球经济治理机制合作，支持主要全球治理平台和区域合作平台更好发挥作用，推动全球治理体制更加公平合理。支持发展中国家平等参与全球经济治理，促进国际货币体系和国际金融监管改革。加强宏观经济政策国际协调，促进全球经济平衡、金融安全、稳定增长。积极参与网络、深海、极地、空天等领域国际规则制定。积极参与国际标准制定。办好二十国集团杭州峰会。

……

第十七篇 加强和创新社会治理

加强社会治理基础制度建设，构建全民共建共享的社会治理格局，提高社会治理能力和水平，实现社会充满活力、安定和谐。

……

第七十二章 健全公共安全体系

牢固树立安全发展观念，坚持人民利益至上，加强全民安全意识教育，健全公共安全体系，为人民安居乐业、社会安定有序、国家长治久安编织全方位、立体化的公共安全网，建设平安中国。

……

第二节 提升防灾减灾救灾能力

坚持以防为主、防抗救相结合，全面提高抵御气象、水旱、地震、地质、海洋等自然灾害综合防范能力。健全防灾减灾救灾体制，完善灾害调查评价、监测预警、防治应急体系……

附件 3

2016 年政府工作报告（摘录）

2016 年 3 月 5 日上午 9 时，第十二届全国人民代表大会第四次会议在人民大会堂开幕，国务院总理李克强作政府工作报告。报告提出，2016 年，我国将优化区域发展格局，深入推进"一带一路"建设，制定国家海洋战略，保护海洋生态环境，拓展蓝色经济空间，建设海洋强国。

亚洲基础设施投资银行正式成立，丝路基金投入运营……"一带一路"建设成效显现，国际产能合作步伐加快，高铁、核电等中国装备走出去取得突破性进展。

……

扎实推进"一带一路"建设。统筹国内区域开发开放与国际经济合作，共同打造陆上经济走廊和海上合作支点，推动互联互通、经贸合作、人文交流。构建沿线大通关合作机制，建设国际物流大通道。推进边境经济合作区、跨境经济合作区、境外经贸合作区建设。坚持共商共建共享，使"一带一路"成为和平友谊纽带、共同繁荣之路。

……

科技领域一批创新成果达到国际先进水平，第三代核电技术取得重大进展，国产 C919 大型客机总装下线，屠呦呦获得诺贝尔生理学或医学奖……

……

科技创新实现重大突破。量子通信、中微子振荡、高温铁基超导等基础研究取得一批原创性成果，载人航天、探月工程、深海探测等项目达到世界先进水平……

……

着力实施创新驱动发展战略，促进科技与经济深度融合，提高实体经济的整体素质和竞争力。一是强化企业创新主体地位。落实企业研发费用加计扣除，完善高新技术企业、科技企业孵化器等税收优惠政策。支持行业领军企业建设高水平研发机构。加快将国家自主创新示范区试点政策推广到全国，再建设一批国家自主创新示范区、高新区，建设全面创新改革试验区……三是深化科技管理体制改革。扩大高校和科研院所自主权，砍掉科研管理中的繁文缛节。实施支持科技成果转移转化的政策措施，完善股权期权税收优惠政策和分红奖励办法，鼓励科研人员创业创新……

……

启动一批新的国家重大科技项目，建设一批高水平的国家科学中心和技术创新中心，培育壮大一批有国际竞争力的创新型领军企业……到2020年，力争在基础研究、应用研究和战略前沿领域取得重大突破，全社会研发经费投入强度达到2.5%，科技进步对经济增长的贡献率达到60%，迈进创新型国家和人才强国行列。

推动形成绿色生产生活方式，加快改善生态环境。坚持在发展中保护、在保护中发展，持续推进生态文明建设。深入实施大气、水、土壤污染防治行动计划，加强生态保护和修复。今后五年，单位国内生产总值用水量、能耗、二氧化碳排放量分别下降23%、15%、18%，森林覆盖率达到23.04%，能源资源开发利用效率大幅提高，生态环境质量总体改善。特别是治理大气雾霾取得明显进展，地级及以上城市空气质量优良天数比率超过80%。我们要持之以恒，建设天蓝、地绿、水清的美丽中国。

……

加大环境治理力度，推动绿色发展取得新突破。治理污染、保护环境，事关人民群众健康和可持续发展，必须强力推进，下决心走出一条经济发展与环境改善双赢之路。

重拳治理大气雾霾和水污染……着力抓好减少燃煤排放和机动车排放。加强煤炭清洁高效利用，减少散煤使用推进以电代煤、以气代煤。全面实施燃煤电厂超低排放和节能改造。加快淘汰不符合强制性标准的燃煤锅炉。增加天然气供应，完善风能、太阳能、生物质能等发展扶持政策，提高清洁能源比重。鼓励秸秆资源化综合利用，限制直接焚烧。全面推广车用燃油国五标准，淘汰黄标车和老旧车380万辆。在重点区域实行大气污染联防联控。全面推进城镇污水处理设施建设与改造，加强农业面源污染和流域水环境综合治理。加大工业污染源治理力度，对排污企业全面实行在线监测。强化环境保护督察，做到奖惩分明。新修订的环境保护法必须严格执行，对超排偷排者必须严厉打击，对姑息纵容者必须严肃追究。

大力发展节能环保产业。扩大绿色环保标准覆盖面。完善扶持政策，支持推广节能环保先进技术装备，广泛开展合同能源管理和环境污染第三方治理。加大建筑节能改造力度，加快传统制造业绿色改造。开展全民节能、节水行动，推进垃圾分类处理，健全再生资源回收利用网络，把节能环保产业培育成我国发展的一大支柱产业。

加强生态安全屏障建设。健全生态保护补偿机制。停止天然林商业性采伐，实行新一轮草原生态保护补助奖励政策。推进地下水超采区综合治理试点，实施湿地等生态保护与恢复工程，继续治理荒漠化、石漠化和水土流失……

附件 4

李克强在第十届东亚峰会上的发言

(2015 年 11 月 22 日,吉隆坡)
中华人民共和国国务院总理 李克强

尊敬的纳吉布总理,各位同事:

很高兴在东亚峰会诞生地吉隆坡与诸位相聚。感谢纳吉布总理和马来西亚政府为本次会议所做的周到安排。今年是峰会成立十周年,"温故而知新",十年后我们重回出发地,但不是回到原点。区域合作达到新的水平,展现出光明的前景。

东亚国家地缘相近,人文相通,自古以来就保持着友好交往。600 多年前,中国著名航海家、外交家郑和七下西洋,五过马六甲,足迹遍布东南亚大多数国家,不仅带去了丝绸、瓷器、茶叶和农耕技术,还传播了文化和艺术,很多佳话广为传颂。东南亚人民为纪念他,修建了许多寺庙,至今香火兴旺。正如郑和携带的国书所写:"天之所覆,地之所载,一视同仁,不能众欺寡、强凌弱。"他率领着当时世界上最强大的船队,在 28 年间到过 30 多个国家,最远到达非洲东海岸。所到之处充分尊重当地的宗教信仰和文化习俗,没有占领一寸土地,而是和当地人民进行友好的贸易、文化和技术交流,成为人们敬仰的"和平使者"。可以说,郑和下西洋开创了亚洲地区国家间以德睦邻、和平共处的友好传统。

历史长河奔流向前,东亚各国人民历经风雨,艰辛探索,逐步走上了和平、发展、合作之路。新世纪以来,东亚发展翻开了新的一页,各层次合作机制不断丰富和完善。特别是东亚峰会成立十年来,各成员国秉持开放包容、合作共赢的精神,在贸易、投资、金融、人文、安全等领域开展了富有成效的合作,有力促进了地区和平稳定和经济繁荣。这十年,是东亚合作蓬勃发展的十年,是各国共享繁荣成果的十年,也是东亚峰会影响力不断扩大的十年。

今天,我们站在新的起点上,各方都很关心峰会未来发展的方向。中方支持发表《纪念东亚峰会十周年吉隆坡宣言》。过去十年大家共同取得了许多弥足珍贵的经验,值得很好传承。我们应继续坚持"领导人引领的战略论坛"定位,集中精力议大事、谋大势、增共识、控分歧;继续坚持东盟主导地位,照顾各方舒适度,保障大小国家平等参与地区事务;继续坚持发展和安全"双轮驱动",认真落实《金边发展宣言》

及其行动计划，聚焦经济社会发展，同时加强安全对话合作；继续坚持各机制协调发展，完善多层次区域合作架构。这"四个坚持"是各方都接受的最大公约数，是峰会十年发展取得的主要经验，也是峰会今后行稳致远的重要基础。

各位同事！

当前，全球经济复苏进程依然充满波折，局部冲突和地区热点此起彼伏。东亚要继续成为世界和平稳定之锚、发展活力之源，必须倍加珍惜来之不易的好局面，筑牢经济、安全、人文三大支柱，为区域合作注入新动力。我赞赏主席国为本次会议设置的可持续增长和金融稳定、地区安全政策和倡议等提示性议题，愿就今后峰会合作谈几点看法：

第一，加快推进地区经济一体化，把东亚打造成世界经济的稳定增长极。全球化是不可阻挡的潮流。面对严峻复杂的世界经济金融形势，各国应加强协调，同舟共济。10＋1是促进东亚合作的基础，中方愿同东盟加强发展战略对接，共同建设更加紧密的中国－东盟命运共同体。10＋3是东亚合作的主渠道，中方建议共同规划未来蓝图，推动实现2020年建成东亚经济共同体的目标。自贸区建设是东亚经济一体化的重要抓手。中国和东盟即将签署自贸区升级谈判成果文件，应尽快履行必要程序予以落实。各方还应继续推进中日韩自贸区、区域全面经济伙伴关系协定（RCEP）等谈判，共同促进亚太自贸区的建设。本次会议将通过中方与印尼共同提议的《海洋合作声明》，这将进一步促进跨太平洋和印度洋更大范围的海洋合作。

中国始终是地区和平的坚定维护者和地区合作的坚定推动者。我们正在同东亚国家推进"一带一路"建设和国际产能合作，亚洲基础设施投资银行和丝路基金等将为此提供融资支持。中方倡议区域国家金融机构联合发起成立"亚洲金融合作协会"，将为本地区实体经济发展提供更有力的支撑。中国仍是世界经济增长的重要引擎，即将实施经济社会发展"十三五"规划，明确了到2020年全面建成小康社会的发展目标，这将为包括东亚国家在内的世界各国带来更多合作机遇。

第二，积极开展政治安全对话，探讨建立适合本地区的安全架构。中方主张各方就各自的发展战略和政策加强沟通交流，增进政治互信，消除猜忌疑虑，避免误读误判。中方倡导共同、综合、合作、可持续的亚洲安全观，支持在东亚峰会框架下就安全理念和架构进行交流，并将于明年承办第五届安全架构研讨会。

恐怖主义不是宗教和民族问题，而是反人类的问题，是人类面临的共同挑战。当前，全球反恐形势正经历复杂深刻变化，恐怖活动的广度和烈度都达到新峰值，严重威胁国际和地区安全稳定，没有哪个国家可以独善其身。最近法国巴黎发生严重恐怖袭击事件，两天前马里首都也发生了惨无人道的人质劫持事件，包括3名中国公民在

附 件

内的多国公民不幸遇害。国际社会合作应对非传统安全威胁尤为紧迫。中方坚决反对一切形式、在任何地方发生的恐怖主义，支持会议就全球温和运动、应对暴力极端主义发表声明，愿继续本着相互尊重、平等合作的原则同各国加强交流合作，坚决打击任何挑战人类文明底线的暴恐犯罪活动，共同维护世界和平与安宁。

中方支持会议发表卫生安全、网络事务等成果文件，致力于为本地区提供更多公共安全产品。中方愿于明年举办印太海洋安全合作二轨研讨会，与峰会成员国联合举办地震搜救演练，探讨举办海上搜救演练。中方将积极与东亚国家特别是本地区发展中国家共同应对气候变化，继续举办清洁能源论坛。中方支持亚太地区2030年消灭疟疾的目标，愿继续支持湄公河流域国家开展相关项目。

第三，加强亚洲文明对话交流，促进不同文明和谐共生。文明只有内容形式之别，没有高低贵贱之分。东亚文明多样性独具特色，不同文明交流互鉴、兼收并蓄，成为地区发展进步的不竭源泉，也有助于促进各国理解互信。中方支持开展亚洲文明对话，明年将举办亚洲文明对话大会，欢迎各国踊跃参加。

同时，地区各国还要深化教育、科技、文化、媒体、智库、青年等各领域交流合作。中方将继续支持那烂陀大学重建，为东亚文化交流搭建新平台；倡议建立东亚峰会二轨机构网络，鼓励博鳌亚洲论坛与东亚峰会加强联系。

各位同事！

刚才有的同事谈到了南海问题。这里，我有必要讲一讲目前的真实情况和中方有关立场。

千百年来，南海沿岸各族人民环海而居、和睦相处，友好交往、守望相助。近几十年来，南海虽然出现了一些问题，但中国和东盟国家始终保持对话沟通，在没有外部势力干预和介入的情况下，很好地维护了南海的总体和平稳定。中国与东盟国家经过协商，于2002年签署了《南海各方行为宣言》，中国认真履行了《宣言》中的各项义务，包括按照第四条的规定，努力与直接当事方通过对话协商和平解决争议。过去两年来，中方又明确提出了处理南海问题的"双轨"思路，即有关争议由直接有关的主权国家谈判协商解决，南海的和平稳定由中国和东盟国家共同维护。这一思路得到了多数东盟国家的支持，也完全符合国际法和国际实践鼓励的方向。

当前，中国和东盟国家正在全面有效落实《宣言》框架下的务实合作，本着极大的诚意积极推进"南海行为准则"磋商，已经取得早期收获。同时，各方还同意中方提议的探讨制订"海上风险管控预防性措施"，以便在"准则"最终达成前有效管控海上局势，防止不测事件的发生。这些成果来之不易，值得共同珍惜。

中国一直是南海航行和飞越自由的坚定维护者，因为这首先事关中国的切身利益。

中国是世界主要贸易国，南海是重要国际航道，如果南海局势不稳，受损的首先是包括中国在内的地区国家，对其他国家也无益处。目前每年有十几万艘商船顺利安全地在南海通行。事实上，南海的航行和飞越自由从来就没有发生过问题。中国和本地区国家完全有能力继续维护好南海的航行和飞越自由。需要强调的是，各国在行使航行和飞越权利时，有必要充分尊重沿岸国的主权和安全。

中国在南沙群岛的有关设施建设，主要是民事功能，有助于中国更好地履行国际责任和义务，有助于为各国船只提供更多的公共服务，包括应对海上灾难。有关建设活动不针对、不影响任何国家，也无意搞军事化。

在此，中方愿提出五点倡议：

一是各国承诺遵守《联合国宪章》的宗旨和原则，捍卫二战成果和战后秩序，珍惜得来不易的和平，共同维护国际和地区包括南海地区的和平与稳定。

二是直接有关的主权国家承诺根据公认的国际法原则，包括1982年《联合国海洋法公约》，通过友好磋商和谈判，以和平方式解决领土和管辖权争议。

三是中国和东盟国家承诺全面有效完整落实《南海各方行为宣言》，加快"南海行为准则"磋商，在协商一致的基础上尽早达成"准则"，并采取措施不断完善地区互信合作机制建设。

四是域外国家承诺尊重和支持地区国家维护南海和平稳定的努力，发挥积极和建设性的作用，不采取导致地区局势紧张的行动。

五是各国承诺依据国际法行使和维护在南海享有的航行和飞越自由。

各位同事！

"砖连砖成墙，瓦连瓦成房"。东亚各国相互依存，日益结成利益共同体和责任共同体。只要我们秉持团结合作、开放包容的精神，积极扩大利益汇合点，有效管控分歧，就能使东亚合作保持在健康发展的轨道上，就能把南海建设成和平与合作之海，更好地造福地区各国人民。

谢谢大家！

附件 5

2015 年中央领导关于海洋合作和发展的讲话

2015 年 3 月 28 日，国家主席习近平在在博鳌亚洲论坛发表主旨演讲时指出，要加强海上互联互通建设，推进亚洲海洋合作机制建设，促进海洋经济、环保、灾害管理、渔业等各领域合作，使海洋成为连接亚洲国家的和平、友好、合作之海。习近平强调，我们要积极推动构建地区金融合作体系，探讨搭建亚洲金融机构交流合作平台，推动亚洲基础设施投资银行同亚洲开发银行、世界银行等多边金融机构互补共进、协调发展。要加强在货币稳定、投融资、信用评级等领域务实合作，推进清迈倡议多边化机制建设，建设地区金融安全网。要推动建设亚洲能源资源合作机制，保障能源资源安全。中方倡议加快制定东亚和亚洲互联互通规划，促进基础设施、政策规制、人员往来全面融合。要加强海上互联互通建设，推进亚洲海洋合作机制建设，促进海洋经济、环保、灾害管理、渔业等各领域合作，使海洋成为连接亚洲国家的和平、友好、合作之海。

2015 年 10 月 12 日，中共中央总书记习近平在主持中共中央政治局第二十七次集体学习时强调，我们参与全球治理的根本目的，就是服从服务于实现"两个一百年"奋斗目标、实现中华民族伟大复兴的中国梦。要审时度势，努力抓住机遇，妥善应对挑战，统筹国内国际两个大局，推动全球治理体制向着更加公正合理方向发展，为我国发展和世界和平创造更加有利的条件。我们提出"一带一路"倡议、建立以合作共赢为核心的新型国际关系、坚持正确义利观、构建人类命运共同体等理念和举措，顺应时代潮流，符合各国利益，增加了我国同各国利益汇合点。习近平指出，当今世界发生的各种对抗和不公，不是因为联合国宪章宗旨和原则过时了，而恰恰是由于这些宗旨和原则未能得到有效履行。要坚定维护以联合国宪章宗旨和原则为核心的国际秩序和国际体系，维护和巩固第二次世界大战胜利成果，积极维护开放型世界经济体制，旗帜鲜明反对贸易和投资保护主义。要坚持从我国国情出发，坚持发展中国家定位，把维护我国利益同维护广大发展中国家共同利益结合起来，坚持权利和义务相平衡，不仅要看到我国发展对世界的要求，也要看到国际社会对我国的期待。

2015 年 11 月 19 日，国家主席习近平出席亚太经合组织第二十三次领导人非正式会议并发表重要讲话,强调亚太合作要谋划大手笔、塑造大格局。要保持合作的战略性、前瞻性、进取性,确定重点领域的目标、举措、时间表。要扩大和深化在城镇化、互联网经济、蓝色经济等具有巨大潜力领域的合作,打造新的经济增长点。要大力推进互联互通蓝图,解决亚太发展的瓶颈性问题。中国及有关国家正在加紧筹建亚洲基础设施投资银行。中方倡议的丝绸之路经济带和 21 世纪海上丝绸之路正在稳步推进。中方愿继续为加强亚太经合组织能力建设作出贡献。

2015 年 11 月 21 日,国务院总理李克强在马来西亚吉隆坡出席第十八次中国-东盟 (10+1) 领导人会议并发表讲话,提到郑和七次下西洋,曾五次经过马六甲海峡,远航亚非 30 多个国家和地区,带去的不是血与火、掠夺和殖民,而是瓷器、丝绸和茶叶,是中国人民的友谊和祝福。600 年前,这片海洋就享有和平稳定和航行自由,600 年后的今天仍然如此。李克强总理指出,近年来,本应通过直接当事国谈判协商解决的南海争议问题,被炒作成南海和平稳定和航行自由问题,甚至有域外国家高调介入。这对各方都是不利的。当前世界经济复苏低迷艰难,东亚地区本被视作增长的引擎。如果地区热点问题突出,甚至成为紧张局势的发源地,就会影响域内域外投资者和民众的预期。实际上,各国依照国际法在南海自由航行一向不存在障碍,而南海的和平稳定则需要各方以和平行动共同来维护。中国始终坚持通过谈判协商和平解决南海争议问题。2002 年签署的《南海各方行为宣言》,为保持南海十几年的平静作出重要贡献,各方应继续全面有效落实,坚持通过谈判解决争议,坚持以建设性方式处理分歧,不断增进政治互信,深化海上务实合作。中国愿与东盟国家共同努力,争取在协商一致的基础上早日达成"南海行为准则"。中国有信心与东盟国家一道,把南海建设成为造福地区各国的和平、友谊与合作之海。

2015 年 12 月 24 日,全国人大常委会委员长张德江在会见越南国会主席阮生雄时指出,中越双方既要注重现实,又要注重全局和长远,共同努力把重要共识转化为具体合作成果。要切实把握中越关系发展的正确方向,增进政治互信,加强战略沟通,妥善管控好分歧,确保中越关系始终沿着正确轨道持续向前。要加快推进中越发展战略对接,推进在"一带一路""两廊一圈"框架下的合作,打造中越合作新亮点;支持两国地方特别是接壤省区加强务实合作,推进跨境经济合作区、互联互通和口岸建设。

2015 年 7 月 21 日,国务院副总理张高丽在"一带一路"建设推进工作会议上要求,各地区各部门要按照中央和习近平总书记的要求,突出重点,扎实工作,确保"一带一路"建设今年实现良好开局。要瞄准重点方向,着力推进新亚欧大陆桥、中蒙俄、中国-中亚-西亚、中国-中南半岛、中巴、孟中印缅六大国际经济走廊建设;要聚焦重点国家,积极推动长期友好合作,共同打造互信、融合、包容的利益共同体、

附 件

责任共同体、命运共同体。要加强重点领域，以互联互通和产业合作为支点，促进国际产能合作和优势互补，推动务实互利合作向宽领域发展。要抓好重点项目，打造一批具有基础性作用和示范效应的标志性工程，抓紧建立权威、规范、全面的"一带一路"重大项目储备库。要加强指导和协调，突出重点地区，明确各省区市的定位，发挥各地比较优势，加强东中西合作，实现良性互动，在参与"一带一路"建设中形成全国一盘棋。

2015年3月28日，国务委员杨洁篪在博鳌亚洲论坛2015年年会"共建21世纪海上丝绸之路分论坛暨中国东盟海洋合作年启动仪式"上发表重要演讲，指出21世纪海上丝路建设是对古代海上丝路的传承和发展。传承的，是和平友好、开放包容、互学互鉴、互利共赢的丝路精神……中国在维护自身固有海洋权益的同时，愿同各国共同努力构建合作共赢的海洋伙伴关系。杨洁篪国务委员提出了建设21世纪海上丝绸之路的三个关键词：第一是互信……用信心和诚意推进海上合作，进而通过建设海上丝路深化互信，有力促进地区和平与发展。21世纪海上丝绸之路侧重经济与人文合作，原则上不涉及争议问题。第二是对接……对接不是你接受我的规划，也不是我接受你的规则，而是在相互尊重的基础上，找出共同点与合作点，进而制订共同规划。对接包括多方面的内容，如发展战略对接、项目和企业对接、机制对接等。第三是早期收获。沿线各国只有尽早分享到建设海上丝路的好处，才会更加积极地参与和投入。中国希望与沿线国家一道，尽快确定示范性项目，条件成熟一项就推进一项，争取早日开花结果。中国愿与有关国家相向而行，尽快签署共建海上丝路的政府间合作文件，启动编制合作规划，确定重点合作项目。

附件 6

2015 年国家海洋局推进海洋事业发展纪事[①]

2015 年对于中国海洋事业发展而言，是接力奋进的一年。围绕党中央"四个全面"的战略部署，国家海洋局党组团结带领全国海洋工作者开拓创新、奋发有为，管海用海新的举措、新的实践亮点纷呈，在中国海洋史上写下了浓重的一页。

海洋战略规划：绘就海洋发展新蓝图

全面推进海洋事业发展必须加强顶层设计和整体谋划。2015 年，国家海洋局党组立足当前、着眼长远，积极谋划制定海洋战略规划，绘就海洋发展蓝图。

2015 年全国"两会"上，李克强总理在政府工作报告中指出，要编制实施海洋战略规划，发展海洋经济，保护海洋生态环境……向海洋强国的目标迈进。

一年来，国家海洋局着眼海洋事业长远发展目标，积极谋划制定海洋战略规划，绘就海洋发展蓝图，为实现海洋事业可持续发展奠定了重要基础。

2015 年 8 月，国务院印发《全国海洋主体功能区规划》（以下简称《规划》），为谋划海洋空间开发，规范开发秩序，提高开发能力和效率，构建陆海协调、人海和谐的海洋空间开发格局，提供了基本依据和重要遵循。《规划》是推进形成海洋主体功能区布局的基本依据，是海洋空间开发的基础性和约束性规划，对于实施海洋强国战略和增强海洋可持续发展能力等具有重要意义。它的批准实施，也标志着我国主体功能区战略和规划实现了陆域国土空间和海洋国土空间的全覆盖。

作为起草《规划》的主要牵头单位，国家海洋局党组高度重视此项工作。王宏强调，贯彻落实党的十八大关于建设海洋强国的重大战略决策，必须用科学的规划来协调推进海洋开发、利用和保护。推进海洋主体功能区的形成，必须立足我国海洋空间的自然状况，坚持科学的海洋空间开发导向，遵循海洋经济发展规律，与海洋资源环境承载能力相适应。

2015 年，国家海洋局科学研判我国海洋事业发展面临的宏观环境和战略需求，全

[①] 根据《中国海洋报》报道整理。

面把握机遇，积极应对挑战，积极谋划未来5年我国海洋事业的发展之路。

"十三五"时期是我国全面建成小康社会、实现"两个一百年"奋斗目标中第一个百年奋斗目标的决胜阶段。做好海洋领域"十三五"规划编制工作，对于建设海洋强国，具有十分重大而深远的意义。

早在2014年6月，国家海洋局就召开专门会议，对海洋领域"十三五"规划编制工作进行部署。

为确保国家"十三五"规划中能更加充分地体现海洋领域发展需求，2015年，国家海洋局在先期开展战略研究的基础上，广泛深入开展全海洋领域"十三五"发展思路研究，坚持立意高、思路新、问题准、接地气、有深度，在对国际国内形势准确判断的基础上，开展精准研究分析，最终形成相关报告，并提交中央有关部门。

11月，《中共中央关于制定国民经济和社会发展第十三个五年规划的建议》正式发布，创新、协调、绿色、开放、共享的发展理念，为海洋事业发展指明了新方向。值得一提是，由国家海洋局开展的海洋重大战略规划研究成果被应用于中央"十三五"规划建议，拓展蓝色经济空间，推进海洋生态文明建设等新亮点，成为"十三五"时期海洋事业发展的重中之重。

2015年，国家海洋局还采取系列新举措，发布报告、编制规划，积极总结"十二五"海洋经济成果，谋划"十三五"海洋经济发展。

国家海洋局联合国家发改委首次发布具有政府白皮书性质的《中国海洋经济发展报告2015》，充分体现海洋经济发展规划评估工作的年度化、业务化和公开化。

与此同时，国家海洋局全面启动"海洋经济发展可持续发展规划（2016年—2020年）"的研究编制工作，广泛调研，充分论证，谋划在"十三五"时期，拓展蓝色经济空间，坚持陆海统筹，壮大海洋经济。

法治海洋建设：开启海洋事业发展新征程

全面推进依法行政是海洋领域一场广泛而深刻的革命。2015年，国家海洋局按照中央全面依法治国重大战略部署，将法治海洋建设摆上重要议事日程，在海洋领域全面推进依法治海，擂响了进军法治海洋的战鼓。

国家海洋局党组认真落实党中央全面依法治国重大方略，积极推进法治海洋建设，国家海洋局党组发布《关于全面推进依法行政加快建设法治海洋的决定》，为大力提升海洋领域法治化水平打下了坚实的基础，开启了海洋事业发展的新征程。

国家海洋局党组积极推进依法行政，强化体制机制建设，规范海洋行政权力运行。按照党中央、国务院深化行政体制改革工作精神，国家海洋局先后取消和下放新一批共9项行政审批事项，让权力运行在阳光下。

2015年伊始，在国家海洋局党组安排部署下，一份《国家海洋局关于加强法治海洋建设的若干意见（征求意见稿）》正式出炉，于1月28日和2月10日两次征求意见。

海洋工作事关国家海洋权益维护、海洋经济发展、海洋生态安全和沿海地区社会稳定。全面推进法治海洋建设，必须要有与时俱进和长远发展的战略眼光，必须要将法治理念和法治方式贯穿海洋工作全过程和每一个环节。

7月，国家海洋局党组结合海洋工作实际，决定从局党组全面部署法治海洋建设的角度，将"若干意见"修改为《中共国家海洋局党组关于全面推进依法行政加快建设法治海洋的决定》（以下简称《决定》），并第三次征求意见。

这样的变化决不只是一个文件名称的改变，而是国家海洋局党组高标准贯彻落实《中共中央关于全面推进依法治国若干重大问题的决定》的具体体现。

7月20日，国家海洋局党组召开会议，审议通过《决定》。根据《决定》，全面推进海洋领域依法行政的总目标是建成法治海洋。到2020年，我国将建成法制完备、职能科学、权责统一的海洋管理体系，建设廉洁勤政、权威高效、执法严明的海洋管理队伍，构建法治统筹、公正文明、守法诚信的海洋管理秩序。

海洋生态环保：坚持绿色发展保护生态海洋

对于海洋工作而言，生态环境保护既是不可或缺的重要一环，也是不可突破的底线。2015年，《国家海洋局海洋生态文明建设实施方案》印发，我国海洋生态文明建设的时间表和路线图得以清晰描绘。天津港"8·12"爆炸事故牵动人心，国家海洋局迅速启动海洋环境应急监测，以出色的工作为高层决策提供了参考，同时也给老百姓吃下了"定心丸"。

2015年上半年，党中央、国务院先后印发《水污染防治行动计划》和《关于加快推进生态文明建设的意见》，对加强生态文明建设作出了细致的部署和周密的安排。早在两个文件还在修改完善的过程中，国家海洋局就两次召开局党组会议，传达中央领导精神，提出尽早谋划，深思细量，认真做好海洋生态文明建设的推进落实工作。

3月25日，王宏等局党组成员在听取关于海洋生态文明建设工作的汇报时，明确提出要建立海洋生态文明建设协调机制，并将编制《国家海洋局海洋生态文明建设实施方案》作为首要落实任务。

4月8日，以分管局党组成员为组长、局机关9个部门为成员单位的国家海洋局海洋生态文明建设协调小组成立。为保证"实施方案"能落地、可执行，协调小组多次组织召开编制工作会和专家座谈会，并赴沿海开展专题调研，征求各方意见建议。

2015年6月，经过25稿修改的《国家海洋局海洋生态文明建设实施方案（2015—

2020年)》(以下简称《实施方案》)正式印发。《实施方案》着眼于建立基于生态系统的海洋综合管理体系,坚持"问题导向、需求牵引"和"海陆统筹、区域联动"原则,共提出10方面31项主要任务和4方面20项重大工程项目,为"十三五"时期海洋生态文明建设提供了时间表和路线图。

2015年8月12日天津港爆炸事故发生后,国家海洋局高度重视、快速反应,成立了由主要领导挂帅的应急领导小组,迅速开展海上应急监测工作,并责成相关部门和局属单位迅速成立现场指挥部,制订海上应急总体工作方案。

国家海洋局北海分局组织所属单位,紧急调集监测人员和分析检测设备,调派船舶,全力支援此次应急监测工作。国家海洋环境监测中心,国家海洋局第一、第二、第三海洋研究所,国家海洋信息中心,国家海洋环境预报中心,国家海洋局海洋减灾中心,国家海洋技术中心等单位也紧急驰援,提供咨询、指导和技术支持,形成强大合力。

应急期间,局党组成员多次赴一线实地调研、靠前指挥。局党组书记王宏要求,各单位要保持高度的责任感和使命感,以对人民群众负责任的态度,以更加有力的举措、更加科学的方法,以连续作战的坚强意志,扎实稳妥做好各项应急工作。

在局党组的带领下,各单位通力配合,经过40余天的全力奋战,圆满完成了天津港"8·12"爆炸事故的海洋环境应急监测任务,落实了保障海洋环境安全的要求,为高层决策提供了参考,也给老百姓吃下了"定心丸"。

海洋对外交往:全方位拓展国际交流合作

从美国到欧洲,从周边近邻到万里之外的小岛屿发展中国家,2015年中国海洋对外交往的足迹遍及全球。

2015年6月24日,美国华盛顿。在中国国务委员杨洁篪和美国国务卿克里的见证下,王宏与美国副助理国务卿诺维莉一起,共同主持了第七轮中美战略与经济对话"保护海洋"特别会议。会上,中美双方围绕海洋合作相关议题,开展了坦诚而务实的交流。

在这次会议的推动下,第七轮中美战略与经济对话在海洋方面共达成13项成果,占到本轮对话成果总数的10%,不仅是历年来最多的一次,也是"海洋合作"首次作为一个独立的部分,列入对话成果清单。目前,这些成果大都已经开始推进落实,其中南极事务和共同应对海洋垃圾等内容,还列入了2015年9月习近平主席对美国进行国事访问的成果清单。

7月10日,王宏率团来到西太平洋上的小岛屿国家密克罗尼西亚。这一次,是国家海洋局局长首次以习近平主席特使的身份出访。访问期间,王宏密集会见了密克罗尼西亚联邦的多位政要和有关部门负责人，增进了两国的互信友好，展望了中密未来海洋合作的前景。

以"中希海洋合作年"的成功举办为标志，2015年中欧海洋合作同样取得巨大进展。作为中希两国高层领导互访的重要成果，"中希海洋合作年"是我国首次以海洋合作为主题举办的双边友好年。在双方的共同努力下，合作年共取得近30项涉海合作成果，极大地丰富了双边关系，同时也为中国与南欧及其他欧洲国家扩大海洋合作起到了良好的示范引领作用。

9月28日，正在纽约出席联合国成立70周年系列峰会的习近平主席在会见希腊总理齐普拉斯时，高度评价"中希海洋合作年"取得的成效，并强调双方要继续充分利用"中希海洋合作年"平台，开展海洋开发、利用、保护等方面交流合作。

2015年，"一带一路"战略迎来发展。国家海洋局在深化与21世纪海上丝绸之路沿线国家务实合作方面也开展了大量工作。这一年，国家海洋局先后与巴基斯坦、印度有关部门签署海洋合作协议，共建中巴联合海洋研究中心，共同开展海洋科学、海洋技术和海气相互作用等领域的合作。这一年，博鳌亚洲论坛首次举办共建21世纪海上丝绸之路分论坛，"中国－东盟海洋合作年"成功举行，中国－东盟博览会专门组织海洋领域相关活动。这一年，《南海及其周边海洋国际合作框架计划（2011—2015）》进入收官，中－印尼海洋与气候联合研究中心、中－泰气候与海洋生态系统联合实验室、中－马联合海洋研究中心建设持续推进，中国－东盟海洋合作中心和东亚海洋合作平台领导小组分别成立……

2015年的海洋事迹还包括：

——海洋经济主动适应新常态，稳中有进，海洋产业结构进一步优化，发展质量不断提高。传统产业得到恢复性增长，新兴产业新增长点不断显现，服务业比重稳步提升；

——第一次全国海洋经济调查全面启动，制定一系列调查标准、规范和相关制度，在广西北海、江苏南通、河北石家庄3地开展试点，取得良好发展；

——全国海洋经济发展试点工作持续推进，各试点地区结合实际探索取得一系列新成效；

——国家海域动态监视监测系统升级改造完成，全覆盖、立体化、高精度的海洋综合管控体系逐步建立；

——澳门习惯水域管理范围划定技术工作顺利开展，奠定了澳门特区长期繁荣稳定发展和粤澳两地合作共赢的基础；

——"向阳红01"船、"向阳红03"船先后下水，我国大洋科考再添"利器"；

附 件

——汛期海洋灾害应急工作成效显著，海洋公益服务能力不断提升；

——南极考察取得重大进展，首架极地固定翼飞机在南极试飞成功，我国极地考察迈向"航空时代"；

——大洋科考成果丰硕，我国首次在印度洋发现大面积富稀土沉积，功勋科考船"大洋一号"和"向阳红09"第一次在远离祖国万余千米的大洋上"并肩作战"……

附件 7

中国主要海洋法律文件

内容分类	序号	名称	发布机关	发布日期	施行日期	备注
基本海洋法律制度	1	中华人民共和国领海及毗连区法	全国人大常委会	1992年2月25日	1992年2月25日	
	2	中华人民共和国专属经济区和大陆架法	全国人大常委会	1998年6月26日	1998年6月26日	
	3	全国人大常委会关于批准《联合国海洋法公约》的决定	全国人大常委会	1996年5月15日	1996年5月15日	1996年7月7日对中国生效
	4	中华人民共和国政府关于领海的声明	中华人民共和国政府	1958年9月4日	1958年9月4日	
	5	中华人民共和国政府关于领海基线的声明	中华人民共和国政府	1996年5月15日	1996年5月15日	
	6	中华人民共和国政府关于钓鱼岛及其附属岛屿领海基线的声明	中华人民共和国政府	2012年9月10日	2012年9月10日	
	7	中华人民共和国国家安全法	全国人大常委会	2015年7月1日	2015年7月1日	
海域使用管理	8	中华人民共和国海域使用管理法	全国人大常委会	2001年10月27日	2002年1月1日	
	9	国务院关于国土资源部《报国务院批准的项目用海审批办法》的批复（国函〔2003〕44号）	国务院	2003年4月19日	2003年4月19日	
	10	关于印发《临时海域使用管理暂行办法》的通知（国海发〔2003〕18号）	国家海洋局	2003年8月20日	2003年8月20日	

续表

内容分类	序号	名称	发布机关	发布日期	施行日期	备注
海域使用管理	11	关于印发《海域使用论证资质管理规定》的通知（国海发〔2004〕21号）	国家海洋局	2004年6月29日	2004年6月29日	
	12	财政部、国家海洋局关于印发《海域使用金减免管理办法》的通知（财综〔2006〕24号）	财政部、国家海洋局	2006年7月5日	2006年10月1日	
	13	关于印发《海域使用权管理规定》的通知（国海发〔2006〕27号）	国家海洋局	2006年10月13日	2007年1月1日	
	14	国家海洋局关于印发《海域使用权登记办法》的通知（国海发〔2006〕28号）	国家海洋局	2006年10月13日	2007年1月1日	
	15	关于印发《海洋功能区划管理规定》的通知（国海发〔2007〕18号）	国家海洋局	2007年7月12日	2007年8月1日	
	16	关于印发《海域使用论证管理规定》的通知（国海发〔2008〕4号）	国家海洋局	2008年1月23日	2008年3月1日	
	17	关于印发《海域使用权证书管理办法》的通知（国海发〔2008〕24号）	国家海洋局	2008年9月18日	2009年1月1日	
	18	国家发展改革委、国家海洋局关于印发《围填海计划管理办法》的通知（发改地区〔2011〕2929号）	国家发改委、国家海洋局	2011年12月5日	2011年12月5日	
海洋环境保护	19	中华人民共和国海洋环境保护法	全国人大常委会	1982年8月23日	1983年3月1日	1999年12月25日修订、2013年12月28日修正
	20	中华人民共和国环境影响评价法	全国人大常委会	2002年10月28日	2003年9月1日	

续表

内容分类	序号	名称	发布机关	发布日期	施行日期	备注
海洋环境保护	21	中华人民共和国海洋石油勘探开发环境保护管理条例	国务院	1983年12月29日	1983年12月29日	
	22	中华人民共和国海洋倾废管理条例	国务院	1985年3月6日	1985年4月1日	2011年1月8日修正
	23	防止拆船污染环境管理条例	国务院	1988年5月18日	1988年6月1日	
	24	中华人民共和国防治陆源污染物污染损害海洋环境管理条例	国务院	1990年6月22日	1990年8月1日	
	25	中华人民共和国防治海岸工程建设项目污染损害海洋环境管理条例	国务院	1990年6月25日	1990年8月1日	2007年9月25日修订
	26	中华人民共和国自然保护区条例	国务院	1994年10月9日	1994年12月1日	2011年1月8日修正
	27	防治海洋工程建设项目污染损害海洋环境管理条例	国务院	2006年9月19日	2006年11月1日	
	28	防治船舶污染海洋环境管理条例	国务院	2009年9月9日	2010年3月1日	2013年7月18、2013年12月7日、2014年7月29日部分修改
	29	中华人民共和国船舶及其有关作业活动污染海洋环境防治管理规定	交通运输部	2010年11月16日	2011年2月1日	2013年8月31、2013年12月24日两次修正
	30	中华人民共和国船舶污染海洋环境应急防备和应急处置管理规定	交通运输部	2011年1月27日	2011年6月1日	2013年12月24日、2014年9月5日两次修正
	31	关于发布《海洋自然保护区管理办法》的通知（国海法发〔1995〕251号）	国家海洋局	1995年5月29日	1995年5月29日	

续表

内容分类	序号	名称	发布机关	发布日期	施行日期	备注
海洋环境保护	32	关于印发《海洋石油平台弃置管理暂行办法》的通知（国海发〔2002〕21号）	国家海洋局	2002年6月24日	2002年6月24日	
	33	关于印发《倾倒区管理暂行规定》的通知（国海发〔2003〕23号）	国家海洋局	2003年11月14日	2004年1月1日	
	34	关于印发《海洋工程环境影响评价管理规定》的通知（国海环字〔2008〕367号）	国家海洋局	2008年7月1日	2008年7月1日	
	35	海洋特别保护区管理办法（国海发〔2010〕21号）	国家海洋局	2010年8月31日	2010年8月31日	
	36	海洋生态损害国家损失索赔办法	国家海洋局	2014年10月21日	2014年10月21日	
海岛保护	37	中华人民共和国海岛保护法	全国人大常委会	2009年12月26日	2010年3月1日	
	38	关于全国海岛保护规划的批复（国函〔2012〕11号）	国务院	2012年2月29日	2012年2月29日	
	39	财政部、国家海洋局关于印发《无居民海岛使用金征收使用管理办法》的通知（财综〔2010〕44号）	财政部、国家海洋局	2010年6月13日	2010年6月13日	
	40	关于印发《海岛名称管理办法》的通知（国海发〔2010〕16号）	国家海洋局	2010年6月28日	2010年6月28日	
	41	关于印发《无居民海岛使用权登记办法》的通知（国海岛字〔2010〕775号）	国家海洋局	2010年12月7日	2010年12月7日	
	42	关于印发《无居民海岛使用权证书管理办法》的通知（国海岛字〔2010〕776号）	国家海洋局	2010年12月7日	2010年12月7日	

续表

内容分类	序号	名称	发布机关	发布日期	施行日期	备注
海岛保护	43	关于印发《无居民海岛使用申请审批试行办法》的通知（国海岛字〔2011〕225号）	国家海洋局	2011年4月20日	2011年4月20日	
	44	关于印发《无居民海岛使用测量规范》的通知（国海岛字〔2011〕365号）	国家海洋局	2011年6月9日	2011年6月9日	
	45	关于印发《无居民海岛保护和利用指导意见》的通知（海岛字〔2011〕44号）	国家海洋局海岛办	2011年8月22日	2011年8月22日	
	46	关于印发《钓鱼岛及其部分附属岛屿标准名称》的通知（国海发〔2012〕13号）	国家海洋局	2012年3月2日	2012年3月2日	
	47	关于印发全国海岛保护规划的通知（国海发〔2012〕22号）	国家海洋局	2012年4月18日	2012年4月18日	
	48	国家海洋局关于印发《领海基点保护范围选划与保护办法》的通知	国家海洋局	2012年9月11日	2012年9月11日	
海洋资源开发与保护	49	中华人民共和国渔业法	全国人大常委会	1986年1月20日	1986年7月1日	2000年10月31日、2004年8月28日、2009年8月27日、2013年12月28日四次修正
	50	中华人民共和国矿产资源法	全国人大常委会	1986年3月19日	1986年10月1日	1996年8月29日修订、2009年8月27日修正
	51	中华人民共和国野生动物保护法	全国人大常委会	1988年11月8日	1989年3月1日	2004年8月28日修订
	52	中华人民共和国可再生能源法	全国人大常委会	2005年2月28日	2006年1月1日	2009年12月26日修订

续表

内容分类	序号	名称	发布机关	发布日期	施行日期	备注
海洋资源开发与保护	53	中华人民共和国对外合作开采海洋石油资源条例	国务院	1982年1月30日	1982年1月30日	2001年9月23日修订、2011年1月8日、2011年9月30日、2013年7月18日修正
	54	中华人民共和国渔业法实施细则	国务院批准，农牧渔业部发布	1987年10月20日	1987年10月20日	
	55	中华人民共和国水生野生动物保护实施条例	国务院批准，农业部发布	1993年10月5日	1993年10月5日	
	56	中华人民共和国矿产资源法实施细则	国务院	1994年3月26日	1994年3月26日	
	57	中华人民共和国深海海底区域资源勘探开发法	全国人大常委会	2016年2月26日	2016年5月1日	
海洋科学研究	58	中华人民共和国测绘法	全国人大常委会	1992年12月28日	1993年7月1日	2002年8月29日修订
	59	中华人民共和国涉外海洋科学研究管理规定	国务院	1996年6月18日	1996年10月1日	
	60	地质资料管理条例	国务院	2002年3月19日	2002年7月1日	
	61	基础测绘条例	国务院	2009年5月12日	2009年8月1日	
	62	地质资料管理条例实施办法	国土资源部	2003年1月3日	2003年3月1日	
	63	外国的组织或者个人来华测绘管理暂行办法	国土资源部	2007年1月19日	2007年3月1日	2011年4月27日修正
水上交通安全	64	中华人民共和国海上交通安全法	全国人大常委会	1983年9月2日	1984年1月1日	
	65	中华人民共和国港口法	全国人大常委会	2003年6月28日	2004年1月1日	
	66	中华人民共和国航道法	全国人大常委会	2014年12月28日	2015年3月1日	

续表

内容分类	序号	名称	发布机关	发布日期	施行日期	备注
水上交通安全	67	中华人民共和国打捞沉船管理办法	国务院批准，交通部发布	1957年10月11日	1957年10月11日	
	68	外国籍非军用船舶通过琼州海峡管理规则	国务院	1964年6月8日	1964年6月8日	
	69	中华人民共和国对外国籍船舶管理规则	国务院批准，交通部公布	1979年9月18日	1979年9月18日	
	70	中华人民共和国航道管理条例	国务院	1987年8月22日	1987年10月1日	2008年12月27日修正
	71	中华人民共和国渔港水域交通安全管理条例	国务院	1989年7月3日	1989年8月1日	2011年1月8日修正
	72	中华人民共和国海上交通事故调查处理条例	国务院批准，交通部公布	1990年3月3日	1990年3月3日	
	73	中华人民共和国海上航行警告和航行通告管理规定	国务院批准，交通部发布	1993年1月11日	1993年2月1日	
	74	中华人民共和国船舶和海上设施检验条例	国务院	1993年2月14日	1993年2月14日	
	75	中华人民共和国船舶登记条例	国务院	1994年6月2日	1995年1月1日	2014年7月29日部分修改
	76	国际航行船舶进出中华人民共和国口岸检查办法	国务院	1995年3月21日	1995年3月21日	
	77	中华人民共和国航标条例	国务院	1995年12月3日	1995年12月3日	2011年1月8日修正
	78	中华人民共和国国际海运条例	国务院	2001年12月11日	2002年1月1日	2013年7月18日修正
	79	中华人民共和国渔业船舶检验条例	国务院	2003年6月27日	2003年8月1日	
	80	中华人民共和国船员条例	国务院	2007年4月14日	2007年9月1日	2013年7月18日、2013年12月7日、2014年7月29日部分修改

续表

内容分类	序号	名称	发布机关	发布日期	施行日期	备注
水上交通安全	81	中华人民共和国航道管理条例实施细则	交通运输部	1991年8月29日	1991年10月1日	2009年6月23日修正
	82	中华人民共和国国际海运条例实施细则	交通运输部	2003年1月20日	2003年3月1日	2013年8月29日修正
	83	沿海航标管理办法	交通运输部	2003年7月10日	2003年9月1日	
	84	中华人民共和国港口设施保安规则	交通运输部	2007年12月17日	2008年3月1日	
	85	中华人民共和国船舶安全检查规则	交通运输部	2009年11月30日	2010年3月1日	1997年11月5日《中华人民共和国船舶安全检查规则》同时废止
	86	中华人民共和国水上水下活动通航安全管理规定	交通运输部	2011年1月27日	2011年3月1日	1999年10月8日《中华人民共和国水上水下施工作业通航安全管理规定》同时废止
海底电缆保护	87	铺设海底电缆管道管理规定	国务院	1989年2月11日	1989年3月1日	
	88	海底电缆管道保护规定	国土资源部	2004年1月9日	2004年3月1日	
	89	铺设海底电缆管道管理规定实施办法	国家海洋局	1992年8月26日	1992年8月26日	
其他	90	海洋观测预报管理条例	国务院	2012年3月1日	2012年6月1日	
	91	关于印发《海洋督察工作管理规定》的通知（国海发〔2011〕27号）	国家海洋局	2011年7月5日	2011年7月5日	

续表

内容分类	序号	名称	发布机关	发布日期	施行日期	备注
其他	92	关于印发《海洋督察员管理办法》的通知（国海发〔2011〕51号）	国家海洋局	2011年10月31日	2011年12月1日	
	93	关于印发《海洋督察工作规范》的通知（国海发〔2011〕52号）	国家海洋局	2011年10月31日	2011年12月1日	
	94	关于印发《海上船舶和平台志愿观测管理规定》的通知（国海预字〔2014〕38号）	国家海洋局	2014年1月10日	2014年1月10日	
	95	南极考察活动行政许可管理规定	国家海洋局	2014年5月30日	2014年5月30日	
	96	关于印发《国家海洋局海洋石油勘探开发溢油应急预案》的通知	国家海洋局	2015年4月3日	2015年4月3日	
	97	全国海洋主体功能区规划（国发〔2015〕42号）	国务院	2015年8月1日	2015年8月1日	

资料来源：根据中国法律法规检索系统、北大法宝法律信息网、国家海洋局网站资料编辑而成。

附件 8

中华人民共和国深海海底区域资源勘探开发法

（2016 年 2 月 26 日第十二届全国人民代表大会常务委员会第十九次会议通过）

第一章 总则

第一条 为了规范深海海底区域资源勘探、开发活动，推进深海科学技术研究、资源调查，保护海洋环境，促进深海海底区域资源可持续利用，维护人类共同利益，制定本法。

第二条 中华人民共和国的公民、法人或者其他组织从事深海海底区域资源勘探、开发和相关环境保护、科学技术研究、资源调查活动，适用本法。

本法所称深海海底区域，是指中华人民共和国和其他国家管辖范围以外的海床、洋底及其底土。

第三条 深海海底区域资源勘探、开发活动应当坚持和平利用、合作共享、保护环境、维护人类共同利益的原则。

国家保护从事深海海底区域资源勘探、开发和资源调查活动的中华人民共和国公民、法人或者其他组织的正当权益。

第四条 国家制定有关深海海底区域资源勘探、开发规划，并采取经济、技术政策和措施，鼓励深海科学技术研究和资源调查，提升资源勘探、开发和海洋环境保护的能力。

第五条 国务院海洋主管部门负责对深海海底区域资源勘探、开发和资源调查活动的监督管理。国务院其他有关部门按照国务院规定的职责负责相关管理工作。

第六条 国家鼓励和支持在深海海底区域资源勘探、开发和相关环境保护、资源调查、科学技术研究和教育培训等方面，开展国际合作。

第二章 勘探、开发

第七条 中华人民共和国的公民、法人或者其他组织在向国际海底管理局申请从事深海海底区域资源勘探、开发活动前，应当向国务院海洋主管部门提出申请，并提交下列材料：

（一）申请者基本情况；

（二）拟勘探、开发区域位置、面积、矿产种类等说明；

（三）财务状况、投资能力证明和技术能力说明；

（四）勘探、开发工作计划，包括勘探、开发活动可能对海洋环境造成影响的相关资料，海洋环境严重损害等的应急预案；

（五）国务院海洋主管部门规定的其他材料。

第八条 国务院海洋主管部门应当对申请者提交的材料进行审查，对于符合国家利益并具备资金、技术、装备等能力条件的，应当在六十个工作日内予以许可，并出具相关文件。

获得许可的申请者在与国际海底管理局签订勘探、开发合同成为承包者后，方可从事勘探、开发活动。

承包者应当自勘探、开发合同签订之日起三十日内，将合同副本报国务院海洋主管部门备案。

国务院海洋主管部门应当将承包者及其勘探、开发的区域位置、面积等信息通报有关机关。

第九条 承包者对勘探、开发合同区域内特定资源享有相应的专属勘探、开发权。

承包者应当履行勘探、开发合同义务，保障从事勘探、开发作业人员的人身安全，保护海洋环境。

承包者从事勘探、开发作业应当保护作业区域内的文物、铺设物等。

承包者从事勘探、开发作业还应当遵守中华人民共和国有关安全生产、劳动保护方面的法律、行政法规。

第十条 承包者在转让勘探、开发合同的权利、义务前，或者在对勘探、开发合同作出重大变更前，应当报经国务院海洋主管部门同意。

承包者应当自勘探、开发合同转让、变更或者终止之日起三十日内，报国务院海洋主管部门备案。

国务院海洋主管部门应当及时将勘探、开发合同转让、变更或者终止的信息通报有关机关。

第十一条　发生或者可能发生严重损害海洋环境等事故，承包者应当立即启动应急预案，并采取下列措施：

（一）立即发出警报；

（二）立即报告国务院海洋主管部门，国务院海洋主管部门应当及时通报有关机关；

（三）采取一切实际可行与合理的措施，防止、减少、控制对人身、财产、海洋环境的损害。

第三章　环境保护

第十二条　承包者应当在合理、可行的范围内，利用可获得的先进技术，采取必要措施，防止、减少、控制勘探、开发区域内的活动对海洋环境造成的污染和其他危害。

第十三条　承包者应当按照勘探、开发合同的约定和要求、国务院海洋主管部门规定，调查研究勘探、开发区域的海洋状况，确定环境基线，评估勘探、开发活动可能对海洋环境的影响；制定和执行环境监测方案，监测勘探、开发活动对勘探、开发区域海洋环境的影响，并保证监测设备正常运行，保存原始监测记录。

第十四条　承包者从事勘探、开发活动应当采取必要措施，保护和保全稀有或者脆弱的生态系统，以及衰竭、受威胁或者有灭绝危险的物种和其他海洋生物的生存环境，保护海洋生物多样性，维护海洋资源的可持续利用。

第四章　科学技术研究与资源调查

第十五条　国家支持深海科学技术研究和专业人才培养，将深海科学技术列入科学技术发展的优先领域，鼓励与相关产业的合作研究。

国家支持企业进行深海科学技术研究与技术装备研发。

第十六条　国家支持深海公共平台的建设和运行，建立深海公共平台共享合作机制，为深海科学技术研究、资源调查活动提供专业服务，促进深海科学技术交流、合作及成果共享。

第十七条　国家鼓励单位和个人通过开放科学考察船舶、实验室、陈列室和其他场地、设施，举办讲座或者提供咨询等多种方式，开展深海科学普及活动。

第十八条　从事深海海底区域资源调查活动的公民、法人或者其他组织，应当按照有关规定将有关资料副本、实物样本或者目录汇交国务院海洋主管部门和其他相关部门。负责接受汇交的部门应当对汇交的资料和实物样本进行登记、保管，并按照有关规定向社会提供利用。

承包者从事深海海底区域资源勘探、开发活动取得的有关资料、实物样本等的汇交，适用前款规定。

第五章　监督检查

第十九条　国务院海洋主管部门应当对承包者勘探、开发活动进行监督检查。

第二十条　承包者应当定期向国务院海洋主管部门报告下列履行勘探、开发合同的事项：

（一）勘探、开发活动情况；

（二）环境监测情况；

（三）年度投资情况；

（四）国务院海洋主管部门要求的其他事项。

第二十一条　国务院海洋主管部门可以检查承包者用于勘探、开发活动的船舶、设施、设备以及航海日志、记录、数据等。

第二十二条　承包者应当对国务院海洋主管部门的监督检查予以协助、配合。

第六章　法律责任

第二十三条　违反本法第七条、第九条第二款、第十条第一款规定，有下列行为之一的，国务院海洋主管部门可以撤销许可并撤回相关文件：

（一）提交虚假材料取得许可的；

（二）不履行勘探、开发合同义务或者履行合同义务不符合约定的；

（三）未经同意，转让勘探、开发合同的权利、义务或者对勘探、开发合同作出重大变更的。

承包者有前款第二项行为的，还应当承担相应的赔偿责任。

第二十四条　违反本法第八条第三款、第十条第二款、第十八条、第二十条、第二十二条规定，有下列行为之一的，由国务院海洋主管部门责令改正，处二万元以上十万元以下的罚款：

（一）未按规定将勘探、开发合同副本报备案的；

（二）转让、变更或者终止勘探、开发合同，未按规定报备案的；

（三）未按规定汇交有关资料副本、实物样本或者目录的；

345

（四）未按规定报告履行勘探、开发合同事项的；

（五）不协助、配合监督检查的。

第二十五条　违反本法第八条第二款规定，未经许可或者未签订勘探、开发合同从事深海海底区域资源勘探、开发活动的，由国务院海洋主管部门责令停止违法行为，处十万元以上五十万元以下的罚款；有违法所得的，并处没收违法所得。

第二十六条　违反本法第九条第三款、第十一条、第十二条规定，造成海洋环境污染损害或者作业区域内文物、铺设物等损害的，由国务院海洋主管部门责令停止违法行为，处五十万元以上一百万元以下的罚款；构成犯罪的，依法追究刑事责任。

第七章　附则

第二十七条　本法下列用语的含义：

（一）勘探，是指在深海海底区域探寻资源，分析资源，使用和测试资源采集系统和设备、加工设施及运输系统，以及对开发时应当考虑的环境、技术、经济、商业和其他有关因素的研究。

（二）开发，是指在深海海底区域为商业目的收回并选取资源，包括建造和操作为生产和销售资源服务的采集、加工和运输系统。

（三）资源调查，是指在深海海底区域搜寻资源，包括估计资源成分、多少和分布情况及经济价值。

第二十八条　深海海底区域资源开发活动涉税事项，依照中华人民共和国税收法律、行政法规的规定执行。

第二十九条　本法自2016年5月1日起施行。

附件 9

主要涉海国际条约和协定

领域	条约名称	生效日期	中国参加情况
	1982 年联合国海洋法公约	1994 年 11 月 16 日	1982 年 12 月 10 日签署 1996 年 6 月 7 日 交存批准书 1996 年 7 月 7 日 对中国生效
	1974 年国际海上人命安全公约	1980 年 5 月 25 日	1975 年 6 月 20 日签署 1980 年 1 月 7 日交存核准书
	2009 年经修正的《1974 年国际海上人命安全公约》的修正案	2011 年 1 月 1 日	2010 年 7 月 1 日默认接受 同日对中国生效
	1966 年国际载重线公约	1968 年 7 月 21 日	1973 年 10 月 5 日交存加入书 对公约附则二第 49 条和第 50 条持有保留
	1971 年特种业务客船协定	1974 年 1 月 2 日	—
国际海事组织	1973 年特种业务客船舱室要求议定书	1977 年 6 月 2 日	—
	1972 年国际海上避碰公约	1977 年 7 月 15 日	1980 年 1 月 7 日交存加入书 同日对中国生效
	1972 年国际集装箱安全公约	1977 年 9 月 6 日	1980 年 9 月 23 日交存加入书 1981 年 9 月 23 日对中国生效
	1976 年国际海事卫星组织公约	1979 年 7 月 16 日	1979 年 7 月 13 日签署 1979 年 7 月 16 日对中国生效
	1977 年托列莫利诺斯国际渔船安全公约	—	—
	1978 年国际海员培训、发证和值班标准公约	1984 年 4 月 28 日	1979 年 6 月 3 日签署 1984 年 4 月 28 日对中国生效
	1995 年渔船人员培训、发证和值班标准国际公约	—	—
	1979 年国际海上搜寻救助公约	1985 年 6 月 22 日	1980 年 9 月 11 日签署 1985 年 6 月 24 日交存核准书

续表

领域	条约名称	生效日期	中国参加情况
国际海事组织	经1978年议定书修正的1973年国际防止船舶造成污染公约	1983年10月2日	1983年7月1日交存加入书 1983年10月2日对中国生效
	1969年国际干预公海油污事故公约	1975年5月6日	1990年2月23日交存加入书 1990年5月24日对中国生效
	1972年防止倾倒废物及其他物质污染海洋的公约	1975年8月30日	1985年11月14日交存加入书
	1996年防止倾倒废物及其他物质污染海洋的议定书	2006年3月24日	2006年6月29日批准议定书 交存批准书后30天对我国生效 暂不适用于澳门特区
	1990年国际油污防备、反应和合作公约	1995年5月13日	1998年3月30日交存加入书 1998年6月30日对中国生效
	2000年有毒有害物质污染防备、响应和合作协议	2007年6月14日	—
	2001年国际控制船舶有害船底防污系统公约	2008年9月17日	—
	2004年控制管理船舶压载水和沉积物国际公约	—	—
	1969年国际油污损害民事责任公约	1975年6月19日	1980年1月30日交存接受书 1980年4月30日对中国生效
	1971年设立国际油污损害赔偿基金国际公约	1978年10月16日	—
	1971年有关海上载运核材料民事责任协定	1975年7月15日	—
	1974年海上旅客及其行李运输雅典公约	1987年4月28日	—
	1976年海事索赔责任限制公约	1986年12月1日	—
	1996年国际载运有毒有害物质损害的责任和赔偿公约	—	—
	2001年国际燃油污染损害民事责任公约	2008年11月21日	2008年12月9日递交加入书 2009年3月9日对中国生效
	1965年便利国际海上运输公约	1967年3月5日	1995年1月16日交存加入书 1995年3月16日对中国生效
	1969年国际船舶吨位丈量公约	1982年7月18日	1980年4月8日交存加入书 1982年7月18日对中国生效

续表

领域	条约名称	生效日期	中国参加情况
国际海事组织	1988年制止危及海上航行安全非法行为公约	1992年3月1日	1988年10月25日签署 1991年8月20日提交批准通知书 1992年3月1日开始对中国生效 不受公约第16条第1款规定约束
	2008年国际海运固体散货规则	2011年1月1日	2010年7月1日默认接受 同日对中国生效
	1989年国际救助公约	1996年7月14日	1994年3月30日交存加入书 1996年7月14日对中国生效
海洋渔业	1993年促进公海渔船遵守国际养护和管理措施的协定	2003年4月24日	—
	1995年执行1982年12月10日联合国海洋法公约有关养护和管理跨界鱼类种群和高度洄游鱼类种群的规定的协定	2001年12月11日	1996年11月6日签署了该协定
	1946年国际管制捕鲸公约	1948年11月10日	1980年9月24日通知加入 同日对中国生效
	1994年中白令海峡狭鳕资源养护和管理公约	1995年12月8日	1994年6月16日签署
	1966年养护大西洋金枪鱼国际公约	1969年3月21日	1996年10月2日交存批准书 同日对中国生效
	2000年中西部太平洋高度洄游鱼类养护与管理公约	2004年6月19日	2004年7月9日国务院决定加入 暂不适用于香港特区 2004年11月2日交存加入书 2004年12月2日对中国生效
	2009年南太平洋公海渔业资源养护和管理公约	2012年8月24日	2010年8月19日签署 2013年1月19日批准 适用于澳门特区 暂不适用于香港特区
文物	2001年保护水下文化遗产公约	2009年1月2日	—
海岛	1967年国际海岛测量组织公约	1970年9月22日	中国是创建国之一
	2005年修正《国际海岛测量组织公约》议定书	—	2013年12月5日接受 声明不受议定书第16条约束 该保留也适用于香港和澳门

续表

领域	条约名称	生效日期	中国参加情况
海洋生物多样性	1992年生物多样性公约	1993年12月29日	1992年6月11日签署 1993年1月5日交存批准书
	2000年卡塔赫纳生物安全议定书	2003年9月11日	2000年8月8日签署 2005年9月6日对中国生效
	2010年关于获取遗传资源和公正和公平分享其利用所产生惠益的名古屋议定书	2014年10月12日	中国尚未参加该议定书
	1979年养护野生动物移栖物种公约	1983年12月1日	—
	1973年濒危野生动植物种国际贸易公约	1975年7月1日	1981年1月8日交存加入书 1981年4月8日对中国生效
	1971年关于特别是作为水禽栖息地的国际重要湿地公约	1975年12月21日	1992年3月31日交存加入书 1992年7月31日对中国生效
	1959年南极条约	1961年6月23日	1983年6月8日交存加入书 同日对中国生效
	1980年南极海洋生物资源养护公约	1982年4月7日	2006年9月8日国务院决定加入 2006年9月19日交存加入书 2006年10月19日对中国生效
气候变化	1992年联合国气候变化框架公约	1994年3月21日	1992年6月11日签署 1993年1月5日交存批准书
	1997年京都议定书	2005年2月16日	1992年6月11日签署 1993年1月5日交存批准书

附件 10

200 海里以外大陆架划界案和初步信息情况

（一）提交划界案情况

序号	国家	递交日期	全部、部分或联合划界案	作出建议日期	提出照会的国家	审议结果
1	俄罗斯	2001 年 12 月 20 日	全部	2002 年 6 月 27 日作出建议	加拿大、丹麦、日本、挪威、美国	总共 4 块，3 块获得通过，1 块重新提交修订划界案
1a	俄罗斯（关于鄂霍次克海）	2013 年 2 月 28 日	部分	2014 年 3 月 11 日作出建议	日本	总共 1 块，1 块获得通过
1b	俄罗斯（关于北极海域）	2015 年 8 月 3 日	部分	等待审议	丹麦、美国、加拿大	
2	巴西	2004 年 5 月 17 日 2006 年 2 月 1 日增编	全部	2007 年 4 月 4 日作出建议	美国	总共 4 块，4 块通过，并要求提交增编信息（暂未见委员会建议摘要）
2a	巴西（关于巴西南部区域）	2015 年 4 月 10 日	部分	审议中	—	
3	澳大利亚	2004 年 11 月 15 日	全部（南极不采取行动）	2008 年 4 月 9 日作出建议	美国、俄罗斯、日本、东帝汶、法国、荷兰、德国、印度	总共 10 块，9 块获得通过，1 块（南极区域）澳大利亚请求委员会暂不就划界案中有关附属于南极洲的大陆架的资料采取任何行动

351

附 件

续表

序号	国家	递交日期	全部、部分或联合划界案	作出建议日期	提出照会的国家	审议结果
4	爱尔兰（关于波丘派恩深海平原区域）	2005年5月25日	部分	2007年4月5日作出建议	丹麦、冰岛	总共1块，1块获得通过
5	新西兰	2006年4月19日	部分	2008年8月22日作出建议	斐济、日本、法国、荷兰、汤加	总共4块，4块获得通过
6	法国、英国、爱尔兰和西班牙（关于凯尔特海和比斯开湾区域）	2006年5月19日	联合	2009年3月24日作出建议	—	总共1块，1块通过
7	挪威（关于东北大西洋和北极区域）	2006年11月27日	部分	2009年3月27日作出建议	丹麦、冰岛、俄罗斯、西班牙	总共3块，1块与邻国协商后继续提交，2块通过
8	法国（关于法属圭亚那和新喀里多尼亚）	2007年5月22日	部分	2009年9月2日作出建议	瓦努阿图、新西兰、苏里南	总共3块，2块获得通过，1块（新喀里多尼亚东南方向）法国请求委员会不予审议
9	墨西哥（关于墨西哥湾西部多边形区域）	2007年12月13日	部分	2009年3月31日作出建议	—	总共1块，1块获得通过
10	巴巴多斯	2008年5月8日	部分	2010年4月15日作出建议	苏里南、特立尼达和多巴哥、委内瑞拉	总共1块，1块获得通过
10a	巴巴多斯（修订后的划界案）	2011年7月25日	部分	2012年4月13日作出建议	苏里南、特立尼达和多巴哥、委内瑞拉	总共1块，1块获得通过

续表

序号	国家	递交日期	全部、部分或联合划界案	作出建议日期	提出照会的国家	审议结果
11	英国（关于阿松森岛）	2008 年 5 月 9 日	部分	2010 年 4 月 15 日作出建议	荷兰、日本	总共 1 块，1 块未获通过
12	印度尼西亚（关于苏门答腊岛西北）	2008 年 6 月 16 日	部分	2011 年 3 月 28 日作出建议	印度	总共 1 块，1 块获得通过
13	日本	2008 年 11 月 12 日	部分	2012 年 4 月 19 日作出建议	美国、中国、韩国、帕劳	总共 7 块，4 块通过，2 块未通过，1 块未审议
14	毛里求斯和塞舌尔（关于马斯克林海台）	2008 年 12 月 1 日	部分联合	2011 年 3 月 30 日作出建议	—	总共 1 块，1 块获得通过
15	苏里南	2008 年 12 月 5 日		2011 年 3 月 30 日作出建议	法国、特立尼达和多巴哥、巴巴多斯	总共 1 块，1 块获得通过
16	缅甸	2008 年 12 月 16 日		被搁置	斯里兰卡、印度、肯尼亚、孟加拉国	
17	法国（关于法属安的列斯和凯尔盖朗群岛）	2009 年 2 月 5 日	部分	2012 年 4 月 19 日作出建议	荷兰、日本	总共 2 块，2 块获得通过
18	也门（关于索科特拉岛东南）	2009 年 3 月 20 日		被搁置	索马里	
19	英国（关于哈顿·罗卡尔区域）	2009 年 3 月 31 日	部分	被搁置	冰岛、丹麦	
20	爱尔兰（关于哈顿·罗卡尔区域）	2009 年 3 月 31 日	部分	被搁置	冰岛、丹麦	
21	乌拉圭	2009 年 4 月 7 日	全部	审议中	阿根廷	

续表

序号	国家	递交日期	全部、部分或联合划界案	作出建议日期	提出照会的国家	审议结果
22	菲律宾（关于本哈姆海隆区域）	2009年4月8日	部分	2012年4月12日作出建议	—	1块获得通过
23	库克群岛（关于马尼希基海台）	2009年4月16日	部分	审议中	新西兰	
24	斐济	2009年4月20日	部分	审议中	新西兰、瓦努阿图	
25	阿根廷	2009年4月21日	全部	审议中	英国、美国、俄罗斯、印度、荷兰、日本	
26	加纳	2009年4月28日	全部	2014年9月5日作出建议	尼日利亚	总共2块，2块获得通过
27	冰岛（关于埃吉尔海盆地地区和雷克雅内斯海脊西部和南部）	2009年4月29日	部分	审议中	丹麦、挪威	
28	丹麦（关于法罗群岛以北区域）	2009年4月29日	部分	2014年3月12日作出建议	冰岛、挪威	总共1块，1块获得通过
29	巴基斯坦	2009年4月30日		审议中	阿曼	
30	挪威（关于布韦岛和德龙宁毛德地）	2009年5月4日	部分	审议中	美国、俄罗斯、印度、荷兰、日本	
31	南非（关于其大陆领土）	2009年5月5日	部分	审议中	—	
32	密克罗尼西亚、巴布亚新几内亚和所罗门岛（关于翁通爪哇海台）	2009年5月5日	部分联合	审议中	—	

续表

序号	国家	递交日期	全部、部分或联合划界案	作出建议日期	提出照会的国家	审议结果
33	马来西亚和越南（关于南海南部）	2009年5月6日	部分联合	等待审议	中国、菲律宾、印度尼西亚	
34	法国和南非（关于克罗泽群岛和爱德华王子群岛）	2009年5月6日	部分联合	审议中	—	
35	肯尼亚	2009年5月6日	全部	等待审议	斯里兰卡、索马里	
36	毛里求斯（关于罗德里格斯岛）	2009年5月6日	部分	审议中	—	
37	越南（关于北部区域VNM-N）	2009年5月7日	部分	等待审议	中国、菲律宾	
38	尼日利亚	2009年5月7日	全部	等待审议	加纳	
39	塞舌尔（关于北部海台区）	2009年5月7日	部分	等待审议	—	
40	法国（关于留尼汪岛和圣保罗和阿姆斯特丹群岛）	2009年5月8日	部分	等待审议	—	
41	帕劳	2009年5月8日		等待审议	菲律宾	
42	科特迪瓦	2009年5月8日	部分	等待审议	加纳	
43	斯里兰卡	2009年5月8日		等待审议	马尔代夫、印度、孟加拉国	
44	葡萄牙	2009年5月11日	部分	等待审议	摩洛哥、西班牙	

续表

序号	国家	递交日期	全部、部分或联合划界案	作出建议日期	提出照会的国家	审议结果
45	英国（关于福克兰群岛、南乔治亚群岛和南桑威奇群岛）	2009年5月11日	部分	等待审议	阿根廷	
46	汤加	2009年5月11日	部分	等待审议	新西兰	
47	西班牙（关于加利西亚地区）	2009年5月11日	部分	等待审议	摩洛哥、葡萄牙	
48	印度	2009年5月11日	部分	等待审议	缅甸、孟加拉国、阿曼	
49	特立尼达和多巴哥	2009年5月12日		等待审议	苏里南	
50	纳米比亚	2009年5月12日	全部	等待审议	—	
51	古巴	2009年6月1日	部分	等待审议	美国、墨西哥	
52	莫桑比克	2010年7月7日		等待审议	—	
53	马尔代夫	2010年7月26日		等待审议	英国、毛里求斯	
54	丹麦（法罗·罗卡尔高原地区）	2010年12月2日	部分	等待审议	冰岛	
55	孟加拉国	2011年2月25日		等待审议	缅甸、印度	
56	马达加斯加	2011年4月9日		等待审议		
57	圭亚那	2011年9月6日		等待审议	委内瑞拉	

续表

序号	国家	递交日期	全部、部分或联合划界案	作出建议日期	提出照会的国家	审议结果
58	墨西哥（墨西哥湾东部区域）	2011年12月19日	部分	等待审议		
59	坦桑尼亚	2012年1月18日		等待审议	塞舌尔	
60	加蓬	2012年4月10日		等待审议	安哥拉、刚果	
61	丹麦（格林兰南部陆架区域）	2012年6月14日		等待审议	加拿大、冰岛	
62	图瓦卢—法国—新西兰（托克劳），罗比海脊	2012年12月7日		等待审议		
63	中国（东海）	2012年12月14日	部分	等待审议	日本	
64	基里巴斯	2012年12月24日		等待审议	美国	
65	韩国	2012年12月26日	部分	等待审议	日本	
66	尼加拉瓜	2013年6月24日	部分	等待审议	—	
67	密克罗尼西亚	2013年6月24日		等待审议	—	
68	丹麦	2013年12月7日		等待审议		
69	安哥拉	2013年12月14日	全部	等待审议	—	
70	加拿大	2013年12月24日	部分	等待审议	丹麦	
71	巴哈马	2014年2月6日	部分	等待审议	美国	

续表

序号	国家	递交日期	全部、部分或联合划界案	作出建议日期	提出照会的国家	审议结果
72	法国	2014年4月16日	部分	等待审议	加拿大	
73	汤加	2014年4月23日	部分	等待审议	—	
74	索马里	2014年7月21日	全部	等待审议	坦桑尼亚、也门	
75	佛得角、冈比亚、几内亚、几内亚比绍、毛里塔尼亚、塞内加尔和塞拉利昂（毗邻西非海岸的大西洋区域）	2014年9月25日	部分联合	等待审议	—	
76	丹麦（格陵兰北部大陆架）	2014年12月15日	部分	等待审议	挪威、加拿大	
77	西班牙（加纳利群岛西部区域）	2014年12月17日	部分	等待审议	—	

资料来源：在国家海洋局海洋发展战略研究所课题组编撰的《中国海洋发展报告（2015）》基础上，根据联合国海洋和海洋法网站资料更新整理，http://www.un.org/Depts/los/clcs_new/commission_submissions.htm，截至2015年12月31日。

（二）提交初步信息情况

序号	国家	递交日期	对初步信息提出照会国
1	贝宁、多哥	2009年4月2日	—
2	索马里	2009年4月14日	—
3	阿曼	2009年4月15日	巴基斯坦、阿曼
4	斐济	2009年4月21日	
5	斐济、所罗门	2009年4月21日	
6	斐济、所罗门、瓦努阿图	2009年4月21日	—

续表

序号	国家	递交日期	对初步信息提出照会国
7	赞比亚	2009年5月4日	—
8	密克罗尼西亚	2009年5月5日	—
9	巴布亚新几内亚	2009年5月5日	—
10	所罗门群岛	2009年5月5日	—
11	毛里求斯	2009年5月6日	—
12	墨西哥	2009年5月6日	—
13	佛得角	2009年5月7日	—
14	坦桑尼亚	2009年5月7日	—
15	智利	2009年5月8日	秘鲁
16	法国（法属波利尼西亚和法属瓦利斯和富图纳群岛）	2009年5月8日	—
17	法国（圣皮埃尔和密克隆群岛）	2009年5月8日	加拿大
18	几内亚比绍	2009年5月8日	—
19	塞舌尔	2009年5月8日	—
20	多哥	2009年5月8日	—
21	喀麦隆	2009年5月11日	赤道几内亚
22	中国	2009年5月11日	日本
23	哥斯达黎加	2009年5月11日	尼加拉瓜
24	刚果民主共和国	2009年5月11日	安哥拉
25	几内亚	2009年5月11日	
26	毛里塔尼亚	2009年5月11日	摩洛哥
27	莫桑比克	2009年5月11日	—
28	新西兰（托克劳）	2009年5月11日	
29	韩国	2009年5月11日	日本
30	西班牙（西加那利群岛）	2009年5月11日	摩洛哥
31	安哥拉	2009年5月12日	民主刚果共和国
32	巴哈马	2009年5月12日	—

续表

序号	国家	递交日期	对初步信息提出照会国
33	贝宁	2009年5月12日	—
34	文莱	2009年5月12日	—
35	刚果	2009年5月12日	—
36	古巴	2009年5月12日	—
37	加蓬	2009年5月12日	—
38	圭亚那	2009年5月12日	—
39	塞内加尔	2009年5月12日	—
40	塞拉利昂	2009年5月12日	—
41	圣多美和普林西比	2009年5月13日	—
42	赤道几内亚	2009年5月14日	—
43	科摩罗	2009年6月2日	—
44	瓦努阿图	2009年8月10日	—
45	尼加拉瓜	2010年4月7日	—
46	加拿大	2013年12月6日	—
47	摩洛哥	2015年8月3日	—

资料来源：根据大陆架界限委员会网站资料编制整理，http://www.un.org/Deps/los/clcs_new/clcs_home.htm，统计截至2015年12月31日。

附件 11

中国与沿线国家共建 21 世纪海上丝绸之路达成的初步意向

时间	地点及事件	涉及国家	内容
2014 年 4 月 15 日	北京：外交部长王毅在北京会见来华参加中国与阿曼外交部第八轮战略磋商的阿曼外交部秘书长巴德尔	阿曼	巴德尔表示，阿方高度赞赏并愿积极参与中国领导人提出的建设"一带一路"和筹建亚洲基础设施投资银行的倡议
2014 年 6 月 19 日	雅典：国务院总理李克强在雅典同希腊总理萨马拉斯举行会谈	希腊	萨马拉斯表示，希方愿与中方全面深化各领域友好互利合作和人文交流，将支持并积极参与中方提出的 21 世纪海上丝绸之路建设，与中方合作建设好比雷埃夫斯港，搭建东西方交流合作的桥梁
2014 年 9 月 15 日	马累：习近平应邀对马尔代夫进行国事访问	马尔代夫	马尔代夫总统亚明表示，建设 21 世纪海上丝绸之路的倡议富有远见，马方完全支持并愿抓住机遇，积极参与
2014 年 9 月 17 日	科伦坡：习近平应邀对斯里兰卡进行国事访问	斯里兰卡	斯里兰卡总理贾亚拉特纳表示，我们愿意学习借鉴中国的成功经验，积极参与 21 世纪海上丝绸之路建设，携手共同发展
2014 年 9 月 18 日	新德里：习近平应邀对印度进行国事访问	印度	会见莫迪时，习近平表示，双方要加快推进孟中印缅经济走廊建设，开展在丝绸之路经济带、21 世纪海上丝绸之路、亚洲基础设施投资银行等框架内的合作，推动区域经济一体化和互联互通进程。双方要共同致力于在亚太地区建立开放、透明、平等、包容的安全和合作架构。印度总理莫迪表示，印方将研究参与中方关于建设孟中印缅经济走廊和亚洲基础设施投资银行的倡议，愿意同中方加强在人文领域合作

附件

续表

时间	地点及事件	涉及国家	内容
2014年11月3日	北京：卡塔尔国埃米尔塔米姆·本·哈马德·阿勒萨尼谢赫访华	卡塔尔	《中华人民共和国和卡塔尔国关于建立战略伙伴关系的联合声明》指出，双方强调共同建设"丝绸之路经济带"和"21世纪海上丝绸之路"。中方欢迎卡塔尔国积极参与"一带一路"建设，实现互利双赢
2011年11月8日	北京	孟加拉、柬埔寨、老挝、蒙古、缅甸、巴基斯坦、伊朗、塔吉克斯坦	《加强互联互通伙伴关系对话会联合新闻公报》指出，我们支持丝绸之路经济带和21世纪海上丝绸之路（"一带一路"）倡议。该倡议深受历史启迪又有鲜明时代特色，与亚洲互联互通建设相辅相成，将为沿线国家增进政治互信、深化经济合作和密切民间往来及文化交流注入强大动力，具有巨大合作潜力和广阔发展前景。我们欢迎并赞赏中国宣布成立丝路基金，为亚洲国家参与互联互通合作提供投融资支持 　　我们致力于共商、共建、共享"一带一路"。"一带一路"源于亚洲，应以亚洲国家为重点方向，优先关注和实现亚洲的互联互通；以陆路经济走廊和海上经济合作作为依托，建立亚洲互联互通基本框架；以交通基础设施为突破，实现亚洲互联互通早期收获；以人文交流为纽带，夯实亚洲互联互通的社会根基
2014年11月9日	北京：APEC会议会见泰国总理巴育	泰国	巴育表示，泰方希望借助丝绸之路经济带和21世纪海上丝绸之路建设，推进农业、铁路合作，促进地区互联互通，扩大泰国农产品对华出口，促进民间交往，加强人才培训。泰方已经积极参与亚洲基础设施投资银行，赞赏中方成立丝路基金

续表

时间	地点及事件	涉及国家	内容
2014年11月9日	北京：APEC会议会见印度尼西亚总统佐科	印度尼西亚	习近平指出，佐科总统提出的建设海洋强国理念和我提出的建设21世纪海上丝绸之路倡议高度契合，我们双方可以对接发展战略，推进基础设施建设、农业、金融、核能等领域合作，充分发挥海上和航天合作机制作用，推动两国合作上天入海 佐科表示，双方要以海上和基础设施建设等领域为重点，带动两国整体合作。印度尼西亚支持成立亚洲基础设施投资银行，希望早日加入。印度尼西亚方希望早日在该国设立中国文化中心
2014年11月9日	北京：APEC会议会见新加坡总理李显龙	新加坡	习近平指出，中国愿意同新方共同推进丝绸之路经济带和21世纪海上丝绸之路倡议，与各方共同建设好亚洲基础设施投资银行，携手建设更为紧密的中国-东盟命运共同体，促进地区和平、稳定、繁荣 李显龙表示，新方以更加积极、长远眼光发展新中合作，契合"一带一路"建设，不断创新合作理念，丰富合作内涵。亚洲基础设施投资银行是现有多边开发机构的有益补充，新方大力支持
2014年11月10日	北京：APEC会议会见文莱苏丹哈桑纳尔	文莱	文莱苏丹哈桑纳尔高度评价习近平主席提出的建设丝绸之路经济带和21世纪海上丝绸之路的倡议，赞赏中方为维护地区和平稳定作出的重要贡献，支持中方制定的本次亚太经合组织领导人非正式会议议程，愿意同中方一道，促进东盟同中国团结合作，推进亚太一体化进程。作为创始成员国，文方将积极参与亚洲基础设施投资银行建设
2014年11月10日	吉隆坡	马来西亚	马来西亚总理纳吉布对建设21世纪海上丝绸之路的提议表示欢迎，称海上丝绸之路的复兴将为马中两国带来巨大商机。马方已同意加入亚洲基础设施投资银行

363

续表

时间	地点及事件	涉及国家	内容
2014年11月15日	内比都：李克强总理访问缅甸与吴登盛总理会谈	缅甸	《中华人民共和国与缅甸联邦共和国关于深化两国全面战略合作的联合声明》指出，缅方欢迎中方提出的"共建丝绸之路经济带和21世纪海上丝绸之路"的倡议。双方同意将继承和弘扬和平合作、开放包容、互学互鉴、互利共赢的丝路精神，加强海洋经济、互联互通、科技环保、社会人文等各领域务实合作，推动中缅及与其他沿线国家间的合作共赢、共同发展
2014年11月17日	堪培拉：习近平在澳国会演讲和会见澳大利亚总理阿博特	澳大利亚	习近平指出，大洋洲地区是古代海上丝绸之路的自然延伸，中方对澳大利亚参与21世纪海上丝绸之路建设持开放态度。中澳两国应该加强人道主义救灾、反恐、海上安全等方面合作，共同应对地区各类安全挑战 阿博特表示，澳方愿意同中方加强在亚太事务及重大国际地区问题上沟通和协调，积极研究加入亚洲基础设施投资银行
2014年11月18日	安卡拉：土耳其总统埃尔多安在会见习近平主席特使孟建柱	土耳其	埃尔多安表示，土方高度重视发展土中战略合作关系，全力支持习近平主席提出的"一带一路"倡议，愿在此框架内不断提升土中务实合作水平
2014年11月20日	惠灵顿：习近平出访问新西兰	新西兰	习近平表示，南太平洋地区也是中方提出的21世纪海上丝绸之路的自然延伸，我们欢迎新方参与进来，使中新经贸合作取得更大发展 新西兰总理约翰·基表示，新方重视亚洲基础设施投资银行的作用，将积极参与银行建设
2014年11月22日	斐济：中国与太平洋岛国会晤	斐济、密克罗尼西亚联邦、萨摩亚、巴布亚新几内亚、瓦努阿图、库克群岛、汤加、纽埃	中方提出了建设21世纪海上丝绸之路倡议，希望同各岛国分享发展经验和成果，真诚欢迎岛国搭乘中国发展快车，愿同岛国深化经贸、农渔业、海洋、能源资源、基础设施建设等领域合作，将为最不发达国家97%税目的输华商品提供零关税待遇。中方将继续支持岛国重大生产项目以及基础设施和民生工程建设

续表

时间	地点及事件	涉及国家	内容
2014年12月23日	北京：埃及总统塞西访华	埃及	塞西总统表示，习近平主席提出共建"一带一路"的倡议为埃及的复兴提供了重要契机，埃方愿意积极参与并支持。埃方希望同中方合作开发苏伊士运河走廊和苏伊士经贸合作区等项目，创造更好条件，吸引中国企业赴埃及投资
2015年4月29日	北京：阿尔及利亚总理萨拉勒访华	阿尔及利亚	习近平指出，2014年中阿合作论坛第六届部长级会议期间，我提出中阿共建"一带一路"构想，得到阿拉伯朋友热烈响应。中方欢迎阿方继续积极参与中国同非洲和阿拉伯国家合作，积极参与亚非国家间合作 萨拉勒表示，此次访华旨在落实阿中全面战略伙伴关系，特别是加大推进两国经贸合作。阿中合作同中方的"一带一路"构想能够高度契合，前景广阔。阿方愿积极参与中非合作论坛和"一带一路"框架下同中国的合作
2015年6月12日	赫尔辛基：国务院副总理刘延东访问芬兰会见总统尼尼斯特	芬兰	刘延东指出，中芬双方应加强政策对接，将两国合作同中国的新型工业化、信息化、城镇化和农业现代化"新四化"建设、"一带一路"倡议、国际产能合作和自贸实验区建设相结合，使合作提质增效 尼尼斯特表示，芬方十分重视发展对华关系，愿积极参与中国"一带一路"建设等战略规划，欢迎中国企业扩大在芬投资，希望不断加强两国在文化、教育等领域合作
2015年6月22日	贝尔格莱德：国务院副总理张高丽访问塞尔维亚会见总统尼科利奇	塞尔维亚	张高丽表示，中国提出的"一带一路"合作倡议将给沿线国家带来实实在在的利益。塞尔维亚区位优势突出，希塞方积极参与"一带一路"建设，为两国务实合作赢得新的发展机遇 尼科利奇表示，塞方愿与中方一道，不断加强在"一带一路"和"16+1"框架下的务实合作

续表

时间	地点及事件	涉及国家	内容
2015年6月22日	维尔纽斯：国务院副总理张高丽访问立陶宛会见总统格里包斯凯特	立陶宛	张高丽强调，中国提出的"一带一路"合作倡议已得到国际社会特别是沿线国家的热烈响应，希望中立双方本着共商、共建、共享原则，加强两国发展战略的对接，重点围绕中欧班列和交通基础设施建设等挖掘合作潜力，争取实现大项目合作突破 格里包斯凯特表示，中方提出的"一带一路"战略为两国开展务实合作奠定了良好基础，有利于双边关系的长远发展。立方愿与中方加强在交通运输、港口等基础设施建设、投资、金融、农产品贸易、高科技等领域的合作
2015年6月24日	北京：比利时国王菲利普访华	比利时	菲利普表示，比方愿同中方积极探讨参与中方"一带一路"、国际产能合作等重大倡议，并加强第三方合作
2015年9月1日	北京：苏丹总统巴希尔出席中国人民抗日战争暨世界反法西斯战争胜利70周年纪念活动	苏丹	巴希尔表示，苏方希望扩大两国合作领域，赞赏中方"一带一路"倡议，愿积极参与有关合作
2015年9月2日	北京：习近平会见韩国总统朴槿惠出席中国人民抗日战争暨世界反法西斯战争胜利70周年纪念活动	韩国	习近平指出，韩方"欧亚合作倡议"同"一带一路"建设契合，中方欢迎韩方积极参与"一带一路"建设和亚洲基础设施投资银行工作 朴槿惠表示，韩方愿积极推进韩中各领域合作，加强"欧亚合作倡议"同"一带一路"倡议的协调对接

续表

时间	地点及事件	涉及国家	内容
2015年9月9日	北京：约旦国王阿卜杜拉二世访华	约旦	习近平强调，中方欢迎并积极支持约方参与"一带一路"建设，愿同约方加强发展战略对接，深化能源、基础设施建设等领域合作。中方鼓励有实力的中国企业到约旦投资兴业，支持扩大从约旦进口，希望约方继续为中国企业在约旦投资提供协助和便利 阿卜杜拉二世表示，约旦愿与中方深化共建"一带一路"合作，推进能源、基础设施等领域大项目建设，共谋发展繁荣 会后双方签署《中华人民共和国和约旦哈希姆王国关于建立战略伙伴关系的联合声明》，其中包括： "约方强调，中方提出的共同建设丝绸之路经济带和21世纪海上丝绸之路的倡议具有重要意义。双方愿共同探讨在此框架下的合作，实现互利共赢。 推进产能与投资合作，加强在铁路、公路、通信、电力、油气管道等基础设施项目以及海水淡化、垃圾处理、油页岩、核能和可再生能源的开发利用等领域的合作。中方愿继续鼓励和支持有实力的中国企业赴约旦投资。约方愿为中方企业在约旦开展业务提供便利与支持"
2015年9月14日	北京：毛里塔尼亚总统阿齐兹访华	毛里塔尼亚	习近平会见时表示，我们愿同毛方继续深化两国基础设施建设、矿业、渔业等传统领域合作，拓展农业、水电、清洁能源等新兴领域合作，同毛方分享建设经济特区、工业园区等方面经验 李克强会见时强调，毛里塔尼亚正在大力发展经济，推进工业化进程。中方愿同毛方通过合建钢铁、水泥厂等开展国际产能合作，参与农畜产品加工和海洋渔业资源开发利用，推动务实合作提速升级 阿齐兹表示，毛里塔尼亚愿在社会经济发展中进一步深化同中国合作关系，积极参与"一带一路"框架下有关合作，欢迎中国企业赴毛投资

附　件

续表

时间	地点及事件	涉及国家	内容
2015年10月15日	北京：塞浦路斯总统阿纳斯塔夏季斯访华	塞浦路斯	阿纳斯塔夏季斯表示，"一带一路"倡议对亚洲各国的和平繁荣至关重要，对欧洲国家的持续发展也是宝贵机遇
2014年10月22日	伦敦：习近平主席访问英国	英国	卡梅伦表示，英方愿积极参与亚洲基础设施投资银行建设，将积极研究同中方加强在"一带一路"框架下的合作
2015年10月26日	北京：荷兰国王威廉－亚历山大	荷兰	习近平指出，中荷两国已经实现全方位互联互通，围绕"一带一路"开展合作具有独特优势。双方要继续保持海运领域的合作优势，着力做大做强铁路和航空运输，为中欧和亚欧大陆互联互通发展提供有力支撑。中方愿同荷兰以及有关各方一道，将亚洲基础设施投资银行打造成一个实现各方互利共赢和专业高效的基础设施融资平台 威廉－亚历山大国王表示，中方发起的"一带一路"和亚洲基础设施投资银行倡议具有重要意义，荷方愿积极参与相关合作，并支持"一带一路"规划与欧洲投资计划对接合作
2015年10月29日	北京：德国总理默克尔访华	德国	习近平指出，中欧已就建立互联互通平台、推进中欧人员往来便利化、加快中欧投资协定谈判等达成共识，希望德方为推动这些举措发挥积极作用。中方赞赏德方积极支持和参与"一带一路"和亚洲基础设施投资银行倡议，愿同德方加强在二十国集团内的合作 默克尔表示，德方愿深化同中方在经贸、产业和金融方面务实合作，积极参与"一带一路"和亚洲基础设施投资银行建设
2015年12月4日	约翰内斯堡：习近平出席中非合作论坛会见吉布提总统盖莱	吉布提	习近平指出，感谢吉方为中国舰队在亚丁湾和索马里海域实施护航任务提供支持和便利，并协助中方实施也门撤侨，双方拓展物流、商贸、经济特区、铁路、港口等领域互利合作，欢迎吉方以适当方式参与"21世纪海上丝绸之路"合作 盖莱表示，吉方愿参与"一带一路"建设，并在公路、信息技术、电信等领域加强同中方合作

续表

时间	地点及事件	涉及国家	内容
2015年12月4日	约翰内斯堡：习近平出席中非合作论坛会见索马里总统马哈茂德	索马里	马哈茂德表示，索方愿加强同中国的合作关系，参与"一带一路"合作，积极落实本次中非合作论坛峰会达成的共识
2015年12月4日	约翰内斯堡：习近平出席中非合作论坛会见科摩罗总统伊基利卢	索马里	习近平指出，中方坚定支持科方发展经济、改善民生的努力，愿鼓励中国企业和金融机构积极参与科摩罗发展建设，拓展基础设施建设、能源开发、海洋、渔业等领域合作 伊基利卢表示，愿参与"一带一路"框架下的基础设施建设合作

根据公开资料整理，资料截止日期2015年12月31日。

附件 12

中国历次南北极科学考察任务及成果

南极

次	日期	任务及成果
第1次	1984年11月20日至1985年4月10日	建立南极长城站
第2次	1986年3月30日至1987年1月2日	对长城站上设施进行了维护和装修，并开展了陆上科学考察活动；建成了长城站通信房并安装了卫星通信设备
第3次	1986年10月31日至1987年5月17日	完成了长城站的扩建、陆上科学考察，开展了中国首次环球航行及海上科学考察
第4次	1987年11月8日至1988年3月19日	对长城站上设施进行了维护和装修。冰川学、地貌学和生物学是这次考察的重点学科
第5次	1988年11月20日至1989年4月10日	首次东南极考察，建成中国第二个南极考察基地——中国南极中山站，实现了中国人在东南极建站的夙愿
第6次	1989年10月30日至1990年1月	首次实施了"一船两站"的方案，开辟了联结长城站和中山站的新航线，完成了中山站二期工程和长城站改造工程，同时开展了陆上和海上科学考察活动
第7次	1990年10月25日至1991年4月	以科学考察和环境调查为主，进行"两船两站"的科学考察，首次开展了南极南大洋地质地球物理综合考察
第8次	1991年11月至1992年4月	长城站完成柯林斯冰盖的钻取冰芯和考察任务；对菲尔德斯海峡断层运动形变进行监测。中山站进行了气象、地磁、高空物理、电离层等常规观测，开展了地质地貌、测绘、地理环境、固体潮及淡水生物生态的研究。南大洋科学考察以磷虾资源调查为中心

续表

次	日期	任务及成果
第9次	1992年	长城站的科学考察包括岩石圈采样项目、土壤微生物采样项目、海上采样项目等。中山站的科学考察包括固体地球物理、空间物理、极隙区动力学、气象等6个课题的常规观测分析研究。开展东南极克拉通资源潜力分析和地壳演化两个课题的现场考察。重点踏勘了拉斯曼丘陵的12个岛屿或半岛。总计采集岩矿标本400余块，进行了中、俄、澳 三国大地原点的GPS联测。对站区水准原点、基准点和大地原点进行了水准测量。建设安装了臭氧总量探测系统，并开展正常观测工作。成功地安装了高分辨率极轨气象卫星资料接收和处理系统，开展正常工作。南大洋考察队以走航观测和测区定点观测两种方式较圆满地完成了"八五""磷虾项目"观测，并完成了"气候项目"和"晚更新项目"中与大洋有关的课题观测与采样
第10次	1993年	长城站的科学考察包括4项常规观测；4项"南极菲尔德斯半岛及其附近地区生态系统研究"项目的现场考察；3项"南极大陆、陆架盆地岩石团结构、形成、演化和地球动力学以及重要矿产资源潜力的研究"项目的现场考察；2项"南极环境对人体生理、心理健康及劳动能力的影响和医学保障"项目的现场考察。中山站科学考察包括6项常规观测
第11次	1994年10月28日至1995年3月5日	长城站的科学考察包括4项常规观测，5项"南极菲尔德斯半岛及其附近地区生态系统研究"项目的现场考察，1项"南极大陆、陆架盆地岩石圈结构、形成、演化和地球动力学以及重要矿产资源潜力的研究"项目的现场考察，1项"晚更新晚期以来南极气候与环境演变及现代环境背景研究"项目，1项"南极环境对人体生理、心理健康及劳动能力的影响和医学保障"项目的现场考察。中山站科学考察包括5项常规观测，2项"南极大陆、陆架盆地岩石圈构、形成、演化和地球动力学以及重要矿产资源潜力的研究"项目的现场考察，1项"南极与全球气候环境的相互作用和影响"项目现场考察，4项"南极地区日地系统整体行为研究"项目现场观测（其中包括1项中日合作观测）。南大洋考察包括"南大洋磷虾资源开发与综合利用预研究"项目现场调查和"晚更新晚期以来南极气候与环境演变及现代环境背景研究"项目中的海底沉积物取样工作
第12次	1995年11月20日至1996年4月	在长城站进行常规地面气象观测、电离层常规观测、地震常规观测；在中山站进行常规地面气象观测、天气预报、臭氧观测、高空大气物理观测、地磁观测

续表

次	日期	任务及成果
第13次	1996年11月18日至1997年4月20日	进行中国首次内陆冰盖考察
第14次	1997年11月15日至1998年4月	国际GPS联测；NOAA气象卫星接收系统改进和更新；国际98GPS会战观测；南极内陆冰盖考察；拉斯曼丘陵地质构造事件关系考察；南大洋科学考察；船载气象卫星云图接收系统航行实验及使用；长城站和中山站附近海域锚地水深测量；97/98赴西班牙南极考察站地质考察
第15次	1998年11月5日至1999年4月	长城站地区环境考察和国际GPS联测及气象、高分辨卫星云图接收和地震常规观测等科学考察工作。中山站自然环境过程与环境指示研究，中山站水体、冰藻类的UVB生态效应现场考察、中山站区环境专题研究及气象、极光、臭氧等科学考察项目。成功抵达Dome–A（冰穹A）地区。南大洋考察共完成29个综合站和两个48小时生物、化学、海洋水文要素的连续站的调查任务
第16次	1999年11月1日至2000年4月5日	进行GPS国际联测、地质与生态环境考察以及长城站环境影响评价，进行了气象及高分辨率卫星云图接收等观测项目
第17次	分别于2000年12月初和2001年1月在长城站和中山站执行度夏和越冬的科学考察任务	在长城站进行国际GPS联测、人类活动对南极乔治王岛海岛生态的影响、气象常规观测；在中山站进行气象常规和臭氧观测、中日合作高空大气物理观察、国际GPS联测与海平面监测
第18次	2001年11月15日至2002年4月	此次南极考察的主要任务包括长城站和中山站的度夏考察、越冬考察，南大洋考察和南极内陆考察等6个方面的专项科研课题，涉及的具体科研项目有长城站GPS观测、生态环境观测、湖泊环境研究、气象观测、卫星云图接收；中山站臭氧观测、GPS观测、地磁观测、验潮观测、自动气象站和冰盖研究、拉斯曼热变质事件研究、拉斯曼冰盖变迁、湖泊沉积事件、重力考察、气象观测、卫星云图接收以及南大洋重点海域综合调查、国际合作研究项目中的长城站中德合作海鸟观测、中山站中日合作空间物理激光观测等

续表

次	日期	任务及成果
第19次	2002年11月20日至2003年3月20日	首次对南极三大冰架之一——埃默里冰架进行了深入考察，在国际上率先成功钻取了一支301.8米连续完整的冰芯样品，取得钻孔测温资料，顺利完成了对埃默里冰架冰川学综合断面的调查工作和冰架前缘断面海水温度、盐度、深度和流场观测任务。这一成果具有重大的社会和科学意义，使我国在国际极地科学研究领域中的地位显著上升。利用自行设计的海冰观测仪器，中国考察队员在世界上首次对南极海冰的厚度变化进行了跟踪监测，获得了海冰变化的第一手资料，在海冰生长消融整体过程的研究方面填补了国际空白。在南极格罗夫山地区，收集到2 000多块陨石，从而使中国的陨石拥有量跃升至世界第三位。对南极3 200平方千米的格罗夫山进行了1:10万全面遥感测图，这是人类在南极格罗夫山首次进行的大范围全面遥感测图，为科学界今后进行多学科考察提供了准确的地理区域信息。大洋考察获得各类采样700多个，投放抛弃式测温探头120个，是历次南极航线上投放探头最多的一次，为多学科研究提供了大量的观测资料和样品
第20次	2004年12月4日至2005年1月16日	开展了极地环境生态研究；普里兹湾水团和环流特征与冰架相互作用过程研究
第21次	2004年10月25日至2005年2月18日	对南极冰盖的最高点、海拔4 039米的"DOME-A"（冰穹A）进行考察
第22次	2006年1月18日至2006年3月28日	共收集陨石5 354块，其中包括中国科学家发现的第一块月球陨石，并绘出了格罗夫山地区的准确地图
第23次	2006年12月3日至2007年4月	主要任务包括国际GPS联测、法尔兹半岛生物群落时空分异现场信息采集、工程地形图绘制等。利用我国自主创新的地理信息系统（GIS）平台软件SuperMapGIS，在南极长城站绘制1:1 000数字化大比例尺地形图，并将这些成果建成空间数据库
第24次	2007年11月12日至2008年4月	登上南极最高点冰穹A，开展冰川、天文、地质地球物理学考察和第三个南极考察站建设的选址工作
第25次	2008年10月20日至2009年4月10日	成功建立南极内陆考察站——中国南极昆仑站；完成"长城""中山"两站改造；顺利实施国际极地年中国PANDA计划（该计划包括普里兹湾海洋综合考察、埃默里冰架综合考察、站基协同观测、格罗夫山综合考察以及中山站-冰穹A断面综合考察等五部分）

续表

次	日期	任务及成果
第 26 次	2009 年 10 月 11 日至 2010 年 4 月 10 日	在南极"冰盖之巅"——海拔 4 093 米的冰穹 A 地区钻取了一支超过 130 米长的冰芯,创造了冰穹 A 地区浅冰芯钻探的新纪录。在昆仑站的天文观测站成功安装了一台频谱范围更宽的太赫兹傅里叶频谱仪,为我国在冰穹 A 地区开展天文观测开辟了新窗口。共采集陨石 1 618 块,总重量约为 17 千克,首次探测出格罗夫山局部地区的冰下地形,测得格罗夫山地区冰雪最厚处超过 1 200 米。在中国南极中山站附近海域建立了一座数据实时传输永久性验潮站,这是我国首次独立建成的南极永久性验潮站。首次应用无人机开展大范围南极海冰观测。中山站极区空间环境实验室基本建成。首次开展大范围南极地物光谱采集。首次在南大洋自主成功布放和回收潜标系统
第 27 次	2010 年 11 月 11 日至 2011 年 4 月 1 日	在长城站主要开展了地震观测与研究、法尔兹半岛生态环境监测与研究等 9 个项目的考察,采集了大批富有科研价值的样品和数据。在中山站主要开展了鱼类多样性调查和样品采集、验潮站基准标定及维护升级、南极拉斯曼丘陵及邻区地壳演化研究、大气臭氧观测等研究项目。在南极冰穹 A 地区,完成了天文台址测量和天文考察、近现代冰雪化学与生态指示计研究和冰川学考察;在零下 58℃的极端低温下,完成了冰芯钻探场地的地板铺设和冰芯钻探槽的开挖任务,搭建了具有国际领先水平的天文科考自动支撑平台系统
第 28 次	2011 年 11 月 3 日至 2012 年 4 月 8 日	完成 47 项科学考察、工程建设和后勤保障任务,开展了长城站、中山站、昆仑站、南大洋科学考察、极地环境综合考察专项调查,在冰川、天文、大洋等科学领域取得了多项突破性进展。其中,在昆仑站,深冰芯项目取得了重要进展,完成了昆仑站深冰芯钻探孔 100 米导向管的安装,并钻取了顶部 120 米的冰芯,这标志着昆仑站深冰芯钻探前期准备工作中,最为关键的环节已经完成。顺利安装并成功调试了中国自主研发的南极巡天望远镜,这是南极内陆首台可远程遥控、具备指向跟踪和自动调焦功能的天文望远镜。在南极半岛海域,首次进行了中国"南北极环境综合考察专项"试点,进行了物理海洋学、海洋地质、海洋地球物理、海洋化学、海洋生物生态等多学科大洋综合考察
第 29 次	2012 年 11 月 5 日至 2013 年 4 月 9 日	在长城站、中山站及附近地区,完成生物、生态、地质、地球物理、空间物理、海洋、大气和环境、冰川、冰架等现场科学考察。在南极冰盖最高点冰穹 A 地区,多个科考领域取得突破性的成果。其中包括:成功试钻深冰芯,在世界上率先获得第一批南极地区最大口径天文学光学望远镜观测数据;深冰探测取得重要发现,寻找到冰盖由底部快速"生长"的三维雷达图像证据;在冰盖测绘、冰-气现代过程和生态地质学考察方面取得重要成果

续表

次	日期	任务及成果
第30次	2013年11月7日至2014年4月15日	建立了中国第四个科学考察站——泰山站，进一步拓展了中国南极考察的广度和深度。成功实现了中国极地科考的首次环南极大陆航行。成功救援俄罗斯"绍卡利斯基院士"号船，并自行脱困，赢得了广泛的国际赞誉，极大地提升了中国作为负责任的极地考察大国的形象。格罗夫山考察队共发现陨石样品583块，获得陨石富集规律信息；初步摸清格罗夫山中心地带哈丁山地区的冰下地形；安装了10台地震仪，并对格罗夫山地质与矿产资源进行了调查。填补南大洋断面大纵深综合观测空白。南大洋考察队以南极半岛海域、普里兹湾海域为重点，完成了南极半岛调查的6个断面33个站点和普里兹湾调查2个断面14个站点及罗斯海总长度为300千米的地球物理测线调查任务，为全面认识南极周边海洋环境、地球物理场与地质构造、气候特征及其演变规律，收集了大量一手资料。初步开展了南极磷虾、油气等重要资源潜力考察与评估，填补了南大洋断面大纵深综合观测的空白。考察站里科考成果丰硕。第30次南极考察队在长城站开展了植被观测、南极鸟类保护与管理问题研究、海洋和陆地生物生态资源的本底调查等16项科考任务和4个调研项目，获取大量的研究数据和样品。考察队在中山站开展了有机物污染分布状况、中山站站基冰冻圈综合考察、GPS常年跟踪站观测和验潮等7项科考项目
第31次	2014年11月30日至2015年3月5日	筹备建立我国在南极地区的第5个考察站。新站址选在维多利亚地特拉诺湾的难言岛上。考察队员获取了该区域平均海平面观测数据，确定维多利亚地高程基准；获取了GNSS参考站观测数据，精确维多利亚地平面基准；获取了像片控制点观测数据，为后期完成维多利亚站多种测绘产品提供定位基础数据；获取了建站重点区域1:100比例尺地形图，满足施工设计要求；制作了码头建设区域海岸线及礁石分布图、近岸水深分布图、海底底质勘察报告等；还在罗斯海海域开展了海洋地球物理考察和海洋地质考察，并与新西兰、韩国南极考察队开展了国际合作项目。考察队在南纬74°54.7′、东经163°46.0′的罗斯海首次发现新锚地，海水深度在40～50米之间，距离难言岛最近处不足1千米；制作了难言岛附近12平方千米的1:5 000大比例尺海图，修复了2座自动气象站，完成了码头选址施工，布设了8个永久锚点；同时对码头建设区域海岸线及礁石分布、近岸水深分布进行了勘查，并采集水样、测定噪声、收集土壤和植物等。此外，考察队还实现了在南极腹地开展科学工作的梦想，在昆仑站成功安装了一台南极巡天望远镜AST3-2，并修复了此前在昆仑站运行的一台南极巡天望远镜AST3-1，这让我国在南极拥有两台正常工作的巡天望远镜，为研究超新星、宇宙暗能量、搜寻系外行星和变星提供了观测设备。内陆队还安装了最新可精确指向跟踪CSTAR望远镜，实现天文精确测光和系外行星搜寻；维护了望远镜能源支撑和通信平台PLATO-A；安装了15米高的自动气象站，提供昆仑站地区温度、风速、风向和湿度实时数据，为准确掌握昆仑站地区气候环境，提供了第一手资料。中国第31次南极科考队还在南极内陆最高点——海拔4 093米的冰穹A地区成功钻取了172米的深冰芯，这标志着中国从2009年开始筹备的极地深冰芯项目已进入正式钻取阶段

续表

次	日期	任务及成果
第32次	2015年11月7日起航	我国首架极地专用固定翼飞机亮相此次科考，成功飞越南极冰盖最高点。在固定翼飞机的辅助下，南极科考队获多项重大科学发现：一是首次实地探明地球表面最大的峡谷，其规模大大超过美国科罗拉多大峡谷；二是发现南极冰盖底部最大的融水流域和"湿地"发育在东南极伊丽莎白公主地；三是发现东南极冰盖伊丽莎白公主地深部冰层呈现大范围暖冰现象，表明冰下基岩地热通量显著异常。这三项重大发现对深刻理解冰盖稳定性及其对全球海平面的影响、揭示冰下地质构造和热状态及演化、寻找南大洋超冷水和底层水生成源区等都具有非常重要的意义

北极

次	日期	任务及成果
第1次	1999年7月1日至1999年9月9日	获得大批珍贵样品和数据资料，其中包括北冰洋3 000米深海底的沉积物和3 100米高空大气探测资源数据及样品；最大水深达3 950米的水文综合数据；5.19米长的沉积物岩芯以及大量的冰芯、表层雪样、浮游生物、海水样品等。我国科学家通过此次考察，首次确认了"气候北极"的地理范围，科学家们还发现北极地区的对流层偏高。此次北极科考的研究任务包括北极在全球变化中的作用和对我国气候的影响；北冰洋与北太平洋水团交换对北太平洋环流的变异影响；北冰洋邻近海域生态系统与生物资源对我国渔业发展影响等
第2次	2003年7月15日至2003年9月26日	此次科学考察任务主要分两大部分：了解北极对全球变化的响应和反馈；了解北极变化对我国气候环境的影响。围绕这两大科学目标，中国第2次北极科学考察初步建立北冰洋海洋和气象观测系统。结合历史资料，分析研究北极海洋－大气－海冰系统变异与北极气候变化的关系以及对我国气候系统的影响
第3次	2008年7月11日至2008年9月24日	对北极地区进行的一次更加深入、更为全面的综合性科学考察，考察以进一步研究北极快速变化过程中海洋、海冰和大气系统发生的耦合变化以及对中国产生的影响等问题为主要科学目标，对白令海、楚科奇海、加拿大海盆的大面积海域和冰区，进行了涉及海洋、海冰、生物、大气、地质等多学科的综合观测

续表

次	日期	任务及成果
第4次	2010年7月1日至2010年9月20日	首次实现了中国考察队依靠自己力量达到北极点开展科学考察的愿望，实现了历史性突破；首次在北极点冰面上布放了冰浮标，发射了抛弃式温盐深剖面探测仪，进行了生态学观测，采集了大量海冰和海水样品；首次获得2.5米长的北极点冰芯；首次在白令海海盆3 742米水深处完成24小时连续站位海洋学观测；首次将中国海洋考察站延伸到北冰洋高纬度的深海平原，并获得全航程大气物理、大气化学观测的宝贵资料。在世界范围内，考察队首次利用浮游生物多通道采集器在北纬88°26′的近极点区进行了3 000米的深水精确分层采样；共完成了135个站位的海洋学调查、1个长期冰站的海冰气综合观测和8个短期冰站的观测、1个北极点站位观测，进行研究工作的考察站位数量及范围均超过了原计划；顺利回收了中国第3次北极科学考察队布放的综合观测潜标系统，这是中国在极地布放的第1套线长超过1 300米的深水潜标，同时也是中国第1套观测周期超过1年以上的极地长期潜标
第5次	2012年7月2日至2012年9月27日	首次实现北极和亚北极五大区域准同步考察，为深入了解北极快速变化积累了较全面的现场观测数据；首次实施了系统的地球物理学观测；首次在极地海域布放大型海－气耦合观测浮标，在北极高纬地区布放极地长期现场自动气象观测站；新增了海洋湍流、甲烷含量等调查内容，为深入了解北冰洋地球物理特征和环境变化积累了重要资料
第6次	2014年7月11日至2014年9月22日	在白令海、楚科奇海、楚可奇海台、加拿大海盆等重点海域，开展了北极海洋水文与气象、海冰、海洋地质、地球物理、海洋生物与生态、海洋化学等多学科海洋综合考察和冰站多要素立体协同观测。共完成12条断面累计90个站位的多学科综合观测、监测和采样作业，以及1个为期10天的长期冰站和7个短期冰站的冰基气－冰－海界面多要素立体协同观测。考察队首次在北纬55°以北太平洋海域布放一套海气界面锚碇浮标；首次在极地海域开展了近海底磁力测量，获得了2条测线592千米的高精度、高分辨率的地磁探测数据；通过中美国际合作，首次在北纬80°左右及以北的加拿大海盆波弗特环流区布放了3套深水冰基拖曳浮标；完成国内首次海冰浮标阵列布放

资料来源：根据中国极地考察网（http：//www.chinare.gov.cn/caa/）资料整理。

附件 13

国家社会科学基金涉海项目

年度	项目名称	负责人	承担单位	项目类别
2008	我国沿海地区海洋循环经济发展模式与布局研究	韩增林	辽宁师范大学	一般项目
	沿海地区海洋强省（市）综合实力测评研究	殷克东	中国海洋大学	一般项目
	海岛旅游可持续发展模式研究	刘康	山东社会科学院	一般项目
	我国滨海湿地旅游和谐发展的机制研究	吴江	南京师范大学	青年项目
	我国海洋渔业保险制度与渔民社会保障问题研究	王艳玲	大连海事大学	一般项目
	海洋法视角下的北极法律问题研究	刘惠荣	中国海洋大学	一般项目
	北极航线问题的国际协调机制研究	李振福	大连海事大学	一般项目
	地缘政治与南海争端	郭渊	黑龙江大学	青年项目
2009	资源环境约束下中国海洋产业发展对策研究	姜旭朝	中国海洋大学	一般项目
	我国港口防治海洋外来生物入侵的法律对策研究	李志文	大连海事大学	一般项目
	海上恐怖主义犯罪及海盗犯罪的刑事规制对策研究	童伟华	海南大学	青年项目
	南海问题国际化走向与中国的对策	凌云志	广西社会科学院	一般项目
	中国远洋航线安全保障能力研究	史春林	大连海事大学	一般项目
	全球化时代的新型海权与当代中国海权	毕玉蓉	92857部队	青年项目
2010	我国南海主权战略的海洋行政管理对策研究	安应民	海南大学	一般项目
	主要国家海洋战略调整对我国影响研究	李双建	国家海洋信息中心	青年项目
	两岸四地海岛旅游资源开发利用与安全管理研究	陈金华	华侨大学	一般项目
	我国海洋渔业转型的运行机制研究	同春芬	中国海洋大学	一般项目
	钓鱼岛问题与中日争端对策研究	谢必震	福建师范大学	重大项目
	南海地区国家核心利益的维护策略研究	傅崐成	上海交通大学	重大项目
2011	中国海洋战略性新兴产业发展问题研究	韩立民	中国海洋大学	重点项目
	中国海洋经济周期波动监测预警研究	殷克东	中国海洋大学	重点项目
	海洋经济战略下我国沿海地区产业转型升级问题研究	晏维龙	淮海工学院	重点项目
	我国海洋战略性新兴产业选择、培育的理论与实证研究	宁凌	广东海洋大学	一般项目

续表

年度	项目名称	负责人	承担单位	项目类别
2011	我国海洋渔业经济低碳化实现机制研究	邵桂兰	中国海洋大学	一般项目
	我国海洋渔业的生态转型模式及对策研究	许罕多	中国海洋大学	青年项目
	和平崛起视阈下的中国海洋软实力研究	王琪	中国海洋大学	一般项目
	中国在南海U形线内的历史性权利研究	黄伟	武汉大学	青年项目
	海洋社会学的基本概念与体系框架研究	崔凤	中国海洋大学	一般项目
	我国海洋意识及其建构研究	赵宗金	中国海洋大学	青年项目
	新世纪以来周边国家"经略"海洋的重大战略举措及我应对之策研究	冯梁	海军指挥学院	一般项目
	冷战时期南海地缘形势与中国海疆政策研究	郭渊	黑龙江大学	一般项目
	东南亚国家处理海域争端的方式研究	邵建平	云南大学	青年项目
	中国海外利益问题研究案例库建设研究	汪段泳	上海外国语大学	青年项目
	我国南海开发对策研究	周伟	海南大学	青年项目
	辽代海事与辽海地区社会经济、文化的海陆互动研究	田广林	辽宁师范大学	一般项目
	基于中国石油安全视角的海外油气资源接替战略研究	罗东坤	中国石油大学	重大项目
2012	围填海造地资源环境价值损失评估及补偿研究	李京梅	中国海洋大学	一般项目
	海洋文化旅游本土模式的动力机制研究	张璟	上海海事大学	一般项目
	基于区域一体化背景下的长三角海洋经济整合及路径研究	李娜	上海社科院	青年项目
	我国政府海洋管理体制创新研究	崔旺来	浙江海洋学院	一般项目
	我国海洋环境管理运行机制构建研究	吕建华	中国海洋大学	一般项目
	海上钻井平台油污损害赔偿责任机制研究	何丽新	厦门大学	一般项目
	南海油气资源开发的法律困境及对策研究	张丽娜	海南大学	一般项目
	南沙群岛领海基线划定问题研究	周江	西南政法大学	一般项目
	无居民海岛使用权研究	马得懿	东北财经大学	一般项目
	我国权益视角下的北极航行法律问题研究	白佳玉	中国海洋大学	青年项目
	海域使用权流转法律制度研究	林全玲	上海海洋大学	青年项目
	中日东海大陆架划界国际法问题研究	孙传香	邵阳学院	青年项目
	国际海底区域矿产资源开发法律问题研究	张辉	武汉大学	青年项目
	海洋发展战略中填海造地的法律规制研究	杨华	上海政法学院	青年项目
	海洋油气开发污染损害赔偿原理与机制研究	李天生	大连海事大学	青年项目

续表

年度	项目名称	负责人	承担单位	项目类别
2012	环渤海城市群海洋文化软实力研究	谭业庭	青岛理工大学	一般项目
	北部湾地区中越京族海洋民俗研究	黄安辉	海南省委党校	青年项目
	俄罗斯与邻国的海洋划界争端解决及其对中国的启示研究	匡增军	武汉大学	一般项目
	历史主权与南海传统文化资源保护与开发研究	赵康太	海南师范大学	一般项目
	我国开发南沙的最佳方式及风险防控研究	谭健苗	南华大学	一般项目
	南海诸岛渔业史研究	赵全鹏	海南大学	一般项目
	和平发展进程中的边海防战略问题研究	常伟	军事科学院	重点项目
	海域资源市场化配置中的政府规制研究	陈书全	中国海洋大学	一般项目
	周边敏感海区涉外纠纷应对策略研究	潘长鹏	海军航空工程学院	一般项目
	海洋装备制造企业战略转型路径和机制研究	贾晓霞	上海海事大学	青年项目
	海上通道安全与国家利益拓展研究	冯梁	海军指挥学院	重大项目
	中国海洋文化理论体系研究	曲金良	中国海洋大学	重大项目
	深海采矿规章制定与海洋强国研究	刘少军	中南大学	重大项目
2013	中国现代海洋经济史问题研究	姜旭朝	中国海洋大学	重点项目
	和平发展大战略下中国的海洋强国建设与海洋权益维护问题研究	曹文振	中国海洋大学	重点项目
	建设海洋强国的地缘政治效应与对策研究	庄从勇	海军指挥学院	重点项目
	秦汉时期的海洋探索与早期海洋学研究	王子今	中国人民大学	重点项目
	冷战以来南海地缘形势与中国维护海洋权益研究	孙晓光	曲阜师范大学	重点项目
	新中国成立以来党维护国家领海主权和海洋权益的历史进程和经验研究	刘杰	海军大连舰艇学院	一般项目
	基于南海战略资源安全的中国与东盟海洋国经贸合作的模式与政策研究	陈秀莲	广西财经学院	一般项目
	基于碳足迹理论的我国滨海旅游业低碳化发展途径与政策研究	刘明	国家海洋局海洋发展战略研究所	一般项目
	我国渔民南海生产的激励与保障政策研究	王国红	钦州学院	一般项目
	维护国家海洋权益的政府管理体制研究	于耀东	上海海事大学	一般项目
	海洋行政体制改革的法律保障研究	阎铁毅	大连海事大学	一般项目
	海上非传统安全犯罪的刑事规制对策研究	阎二鹏	海南大学	一般项目
	海外利益法律保护的中国模式研究	刘敬东	中国社科院	一般项目

续表

年度	项目名称	负责人	承担单位	项目类别
2013	国际海洋法在南海争端中的适用及其局限问题研究	吴继陆	国家海洋局海洋发展战略研究所	一般项目
	南海岛礁在海域争端中的划界作用研究	王萍	海南大学	一般项目
	国际法视野下二氧化碳海洋封存问题及规则研究	吴益民	上海政法学院	一般项目
	我国南海权益维护及其两岸合作机制的法律研究	江河	中南财经政法大学	一般项目
	我国国际水上运输通道安全保障关键问题研究	王军	大连海事大学	一般项目
	《海洋法公约》与中国海洋争端解决政策的选择研究	孙立文	天津师范大学	一般项目
	我国深海采矿环境保护对策研究	颜敏	中南大学	一般项目
	明代广东海防体制转变研究	陈贤波	广东省社科院	一般项目
	渤黄海区域无居民海岛的史地研究	赵成国	中国海洋大学	一般项目
	南海海洋文明发展史研究	阎根齐	海南大学	一般项目
	基于地图文献与GIS技术的南海地名汇释与考证	许盘清	三江学院	一般项目
	海洋强国科研实力的情报学分析及海洋学领域学科导航的构建	华薇娜	南京大学	一般项目
	维护我国海洋权益背景下的中国所涉自贸区原产地规则与企业对策研究	徐进亮	对外经济贸易大学	一般项目
	维护国家海洋权益与建设海洋强国战略研究	高之国	国家海洋局海洋发展战略研究所	重大项目
2014	南海通道对中国经济安全的影响与对策研究	蔡幸	广西财经学院	重点项目
	系统论视野下的中国南海管辖海域权益维护研究	巩建华	广东海洋大学	重点项目
	建设海洋强国的法制保障研究	金永明	上海社会科学院	重点项目
	台美日法东海、南海外交档案及其海洋维权与国际法应用研究	鞠海龙	暨南大学	重点项目
	东海、南海等涉及我国领土主权和海洋权益争端相关问题研究	肖天亮	国防大学	重点项目
	21世纪海上丝绸之路战略研究	贾宇	国家海洋局	重点项目
	美日返还琉球群岛和大东群岛施政权谈判与钓鱼岛归属问题研究	崔丕	华东师范大学	重点项目
	中国海洋古文献总目提要	程继红	浙江海洋学院	重点项目
	南海通道对中国经济安全的影响与对策研究	蔡幸	广西财经学院	重点项目

381

附 件

续表

年度	项目名称	负责人	承担单位	项目类别
	马克思恩格斯的海权理论与海洋强国建设研究	张峰	上海海事大学	重点项目
	我国沿海五大港口群港口产业联动研究	甄令香	大连海事大学	一般项目
	滨海湿地保护和开发的生态补偿模式及政策制度研究	马涛	复旦大学	一般项目
	基于"脆弱性—能力"视角的海上运输通道安全动态评价研究	马晓雪	大连海事大学	一般项目
	海上交通事故刑法规制研究	赵微	大连海事大学	一般项目
	填海造地中的物权法律制度研究	唐俐	海南大学	一般项目
	基于生态系统的海洋陆源污染防治法研究	戈华清	南京信息工程大学	一般项目
	北极航线与中国国家利益的法学研究	韩立新	大连海事大学	一般项目
	海上防空识别区理论与实践的法律研究	陈敬根	上海大学	一般项目
	面向国际争端管控的南海资源共同开发的国际法问题研究	孔庆江	中国政法大学	一般项目
2014	南海无居民海岛开发与保护法律问题研究	刘登山	海南社科院	一般项目
	中越南海主权争议的法理研究	吴远负	广西民族大学	一般项目
	我国海洋渔村生态环境变迁的环境社会学研究	唐国建	哈尔滨工程大学	一般项目
	新中国成立以来中国共产党的南海战略研究	杨娜	海南大学	青年项目
	非传统安全视阈下我国海上警察权实施研究	王倩	公安海警学院	青年项目
	海洋强国战略与中日东海争端冲突中的法律问题研究	刘涛	海军军事学术研究所	青年项目
	印度海洋安全战略及其对华影响与对策研究	曾祥裕	四川大学	青年项目
	北极地区国际组织建章立制及中国参与路径研究	肖洋	北京第二外国语学院	青年项目
	东盟国家对南海问题的主体间认知差异及政策反应研究	顾强	广西大学	青年项目
	南海方向战备物资储备优化研究	王帅	后勤工程学院	青年项目
	蒙元时期的"海上丝绸之路"研究	李鸣飞	中国社会科学院	青年项目
	明清华南沿海盐场社会变迁研究	李晓龙	中国社会科学院	青年项目
	清代广东海岛管理研究	王潞	广东省社会科学院	青年项目
	海平面上升对我国重点沿海区域发展影响研究	于宜法	中国海洋大学	重大项目
	突发性海洋灾害恢复力评估及市场化提升路径研究	赵昕	中国海洋大学	重大项目
2015	完善我国海洋法律体系研究	赵劲松	华东政法大学	重大项目
	20世纪上半叶南海地缘形势与国民政府维护海洋权益研究	郭渊	黑龙江大学	重点项目

续表

年度	项目名称	负责人	承担单位	项目类别
2015	7至14世纪东南沿海多元宗教、信仰教化与海疆经略研究	王元林	暨南大学	重点项目
	新中国成立以来中国共产党建设海洋周边关系的历史经验研究	王建	合肥工业大学	一般项目
	"海上丝绸之路"战略下东南沿海湾区经济发展研究	申勇	中共深圳市委党校	一般项目
	中国海洋经济结构转型中的创新驱动效应研究	徐胜	中国海洋大学	一般项目
	基于市场配置资源的我国沿海港口群转型升级研究	李电生	中国海洋大学	一般项目
	基于第三次工业革命的中国海运发展战略选择研究	真虹	上海海事大学	一般项目
	依法治国背景下我国海洋渔业管理制度改革研究	同春芬	中国海洋大学	一般项目
	维护海洋安全后备力量应急动员体制机制研究	黄相亮	南京陆军指挥学院	一般项目
	中韩海域划界中的国际法问题研究	曲波	大连海事大学	一般项目
	我国海上维权执法权限和程序研究	邹立刚	海南大学	一般项目
	中国南海岛屿主权的关键证据研究	王子昌	暨南大学	一般项目
	社会转型期南海区域渔民社会的比较研究	李晶	广东海洋大学	一般项目
	闽南文化与海上丝绸之路关系研究	徐文彬	中共福建省委党校	一般项目
	南海周边五国海洋政策研究	曾勇	西南大学	一般项目
	构建印度洋出海大通道战略支点视角下中缅中巴能源通道研究	戴永红	四川大学	一般项目
	极地海洋生物资源的养护与可持续利用博弈及我国参与研究	唐建业	上海海洋大学	一般项目
	鸦片战争前后中西战船技术及与国家海防安全之间的关系研究	刘鸿亮	河南科技大学	一般项目
	晚明以来的海图与疆域策略考述	郭亮	上海大学	一般项目
	美国与世界海洋自由历史进程研究	曲升	渤海大学	一般项目
	美英海洋霸权的历史转换与中国海权发展的道路选择研究	张烨	海军军事学术研究所	一般项目
	吴越地区海神信仰的传播研究及其图谱化展示研究	毕旭玲	上海社科院	一般项目
	21世纪海上丝绸之路建设背景下南沙旅游发展动力机制与对策研究	陈扬乐	海南大学	一般项目
	南海危机管控中的不确定性研究	葛武滇	中国人民解放军理工大学	一般项目
	国家由大向强的海上安全困境及军事能力发展研究	杨祖快	海军军事学术研究所	一般项目

附件

附件 14

中国海军赴索马里海域护航情况

批次	力量	起航日期	开始执行任务日期	结束任务日期	护航情况
第1批	由南海舰队"武汉"号、"海口"号导弹驱逐舰和"微山湖"号综合补给舰组成,并搭载2架舰载直升机和部分海军特战队员,整个编队共800余人	2008年12月26日	2009年1月6日	2009年4月16日	共为212艘船舶护航,其中伴随护航41批166艘、区域护航46艘。此外,首批护航编队还解救了3艘遇袭船舶,接护1艘渔船("天裕8号")
第2批	由南海舰队"深圳"号导弹驱逐舰、"黄山"号导弹护卫舰和首批护航编队留下来的"微山湖"号综合补给舰以及2架舰载直升机和部分特战人员组成,整个编队共800余人	2009年4月2日	2009年4月16日	2009年8月1日	完成了45批393艘船舶的护航任务,解救遭海盗袭击的外国商船4艘,接护获释外国商船1艘
第3批	由东海舰队"舟山"号和"徐州"号导弹护卫舰及"千岛湖"号综合补给舰以及2架舰载直升机和数十名特战队员组成,整个编队共800余人	2009年7月16日	2009年8月1日	2009年11月27日	完成了52批568艘中外商船的护航任务,首次成功组织了中俄舰艇编队联合护航、联合军演等
第4批	由东海舰队"马鞍山"号、"温州"号新型导弹护卫舰和第3批护航编队中的"千岛湖"号综合补给舰以及2架舰载直升机、数十名特战队员组成,整个编队共700多人	2009年10月30日	2009年11月27日	2010年3月18日	完成了46批次600多艘中外船舶的护航任务,累计航程近4万海里,改写了多项中国海军亚丁湾、索马里海域执行护航任务的纪录①

---

① http://news.xinhuanet.com/mil/2010-03/21/content_13217010.htm.

续表

批次	力量	起航日期	开始执行任务日期	结束任务日期	护航情况
第5批	由南海舰队"广州"号导弹驱逐舰、"微山湖"号综合补给舰、2架舰载直升机和数十名特战队员以及先期到达亚丁湾、索马里海域执行护航任务的"巢湖"号导弹护卫舰组成，整个编队共800余人	2010年3月4日	2010年3月18日	2010年7月16日	安全护送商船41批588艘，编队3艘舰艇累计安全航行68 254海里，护送中外船舶总吨位超过3 096万吨，创造了中国海军单批护航船舶总数量最多等多项纪录①
第6批	由南海舰队"昆仑山"号船坞登陆舰、"兰州"号导弹驱逐舰和正在执行第5批护航任务的"微山湖"号综合补给舰以及4架舰载直升机和部分特战队员组成，整个编队共1 000余人	2010年6月30日	2010年7月16日	2010年11月24日	航程81 500海里，共为49批615艘次船舶实施安全护航，总吨位3 988万吨，驱离可疑船只190艘次，实施解救行动3次②
第7批	由东海舰队"舟山"号、"徐州"号导弹护卫舰和"千岛湖"号综合补给舰以及2架舰载直升机组成。整个编队780余人，包括数十名特战队员和担负医疗救护、心理咨询、通信值班等任务的25名女舰员	2010年11月2日	2010年11月24日	2011年3月19日	完成38批578艘中外船舶的护航任务，接护遭海盗袭击船舶1艘，营救遭海盗登船袭击船舶1艘，解救被海盗追击的船舶7艘，"徐州"舰还到地中海执行了为撤离中国在利比亚人员船只提供支持和保护任务③

① http://military.people.com.cn/gb/172467/12194617.html.
② http://mil.news.sina.com.cn/2010-11-24/0652620492.html.
③ http://gb.cri.cn/27824/2011/03/19/3365s3191693.htm.

续表

批次	力量	起航日期	开始执行任务日期	结束任务日期	护航情况
第8批	由东海舰队"温州"号和"马鞍山"号以及第7批护航编队中的"千岛湖"舰组成,编队含舰载直升机2架、特战队员数十名。随舰官兵共800余人	2011年2月21日	2011年3月19日	2011年7月24日	共完成46批507艘船舶伴随护航任务,接护被海盗释放船舶1艘,解救被海盗追击船舶7艘,救助外国船舶2艘①
第9批	由南海舰队导弹驱逐舰"武汉"舰、导弹护卫舰"玉林"舰、大型综合补给舰"青海湖"舰以及2架舰载直升机和数十名特战队员组成,整个编队共878人	2011年7月2日	2011年7月24日	2011年11月18日	圆满完成了41批280艘中外船舶的护航任务。两批护航编队完成任务交接后,在第10批护航编队指挥下共同完成第392批护航任务后分航②
第10批	由南海舰队"海口"舰、"运城"舰以及正在亚丁湾、索马里海域执行第9批护航任务的"青海湖"舰组成,共800余名官兵。其中"海口"舰曾执行第1批护航任务	2011年11月2日	2011年11月18日	2012年3月17日	共完成40批240艘中外船舶护航任务。在完成护航任务后,编队先后对莫桑比克、泰国进行了友好访问,并停靠香港向市民开放③
第11批	由北海舰队"青岛"号导弹驱逐舰、"烟台"号导弹护卫舰和"微山湖"号综合补给舰组成,携带舰载直升机2架,特战队员数十名,整个编队共800余人	2012年2月27日	2012年3月17日	2012年7月20日	编队安全护送43批184艘中外船舶,驱离可疑海盗船只58批126艘,并对乌克兰、罗马尼亚、土耳其、保加利亚和以色列等五国进行了正式友好访问④

① http：//mil.news.sina.com.cn/2011-08-29/0342663319.html.
② http：//news.163.com/11/1119/02/7J6L5DOE00014JB6.html.
③ http：//news.ifeng.com/mil/2/detail_2012_05_06/14344690_0.shtml.
④ http：//www.chinanews.com/tp/hd2011/2012/09-13/132645.shtml.

续表

批次	力量	起航日期	开始执行任务日期	结束任务日期	护航情况
第12批	由东海舰队"益阳"号、"常州"号导弹护卫舰和"千岛湖"号综合补给舰组成,编队官兵共790余人	2012年7月2日	2012年7月20日	2012年11月27日	圆满完成了46批204艘中外船舶护航任务,查证、驱离可疑船只35批62艘次①
第13批	由南海舰队导弹护卫舰"黄山"号、"衡阳"号,综合补给舰"青海湖"号以及2架舰载直升机和部分特战队员组成,编队官兵近800人,3艘舰艇此前都曾在亚丁湾执行过护航任务	2012年11月9日	2012年11月21日	2013年3月18日	完成了37批次、166艘商船的护航任务②
第14批	由北海舰队导弹驱逐舰"哈尔滨"号、导弹护卫舰"绵阳"号和综合补给舰"微山湖"号组成,编队含2架舰载直升机、数十名特战队员,共730余人	2013年2月16日	2013年3月18日	2013年8月26日	完成了63批次181艘中外船舶的护航任务,是中国海军执行护航任务以来,编队执行任务时间最长的一次③
第15批	由南海舰队两栖船坞登陆舰"井冈山"号、导弹护卫舰"衡水"号和综合补给舰"太湖"号以及3架舰载直升机和部分特战队员组成,整个编队800余人。这三艘舰艇均是首次执行护航任务	2013年8月8日	2013年8月26日	2013年12月22日	完成46批181艘中外船舶的护航任务,护送联合国粮食计划署船舶1艘④

① http://mil.news.sina.com.cn/2013-01-19/1602713163.html.
② 中国海军第13批护航编队指挥员李晓岩少将在编队访问时讲话,http://chn.chinamil.com.cn/jwjj/2013-04/10content_5294860.htm.
③ http://news.xinhuanet.com/world/2013-09/05/c_117249360.htm.
④ http://gb.cri.cn/42071/2013/12/23/6351s4365323.htm.

附 件

续表

批次	力量	起航日期	开始执行任务日期	结束任务日期	护航情况
第16批	由北海舰队导弹护卫舰"盐城"号和"洛阳"号和第15批护航编队的综合补给舰"太湖"号组成，编队含2架舰载直升机和部分特战队员，共660余人，是海军舰艇编队执行亚丁湾、索马里护航任务以来人员数量最少的一次	2013年11月30日	2013年12月22日	2014年4月19日	共完成40批132艘中外船舶护航任务，先后派出特战队员53人次为18艘次船舶实施随船护卫，解救遭海盗袭扰商船1艘。首次与欧盟护航舰艇编队进行反海盗联合演练，特别是临时受命紧急派遣"盐城"舰赶赴地中海，出色完成了叙利亚化学武器海运阶段性护航。护航任务后，首次实现对非洲8国的连续访问①
第17批	由导弹驱逐舰"长春"舰、导弹护卫舰"常州"舰以及综合补给舰"巢湖"舰组成，编队搭载舰载直升机2架、特战队员数十名，任务官兵810余人。其中，"长春"舰和"巢湖"舰是首次执行护航任务	2014年3月24日	2014年4月19日	2014年8月23日	编队共完成43批115艘中外船舶护航任务，为17艘次船舶实施特殊护航，为1艘世界粮食计划署船舶护航，先后参与了搜救韩国海军舰艇失踪船员、营救意大利失火商船、搜救马来西亚航空公司失事飞机等行动，与欧盟海军465编队在亚丁湾海域举行了联合反海盗演练，并同美盟151编队指挥官进行了交流会晤。护航任务结束后，编队先后对约旦、阿联酋、伊朗、巴基斯坦四国进行了友好访问②

① http：//www.chinanews.com/mil/2014/10-22/6707067.shtml.
② http：//www.chinanews.com/mil/2014/10-22/6707067.html.

附 件

续表

批次	力量	起航日期	开始执行任务日期	结束任务日期	护航情况
第18批	由两栖登陆舰"长白山"舰、导弹护卫舰"运城"舰以及综合补给舰"巢湖"舰组成，编队携带舰载直升机3架、特战队员近百名，任务官兵800多人。其中，"长白山"舰是首次执行护航任务，"巢湖"舰将继续执行第18批护航任务	2014年8月1日	2014年8月23日	2014年12月19日	先后完成47批133艘中外船舶护航任务，特殊护航任务8次，并为"远望3"号测量船提供了护卫，保证了被护船舶的安全①
第19批	由导弹护卫舰"临沂"舰、"潍坊"舰和综合补给舰"微山湖"舰组成，编队含2架舰载直升机、数十名特战队员，共700余人。其中，"临沂"舰、"潍坊"舰是首次执行护航任务	2014年12月2日	2014年12月19日	2015年4月22日	安全护送36批109艘次中外船舶，创下首次直接靠泊交战区域港口实施撤离中外公民的国际救助行动，首次在地中海与俄罗斯海军进行联合军事演习等纪录。在执行撤离也门中外公民任务中，护航编队5次奔赴也门亚丁港、荷台达港和索科特拉岛，安全撤离16国897名中外公民②
第20批	由导弹驱逐舰"济南"舰、导弹护卫舰"益阳"舰以及综合补给舰"千岛湖"舰组成，编队携带舰载直升机2架、特战队员数十名，任务官兵共800多人。其中，"济南"舰2014年年底刚加入人民海军战斗序列，是首次执行护航任务；"千岛湖"舰已3次执行5批护航任务	2015年4月3日	2015年4月22日	2015年8月22日	编队共执行了39批90艘次中外船舶的护航任务，驱离疑似海盗船11批13艘。编队还利用护航间隙，加强对外交流合作，完成了对印度孟买的友好访问，同法国、巴基斯坦和韩国等驱护舰艇进行青年军官相互交流和学习③

① http：//news.qq.com/a/20141220/017334.htm.
② http：//news.ifeng.com/a/20150710/44143084_0.shtml.
③ http：//www.china.com.cn/haiyang/2015-08/22/content_36386806.htm.

附 件

续表

批次	力量	起航日期	开始执行任务日期	结束任务日期	护航情况
第21批	由海军南海舰队导弹护卫舰"柳州"舰、"三亚"舰以及综合补给舰"青海湖"舰组成,编队携带舰载直升机2架、特战队员数十名,任务官兵700多人。"三亚"舰和"柳州"舰是首次执行护航任务,"青海湖"舰是第四次执行护航任务	2015年8月4日	2015年8月22日		

中国海军自2008年开始执行护航任务。7年来,海军连续、不间断、常态化地派出了21批舰艇编队远赴亚丁湾、索马里海域执行护航任务,广大官兵以祖国、人民利益高于一切的坚定信念,牢记使命、无私奉献、顽强拼搏、开拓进取,为6 089余艘中外船舶安全实施护航,成功解救、接护和救助了60余艘遇险的中外船舶,保持着被护船舶和编队自身"两个百分之百安全"的纪录,并与世界各国海军务实交流、密切合作,有效遏制了海盗的猖狂活动,有效履行了我大国责任,有效保证了国家海上战略通道安全。护航7年实践,我们不仅有效维护了国家海洋权益,全面检验锤炼和提升了部队应对多种安全威胁、遂行多样化军事任务的能力,而且充分展示了我国负责大国的良好形象和人民海军过硬的军政素质。[1]

根据公开资料整理,资料截止至2016年1月。

---

[1] 根据"2014年12月2日海军副司令员杜景臣在欢送第十九批护航编队仪式上的讲话"整理更新,http://military.people.com.cn/n/2014/1203/c1011-26138563.html。